# TRAITÉ PRATIQUE

## DE

# CONSTRUCTIONS CIVILES

## PREMIER VOLUME

### LE FER DANS LA CONSTRUCTION

Couvertures, Escaliers, Menuiserie et Serrurerie

Fondations

par

### Germano Wanderley

Professeur à l'École Industrielle Gouvernementale de Brünn

Traduit de l'Allemand

par

## A. BIEBER

Ingénieur Civil, ancien Élève de l'École Centrale

## PARIS

E. Bernard & Cⁱᵉ, Libraires-Éditeurs

4, Rue Thorigny, 4

1881

# TRAITÉ PRATIQUE

DE

# CONSTRUCTIONS CIVILES

Premier volume

Le Fer dans la Construction,
Couvertures, Escaliers, Menuiseries et Serrurerie,
Fondations

par

## Germano Wanderley

Professeur à l'École Industrielle Gouvernementale de Brünn

Traduit de l'Allemand

par

## A. Bieber

Ingénieur Civil, ancien Élève de l'École Centrale.

**PARIS**

E. Bernard & C^{ie}, Libraires-Éditeurs

4, Rue Thorigny, 4.

1880.

# CHAPITRE I<sup>er</sup>

## Le Fer dans la Construction.

Ce n'est que vers la fin du siècle dernier que l'emploi du fer dans la construction a pris de l'extension; on en fit d'abord usage en Angleterre, en 1775, comme parties d'arcs de pont.

De nos jours, au contraire, le fer joue un rôle très important, et parmi les matériaux en usage, il vient en première ligne après la pierre et le bois. Il peut même, dans un grand nombre de cas, remplacer avantageusement ces derniers, grâce à ses propriétés physiques et chimiques. L'emploi du fer est surtout commandé dans les constructions renfermant de grands espaces libres devant permettre la circulation; nous citerons: les grands bâtiments publics, les gares, marchés, fabriques, magasins etc.

Dans la construction, le fer s'emploie sous deux états, soit comme fer fondu ou *fonte*, soit comme fer martelé ou laminé ou *fer*.

Avant de décrire les nombreuses applications du fer et de la fonte, nous rappelerons en quelques mots leur fabrication.

Le fer se rencontre presque toujours à l'état de combinaison dans la nature. Les minerais qui servent exclusivement à sa production sont les combinaisons oxygénées, telles que le fer oxydulé magnétique, le fer oligiste, l'hématite, le fer spathique etc.

Le minerai de fer, convenablement trié et quelquefois
grillé, est fondu au haut fourneau. Le combustible employé
est le coke, la houille ou le charbon de bois. On ajoute au
minerai des fondants appropriés, soit calcaires, soit siliceux,
le plus souvent du carbonate de chaux, de manière à scorifier
les gangues du minerai. La *fonte crue* est le produit de cette
fusion réductrice. C'est un métal cassant, dur, ne pouvant pas
se forger et fondant à la température du rouge blanc. Sa
cassure peut être noire, grise ou blanche. La fonte contient,
outre le carbone, du silicium, du phosphore, du soufre etc.
en proportions variables; sa composition dépend de la nature
du minerai, des fondants et du combustible; de la température
et de la marche du haut-fourneau.

La fonte est débarrassée par oxydation de la majeure partie
du carbone et des corps étrangers qu'elle contient. Cette opération se fait dans des *forges* (feux catalans) ou dans des
*fours à flamme* (fours à puddler). Dans ces procédés, sous
l'influence d'un courant d'air et aussi par l'addition de scories
d'affinerie, la fonte perd peu à peu sa fusibilité, elle devient
tenace, s'étire en fils et se transforme en fer.

Le fer ne fond que très difficilement, mais il a la propriété de s'amollir au rouge au point de pouvoir être forgé
sous toutes les formes. Chauffés au blanc, deux morceaux peuvent être parfaitement unis l'un à l'autre sous le marteau;
c'est ce qu'on désigne sous le nom de *soudure*. Laminé ou
forgé en barres minces, le fer prend une cassure fibreuse. A
froid, le fer se laisse courber en forme d'angle sans se casser.

Ces diverses propriétés: la facilité de coulage de la fonte,
l'élasticité et l'extensibilité du fer, et surtout la résistance considérable du métal à ces deux états, le rendent propre aux
emplois les plus variés dans la construction. Bien garanti
contre l'oxydation par une couche de peinture au minium, il
est parfaitement durable.

L'emploi de la fonte est préféré à celui du fer pour toutes
les parties qui sont peu soumises à la flexion, mais qui doivent
surtout supporter des efforts de compression.

Par suite de sa facilité de moulage, la fonte sert, en architecture, à la confection des parties légères, des ornements, balustrades, escaliers etc.; on peut même en faire des bâtiments tout entiers et des ponts. Dans les constructions civiles, on l'emploie pour colonnes, entretoises, contrefiches, sabots, et aussi, mais rarement aujourd'hui, pour poutres.

Le fer s'emploie pour les parties de la construction qui ont à subir des efforts de traction ou des efforts de flexion (c'est-à-dire de compression et de traction combinées) telles que tirants, poutres, rivets, boulons etc.

Il faut distinguer les pièces qui, horizontales ou inclinées, supportent les charges en s'appuyant simplement par leurs extrémités de celles qui, verticales ou inclinées, transmettent directement un effort dirigé suivant leur axe. Aux premières appartiennent principalement les poutres; elles subissent des efforts de flexion. Dans la seconde catégorie se rangent les supports, tels que les colonnes et autres soutiens isolés.

---

## Supports.

Le moulage de la fonte permet d'adopter pour section des parties supportantes la forme qui répond le mieux aux exigences techniques. Dans la pratique, on rencontre des colonnes rondes, des piliers à section carrée et des soutiens à section en forme de croix ou de T.

Nous considérerons successivement:
a. Colonnes.
b. Supports à section cruciforme.
c. Supports carrés creux.
d. Supports à section en forme de T.
e. Poutres.

### a. Colonnes.

L'emploi de la fonte présente le grand avantage de permettre de répartir le métal à volonté dans une pièce donnée, et de produire, avec la moindre dépense de matière, des pièces de résistance déterminée. On fait, par exemple, les colonnes en fonte creuses au lieu de pleines parceque, dans les conditions ordinaires, la même quantité de métal présente environ quatre fois plus de résistance dans une colonne creuse que dans une colonne pleine.

Soit (D) le diamètre extérieur et (d) le diamètre intérieur d'une colonne creuse. On fait généralement $\dfrac{d}{D} = 0{,}7$ ou $0{,}8$.

L'épaisseur de la paroi $\left(\dfrac{D-d}{2}\right)$ est habituellement de

1,5 à 2 cm pour diamètres extérieurs allant jusqu'à 13 cm
    2,5 cm „     „     „     „     25 cm
    3,0 cm „     „     „     au-dessus de 25 cm[1])

La colonne est munie à sa tête d'un plateau ou d'un chapiteau qui reçoit la charge et en bas d'une base dont les bords sont assez larges pour fournir un solide appui sur le sol. Dans la plupart des cas on fait venir de fonte, tout d'une pièce, le chapiteau, le fût et la base. Ce n'est que lorsque les colonnes sont très longues qu'on les compose de plusieurs parties que l'on réunit à l'aide de brides et boulons. Lorsqu'on fait usage de pareils joints, il faut avoir soin de transmettre directement l'effort de compression d'une paroi à l'autre, sans qu'il y ait possibilité de déversement latéral[2]).

L'attache solide de la colonne, c'est-à-dire de sa base avec les fondations, présente quelquefois des difficultés. La disposition la plus simple est indiquée à la fig. 1. Le pied de la colonne repose dans un sabot en fonte (d) et se trouve maintenu

---

[1]) L'épaisseur minima des parois est également réglée par la hauteur des colonnes. Pour des hauteurs de 3 à 4 m., 4 à 6 m. et 6 à 8 m., les épaisseurs minima sont respectivement de 15, 20 et 25 millimètres. Le minimum absolu d'épaisseur admis par les fondeurs est de 8 millimètres; d'une façon relative, il est représenté par la section annulaire qui serait égale au cinquième de la section totale supposée pleine.

[2]) Les plans de juxta position de ces joints sont généralement dressés sur le tour, de façon à obtenir un contact parfait des assises.

par un tenon sur le socle en granit ou pierre de taille. Un rebord sur le sabot empêche le glissement du pied de la colonne. Il va sans dire que le socle en pierre doit reposer sur une fondation solide, non exposée à tasser. On la fera, à cet effet, en maçonnerie de pierres d'appareil ou de briques dures, exécutée au mortier de ciment.

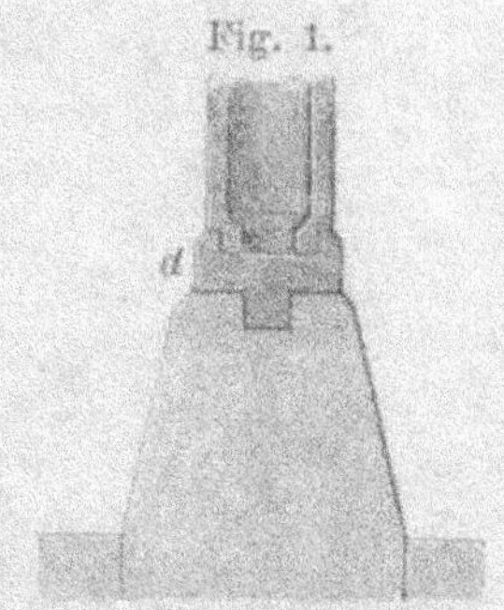

Fig. 1.

La disposition ci-dessus n'est admissible que lorsqu'on peut se procurer pour le socle une pierre naturelle offrant suffisamment de résistance. Si les colonnes doivent reposer sur de la maçonnerie ou sur des dés en pierres artificielles, il est nécessaire d'augmenter les dimensions de la base de la colonne, afin de répartir la charge sur une plus grande surface.

Fig. 2.

La fig. 2 donne un autre mode de fixation. La plaque de fondation (a) qui est scellée sur le socle en granit et dans laquelle on ménage quelques trous destinés à verser le ciment, porte une douille sur laquelle vient s'emboîter le pied de la colonne. Cette disposition est préférable à la précédente à cause de la plus grande solidité de l'assemblage.

Dans la plupart des cas, la base repose directement sur la fondation. On la fait rarement venir de fonte avec le pied de la colonne, à la façon des figures 3 et 4. Quand cela a lieu néanmoins, il faudra toujours la renforcer de quelques nervures. Généralement la base constitue une pièce distincte, pour faciliter tant la fonte que la mise en place de la colonne. Il importe qu'elle soit rigoureusement dans la position prévue au dessin, qu'elle soit bien d'aplomb et solidement fixée. Or, on ne peut guère arriver à ces fins qu'en faisant usage d'une pièce de fonte distincte.

La fixation de la plaque de base sur les fondations peut se faire de différentes manières. Elle variera selon la hauteur de la colonne, la charge supportée et le danger de flexion du fût.

La disposition de la fig. 5 n'est pas à recommander, car quoique la base ait une grande surface, elle ne prévient que le glissement transversal sans empêcher le déversement. On ne saurait donc l'adopter que pour des colonnes courtes, fortement chargées.

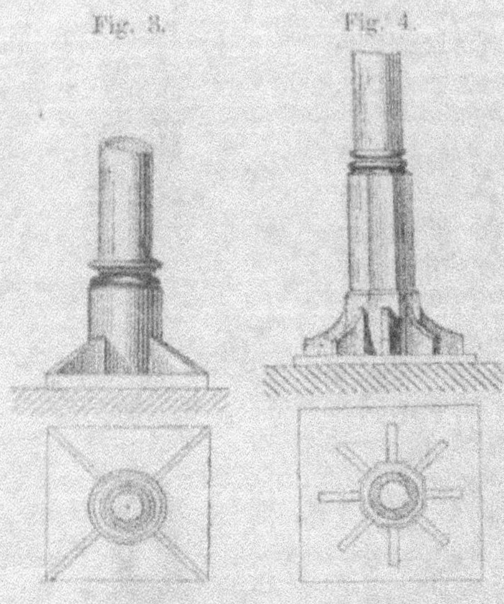



La disposition de la fig. 6 paraît plus rationnelle, car la base renforcée de nervures y fournit un meilleur appui au pied de la colonne. Pour de petites hauteurs de colonne et pour de faibles charges, la disposition de la fig. 7 conviendra aussi très bien; la douille y pénètre plus avant dans la colonne et la base est renforcée sur sa face inférieure de deux nervures en croix. Ces dernières ont néanmoins l'inconvénient de rendre la pose de la plaque plus difficile.

On peut encore obtenir une assise solide en boulonnant à la bride terminant le pied de la colonne une forte plaque en fonte, comme cela est indiqué à la fig. 8. On passe d'abord les boulons dans la plaque; on effectue sa pose, en prenant soin de la mettre bien de niveau et dans la position exacte du plan, puis on vient placer la colonne, en enfilant les trous des brides sur les boulons de la plaque.

A cause de la complication de ce mode d'attache, on préfère munir les plaques de fondation de douilles, de 2 à 4 décimètres de hauteur, dont le diamètre extérieur correspond au diamètre intérieur du pied de la colonne, fig. 10. On obtient ainsi un assemblage des plus solides.

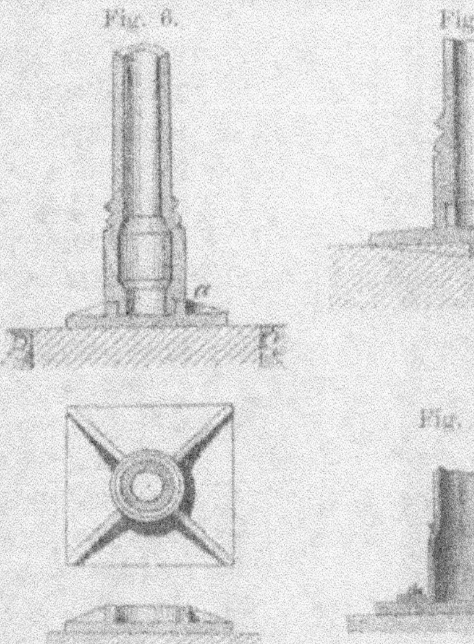

Fig. 6.

Fig. 7.

Fig. 8.

Fig. 9.

Fig. 10.

Les colonnes qui ont à porter de fortes charges et qui ont une grande hauteur doivent toujours être reliées aux fondations par des boulons de scellement ou des tirants d'ancrage.

Avec une fondation en pierres de taille, on peut quelquefois se contenter de l'attache par un seul boulon de scellement, placé dans l'axe de la colonne et fixé dans la pierre par un scellement au plomb.

Si l'on désire une plus grande stabilité, on remplacera le boulon par un fort tirant d'ancrage, scellé dans la maçonnerie et terminé à sa partie inférieure par deux clefs en croix fig. 11. L'extrémité supé-

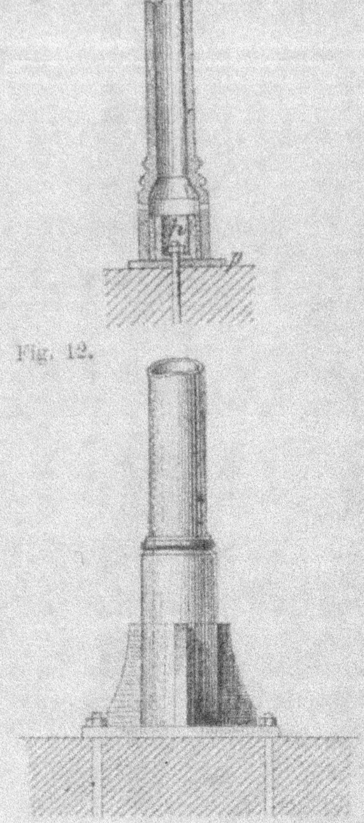

Fig. 11.

Fig. 12.

rieure du tirant porte un pas de vis dont l'écrou vient serrer et fixer en place la plaque de fondation (p) et la douille indépendante (h). Dans le jeu compris entre la douille et l'intérieur du pied de la colonne, on coule du plomb fondu; à cet effet, il a été ménagé quelques trous sur le pourtour du pied de la colonne.

Une attache absolument fixe, telle que l'exigent les colonnes fortement chargées, ne pourra s'obtenir qu'en faisant usage de deux ou quatre tirants, placés aux angles de la base et reliant celle-ci au massif de maçonnerie des fondations, fig. 12.

Il va s'en dire que les modes d'ancrage représentés aux figures 10, 11 et 12, peuvent également s'appliquer aux dispositions des figures 5, 6 et 9.

La disposition de la fig. 13 est particulièrement à recommander. Le pied de la colonne porte un collet qui donne à la base l'apparence d'être venue de fonte avec la colonne.

Il arrive souvent que l'on ait à supporter plusieurs poutres adossées les unes aux autres par deux ou trois colonnes coutiguës.  Pareille disposition se rencontre surtout dans les murs de façade lorsque ceux-ci présentent de larges baies pour devantures de boutiques.  La multiplicité des colonnes est alors commandée tant par la grandeur de la charge à supporter, que par la nécessité d'augmenter la surface d'appui des poutres.

On place les colonnes, comme l'indique la fig. 14, sur une seule plaque de fondation que l'on relie solidement au massif de maçonnerie.  En deux ou trois points de leur hauteur, on accouple les fûts des colonnes; on voit en la fig. 15 une disposition de ce genre.

L'accouplement ou le groupement diminue sensiblement les risques de rupture transversale.

Au Grand Opéra de Paris, la liaison des groupes de colonnes placées sur le pourtour des loges se fit d'une manière différente.  Les deux colonnes creuses (a) fig. 17, de 0$^m$,525 de diamètre, sont situées l'une derrière l'autre et ont pour longueur toute la hauteur de la salle, afin de transmettre directement aux fondations le poids du grand comble en fer.  Les colonnettes (b, b) qui se trou-

Fig. 13.

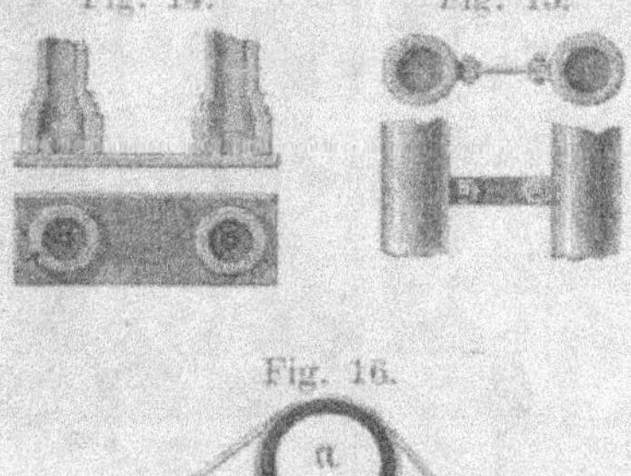

Fig. 14.            Fig. 15.

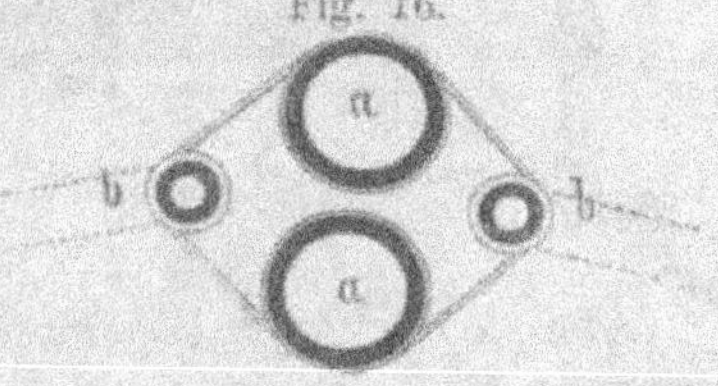

Fig. 16.

vent sur leurs côtés, supportent les poutres des cloisons des loges. Ces 4 colonnes sont liées en faisceau, de distance en distance, au moyen de fers plats formant ceinture et établissant un lien continu au niveau des loges. Nous donnons ici une section horizontale indiquant simplement la position relative des colonnes et colonnettes; pour les détails, nous renvoyons le lecteur aux ouvrages spéciaux.

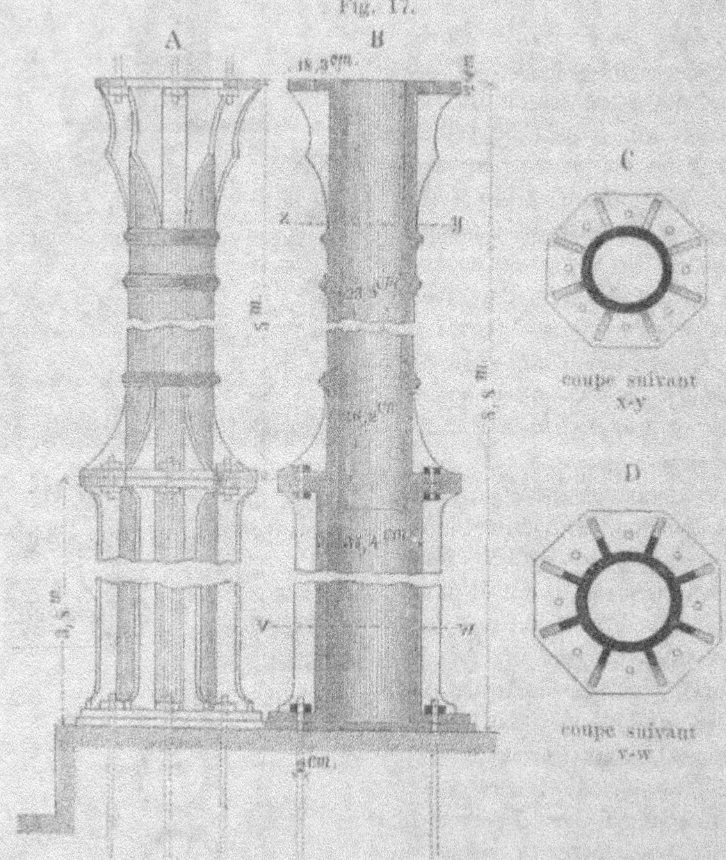


Afin de diminuer l'épaisseur des parois de colonnes hautes, fortement chargées, on a récemment renforcé le fût de nervures

radiales, placées à l'extérieur et s'étendant sur une partie de
la longueur de la colonne. Ces nervures peuvent avoir de 1,5
à 3 centimètres d'épaisseur et de 3 à 8 centimètres de largeur;
elles viennent s'appuyer sur les brides d'assemblage des tronçons
de colonne. C'est ainsi, par exemple, que sont faites les colonnes de la rotonde polygonale de la remise de locomotives
à Hanovre. La fig. 17, A—D, montre que la colonne est
formée de deux parties; il en résulte non seulement une plus
grande facilité de fonte, mais aussi une répartition plus avantageuse du métal. Les huit nervures montantes n'existent que
dans la partie inférieure du fût et se terminent en quarts de
rond aux brides d'assemblage. Il y a en tout 16 supports de
ce genre; ils soutiennent un comble en rotonde dont la forme
en plan est celle d'un polygone régulier de 16 côtés, inscrit
dans un cercle de $31^m,38$ de diamètre.

La fondation sur laquelle reposent les colonnes doit se
faire avec le plus grand soin. Elle doit non seulement être
assez résistante en elle-même, mais aussi présenter une surface
suffisante pour que le terrain ne soit pas chargé avec plus
de 20000 kilog. par mètre carré. Supposons, par exemple,
que la charge sur la colonne, plus le poids propre de celle-ci,

Fig. 18.

s'élèvent à 18000 kilog. et admettons que la brique constituant le massif de fondation, puisse être chargée à 6 kilog.
par centimètre carré. La surface de ce massif devra être au

moins égale à $\dfrac{18000}{6}$ = 3000 centimètres carrés, ce qui correspond, en supposant une forme carrée, à 55 centimètres de côté. Pour que la charge se répartisse uniformément sur la maçonnerie, il faut que la base (p) de la colonne, ait au moins la même surface. Avec des briques de 25 centimètres de longueur[1] il faudrait 2 briques et demie pour les 55 centimètres de côté. Quant à la base du massif, elle devra avoir au moins 1 mètre carré de surface, et exigera donc 4 briques en long sur sa largeur. En pratique, on fera toujours bien de se tenir en dessus des dimensions fournies par le calcul, tant pour la fondation en maçonnerie que pour la base de la colonne et même de renforcer cette dernière de nervures.

*Calcul des colonnes en fonte.*

Un soutien isolé peut, sous l'effet de la charge, s'écraser ou se rompre transversalement.

Le second genre de destruction n'a lieu que lorsque le rapport du diamètre de la colonne à sa longueur dépasse certaines limites[2].

La résistance développée par le soutien varie d'une manière sensible suivant le mode d'attache ou d'appui de ses extrémités. Lorsqu'une charge agit dans la direction de l'axe d'une pièce droite, verticale, solidement encastrée à sa partie inférieure, la pièce commence par se comprimer, puis elle se fléchit et finit par se rompre transversalement, si la charge va toujours en

---

[1] Les dimensions les plus usuelles des briques pleines en usage en France sont $0.055 \times 0.11 \times 0.22$, elles correspondent au module de la brique de Bourgogne. A Paris, on emploie aussi en grandes quantités la brique de Vaugirard qui diffère de la précédente par son épaisseur, cette dernière étant de 6 centimètres et plus.

[2] On admet généralement, d'après les expériences d'Hodgkinson, que ce rapport limite est de $\frac{1}{4}$.

augmentant, fig. 19. La valeur de la charge de rupture varie suivant les circonstances.

La colonne peut reposer librement à l'extrémité inférieure ou y être encastrée, c'est-à-dire fixée. Elle peut se trouver dans les mêmes conditions par rapport à la partie supérieure. Nous distinguerons donc les 4 cas suivants:

1°. La colonne est solide-ment fixée à sa partie inférieure, mais elle est libre à sa partie supérieure, fig. 19.

2°. La colonne repose libre-ment à la base (cas des figures 1, 2, 5, 6 et 7) et est également libre à sa partie supérieure, fig. 20.

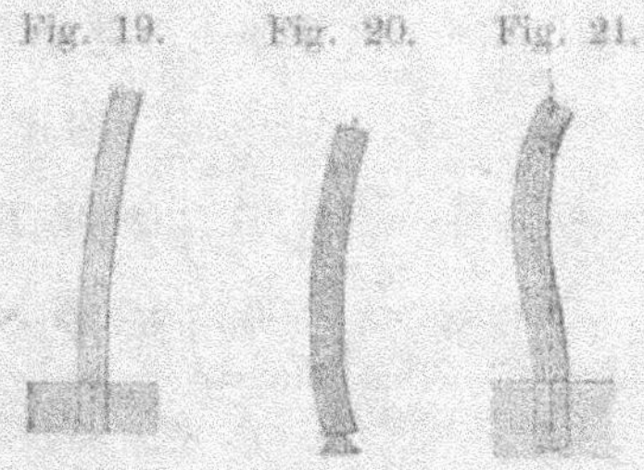


3°. La base de la colonne est encastrée (cas des figures 12 et 13) et la partie supérieure est assujettie à rester sur la verticale du pied de la colonne, fig. 22.

4°. La colonne est encastrée à ses deux ex-trémités fig. 22.

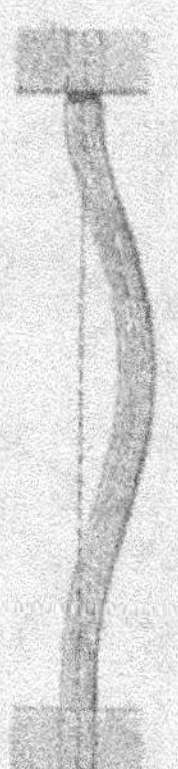


On peut admettre que les colonnes placées aux étages supérieurs d'un bâtiment rentrent dans les 1er et 2me cas; tandis que celles dont les bases sont reliées aux fondations par des tirants d'ancrage appartiennent au 3me cas. Quant au 4me cas, il vaudra mieux ne pas en faire application dans la pratique.

Suivant l'hypothèse que l'on fait, la théorie donne pour maximum de la charge P, l'une des valeurs suivantes:

$$1° \quad P = \frac{\pi^2}{4} \times \frac{EI}{l^2} = 2,467 \frac{EI}{l^2} \text{ ou approximativement } 2,5 \frac{EI}{l^2}$$

$$2° \quad P = \pi^2 \times \frac{EI}{l^2} = 10 \frac{EI}{l^2} \text{ à peu de chose près.}$$

$$3° \quad P = 2\pi^2 \times \frac{EI}{l^2} = 20 \frac{EI}{l^2}$$

$$4^\circ \ P = 4\pi^2 \times \frac{EI}{l^2} = 40\,\frac{EI}{l^2}$$

Comme la charge maxima occasionnerait la rupture, on ne fait supporter à la colonne qu'une fraction du poids P. Il est d'usage, pour la fonte, d'admettre un coefficient de sécurité de $\frac{1}{6}$. La charge de sécurité ne devrait donc pas dépasser, dans le $1^{er}$ cas $P = \frac{1}{6} \times 2{,}5 \times \frac{EI}{l^2}$; et comme dans les applications aux bâtiments civils, il s'agit surtout des colonnes rentrant dans le $3^{me}$ groupe $P = \frac{1}{6} \times 20 \times \frac{EI}{l^2}$[1])

Dans ces équations E désigne le coefficient d'élasticité. Il est en moyenne de

2000000 kg. par centimètre carré pour le fer

1000000 „ „ „ „ „ la fonte.

I est le moment d'inertie de la section par rapport à un axe passant par son centre de gravité et perpendiculaire au plan de flexion.

l est la longueur de la colonne, exprimée en centimètres.

Nous donnons dans le tableau ci-dessous les moments d'inertie des sections usuelles.

---

[1]) En France, les colonnes se calculent généralement au moyen d'une formule empirique, résumant les expériences d'Hodgkinson. On se sert le plus souvent de celle donnée par M. Love. Elle est, pour les colonnes pleines en fonte:

$$\frac{P}{\Omega} = \frac{R.}{1{,}45 \times 0{,}0037 \left(\frac{l}{d}\right)^2}$$

$\frac{P}{\Omega}$ est la charge par unité de surface et R désigne la résistance de sécurité. La section $\Omega$, la hauteur l et le diamètre d sont exprimés en unités de la même espèce.

## TABLEAU I

*des moments d'inertie $I$ et des valeurs de $\dfrac{I}{v}$ pour les sections les plus importantes.*

| No. | Forme de la Section. | Moment d'inertie $I$ | Valeur de $\dfrac{I}{v}$ |
|---|---|---|---|
| 1—3 | 1)*) 2) 3) | 1) $\frac{1}{12} b h^3$ | $\frac{1}{6} b h^2$ |
| | | 2) $\frac{1}{12} b (H^3 - h^3)$ | $\frac{b(H^3 - h^3)}{6 H}$ |
| | | 3) $\frac{1}{12} (B H^3 - b h^3)$ | $\frac{(B H^3 - b h^3)}{6 H}$ |
| 4 |  | 4) $\frac{1}{12} (B H^3 - b h^3)$ | $\frac{(B H^3 - b h^3)}{6 H}$ |
| 5 | 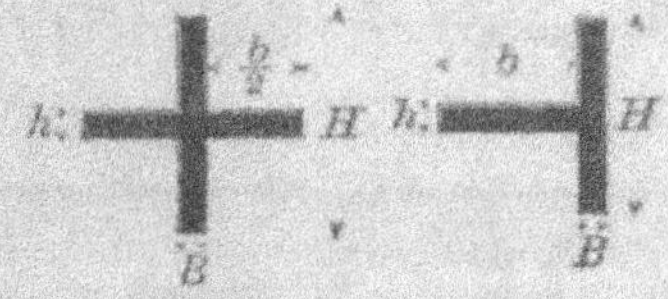 | 5) $\frac{1}{12} (B H^3 + b h^3)$ | $\frac{(B H^3 + b h^3)}{6 H}$ |
| 6—7 | | 6) $\frac{\pi D^4}{64} = \frac{\pi R^4}{4}$ | $\frac{\pi D^3}{32} = \frac{\pi R^3}{4}$ |
| | | 7) $\frac{\pi}{4} (R^4 - r^4)$ | $\frac{\pi}{4 R} (R^4 - r^4)$ |

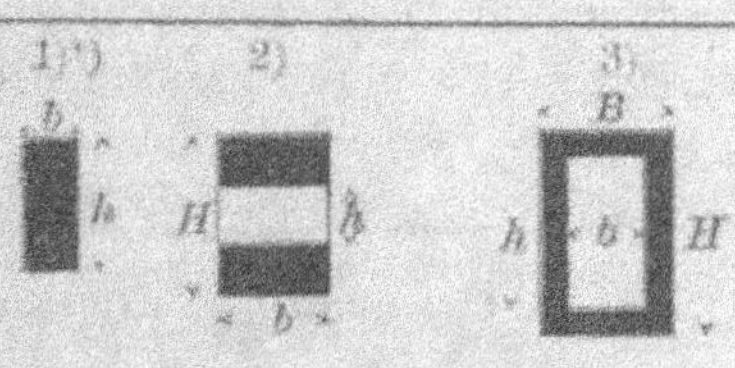

Dans le tableau ci-dessus, $v$ désigne la distance de la fibre la plus fatiguée à l'axe neutre. Le quotient $\dfrac{I}{v}$ sert surtout au calcul des poutres.

Parmi les sections indiquées les plus employées sont celles qui portent les Nᵒˢ 3, 4, 5 et 7; leurs moments d'inertie étant d'une détermination un peu longue, on peut, en pratique,

---

*) Quand le moment d'inertie est pris par rapport au côté b du rectangle sa valeur est $I = \frac{1}{3} b h^3$

remplacer les formules exactes par la méthode approchée
suivante.

Dans le tableau ci-dessous, $\delta$ représente la distance comprise entre les lignes moyennes des deux ailes, soit dans le cas
d'une section annulaire, le diamètre de la circonférence moyenne.

## TABLEAU II

*des valeurs approchées de $I$ et de $\dfrac{I}{v}$*

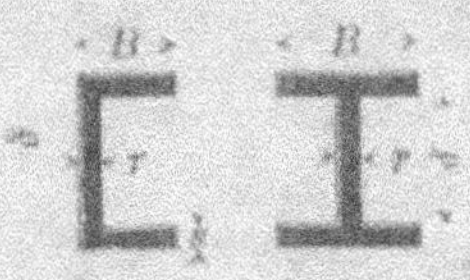

| | | | |
|---|---|---|---|
| | lorsque $s > r$ | I se calcule | $\dfrac{I}{v} = 1,1\,B\,s\,\delta$ |
| | $s = r$ | d'après la formule | $\dfrac{I}{v} = 1,2\,B\,s\,\delta$ |
| | $s < r$ | exacte du tableau I | $\dfrac{I}{v} = 1,3\,B\,s\,\delta$ |
| | lorsque $H > B$ | $I = \dfrac{1}{6}\,r\,\delta^3$ | $\dfrac{I}{v} = \dfrac{1}{4}\,r\,\delta^2$ |
| | $H = B$ | $I = \dfrac{1}{5}\,r\,\delta^3$ | $\dfrac{I}{v} = \dfrac{8}{10}\,r\,\delta^2$ |
| | $H < B$ | $I = \dfrac{1}{4}\,r\,\delta^3$ | $\dfrac{I}{v} = \dfrac{3}{8}\,r\,\delta^2$ |
| 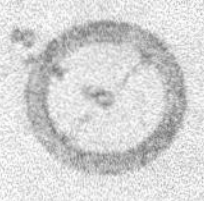 | differe très peu de la formule exacte du tableau I | $I = \dfrac{1}{8}\,\pi\,s\,\delta^3$ | $\dfrac{I}{v} = \dfrac{\pi\,s\,\delta^3}{4\,(\delta + s)}$ |

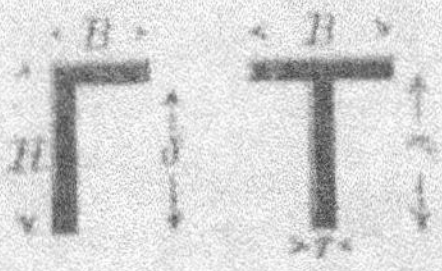

Le moment d'inertie d'une colonne pleine est $I = \dfrac{\pi\,D^4}{64}$ ;
nous aurions donc pour le 3$^{me}$ cas, avec un coefficient de sécurité
de $\dfrac{1}{6}$,
$$P = \frac{20}{6} \times \frac{1}{64}\,\pi\,D^4\,\frac{E}{l^2}$$

Quand la colonne est creuse $I = \dfrac{1}{64}\,\pi\,(D^4 - d^4)$ soit
pour le même cas, avec le même coefficient
$$P = \frac{20}{6} \times \frac{1}{64}\,\pi\,(D^4 - d^4)\,\frac{E}{l^2}$$

et, en remplaçant E par la valeur précédemment donnée pour
la fonte.

$$P = 163660 \; \frac{D^4 - d^4}{l^2} \quad \text{ou}$$

$$D^4 - d^4 = \frac{Pl^2}{163660} \; {}^1)$$

D, d et l sont exprimés en centimètres.

P, en kilogrammes.

En pratique, il y a toujours avantage à employer des colonnes creuses au lieu de colonnes pleines. Les formules applicables aux trois autres cas se trouveront facilement en suivant la même marche. Mais ces formules sont d'un usage peu commode, surtout quand il s'agit simplement, dans un avant-projet par exemple, de déterminer approximativement les dimensions. On appliquera alors les formules approchées suivantes qui sont basées sur la valeur approchée donnée précédemment pour le moment d'inertie et qui fournissent des résultats d'une exactitude suffisante.

## TABLEAU III

*des formules approchées pour colonnes creuses.*

| Mode de fixation des extrémités | Formule approchée |
|---|---|
| 1er cas | $D^4 - d^4 = \dfrac{P\,l^2}{200000}$ |
| 2me cas | $D^4 - d^4 = \dfrac{P\,l^2}{800000}$ |
| 3me cas | $D^4 - d^4 = \dfrac{P\,l^2}{1600000}$ |
| 4me cas | $D^4 - d^4 = \dfrac{P\,l^2}{3200000}$ |

---

$^1)$ Pour les colonnes creuses la formule de Love devient

$$P = \frac{R\,\Omega}{1.45 + 0.0037 \left(\frac{l}{d}\right)^2} - \frac{R\,\Omega}{1.45 + 0.0037 \left(\frac{l}{d_1}\right)^2}$$

R est le coefficient de sécurité et a pour valeur 1250 kilog., en supposant une fonte qui s'écrase sous une charge de 7500 kilog. par centimètre carré.

$\varsigma$, $\delta$ et l sont exprimés en centimètres et P, en kilogrammes.

Comme application de ces formules, nous donnerons l'exemple suivant:

Une colonne de 4,50 m, soit 450 centimètres, de hauteur doit supporter une charge de 10000 kilog.; quel diamètre devra-t-elle avoir si la fonte a une épaisseur de 2 centimètre?

En supposant la colonne dans les conditions de résistance du 2$^{me}$ cas, nous aurons

$$\varsigma\, \delta^3 = \frac{10000 \times (450)^3}{800000} = 2531$$

et comme

$$\varsigma = 2$$
$$\delta^3 = 1265,5$$

$$\text{et } \delta = \sqrt[3]{1265,5} = 10,85 \text{ environ.}$$

Le diamètre extérieur sera égal à

$$10,85 + 2 = 12,85 \text{ ou en nombres}$$

ronds
$$= 13 \text{ centimètres.}$$

Afin d'épargner au lecteur le calcul des diamètres, nous donnons au tableau IV (voir page 23) la charge maxima que peuvent supporter avec sécurité les colonnes creuses de différentes hauteurs et diamètres. Les chiffres de ce tableau reposent sur l'hypothèse du 3$^{me}$ cas quant au mode de fixation, et supposent un coefficient de sécurité de $^1/_6$. Ils ont été arrondis pour plus de simplicité et donnent en kilogrammes la charge maxima.

Donnons un exemple pour montrer l'usage du tableau.

Une colonne a 4,00 m de hauteur et doit supporter une charge de 39000 kilog.; quel diamètre faudra-t-il lui donner?

En se reportant sur le tableau à la colonne des hauteurs de 4,00 m, on voit que la charge de 39000 se trouve comprise entre les charges limites des colonnes de 14 et 15 centimètres

---

$\Omega = \dfrac{\pi\, d^2}{4}$ est la section de la colonne supposée pleine.

$\Omega' = \dfrac{\pi\, d'^2}{4}$ est la section du vide.

l, d et d' sont exprimés en centimètres.

de diamètre; on adoptera la plus grande dimension. Si l'on préfère deux colonnes au lieu d'une, on divise la charge par 2, et l'on détermine le diamètre pour la demi-charge; soit, ici, pour 19500 kilog. un diamètre de 13 centimètres.

Dans les cas précédemment traités, on a admis que la rupture de la colonne se faisait transversalement. Quand le rapport entre la longueur et le diamètre extérieur de la colonne est petit, la colonne ne cédera plus dans le sens transversal, mais s'écrasera dans le sens longitudinal. Le point de passage d'un genre de destruction à l'autre varie suivant le mode de fixation des extrémités de la colonne. On obtient ce point limite en égalant les valeurs des charges de rupture de chacun de ces modes de résistance.

La charge qui produit l'écrasement de la colonne est proportionnelle à la section. Si S est cette section et K la valeur moyenne du coefficient de rupture (pour la fonte K = 7000 kilog. par cent. carré) et si P est la charge de rupture, alors

$$P = S \times K$$

Nous aurions donc dans le 1ᵉʳ cas (fig. 20) en égalant les valeurs des charges de rupture:

### 1° Colonnes pleines.

$$\frac{\pi^3}{4 \times 4} \times \frac{R^4}{l^2} \times E = \pi R^2 \times K$$

d'où

$$\frac{l}{R} = \frac{\pi}{4} \sqrt{\frac{E}{K}}$$

ou bien

$$\frac{l}{d} = \frac{\pi}{8} \sqrt{\frac{E}{K}} = \frac{\pi}{8} \sqrt{\frac{1000000}{7000}}$$

$$\frac{l}{d} = 4{,}7$$

### 2° Colonnes creuses.

R étant le diamètre extérieur et r, le diamètre intérieur

$$\frac{\pi^3}{4 \times 4} \times \frac{R^4 - r^4}{l^2} \times E = \pi (R^2 - r^2) \pi^3 \times K$$

d'où

$$\frac{\pi^2}{16} \times \frac{R^2 + r^2}{l^2} \times E = K$$

ou bien

$$\frac{R^2 + r^2}{l^2} = \frac{16}{\pi^2}\frac{K}{E}$$

En posant $R^2 + r^2 = m^2$ et en remplaçant,

$$\frac{m^2}{l^2} = \frac{16}{\pi^2}\frac{K}{E}$$

$$\frac{m}{l} = \frac{4}{\pi} \sqrt{\frac{K}{E}} = 0,107$$

donc

$$\frac{l}{m} = \frac{1}{0,107} = 9,35 = \frac{1}{\sqrt{R^2 + r^2}}$$

Connaissant le rapport des rayons, on remplacera r en fonction de R et l'on en déduira le rapport $\dfrac{l}{R}$.

---

### b. Supports à section cruciforme.

Au lieu de donner aux soutiens isolés la forme annulaire, on leur donne quelquefois une section cruciforme. D'après Reuleaux il existe la relation suivante entre le support cruciforme et la colonne circulaire pleine d'égale résistance. Si l'on désigne par (h) la hauteur des ailes et par (b) leur épaisseur, fig. 23, on aura

Fig. 23.

$$\frac{b}{d} = \frac{3}{16}\pi \left(\frac{d}{h}\right)^2 = 0,59 \left(\frac{d}{h}\right)^2$$

Ces supports sont quelquefois plus avantageux que les colonnes circulaires. Ils sont moins exposés que celles-ci à des défauts de moulage et permettent plus facilement de reconnaître toute défectuosité dans la fonte.

Les soutiens en croix sont surtout employés dans les bâtiments où l'on a moins à tenir compte de l'apparence que de

# TABLEAU IV

### des charges admissibles sur colonnes creuses.

D désigne le diamètre extérieur en centimètres. La charge est exprimée en kilogrammes. L'épaisseur des parois est de 2 centimètres jusqu'à 13 centimètres de diamètre; au delà elle est de 2,5 centimètres. —

| Diamètre extérieur en centimètres. — | Charge en kilogrammes. — Hauteurs en mètres. | | | | | | | | | | |
|---|---|---|---|---|---|---|---|---|---|---|---|
| | 2,5 | 2,75 | 3,0 | 3,25 | 3,50 | 3,75 | 4,0 | 4,25 | 4,50 | 4,75 | 5,0 |
| D = 10 | 25000 | 20700 | 17400 | 14800 | 12800 | 11150 | 9800 | 8700 | 7750 | 7000 | 6300 |
| 11 | 35300 | 29150 | 24500 | 20900 | 17850 | 15700 | 13700 | 12250 | 10900 | 9800 | 8800 |
| 12 | 47900 | 39600 | 33300 | 28450 | 24750 | 21250 | 18700 | 16600 | 14800 | 13300 | 12100 |
| 13 | 63000 | 52350 | 43900 | 37450 | 32200 | 28100 | 24700 | 22000 | 19600 | 17550 | 15800 |
| 14 | 91800 | 75800 | 63700 | 54450 | 46800 | 40900 | 36000 | 31700 | 27900 | 25400 | 22900 |
| 15 | 117000 | 96650 | 81150 | 69300 | 59750 | 52000 | 45700 | 40500 | 36200 | 32400 | 29200 |
| 16 | 146300 | 121110 | 101700 | 86700 | 74900 | 65150 | 57250 | 50750 | 45200 | 40500 | 36550 |
| 17 | 180700 | 150000 | 125600 | 106200 | 92200 | 80250 | 70550 | 62650 | 55800 | 50400 | 45200 |
| 18 | 220100 | 182000 | 152800 | 130100 | 112300 | 97750 | 85850 | 76150 | 67850 | 61000 | 55100 |
| 19 | 264600 | 218700 | 183950 | 156600 | 135350 | 117700 | 103400 | 90150 | 81700 | 73450 | 66600 |
| 20 | 314850 | 260950 | 218650 | 187200 | 160700 | 139850 | 123050 | 109100 | 97200 | 87300 | 78750 |
| 21 | 371450 | 306850 | 257900 | 198000 | 189000 | 165050 | 144100 | 128500 | 114650 | 102950 | 91900 |

Épaisseur de la paroi 2,0 cm (D = 10 à 13)

Épaisseur de la paroi 2,5 cm (D = 14 à 21)

l'économie, comme dans les fabriques, par exemple. On les emploie aussi avantageusement à l'intérieur de piliers en briques dont les dimensions seraient insuffisantes sans leur aide pour la charge à supporter.

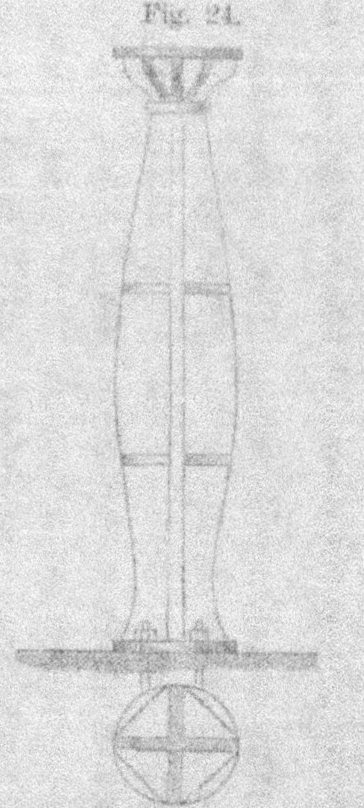

Fig. 24.

Nous donnons en la fig. 24 un support de ce genre; il a été employé en très grand nombre à la raffinerie de sucre de Woghansal, près Heidelberg. Comme on le voit, les nervures montantes sont reliées entre elles de distance en distance par des nervures transversales.

### c. Supports carrés creux.

Les supports carrés sont quelquefois plus appropriés que les colonnes circulaires, surtout quand d'autres parties de la construction (telles que portes, fenêtres etc.) doivent s'appuyer contre eux. S'ils sont multiples, on les accouple et on les fait reposer sur une plaque de fondation commune, ainsi qu'il a été dit plus haut pour les colonnes.

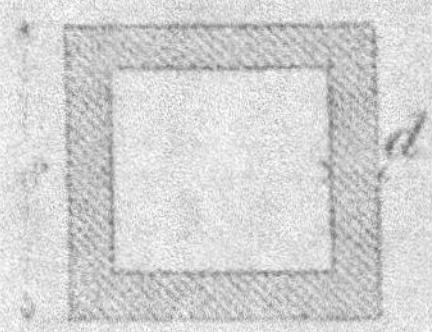

Fig. 25.

La résistance d'un pilier creux, se calculera à l'aide du tableau V. Les lettres s et d ont la signification indiquée à la fig. 27. — I est le moment d'inertie de la section et $\Omega$, sa surface en centimètres carrés.

## TABLEAU V

*pour le calcul des piliers carrés creux; s et d sont exprimés en centimètres (voir fig. 25).*

| s | d | I | Ω |
|---|---|---|---|
| 7 | 1 | 148 | 24 |
| 7 | 1,5 | 178,7 | 33 |
| 7 | 2 | 193,3 | 40 |
| 7 | 2,5 | 198,7 | 45 |
| 7 | 3 | 200 | 48 |
| 8 | 1 | 233,3 | 28 |
| 8 | 1,5 | 289,2 | 39 |
| 8 | 2 | 320 | 48 |
| 8 | 2,5 | 334,6 | 55 |
| 8 | 3 | 340 | 60 |
| 9 | 1 | 346,7 | 32 |
| 9 | 1,5 | 438,7 | 45 |
| 9 | 2 | 494,7 | 56 |
| 9 | 2,5 | 525,7 | 65 |
| 9 | 3 | 540 | 72 |
| 10 | 1 | 492 | 36 |
| 10 | 1,5 | 653,2 | 51 |
| 10 | 2 | 725,3 | 64 |
| 10 | 2,5 | 781,2 | 75 |
| 10 | 3 | 812 | 84 |
| 11 | 1 | 673 | 40 |
| 11 | 1,5 | 873 | 57 |
| 11 | 2 | 1020 | 72 |
| 11 | 2,5 | 1112 | 85 |
| 11 | 3 | 1168 | 96 |
| 12 | 1 | 898 | 44 |
| 12 | 1,5 | 1181 | 63 |
| 12 | 2 | 1387 | 80 |
| 12 | 2,5 | 1528 | 95 |
| 12 | 3 | 1620 | 108 |
| 13 | 1 | 1160 | 48 |
| 13 | 1,5 | 1547 | 69 |
| 13 | 2 | 1883 | 88 |
| 13 | 2,5 | 2039 | 105 |
| 13 | 3 | 2180 | 120 |

| s | d | I | Ω |
|---|---|---|---|
| 14 | 1 | 1473 | 52 |
| 14 | 1,5 | 1981 | 75 |
| 14 | 2 | 2308 | 96 |
| 14 | 2,5 | 2655 | 115 |
| 14 | 3 | 2860 | 132 |
| 15 | 1,5 | 2491 | 81 |
| 15 | 1 | 2999 | 104 |
| 15 | 2,5 | 3385 | 125 |
| 15 | 2 | 3672 | 144 |
| 15 | 3,5 | 3877 | 161 |
| 16 | 1,5 | 3081 | 87 |
| 16 | 1 | 3733 | 112 |
| 16 | 2,5 | 4211 | 135 |
| 16 | 2 | 4628 | 156 |
| 16 | 3,5 | 4915 | 175 |
| 17 | 1,5 | 3759 | 93 |
| 17 | 2 | 4580 | 120 |
| 17 | 2,5 | 5232 | 145 |
| 17 | 3 | 5740 | 168 |
| 17 | 3,5 | 6127 | 189 |
| 17 | 4 | 6413 | 208 |
| 18 | 1,5 | 4529 | 99 |
| 18 | 2 | 5547 | 128 |
| 18 | 2,5 | 6368 | 155 |
| 18 | 3 | 7020 | 180 |
| 18 | 3,5 | 7528 | 203 |
| 18 | 4 | 7915 | 224 |
| 19 | 1,5 | 5399 | 105 |
| 19 | 2 | 6641 | 136 |
| 19 | 2,5 | 7659 | 165 |
| 19 | 3 | 8480 | 192 |
| 19 | 3,5 | 9139 | 217 |
| 19 | 4 | 9640 | 240 |
| 20 | 2 | 7872 | 144 |
| 20 | 2,5 | 9115 | 175 |

| s | d | I | Ω |
|---|---|---|---|
| 20 | 3 | 10132 | 204 |
| 20 | 3,5 | 10953 | 231 |
| 20 | 4 | 11605 | 256 |
| 21 | 2 | 9247 | 152 |
| 21 | 2,5 | 10745 | 185 |
| 21 | 3 | 11988 | 216 |
| 21 | 3,5 | 13005 | 245 |
| 21 | 4 | 13827 | 272 |
| 22 | 2 | 10773 | 160 |
| 22 | 2,5 | 12561 | 196 |
| 22 | 3 | 14060 | 228 |
| 22 | 3,5 | 15303 | 259 |
| 22 | 4 | 16320 | 288 |
| 23 | 2 | 12460 | 168 |
| 23 | 2,5 | 14572 | 205 |
| 23 | 3 | 16360 | 240 |
| 23 | 3,5 | 17859 | 273 |
| 23 | 4 | 19111 | 304 |
| 24 | 2 | 14313 | 176 |
| 24 | 2,5 | 16788 | 215 |
| 24 | 3 | 18900 | 252 |
| 24 | 3,5 | 20688 | 287 |
| 24 | 4 | 22187 | 320 |
| 25 | 2 | 16345 | 184 |
| 25 | 2,5 | 19919 | 225 |
| 25 | 3 | 21692 | 264 |
| 25 | 3,5 | 23804 | 301 |
| 25 | 4 | 25592 | 336 |
| 30 | 2 | 29410 | 224 |
| 30 | 2,5 | 34948 | 275 |
| 30 | 3 | 39852 | 324 |
| 30 | 3,5 | 44180 | 371 |
| 30 | 4 | 47979 | 416 |
| 30 | 5 | 54167 | 500 |

La section du support de très petite longueur se trouvera
par la formule

$$\Omega = \frac{P}{R}$$

Les soutiens élancés, exposés à se rompre transversalement, se
calculeront par la formule

$$I = \frac{3\,P \times l^2}{1000000}$$

P, exprimé en kilogrammes et l, en centimètres. Pour avoir
le poids par mètre des piliers, on multipliera simplement le
chiffre de la colonne des $\Omega$ par 0,725.

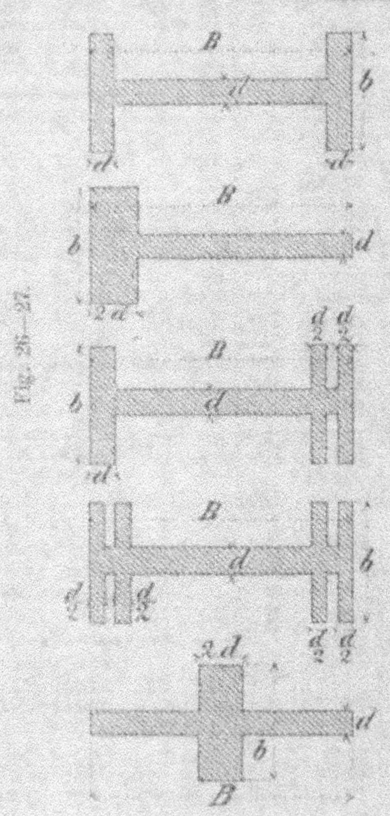


### d. Supports à section en forme de T.

Ces supports peuvent
avoir des formes très variées;
les fig. 26 et 27 en donnent
quelques unes. Le calcul de
résistance se fera comme précédemment par la formule

$$I = \frac{3\,P \times l^2}{1000000}$$

seulement, dans le cas particulier, la valeur du moment
d'inertie devra se chercher
sur le tableau VI, page 27,
où les lettres ont la signification que leur donnent les
figures 26 et 27.

# TABLEAU VI

*servant au calcul des piliers à section en forme de T.*
*B, b, d sont exprimés en centimètres et Ω en centimètres carrés.*

Groupe I :

| B | b | d | I | Ω |
|---|---|---|---|---|
| 25 | 7 | 1 | 59.1 | 37 |
| 25 | 7 | 1,5 | 91.9 | 54 |
| 25 | 7 | 2 | 128.3 | 70 |
| 25 | 7 | 2,5 | 169.0 | 83 |
| 25 | 7 | 3 | 214.2 | 99 |
| 25 | 7 | 3,5 | 264.4 | 112 |
| 25 | 7 | 4 | 310.3 | 124 |
| 25 | 7 | 4,5 | 378.7 | 133 |
| 25 | 7 | 5 | 442.1 | 145 |
| 25 | 10 | 1 | 168.0 | 45 |
| 25 | 10 | 1,5 | 256.2 | 63 |
| 25 | 10 | 2 | 347.3 | 89 |
| 25 | 10 | 2,5 | 443.7 | 109 |
| 25 | 10 | 3 | 548.7 | 117 |
| 25 | 10 | 3,5 | 647.6 | 138 |
| 25 | 10 | 4 | 757.3 | 152 |
| 25 | 10 | 4,5 | 871.5 | 162 |
| 25 | 10 | 5 | 980.6 | 175 |
| 25 | 12 | 1 | 280.0 | 47 |
| 25 | 12 | 1,5 | 438.2 | 69 |
| 25 | 12 | 2 | 580.0 | 89 |
| 25 | 12 | 2,5 | 740.0 | 110 |
| 25 | 12 | 3 | 906.7 | 129 |
| 25 | 12 | 3,5 | 1072.7 | 147 |
| 25 | 12 | 4 | 1242.5 | 164 |
| 25 | 12 | 4,5 | 1417.3 | 188 |
| 25 | 12 | 5 | 1596.2 | 198 |
| 25 | 15 | 2 | 1139.0 | 102 |
| 25 | 15 | 2,5 | 1439.2 | 125 |
| 25 | 15 | 3 | 1730.3 | 147 |
| 25 | 15 | 3,5 | 2033.1 | 168 |
| 25 | 15 | 4 | 2340.7 | 199 |
| 25 | 15 | 4,5 | 2653.7 | 207 |
| 25 | 15 | 5 | 2968.7 | 225 |
| 25 | 17 | 2 | 1651.7 | 116 |
| 25 | 17 | 2,5 | 2073.1 | 145 |
| 25 | 17 | 3 | 2499.2 | 159 |
| 25 | 17 | 3,5 | 2930.2 | 182 |
| 25 | 17 | 4 | 3366.0 | 204 |
| 25 | 17 | 4,5 | 3806.2 | 225 |
| 25 | 17 | 5 | 4250.4 | 245 |
| 40 | 7 | 1 | 80.3 | 52 |
| 40 | 7 | 1,5 | 94.2 | 76,5 |
| 40 | 7 | 2 | 135.3 | 100 |
| 40 | 7 | 2,5 | 188.5 | 122,5 |
| 40 | 7 | 3 | 248.0 | 144 |
| 40 | 7 | 3,5 | 318.0 | 164,5 |
| 40 | 7 | 4 | 399.3 | 184 |
| 40 | 7 | 4,5 | 493.7 | 202,5 |
| 40 | 7 | 5 | 600.6 | 220 |
| 40 | 10 | 1 | 169.8 | 58 |
| 40 | 10 | 1,5 | 260.4 | 55,5 |
| 40 | 10 | 2 | 357.3 | 112 |
| 40 | 10 | 2,5 | 469.2 | 137,5 |
| 40 | 10 | 3 | 576.5 | 162 |

Groupe II :

| B | b | d | I | Ω |
|---|---|---|---|---|
| 30 | 7 | 1 | 59.5 | 42 |
| 30 | 7 | 1,5 | 93.3 | 61,5 |
| 30 | 7 | 2 | 131.7 | 80 |
| 30 | 7 | 2,5 | 175.5 | 97,5 |
| 30 | 7 | 3 | 225.5 | 114 |
| 30 | 7 | 3,5 | 282.3 | 129,5 |
| 30 | 7 | 4 | 346.0 | 144 |
| 30 | 7 | 4,5 | 416.7 | 157,5 |
| 30 | 7 | 5 | 494.9 | 170 |
| 30 | 10 | 1 | 169.0 | 45 |
| 30 | 10 | 1,5 | 257.0 | 78,3 |
| 30 | 10 | 2 | 350.7 | 92 |
| 30 | 10 | 2,5 | 449.2 | 112,5 |
| 30 | 10 | 3 | 554.0 | 132 |
| 30 | 10 | 3,5 | 665.5 | 150,5 |
| 30 | 10 | 4 | 784.0 | 168 |
| 30 | 10 | 4,5 | 909.5 | 184,5 |
| 30 | 10 | 5 | 1042.4 | 200 |
| 30 | 12 | 1 | 290.3 | 58 |
| 30 | 12 | 1,5 | 439.0 | 76,5 |
| 30 | 12 | 2 | 538.3 | 100 |
| 30 | 12 | 2,5 | 758.3 | 122,5 |
| 30 | 12 | 3 | 918.0 | 144 |
| 30 | 12 | 3,5 | 1090.2 | 164,5 |
| 30 | 12 | 4 | 1269.3 | 184 |
| 30 | 12 | 4,5 | 1455.5 | 202,5 |
| 30 | 12 | 5 | 1649.1 | 220 |
| 30 | 15 | 2 | 1142.3 | 112 |
| 30 | 15 | 2,5 | 1436.8 | 132,5 |
| 30 | 15 | 3 | 1741.5 | 162 |
| 30 | 15 | 3,5 | 2050.9 | 183,5 |
| 30 | 15 | 4 | 2367.3 | 208 |
| 30 | 15 | 4,5 | 2690.7 | 225,5 |
| 30 | 15 | 5 | 3021.6 | 250 |
| 30 | 17 | 2 | 1655.0 | 139 |
| 30 | 17 | 2,5 | 2073.6 | 147,5 |
| 30 | 17 | 3 | 2510.8 | 174 |
| 30 | 17 | 3,5 | 2948.1 | 199,5 |
| 30 | 17 | 4 | 3393.7 | 224 |
| 30 | 17 | 4,5 | 3844.2 | 247,5 |
| 30 | 17 | 5 | 4303.2 | 270 |
| 40 | 10 | 3,5 | 701.2 | 185,5 |
| 40 | 10 | 4 | 837.3 | 208 |
| 40 | 10 | 4,5 | 985.4 | 219,5 |
| 40 | 10 | 5 | 1148.1 | 250 |
| 40 | 12 | 1 | 301.3 | 62 |
| 40 | 12 | 1,5 | 443.4 | 91,5 |
| 40 | 12 | 2 | 600.0 | 130 |
| 40 | 12 | 2,5 | 763.6 | 147,5 |
| 40 | 12 | 3 | 940.3 | 174 |
| 40 | 12 | 3,5 | 1125.9 | 199,5 |
| 40 | 12 | 4 | 1322.7 | 224 |
| 40 | 12 | 4,5 | 1531.4 | 247,5 |
| 40 | 12 | 5 | 1754.7 | 270 |
| 40 | 15 | 2 | 1149.0 | 132 |

Groupe III :

| B | b | d | I | Ω |
|---|---|---|---|---|
| 35 | 7 | 1 | 59.9 | 47 |
| 35 | 7 | 1,5 | 94.7 | 69 |
| 35 | 7 | 2 | 135.0 | 90 |
| 35 | 7 | 2,5 | 182.0 | 110 |
| 35 | 7 | 3 | 236.7 | 129 |
| 35 | 7 | 3,5 | 300.1 | 147 |
| 35 | 7 | 4 | 372.7 | 164 |
| 35 | 7 | 4,5 | 454.7 | 181 |
| 35 | 7 | 5 | 547.7 | 195 |
| 35 | 10 | 1 | 169.4 | 53 |
| 35 | 10 | 1,5 | 250.0 | 78 |
| 35 | 10 | 2 | 354.0 | 102 |
| 35 | 10 | 2,5 | 456.7 | 125 |
| 35 | 10 | 3 | 565.3 | 147 |
| 35 | 10 | 3,5 | 683.4 | 168 |
| 35 | 10 | 4 | 810.7 | 186 |
| 35 | 10 | 4,5 | 947.4 | 207 |
| 35 | 10 | 5 | 1095.2 | 225 |
| 35 | 12 | 1 | 290.7 | 67 |
| 35 | 12 | 1,5 | 441.0 | 84 |
| 35 | 12 | 2 | 598.7 | 110 |
| 35 | 12 | 2,5 | 759.1 | 135 |
| 35 | 12 | 3 | 920.2 | 159 |
| 35 | 12 | 3,5 | 1108.0 | 182 |
| 35 | 12 | 4 | 1298.0 | 201 |
| 35 | 12 | 4,5 | 1493.4 | 225 |
| 35 | 12 | 5 | 1701.9 | 245 |
| 35 | 15 | 2 | 1145.7 | 132 |
| 35 | 15 | 2,5 | 1445.3 | 160 |
| 35 | 15 | 3 | 1752.7 | 172 |
| 35 | 15 | 3,5 | 2088.8 | 203 |
| 35 | 15 | 4 | 2394.0 | 228 |
| 35 | 15 | 4,5 | 2726.7 | 252 |
| 35 | 15 | 5 | 3074.4 | 273 |
| 35 | 17 | 2 | 1958.2 | 139 |
| 35 | 17 | 2,5 | 2080.1 | 162 |
| 35 | 17 | 3 | 2521.7 | 188 |
| 35 | 17 | 3,5 | 2966.0 | 217 |
| 35 | 17 | 4 | 3419.2 | 244 |
| 35 | 17 | 4,5 | 3882.2 | 270 |
| 35 | 17 | 5 | 4356.1 | 298 |
| 40 | 15 | 2,5 | 1451.8 | 169,5 |
| 40 | 15 | 3 | 1764.0 | 192 |
| 40 | 15 | 3,5 | 2088.7 | 220,5 |
| 40 | 15 | 4 | 2420.7 | 247 |
| 40 | 15 | 4,5 | 2766.7 | 274,5 |
| 40 | 15 | 5 | 3127.2 | 300 |
| 40 | 17 | 2 | 1961.7 | 149 |
| 40 | 17 | 2,5 | 2386.7 | 172,5 |
| 40 | 17 | 3 | 2533.0 | 204 |
| 40 | 17 | 3,5 | 2983.8 | 201,5 |
| 40 | 17 | 4 | 3440.0 | 261 |
| 40 | 17 | 4,5 | 3925.3 | 292,5 |
| 40 | 17 | 5 | 4408.0 | 320 |

## Poutres.

On se sert de poutres métalliques dans les bâtiments civils, soit pour supporter les maçonneries et autres charges
considérables qui se trouvent au-dessus des baies des murs,
soit pour soutenir les solives de planchers, lorsque ceux-ci
atteignent de grandes portées.

Il n'y a pas encore si longtemps que l'adoption d'ouvertures
de grande largeur dans la façade, occasionnait de sérieuses
difficultés, surtout quand pour cause du peu de hauteur des
étages, on ne pouvait employer que des arcs de décharge surbaissés. Depuis l'introduction des poutres et poitrails en fer,
l'exécution de ces baies est devenue facile, et l'on peut à volonté augmenter la largeur. Les poutres métalliques ont de
plus l'avantage de fournir une construction à l'épreuve du feu.

### Formules pour le calcul des poutres métalliques.

Lorsqu'une pièce horizontale, de section quelconque, encastrée à l'une de ses extrémités, est sollicitée à l'autre par
un poids, il se produit une déformation de la pièce, fig. 28.

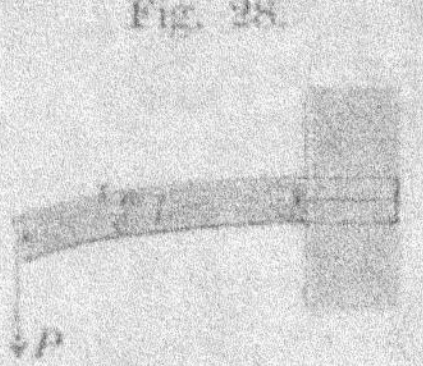

Fig. 28.

Les fibres inférieures se raccourcis-
sent, tandis que les fibres supérieures
s'allongent, et la variation de longueur
des fibres est d'autant plus grande, qu'elles
sont plus éloignées du plan des fibres neu-
tres (c.-à-d. de la couche des fibres dont
la longueur reste constante et dont le plan
passe par le centre de gravité de la section). Ainsi les
fibres les plus éloignées sont les fibres les plus comprimées ou
les plus tendues. La somme des moments de toutes ces
forces intérieures, c.-à-d. les moments des tensions et les moments des compressions élémentaires, est ce qu'on nomme le
„moment fléchissant."

Si la déformation est produite par la force extérieure P,
agissant avec le bras de levier l, égal à la longueur de la

pièce, le moment fléchissant au point d'encastrement sera exprimé par

$$\mu = P\, l$$

Si l'on désigne par (v) la distance de la fibre la plus éloignée à la fibre neutre; par R le plus grand effort de tension, ou de compression, exprimé en kilogrammes, par centimètre carré; par I le moment d'inertie de la section, c.-à-d., la somme des produits obtenus en multipliant chaque petit élément de section par le carré de sa distance à l'axe passant par le centre de gravité, soit l'axe neutre, la théorie donne pour formule fondamentale

$$\mu = R\,\frac{I}{V}$$

Dans le cas qui nous occupe, le moment de la force extérieure est P l, donc

$$P\, l = R\,\frac{I}{V}$$

Le quotient $\dfrac{I}{V}$ ne dépend que de la section transversale de la pièce.

Lorsque la poutre est exposée à subir des secousses comme dans certaines fabriques, dans les salons de danse, etc., nous adopterons pour R les valeurs suivantes:

*Fer.* — 700 kilog. par centimètre carré, à l'extension comme à la compression.

*Fonte.* — 250 kilog. par centimètre carré, à l'extension
500 kilog. „ „ „ à la compression.

Dans les bâtiments civils ordinaires qui ne sont pas exposés à des ébranlements, nous prendrons:

*Fer.* — 840 kilog. par centimètre carré, à l'extension comme à la compression.

*Fonte.* — 280 kilog. par centimètre carré, à l'extension
560 kilog. „ „ „ à la compression.

Examinons les principaux cas qui peuvent se présenter.

La pièce peut reposer librement sur ses appuis ou être encastrée à ses extrémités; elle peut être chargée uniformément sur sa longueur ou recevoir une ou plusieurs charges distinctes. —

1. La poutre est encastrée horizontalement à l'une de ses extrémités et est libre à l'autre

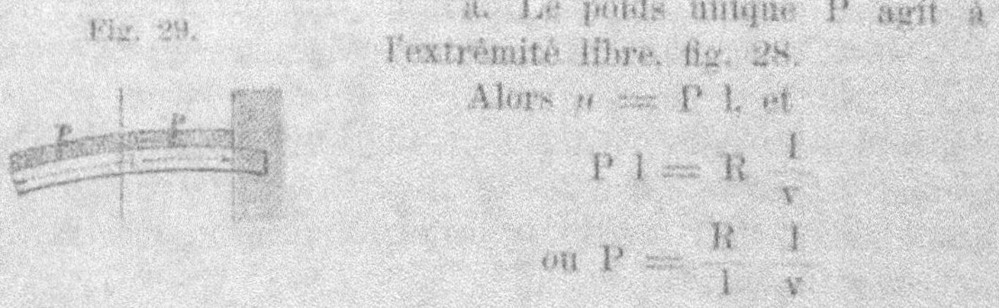

Fig. 29.

a. Le poids unique P agit à l'extrémité libre, fig. 28.

Alors $\mu = P\,l$, et

$$P\,l = R\,\frac{I}{v}$$

$$\text{ou } P = \frac{R}{l}\,\frac{I}{v}$$

b. La charge P est uniformément répartie sur toute la longueur, fig. 29.

$$\text{En ce cas} \quad \mu = \frac{P\,l}{2}$$

$$\text{et } \frac{P\,l}{2} = R\,\frac{I}{v}$$

$$\text{ou } P = 2\,\frac{R}{l}\,\frac{I}{v}$$

Cette formule serait à appliquer, par exemple, pour le calcul de poutres formant consoles et supportant des voûtes en encorbellement. Ce serait au contraire la formule (a) qu'il faudrait adopter, si les consoles supportaient des colonnes ou piliers.

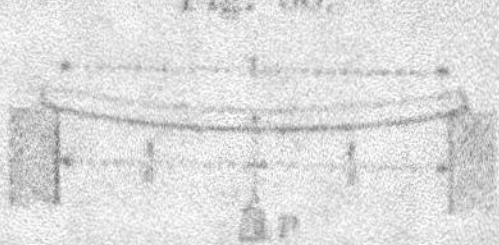

Fig. 30.

2. La Poutre repose librement à ses extrémités sur deux appuis de niveau.

a. Le poids unique P agit au milieu de la poutre, fig. 30.

Le moment fléchissant maximum est alors

$$\mu = \frac{P\,l}{4}$$

$$\text{et } \frac{P\,l}{4} = R\,\frac{I}{v}$$

$$\text{d'où } P = 4\,\frac{R}{l}\,\frac{I}{v}$$

*b.* La charge P est uniformément repartie sur la poutre, fig. 31.

Nous pouvons considérer les deux moitiés de poutre comme chargées d'un poids $\frac{P}{2}$, appliqué au centre de gravité de la demi-longueur, soit à la distance $\frac{1}{4}$ du centre. La réaction de l'appui étant $\frac{P}{2}$, le moment maximum, au milieu de la poutre, est égal à

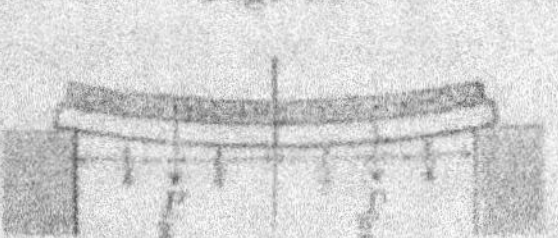

Fig. 31.

$$\frac{P}{2} \times \frac{1}{2} - \frac{P}{2} \times \frac{1}{4} = \frac{Pl}{8},$$

donc

$$\frac{Pl}{8} = R \frac{I}{v}$$

ou

$$P = 8 \frac{R}{l} \frac{I}{v}.$$

Ce cas est le plus usuel. Il est celui des solives de planchers et des poutres portant des murs ou cloisons. Si la poutre, outre la charge uniformément répartie, supportait en un point un poids distinct, il serait bon, quand cela est possible, de la soutenir au droit de la surchage par l'un des moyens indiqués dans la suite.

3. La poutre est encastrée horizontalement à ses extrémités.

Dans ce cas, nous admettrons comme formules approximatives, une valeur de P égale à une fois et demie les valeurs précédentes.

*a.* Un poids unique P agit au milieu de la poutre. Alors

$$P = 1{,}5 \times 4 \frac{R}{l} \frac{I}{v} = 6 \frac{R}{l} \frac{I}{v} \text{ }^{1)}$$

*b.* La charge est uniformément répartie sur la longueur.

---

$^{1)}$ La valeur exacte de P est

$$P = 8 \frac{R}{l} \frac{I}{v}$$

Elle se déduit facilement de la formule générale $\mu_0 = \frac{P z (l-z)^2}{l^2}$, qui donne le moment au point d'encastrement, quand le poids P se trouve à la distance $z$ de ce point. En faisant simplement $z = \frac{l}{2}$, on trouve $\mu_0 = \frac{Pl}{8}$.

$$P = 1{,}5 \times 8 \, \frac{R}{l} \, \frac{I}{v} = 12 \, \frac{R}{l} \, \frac{I}{v} \, ^{1})$$

Si la poutre est continue et uniformément chargée du poids (P) par travée, nous avons pour valeur des réactions (la section de la poutre supposée constante):

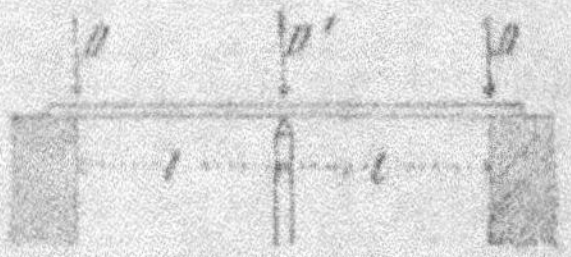

Dans le cas de 2 travées égales, avec appuis de niveau, fig. 32.

Fig. 32.

$$D = \frac{3}{8} \, P \quad \text{et} \quad D' = \frac{5}{4} \, P$$

D étant la réaction aux appuis extrèmes et D', la réaction à l'appui intermédiaire.

Dans le cas de 3 travées égales, avec appuis de niveau, fig. 33.

Fig. 33.

$$D = \frac{2}{5} \, P, \text{ aux appuis extrèmes.}$$

$$D' = \frac{11}{10} \, P, \text{ aux appuis intermédiaires.}$$

Nous rappellerons que dans une poutre continue, à deux travées égales et de section constante, la résistance peut être augmentée presque de moitié, en baissant légèrement l'appui intermédiaire. Si nous désignons par (p) le poids uniforme par metre, par (ç) l'abaissement qui produit cette augmentation, fig. 34, alors

Fig. 34.

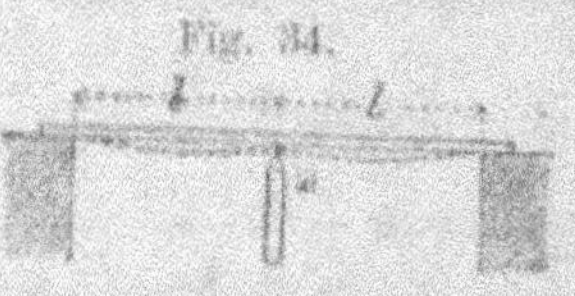

$$s = 0{,}0131 \, \frac{p \, l^4}{E \, I} \, ^{2})$$

---

[1] Dans le cas particulier, on obtient pour P sa valeur exacte.

[2] Quand les 3 appuis sont de niveau, les moments maxima ont pour valeur

$$\mu_1 = 0{,}125 \, p l^2 \quad \text{et} \quad \mu' = -\, 0{,}0703 \, p l^2$$

$\mu_1$ moment maximum au droit de l'appui,

$\mu'$ moment maximum dans la longueur des travées.

Jusqu'à présent nous avons toujours négligé le poids propre (G) de la poutre. Quand on veut en tenir compte, il faut le regarder comme une charge uniformément répartie et le faire entrer comme telle dans le calcul. Nous aurions donc à modifier les formules précédentes comme suit:

1$^{er}$ cas. — Poutre encastrée à l'une des extrémités.

a.
$$Pl + \frac{Gl}{2} = R\,\frac{I}{v}$$

ou

$$P = \frac{R}{l}\,\frac{I}{v} - \frac{1}{2}\,G$$

b.
$$(P + G)\,\frac{l}{2} = R\,\frac{I}{v}$$

ou

$$P = 2\,\frac{R}{l}\,\frac{I}{v} - G$$

2$^{me}$ cas. — Poutre reposant librement sur deux appuis de niveau.

a.
$$\frac{Pl}{4} + \frac{Gl}{8} = R\,\frac{I}{v}$$

ou

$$P = 4\,\frac{R}{l}\,\frac{I}{v} - \frac{G}{2}$$

b.
$$\left(\frac{P}{2} + G\right) \times \frac{l}{4} = R\,\frac{I}{v}$$

ou

$$P = 8\,\frac{R}{l}\,\frac{I}{v} - G$$

La poutre ne peut être considérée comme encastrée, et l'on ne peut lui appliquer les formules qui correspondent à l'encastrement que lorsque le moment de la maçonnerie recouvrant les parties engagées de poutre, est au moins égal au moment des charges agissant sur la poutre. A cet effet, chaque

---

En abaissant l'appui intermédiaire de la quantité $z = 0,0131\,\dfrac{p\,l^4}{E I}$, on rend les 3 moments maxima égaux, et on les ramène à la valeur commune de $= 0,086\,p\,l^2$.

bout de poutre doit pénétrer dans le mur d'une longueur au moins égale à une fois et demie ou deux fois sa hauteur, et indépendamment de l'encastrement y être maintenu par un ancrage. Dans le calcul, on fera bien de ne pas compter sur l'encastrement, surtout lorsqu'il s'agit de maçonneries en briques, mais de supposer toujours la poutre comme posant librement à ses extrémités.

## Poutres en fonte.[1]

Les premières poutres métalliques, dont on fit usage dans les constructions civiles et dans les travaux de ponts, furent faites en fonte. On leur donna dans le principe une section en forme de simple T, terminant l'âme en dos d'âme, fig. 35. Cette

Fig. 35.

forme peut encore se recommander, quand il s'agit de supporter une charge uniformément répartie. Elle a l'avantage de pouvoir d'exécuter très facilement avec la fonte.

Pour maintenir l'âme dans le sens transversal, on dispose de chaque côté, tous les mètres environ, des nervures montantes qui la relie à la semelle.

Hodgkinson a indiqué comme section la plus avantageuse, la section en double T dans laquelle les plates-bandes seraient dans le rapport de 1 à 6, le premier chiffre correspondant à la section de la plate-bande supérieure (fibres comprimées) et le second, à celle de la plate-bande inférieure (fibres tendues). Dans ces conditions, la poutre présenterait une égale résistance à la rupture, c'est-à-dire que les fibres supérieures

[1] Les poutres en fonte ne sont plus guère employées en France. — En Angleterre, en Allemagne, on les rencontre encore assez fréquemment, mais là aussi, elles tendent aujourd'hui à disparaître. — Elles sont d'un emploi peu sûr, d'un prix relativement élevé, et, à résistance égale, beaucoup plus lourdes que les poutres en fer.

s'écraseraient au moment où les fibres inférieures se rom-
peraient.

Davids a vérifié et modifié quelque peu la relation donnée
par Hodgkinson, dans le but de tenir compte de la résistance
de l'âme, négligée par ce dernier. D'après lui, quand l'âme
est à la section totale dans le rapport de 1 à 4 ou de 1 à 3,
le rapport le plus avantageux des plates-bandes serait de 1 : 4;
quand le premier rapport est de 1 : 2, les plates-bandes devraient être dans le rapport de 1 : $3^1/_2$.

La section de la fig. 36 ne serait donc pas à adopter.
Davids recommande la forme dans laquelle l'âme serait égale
au $^1/_8$ de la section totale, et la plate-bande
inférieure, égale à trois fois la plate-bande
supérieure. Dans ces conditions la résistance
serait environ les 0,88 de celle de la poutre
représentée en la fig. 38. Elle serait, au contraire 1,76 fois plus grande que la résistance
de la section rectangulaire, fig. 41, et 1,24
fois plus grande que celle de la section à double
T avec ailes égales, fig. 41.

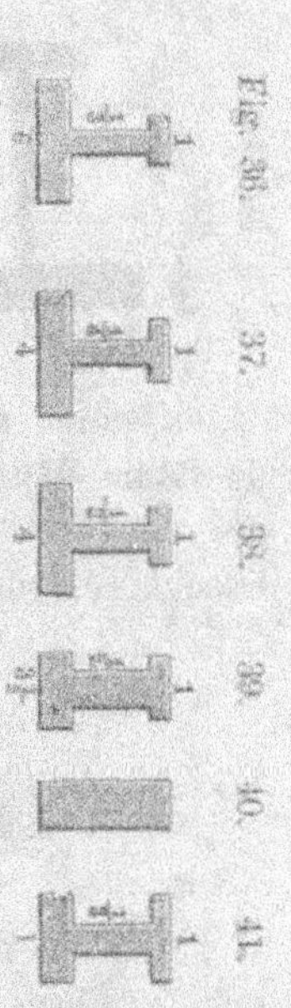


Au lieu d'adopter les sections recomman-
dées par Hodgkinson et Davids, il paraît préférable de déterminer la forme de manière à
ce que les fibres extrêmes s'approchent dans
une égale proportion de la limite d'élasticité.
Reuleaux a déterminé de la sorte un certain
nombre de sections de poutres en fonte; nous
en donnons quelques unes aux fig. 42, 43 et 44.
Les dimensions inscrites sur ces figures sont
exprimés en fonction de l'épaisseur (b) de
l'âme.

Au point de vue de la résistance et de l'économie de
matière, la section avec âme évidée, fig. 44, est la plus avantageuse. En pratique, on emploie néanmoins plus fréquemment
les sections des fig. 42 et 43 parceque leurs larges semelles
fournissent une meilleure base d'appui sur les maçonneries.

Le tableau VII donne les moments d'inertie de quelques sections usuelles de poutres en fonte.

La position de l'âme peut varier, car, à l'égard du moment d'inertie, il est théoriquement indifférent qu'elle soit placée dans l'axe de la poutre ou sur l'un des côtés. Nous donnons à la fig. 45, différents types de poutres à simple et à double T. Lorsque la section est à simple T, il y a avantage à faire l'âme un peu plus épaisse vers la semelle que dans le haut, ainsi qu'il est indiqué à la fig. 46.

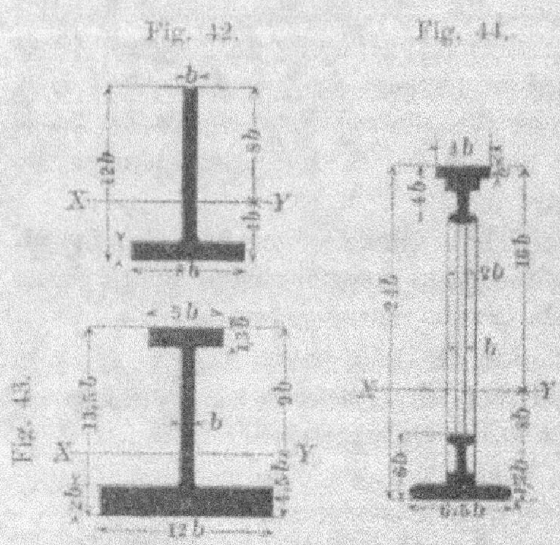

Comme nous l'avons déjà dit, pour augmenter la résistance de l'âme dans le sens transversal, on la relie aux semelles par des nervures latérales qui ont de 3 à 4 centimètres d'épaisseur et qui se trouvent placées tous les 1 m ou 1,25 m.

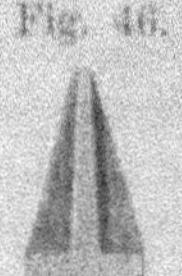

Fig. 45.

Fig. 46.

Les sections données au tableau VII ont une forme telle que les fibres extrêmes travaillent avec des coefficients qui sont dans le rapport de 1 : 2, les fibres les plus comprimées subissant un effort double de celui des fibres les plus tendues. Dans ce tableau $(\Omega)$ désigne la section transversale, et $(y)$, la distance de la fibre la plus comprimée à l'axe neutre.

# TABLEAU VII

*des moments d'inertie de quelques sections de poutres en fonte,
à résistance équivalente (d'après Reuleaux).*

| Forme de la section | Moment d'inertie<br>I | Distance de la fibre la plus comp. à l'axe neutre<br>v | Valeur de<br>$\frac{I}{v}$ | Surface de la section<br>$\Omega$ |
|---|---|---|---|---|
| 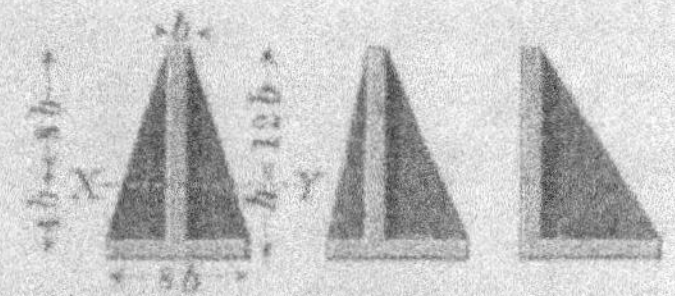 | $278,3\ b^4$ | $8\ b$ | $34,8\ b^3 =$<br>$0,0201\ h^3$ | $19\ b^2 =$<br>$0,132\ h^2$ |
|  | $294,8\ b^4$ | $8\ b$ | $36,85\ b^3 =$<br>$0,0213\ h^3$ | $23,08\ b^2 =$<br>$0,160\ h^2$ |
| 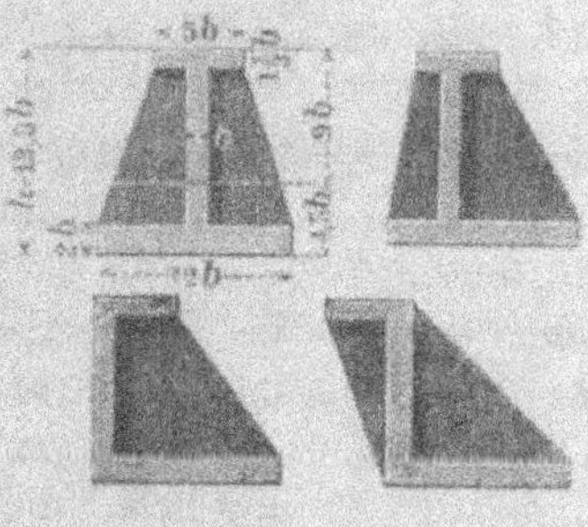 | $930\ b^4$ | $8\ b$ | $102,4\ b^3 =$<br>$0,0417\ h^3$ | $40,82\ b^2 =$<br>$0,224\ h^2$ |

Pour montrer l'application du tableau précédent, nous donnons un exemple.

Sur une poutre en fonte, de 5,00 m de portée, doivent reposer 10,000 kilog. (poids mort inclus), uniformément repartis. Sa section a la forme à simple T, No. 2, du tableau. Quelle devra être l'épaisseur b, en adoptant un coefficient de travail de 500 kilog. par centimètre carré?

---

¹) L'âme peut aussi être divisée en deux épaisseurs distinctes, placées symétriquement ou non par rapport aux ailes. —

D'après la formule précédemment citée

$$P = 8\,\frac{R}{l}\,\frac{I}{v} \quad \text{ou} \quad \frac{I}{v} = \frac{Pl}{8\,R}$$

Remplaçons $\dfrac{I}{v}$ par sa valeur, tirée du tableau VII. et P, l et R par leurs valeurs numériques:

$$36{,}85\ b^3 = \frac{10000}{8} \times \frac{500}{500}$$

$$36{,}85\ b^3 = 1250$$

et

$$b^3 = \frac{1250}{36{,}85} = 34$$

d'où pour épaisseur de l'âme

$$b = \sqrt[3]{34} = 3{,}25 \text{ centimètres environ}$$

On en déduit:

Hauteur totale h = 12 b = 39 centimètres

Largeur de la plate-bande 6 b = 19,5 centimètres

Épaisseur de l'âme à sa base 1,5 b = 4,9 centimètres

   ,,    de la plate-bande 1,7 b = 5,5    ,,

Si l'on veut déterminer le poids mort (G) de la poutre, on multipliera le produit de la longueur et de la section transversale, par le poids spécifique de la fonte.

Nous trouvons au tableau pour surface de la section $\Omega = 23{,}08\ b^2$ et puisque b = 3,25 $\Omega = 244{,}6$ centimètres carrés. Le volume de la poutre est donc de $244{,}6 \times 500 = 122300$ cm.³

$$= 122{,}3 \text{ dm.}^3$$

Le décimètre cube de fonte pèse 7,2 k., donc le poids mort de la poutre sera

$$G = 122{,}3 \times 7{,}2 = 880 \text{ kg.}$$

En admettant pour la fonte le prix de 20 frs. les 100 kg., la poutre reviendrait à environ 176 frs. 00.

Comparons ce prix à celui d'une poutre en fer. On verra au tableau XI, à la page 71, qu'il faudrait adopter pour la poutre en question la section L, pesant 75,25 kg. par mètre courant. Son poids total serait donc de

$$5 \times 75{,}25 = 376{,}25 \text{ kg.}$$

En admettant un prix de 40 frs. les 100 kg., la poutre coûterait 150,50 frs.

Ces chiffres nous montrent, qu'à égale résistance, une poutre en fonte, est plus chère qu'une poutre en fer, et qu'il faut donc, ne fût-ce qu'à cause de l'économie, préférer le fer à la fonte. A cela il faut ajouter que les poutres en fonte sont rarement parfaitement libres de défauts, c'est-à-dire exemptes de pailles, gouttes froides, etc. qui diminuent leur résistance au point d'amener quelquefois la rupture sous l'effet d'un choc subit. On a pour cette raison proscrit la fonte sous forme de poutres droites des ponts métalliques, et dans les constructions civiles, elle s'emploie également le moins possible sous cette forme.

Fig. 47.

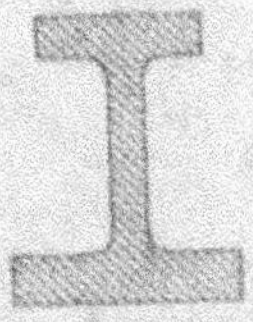

Nous ferons observer que l'âme et les plates-bandes de ces poutres en fonte ne se rejoignent jamais à angle vif, mais par une partie arrondie, fig. 47 qui a pour objet d'éviter le brusque passage d'une épaisseur de fonte à une autre et les retraits inégaux qui en résulteraient pendant le réfroidissement.[1]

---

### Emploi des Poutres en fonte.

Le trafic toujours croissant des rues des grandes villes a conduit à agrandir les devantures de boutiques de façon à permettre l'étalage des marchandises. On fait aujourd'hui les baies de magasins aussi grandes que possible et l'on réduit, les soutiens de la maçonnerie des étages supérieurs, à de simples piliers ou colonnes en fonte. Ces dernières ont à supporter non seulement le poids de la maçonnerie, mais aussi celui des poutres ou poitrails formant linteaux au-dessus des baies. Suivant la position de ces poutres, on est conduit à des constructions très-diverses.

---

[1] Le congé a encore pour but d'éviter les arêtes vives dans le moule en sable, ces arêtes s'endommageant facilement.

La disposition la plus simple est représentée dans la
fig. 48. La face inférieure des solives des planchers y est
supposée de niveau avec la partie supérieure de la devanture.
La maçonnerie est supportée par deux poutres en fonte, placées
côte à côte, dont l'une fournit un appui convenable aux solives
du plancher.

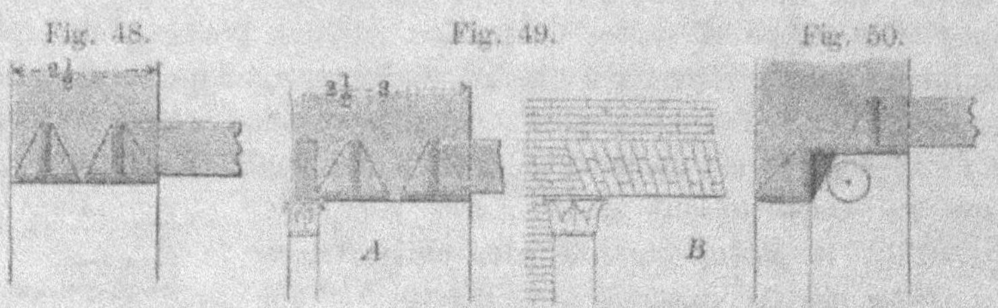

Fig. 48.     Fig. 49.     Fig. 50.

Quand la largeur de l'ouverture est petite, comme par
exemple pour les portes d'entrée, il n'est pas nécessaire de faire
affleurer la poutre du devant avec la façade; on la recule de
la largeur d'une brique, afin d'avoir sur le devant la place d'un
arc lintean, fig. 49.

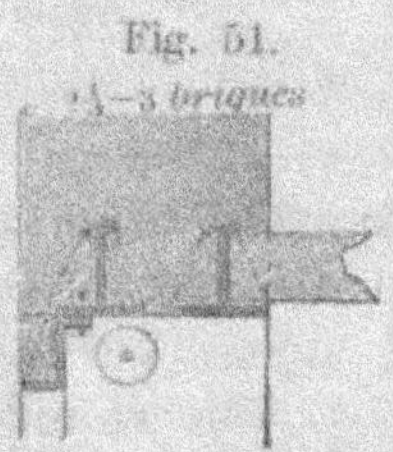

Fig. 51.

Les deux dispositions que nous venons
d'indiquer ont le désavantage de ne pas laisser
de place pour loger les tambours de la fermeture métallique. Il sera préférable pour cette
raison, dans le cas de devantures de boutiques,
d'adopter la disposition donnée à la fig. 50.
On pourrait aussi réduire un peu l'embrasure
de la fenêtre, comme le montre la fig. 51.

En la fig. 52, A et B, on a représenté, à plus grande
échelle, deux dispositions de ce genre. Si la largeur de l'appui
des solives dans la fig. A n'est pas considérée comme suffisante,
on emploiera la disposition B, dans laquelle les deux poutres
sont accouplées à l'aide de boulons. La première est cependant d'un usage fréquent à Berlin. La portée des poutres y
varie de 1,50 m. à 2,50 m. et elles sont supportées, aux points
de jonction, par deux colonnes en fonte dont les diamètres sont

généralement 13 cm. pour celle de derrière, et 16 à 18 cm.
pour celle de devant. L'épaisseur de la fonte des colonnes
est d'environ 13 mm.

Les poutres supportent un mur de façade de trois étages de
hauteur et un comble lambrissé de 1,80 m. La hauteur des étages
est de 4,40 m pour le rez-de-chaussée, de 3,80 m pour les premier et second étages et de 3,30 m pour le troisième étage.

Fig. 52.

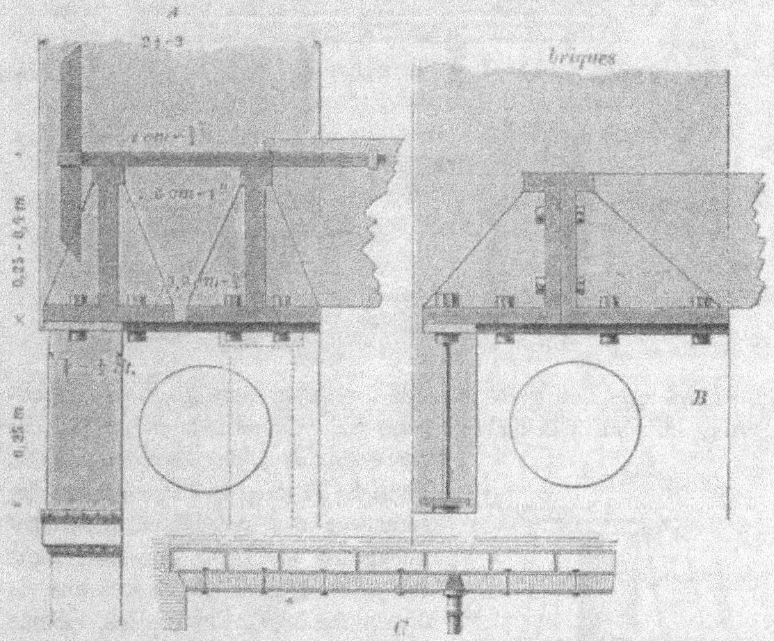


Le mur du rez-de-chaussée a 68 cm d'épaisseur, ceux des deux
étages suivants 57 cm. et celui du troisième étage 42 cm. —
La fig. 52, B donne une disposition particulière de l'arc
linteau. Celui-ci repose sur un fer plat qui est suspendu à la
poutre tous les 0,80 m. par des boulons de 25 mm. de diamètre.
On voit en C, l'élévation de ce mode de construction.

Quand les baies atteignent de grandes largeurs et que le poids de la maçonnerie supportée est considérable, il faut soutenir les poutres en des points intermédiaires. Si le calcul conduit alors, pour ces colonnes intermédiaires, à des diamètres de trop forts, on remplace la colonne unique par deux ou

Fig. 53.

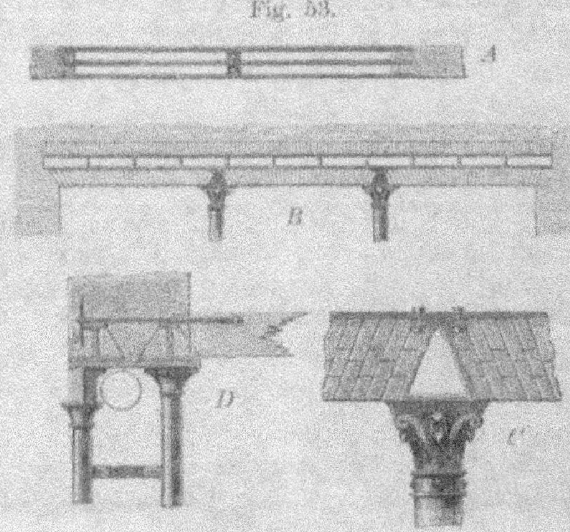

plusieurs que l'on relie ensemble. Cette disposition est représentée en plan à la fig. 65, page 52. Généralement on placera ces colonnes à des distances égales l'une de l'autre, et l'on appuiera les sommiers des arcs linteaux contre une pièce en fonte spéciale, fixée sur le chapiteau de la colonne de devant fig. 53, C. Cette pièce, comme l'indique la fig. 53, D, sert en même temps d'appui à la poutre en fonte.

Une disposition simple et bonne est indiquée à la fig. 54. Elle diffère de la précédente en ce que la pièce

Fig. 54.

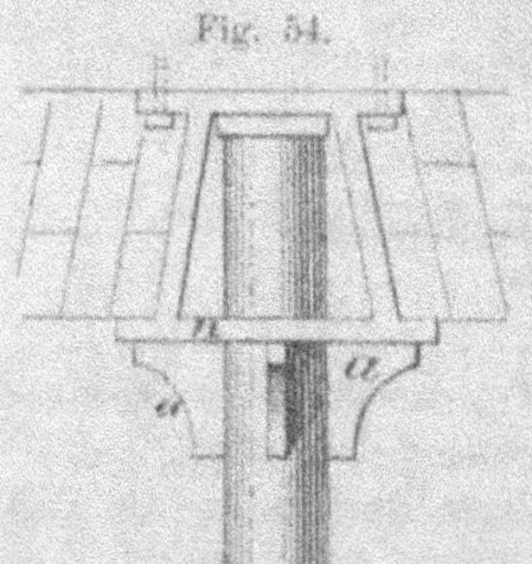

de fonte (n), au lieu de poser sur le chapiteau, s'appuie sur des consoles (a) venues de fonte sur le pourtour de la colonne, et s'engage dans la tête des celle-ci, au moyen d'une douille dont elle est munie à sa partie supérieure. Les poutres reposent directement sur elle. On cachera les consoles (a) au moyen d'un chapiteau en zinc moulé. Lorsque le système de fermeture métallique adopté exige plus de place au droit du linteau, on donnera à ce dernier une hauteur de deux briques ou de deux briques et demie. L'imposte de l'arc linteau peut être venu de fonte sur la colonne, ou former une pièce distincte comme dans l'exemple précédent. La première disposition est indiquée dans la fig. 55, la seconde est donnée dans la fig. 56. Dans cette dernière, le sommier en fonte (b) se boulonne sur la colonne.

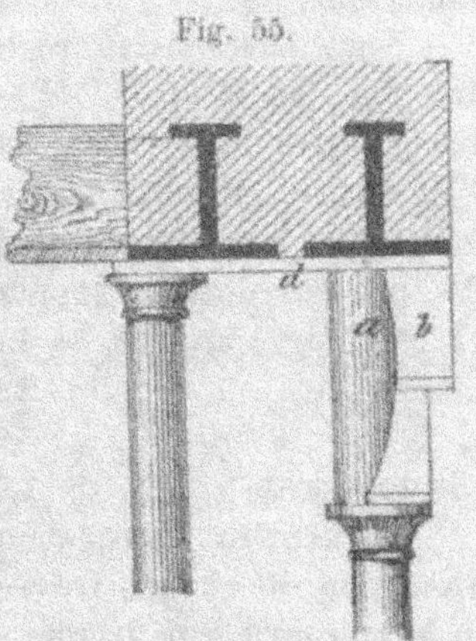

Fig. 55.

La construction d'une arc linteau de deux briques de hauteur, avec joints continus, présen-

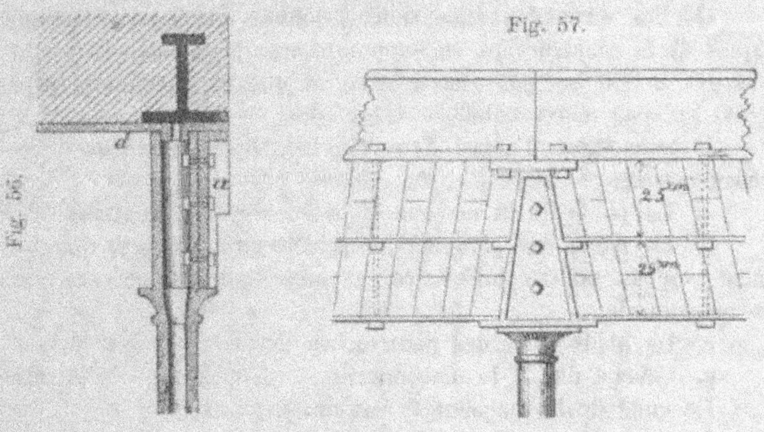

Fig. 57.

Fig. 56.

tant quelque difficulté, on préfère généralement former deux arcs distincts, l'un au-dessus de l'autre, et faire poser chacun

d'eux sur un fer plat relié à la poutre par des boulons.
Cette disposition est figurée dans la fig. 57 qui donne aussi
l'élévation des fig. 55 et 56.

Avant d'aller plus avant, nous donnerons un exemple
numérique.

Nous baserons notre calcul sur la disposition représentée
aux fig. 53 B et D. Les travées entre les colonnes et les
maçonneries des côtés, sont supposées égales et de 3,50 m
d'ouverture, en sorte que la longueur totale des poutres (sans
compter la longueur d'appui sur les maçonneries) est de 10,50 m.
Ces poutres doivent supporter les maçonneries suivantes:

au 1$^{er}$ étage, un mur de 4,00 m de haut, et de 2    briques d'ép.

„ 2$^{me}$   „   „   „   „ 3,50 m „   „   „ „ 1½   „   „ „

„ 3$^{me}$   „   „   „   „ 3,00 m „   „   „ „ 1½   „   „ „

à la mansarde „   „   „ 1,00 m „   „   „ „ 1   „   „

La hauteur du rez-de-chaussée et des colonnes est de 4,50 m.
Au-dessus de chaque travée et dans chaque étage (à l'exception
de la mansarde) se trouve une fenêtre de 1,50 m. de largeur et
de 2,00 m de hauteur. Enfin les planchers ont une longueur
de 10,50 m et une largeur de 5,00 m.

Quelles seront les dimensions à donner aux parties métalliques de la construction, en supposant que les planchers soient
chargés à 500 kg. par mètre carré et que la maçonnerie pèse
1600 kg. par mètre cube?

Il nous faut d'abord faire le calcul des charges. Ces
charges sont:

a. Le poids de la maçonnerie au-dessus des poutres.

b. Le poids des planchers, reposant au 1$^{er}$ étage, directement sur la poutre intérieure, et aux étages supérieurs, sur
la maçonnerie.

c. Le poids mort des poutres.

a. Charge due à la maçonnerie.

Le cube de la maçonnerie est de:[1])

---

[1]) Le calcul est basé sur une longueur de brique de 0,25 m.

au 1$^{er}$ étage    $10,5 \times 4 \times 2,0 \times 0,25 = 21,0$ m
„ 2$^{me}$ „    $10,5 \times 3,5 \times 1,5 \times 0,25 = 13,8$ m
„ 3$^{me}$ „    $10,5 \times 3 \times 1,5 \times 0,25 = 11,8$ m
mansarde    $10,5 \times 1 \times 1 \times 0,25 = 2,6$ m
$$\overline{49,2 \text{ m}}$$

A déduire les ouvertures pour fenêtres, soit
au 1$^{er}$ étage    $3 \times 1,5 \times 2 \times 2 \times 0,25 = 4,5$ m
aux 2$^{me}$ et 3$^{me}$ étages $6 \times 1,5 \times 2 \times 1,5 \times 0,25 = 6,75$ m
$$\overline{11,25 \text{ m}}$$

Différence 38,0 m. environ

1 mètre cube de maçonnerie en briques pesant 1600 kg., le poids total du mur s'élèvera à $38 \times 1600 = 60800$ kg.

b. Charge dûe aux planchers.

Le mur de façade ne supporte que la moitié de la charge des planchers, donc pour les 3 planchers s'appuyant sur lui, nous aurons

$$3 \times \frac{5}{2} \times 10,5 \times 500 = 39375 \text{ kg.}$$

La poutre intérieure supporte en outre la charge d'un plancher s'appuyant directement sur elle

$$1 \times \frac{5}{2} \times 10,5 \times 500 = 13125 \text{ kg.}$$

c. Charge dûe au poids mort des poutres.

Si nous admettons provisoirement une hauteur de poutre de 40 centimètres, nous aurons, en adoptant le 3$^{me}$ type du tableau VII

$$\Omega = 0,224 \ h^2$$
$$\text{ou } \Omega = 0,224 \times \overline{40}^2$$
$$= 358,4 \text{ cm. c.}$$

La longueur entre appuis sur les maçonneries étant de 10,50 m, le cube sera de

$$358,4 \times 1050 = 376320 \text{ D cm. c.}$$
$$= 0,376 \text{ m. c.}$$

Le mètre cube de fonte pèse 7200 kg., donc

$$0,376 \times 7200 = 2707 \text{ kg.}$$

et les deux poutres accolées peseront 5414 kg. chiffre provisoire, à vérifier par la suite.

Les 2 poutres supportent ensemble

a. du fait des maçonneries  60800 kg.
b. „   „   „ planchers    39375 „
c. poids mort des poutres    5414 „

Total  105589 kg.

ce qui fait pour chacune d'elles

$$\frac{105589}{2} = 52794 \text{ kg.}$$

La poutre intérieure supporte en plus le poids dû au plancher s'appuyant directement sur elle, soit 13125 kg., donc en tout

$$52794 + 13125 = 65919 \text{ kg.}$$

La longueur totale se divise en trois travées égales, recevant des poutres distinctes de 3,50 m. de portée, soit donc pour la poutre extérieure

$$\frac{52794}{3} = 17598 \text{ kg.}$$

Connaissant les valeurs numériques des charges, nous pouvons passer à la détermination des dimensions des pièces.

### a. Poutre extérieure.

La formule

$$P = 8 \frac{R}{l} \frac{I}{v}$$

nous donne

$$\frac{I}{v} = \frac{Pl}{8R}$$

ou bien, d'après le tableau VII, et en remplaçant P. l et R par leurs valeurs,

$$102{,}4 \ b^3 = \frac{17598 \times 350}{8 \times 500}$$

$$b = \sqrt[3]{\frac{17{,}598 \times 350}{8 \times 500 \times 102{,}4}} = 2{,}5 \text{ centimètres}$$

La poutre extérieure aura donc pour dimensions:

Epaisseur de l'âme          $b = 2{,}5$ centimètres
Largeur de la plate-bande supérieure   $5\ b = 12{,}5$    „
   „     „ „      „ inférieure   $12\ b = 30{,}0$    „
Epaisseur de la plate-bande supérieure $1^{1}/_{5}\ b = 3{,}3$    „
   „     „ „      „ inférieure   $2\ b = 5{,}0$    „
Hauteur de la poutre        $13{,}5\ b = 33{,}75$    „

### b. Poutre intérieure.

$$\frac{I}{v} = \frac{21973 \times 350}{8 \times 500}$$

$$102{,}4\ b^{3} = \frac{21973 \times 350}{8 \times 500}$$

$$\text{d'où } b = \sqrt[3]{\frac{21973 \times 350}{8 \times 500 \times 102{,}4}} = 2{,}7 \text{ centimètres}$$

D'où l'on déduit

Epaisseur de l'âme          $b = 2{,}7$ centimètres
Largeur de la plate-bande supérieure   $5\ b = 13{,}5$    „
   „     „ „      „ inférieure   $12\ b = 32{,}4$    „
Epaisseur de la plate-bande supérieure $1^{1}/_{5}\ b = 3{,}6$    „
   „     „ „      „ inférieure   $2\ b = 5{,}4$    „
Hauteur de la poutre        $13{,}5\ b = 36{,}5$    „

### 2. Dimensions des colonnes.

Les colonnes ont pour hauteur 4,50 m.

Il en résulte, d'après le tableau IV,

    a. pour la colonne extérieure, supportant une charge de 17598 kg.,

       un diamètre extérieur d'environ   12,5 cm.

       et une épaisseur de fonte de     2,0 cm.

    b. pour la colonne intérieure, supportant une charge de 21973 kg.,

       un diamètre extérieur d'environ 13,25 cm.

       et une épaisseur de fonte de     2,0 cm.

Si l'on veut faire usage des formules approchées du tableau III, on aura

    a. pour la colonne extérieure

$$\varsigma \, \delta^3 = \frac{17598 \times 450}{1600000} = 2227$$

et, en posant $\varsigma = 2$ centimètres,

$$\delta^3 = \frac{2227}{2} = 1114$$

et $\delta = 10,4$ environ

le diamètre extérieur serait donc de

$$2 + 10,4 = 12,4 \text{ cm.}$$

soit en chiffres ronds 12,5 centimètres.

b. pour la colonne intérieure

$$\varsigma \, \delta^3 = \frac{21973 \times 450}{1600000} = 2775$$

on

$$\delta = \sqrt[3]{\frac{2775}{2}}, \text{ en prenant } \varsigma = 2$$

d'où

$$\delta = 11,2$$

soit donc pour le diamètre extérieur

$$11,2 + 2 = 13,2 \text{ centimètres.}$$

On voit que les formules approchées donnent des valeurs un peu moindres que celles du tableau IV.

Dans certains cas il peut être utile de baisser le niveau des solives par rapport à la devanture et à cet effet d'abaisser la poutre qui leur sert d'appui. Une telle disposition a l'avantage de permettre aisément de loger le mécanisme de la fermeture métallique, fig. 58, A—B.

Fig. 58 A—B.

Il peut être avantageux de remplacer les colonnes par des montants évidés, de forme rectangulaire, tels que celui représenté en la fig. 59. Ces montants reposent sur la fondation par l'intermédiaire d'une plaque semmier qui porte des rebords pour maintenir le pied du montant (voir l'élévation fig. 60 et le plan fig. 61). Comme il ressort des fig. 59—61, le montant est muni sur le devant d'une large feuillure, dans laquelle vient se placer le dormant du châssis de la devanture.

On fait surtout usage de ces montants en fonte lorsqu'il s'agit de supporter des murs de grande épaisseur; ils remplacent

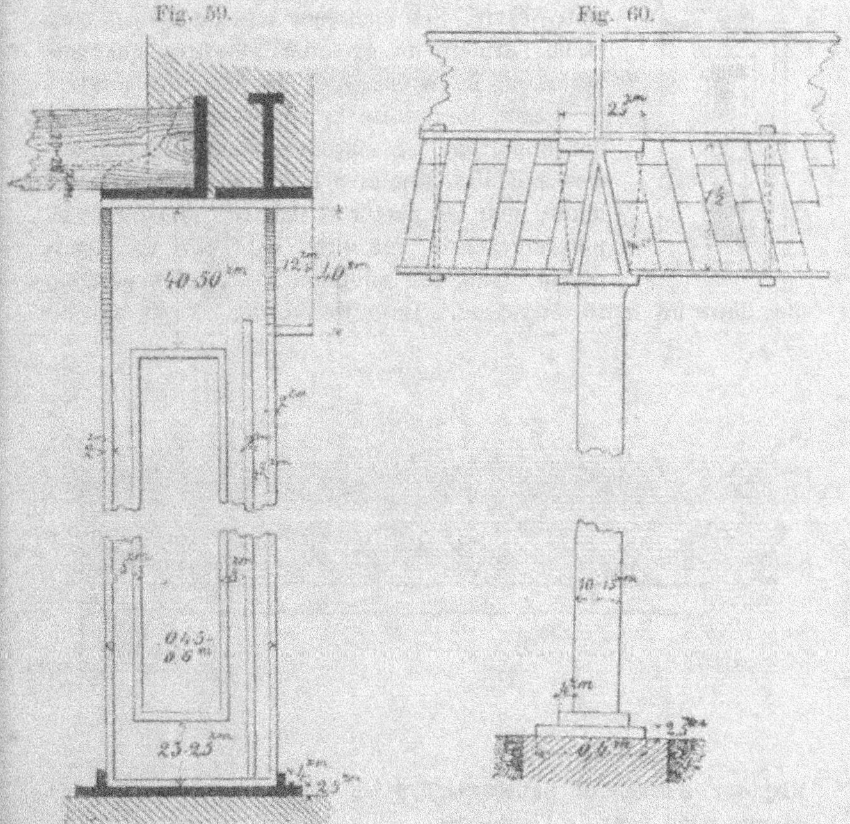

Fig. 59.　　　　　　　　　　　　Fig. 60.

alors plusieurs colonnes accouplées, lesquelles ne font jamais bon effet et rendent difficile la fixation des boiseries de la devanture.

Les extrémités des poutres, du côté de la maçonnerie, devront reposer sur de larges plaques d'appui, afin de répartir la charge aussi également que possible. L'épaisseur de cette plaque sera d'environ 3 centimètres; sa longueur et sa largeur varieront suivant la charge. La plaque de fondation du soutien recevra des dimensions suffisantes pour que les fondations ne soient pas chargées à plus de 6 kg. par centimètre carré. Son épaisseur sera de 2,5 à 3 cm., et on l'armera de quelques nervures qui empêcheront le déplacement du pied du soutien.

Fig. 61.

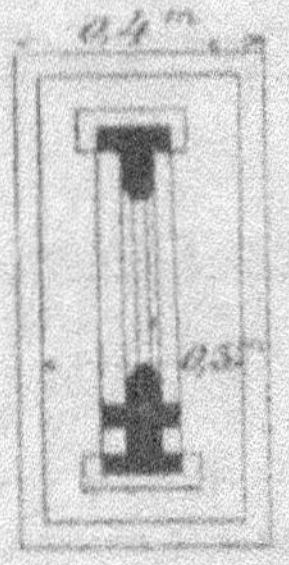

Afin de réduire la charge sur les poutres qui supportent de la maçonnerie on peut établir au-dessus d'elles, des arcs de décharge, comme on le fait pour les portes et fenêtres. La forme la plus efficace de ces arcs est celle du demi-cercle, mais son adoption n'est guère possible que dans les murs de refend. Dans les façades, il est rare de

Fig. 62.

disposer d'assez de hauteur entre les ouvertures des différents étages pour pouvoir l'employer.

La fig. 63 donne la disposition d'une série d'arcs de décharge dans un bâtiment à cinq étages. Ces arcs ont la forme de segments de cercle. Dans une construction en briques, ils auront une brique et demie d'épaisseur au sommet, et deux briques d'épaisseur aux naissances.

Dans les calculs de résistance on ne tient pas compte des arcs de décharge, quoiqu'ils ajoutent, en réalité, beaucoup à la sécurité de la construction.[1])

La maçonnerie au-dessus des poutres doit être appareillée

Fig. 63.

de façon à ce que sa rupture tende à se faire suivant une ligne diagonale, et non suivant la verticale. Ainsi pour la maçonnerie

[1]) On doit avoir soin de ne pas trop s'approcher des angles du bâtiment avec les arcs de décharge, sans quoi la poussée exercée par les naissances ne trouverait pas une résistance suffisante dans la maçonnerie d'angle.

4*

en briques, en particulier, on adoptera l'appareil en losange de préférence à l'appareil anglais (voir les fig. 6 et 9 du 2<sup>me</sup> vol. de cet ouvrage).

Pour nous résumer, nous citerons encore un exemple donnant l'ensemble d'une devanture de boutique.

La fig. 65 représente le plan de la devanture. Les poutres sont supportées en deux points de leur longueur par des colonnes accouplées qui divisent la largeur totale de l'ouverture en 3 travées inégales.

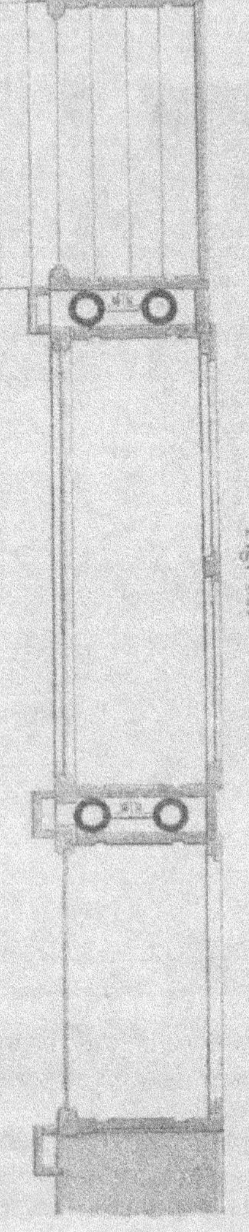

Fig. 65.

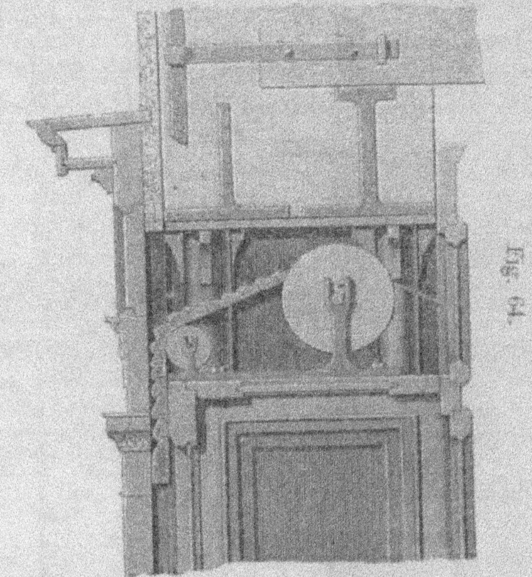

Fig. 64.

Toute la partie métallique est revêtue de boiseries. La fig. 64 donne une coupe transversale à la partie supérieure. On voit, par le dessin, que les poutres reposent sur les colonnes par l'intermédiaire d'une plaque d'appui commune. Le tambour de la fermeture métallique est entièrement caché par la boiserie.

# Poutres en fer.

L'élasticité et la résistance considérable que possède le fer permettent d'appliquer ce métal à des constructions qui seraient inexécutables en bois ou en pierre.

Le fer s'emploie déjà depuis de longues années dans les constructions de ponts, de combles, etc.; mais dans les bâtiments civils, son usage sous forme de poutre ne remonte qu'à une vingtaine d'années. C'est à Paris, à Vienne et à Berlin que cet usage a surtout pris de l'extension.

On peut dire d'une manière générale, que dans l'application à la construction des poutres, le fer offre une bien plus grande sécurité que la fonte. Il est moins sujet aux défectuosités et se déforme sensiblement avant la rupture, à l'opposé de la fonte qui se rompt brusquement, sans indice préalable.

Les poutres en fer sont en outre meilleur marché que les poutres en fonte; car, à résistance égale, le volume de métal est beaucoup moindre dans la poutre en fer, ce qui est une conséquence des mauvaises conditions dans lesquelles la fonte travaille à l'extension.

D'après leur forme et le mode de confection, nous diviserons les poutres en fer en:

1) Poutres et poutrelles laminées.
   a. Rails.
   b. Fers à T.
2) Poutres à âme pleine.
3) Poutres creuses ou poitrails.

Outre ces diverses espèces de poutres, on rencontre quelquefois les poutres en treillis, (nous en dirons un mot plus loin), les poutres paraboliques, en forme de croissant etc., mais toutes ces poutres ne trouvent que très rarement leur emploi dans les bâtiments civils, et nous renvoyons le lecteur, à cet égard, aux ouvrages traitant spécialement des constructions métalliques.

## 1. Poutres et poutrelles laminées.

### a) *Rails servant de poutres.*

La résistance relativement grande des rails, leur forme
avantageuse, leur prix modique, ont conduit récemment à en
faire les applications les plus variées dans la construction.  On
s'en sert pour soutenir les maçonneries au-dessus d'ouvertures
de petite largeur, pour supporter des planchers, escaliers, balcons.  Au point de vue économique, il y a avantage à prendre
des rails qui ont déjà servi, car on peut les avoir à bas prix
de presque toutes les compagnies de chemins de fer, avec des
longueurs variant de 4,50 m à 6,50 m.

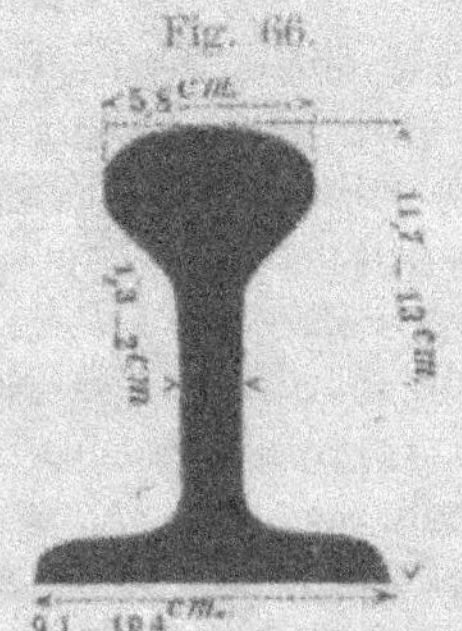

Fig. 66.

Le profil des rails est très-variable.
Les dimensions suivantes sont assez
usuelles.

Hauteur du rail 105, 118 et 131 millim.
Largeur de la base 84, 91 „ 105    „

Soit par m 27, 32 „  37 kg.

Poids moyens correspondant à ces
sections, mais ces poids peuvent varier
de plusieurs kilogrammes suivant la
forme et l'usure du rail.

Les vieux rails ont aussi l'avantage
d'être rarement défectueux, car l'usure rend les défauts intérieurs apparents.

Les rails se payent au poids.[1] Ils reviennent moins cher,
pris en longueurs entières, qu'en parties de longueurs, ce qui
s'explique par la main-d'oeuvre et le déchet qu'occasionne la
coupe du rail.

Lorsque la charge à supporter est trop grande pour un
seul rail, on en emploiera deux ou plusieurs, en accolant les
bases, deux à deux, et en les réunissant par des rivets ou mieux
encore par des boulons.

---

[1] Le prix des rails subit de très-grandes variations.  Actuellement
les cours sont:

26 à 28 frs. les 100 kg. rails neufs
12 à 13  „   „  — „   „ vieux.

Les tableaux VIII et IX donnent les charges que peuvent porter suivant les conditions différentes:

    1° le rail simple de 131 mm. de hauteur.

    2° deux de ces rails, accouplés par la base.

# TABLEAU VIII

*relatif à la résistance du rail de 131 millimètres de hauteur.*

<table>
<tr>
<td rowspan="2">Portée du rail en centimètres</td>
<td colspan="2">Le rail est encastré à l'une des extrémités et est libre à l'autre</td>
<td colspan="2">Le rail repose librement aux deux extrémités</td>
<td colspan="2">Le rail est encastré aux deux extrémités</td>
</tr>
<tr>
<td>La charge est placée à l'extrémité libre Kilogs.</td>
<td>La charge est uniformément répartie. Kilogs.</td>
<td>La charge est placée au milieu Kilogs.</td>
<td>La charge est uniformément répartie Kilogs.</td>
<td>La charge est placée au milieu Kilogs.</td>
<td>La charge est uniformément répartie Kilogs.</td>
</tr>
<tr><td>31</td><td>3600</td><td>7250</td><td>14550</td><td colspan="2">29100</td><td>43650</td></tr>
<tr><td>39</td><td>2900</td><td>5800</td><td>11600</td><td colspan="2">23250</td><td>34900</td></tr>
<tr><td>47</td><td>2400</td><td>4850</td><td>9700</td><td colspan="2">19400</td><td>29100</td></tr>
<tr><td>55</td><td>2050</td><td>4150</td><td>8300</td><td colspan="2">16600</td><td>24900</td></tr>
<tr><td>63</td><td>1800</td><td>3600</td><td>7250</td><td colspan="2">14550</td><td>21800</td></tr>
<tr><td>71</td><td>1600</td><td>3200</td><td>6450</td><td colspan="2">12900</td><td>19400</td></tr>
<tr><td>78</td><td>1450</td><td>2900</td><td>5800</td><td colspan="2">11600</td><td>17450</td></tr>
<tr><td>86</td><td>1300</td><td>2600</td><td>5250</td><td colspan="2">10550</td><td>15850</td></tr>
<tr><td>94</td><td>1200</td><td>2400</td><td>4800</td><td colspan="2">9650</td><td>14550</td></tr>
<tr><td>102</td><td>1150</td><td>2200</td><td>4450</td><td colspan="2">8950</td><td>13400</td></tr>
<tr><td>110</td><td>1000</td><td>2050</td><td>4150</td><td colspan="2">8300</td><td>12450</td></tr>
<tr><td>118</td><td>950</td><td>1900</td><td>3850</td><td colspan="2">7750</td><td>11600</td></tr>
<tr><td>126</td><td>850</td><td>1800</td><td>3600</td><td colspan="2">7250</td><td>10900</td></tr>
<tr><td>133</td><td>800</td><td>1650</td><td>3400</td><td colspan="2">6800</td><td>10250</td></tr>
<tr><td>141</td><td>750</td><td>1600</td><td>3200</td><td colspan="2">6450</td><td>9650</td></tr>
<tr><td>149</td><td>750</td><td>1500</td><td>3050</td><td colspan="2">6100</td><td>9150</td></tr>
</table>

| Portée du rail en centimètres | Le rail est encastré à l'une des extrémités et est libre à l'autre | | Le rail repose librement aux deux extrémités | | Le rail est encastré aux deux extrémités | |
|---|---|---|---|---|---|---|
| | La charge est placée à l'extrémité libre Kilogs. | La charge est uniformément répartie. Kilogs. | La charge est placée au milieu Kilogs. | La charge est uniformément répartie Kilogs. | La charge est placée au milieu Kilogs. | La charge est uniformément répartie Kilogs. |
| 157 | 700 | 1400 | 2900 | 5800 | | 8700 |
| 165 | 650 | 1350 | 2750 | 5500 | | 8300 |
| 173 | 600 | 1250 | 2600 | 5150 | | 7900 |
| 180 | 600 | 1200 | 2500 | 5050 | | 7550 |
| 188 | 550 | 1150 | 2400 | 4800 | | 7250 |
| 196 | 550 | 1100 | 2300 | 4600 | | 6950 |
| 204 | 550 | 1100 | 2200 | 4450 | | 6700 |
| 212 | 500 | 1050 | 2100 | 4300 | | 6450 |
| 220 | 500 | 1000 | 2050 | 4100 | | 6200 |
| 235 | 450 | 950 | 1900 | 3850 | | 5800 |
| 251 | 450 | 900 | 1800 | 3600 | | 5400 |
| 267 | 400 | 800 | 1700 | 3400 | | 5100 |
| 282 | 400 | 800 | 1600 | 3200 | | 4800 |
| 298 | 350 | 750 | 1500 | 3000 | | 4550 |
| 314 | 350 | 700 | 1400 | 2850 | | 4350 |
| 345 | 300 | 650 | 1300 | 2600 | | 3950 |
| 377 | 300 | 600 | 1150 | 2400 | | 3600 |
| 408 | 250 | 550 | 1100 | 2200 | | 3300 |
| 439 | — | 500 | 1000 | 2050 | | 3100 |
| 471 | — | 450 | 950 | 1900 | | 2850 |
| 502 | — | 400 | 850 | 1750 | | 2700 |

# TABLEAU IX

*relatif à la résistance de deux rails de 131 millimètres de hauteur, accouplés par la base.*

| Portée en centimètres | Les rails sont encastrés à l'une des extrémités et libres à l'autre | | Les rails reposent librement aux deux extrémités | | Les rails sont encastrés aux deux extrémités | |
|---|---|---|---|---|---|---|
| | La charge est placée à l'extrémité libre Kilogs. | La charge est uniformément répartie Kilogs. | La charge est placée au milieu Kilogs. | La charge est uniformément répartie Kilogs. | La charge est placée au milieu Kilogs. | La charge est uniformément répartie Kilogs. |
| 31 | 10850 | 21750 | 43600 | 87200 | | 130800 |
| 39 | 8700 | 17400 | 34850 | 69750 | | 104600 |
| 47 | 7200 | 14500 | 29050 | 58250 | | 97200 |
| 55 | 6200 | 12400 | 24900 | 49800 | | 74700 |
| 63 | 5400 | 10850 | 21750 | 43550 | | 65400 |
| 71 | 4800 | 9650 | 19350 | 38750 | | 58100 |
| 78 | 4300 | 8750 | 17400 | 34850 | | 52300 |
| 86 | 3900 | 7850 | 15800 | 31700 | | 47550 |
| 94 | 3550 | 7200 | 14500 | 29050 | | 43550 |
| 102 | 3300 | 6650 | 13400 | 26800 | | 40200 |
| 110 | 3050 | 6150 | 12400 | 24900 | | 37350 |
| 118 | 2850 | 5750 | 11600 | 23200 | | 34850 |
| 126 | 2650 | 5400 | 10850 | 21750 | | 32650 |
| 133 | 2500 | 5050 | 10200 | 20500 | | 30750 |
| 141 | 2400 | 4800 | 9650 | 19300 | | 29050 |
| 149 | 2250 | 4500 | 9000 | 18000 | | 27000 |
| 157 | 2150 | 4300 | 8600 | 17200 | | 26150 |
| 165 | 2050 | 4100 | 8200 | 16400 | | 24900 |
| 173 | 1950 | 3900 | 7900 | 15800 | | 23750 |
| 180 | 1850 | 3700 | 7550 | 15100 | | 27700 |
| 188 | 1750 | 3550 | 7200 | 14500 | | 21750 |
| 196 | 1700 | 3400 | 6900 | 13900 | | 20000 |

| Portée en centimètres | Les rails sont encastrés à l'une des extrémités et libres à l'autre | | Les rails reposent librement aux deux extrémités | | Les rails sont encastrés aux deux extrémités | |
| --- | --- | --- | --- | --- | --- | --- |
| | La charge est placée à l'extrémité libre Kilogs. | La charge est uniformément répartie Kilogs. | La charge est placée au milieu Kilogs. | La charge est uniformément répartie Kilogs. | La charge est placée au milieu Kilogs. | La charge est uniformément répartie Kilogs. |
| 204 | 1650 | 3300 | 6650 | 13350 | 20100 | |
| 212 | 1600 | 3200 | 6400 | 12850 | 19350 | |
| 220 | 1550 | 3100 | 6200 | 12400 | 18650 | |
| 227 | 1500 | 2950 | 5950 | 12000 | 18000 | |
| 235 | 1450 | 2900 | 5750 | 11600 | 17400 | |
| 243 | 1400 | 2800 | 5600 | 11200 | 16850 | |
| 251 | 1350 | 2700 | 5400 | 10850 | 16300 | |
| 259 | 1300 | 2600 | 5250 | 10500 | 15800 | |
| 267 | 1250 | 2550 | 5100 | 10200 | 14850 | |
| 275 | 1200 | 2450 | 4950 | 9900 | 14700 | |
| 282 | 1150 | 2350 | 4800 | 9650 | 14500 | |
| 298 | 1100 | 2250 | 4550 | 9100 | 13700 | |
| 314 | 1050 | 2100 | 4300 | 8650 | 13050 | |
| 330 | 1000 | 2050 | 4100 | 8250 | 12400 | |
| 345 | 950 | 1950 | 3900 | 7850 | 11850 | |
| 361 | 950 | 1850 | 3750 | 7500 | 11350 | |
| 377 | 900 | 1800 | 3550 | 7200 | 10850 | |
| 392 | 850 | 1700 | 3400 | 6900 | 10400 | |
| 408 | 800 | 1650 | 3300 | 6650 | 10000 | |
| 424 | 800 | 1600 | 3200 | 6400 | 9650 | |
| 439 | 750 | 1500 | 3050 | 6150 | 9300 | |
| 452 | 750 | 1450 | 2950 | 5950 | 8950 | |
| 471 | 700 | 1400 | 2850 | 5750 | 8650 | |
| 486 | 700 | 1350 | 2750 | 5550 | 8400 | |
| 502 | 650 | 1300 | 2650 | 5400 | 8100 | |

On peut aussi calculer directement la résistance, c'est-à-dire, déterminer dans chaque cas particulier le nombre de rails qu'il faut pour supporter la charge proposée, la section du rail étant donnée.

A cet effet, il faut connaître la valeur de $\dfrac{I}{v}$ pour la section donnée. Le tableau X contient ces valeurs pour les sections précédemment indiquées.

## TABLEAU X.

| Hauteur en centimètres | surface de la section en centim. carrés | Poids par mètre courant en kilogrammes | Valeur de $\dfrac{I}{v}$ |
|---|---|---|---|
| *rail simple* 13,1 | 42,7 | 32,7 | 140,4 |
| 11,8 | 39,0 | 29,8 | 117,5 |
| 10,5 | 34,2 | 26,1 | 89,8 |
| *double rail* 26,2 | 85,4 | 65,4 | 422,2 |
| 23,6 | 78,0 | 59,6 | 346,9 |
| 21,0 | 68,4 | 52,2 | 268,5 |

Nous faisons suivre deux exemples pour montrer l'usage du tableau précédent.

1er Exemple. — Quelle sera la charge admissible sur un rail de 13,1 centimètres de hauteur et de 5,00 m. de portée, uniformément chargé et reposant librement aux extrémités?

Nous avons

$$P = 8 \cdot \frac{R}{l} \cdot \frac{I}{v} - G \text{ ou}$$

$$P = \frac{8 \times 700 \times 140,4}{500} - (5 \times 32,7) = 1407 \text{ kilog.}$$

2me Exemple. — Un pan de mur de 4,00 m. de longueur pèse 8900 kilogrammes. Combien de rails sont nécessaires pour le supporter?

$$\text{On a } \frac{I}{v} = \frac{P\,l}{8\,R} = \frac{8900 \times 400}{8 \times 700}$$
$$= 636$$

En se reportant au tableau, on voit qu'il faut 5 rails simples de 13,1 cm. de hauteur, ou, ce qui vaudrait mieux, 2 rails doubles de 23,6 cm de hauteur.[1]

## Emploi des rails.

Dans les ouvertures de petite largeur et de forme rectangulaire, on peut faire usage de rails pour former le linteau.

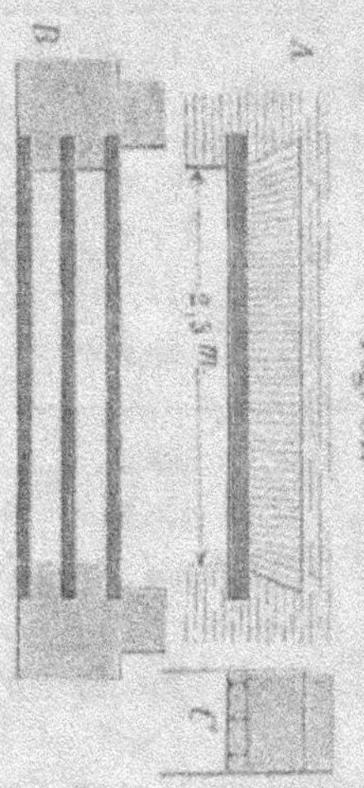

On place ceux-ci en nombre convenable au-dessus de la baie, scellant les extrémités dans la maçonnerie, et l'on établit au-dessus, quand cela est possible, un arc de décharge. La fig. 67; A, B, C — représente une baie d'entrée de 2,50 m. de largeur. L'ouverture est recouverte de 5 rails, placés à côté l'un de l'autre et garnis intermédiairement de maçonnerie. Un arc linteau, de 2 briques d'épaisseur, construit en ciment, repose directement sur les rails. Lorsque les étages supérieurs ont chacun des baies de 1,00 m de largeur, trois rails de 13,1 cm de hauteur, peuvent porter un mur de 3 étages dont les hauteurs seraient

---

[1] Dans ce calcul le poids mort des rails a été négligé. Pour vérifier si ce poids n'augmente pas la charge au point de nécessiter un rail supplémentaire, on calcule à nouveau $\frac{I}{v}$ au moyen de la formule

$$\frac{I}{v} = \frac{(P + G\,D)\,l}{8\,R}$$

et l'on voit si la nouvelle valeur de $\frac{I}{v}$ se trouve encore inférieure à celle de la section adoptée. Dans le cas particulier, on aurait

$$\frac{I}{v} = \frac{(8900 + 5 \times 32,7 \times 4)\,400}{8 \times 700} = 683$$

c'est-à-dire que 5 rails sont parfaitement suffisants.

3,75 m, 3,50 m et 3,15, avec des épaisseurs respectives de
2 briques et demie, 2 briques et une brique et demie. Les solives
des planchers ne pourraient en ce cas reposer directement sur
la maçonnerie dans la partie qui recouvre la baie d'entrée,
car le calcul montre que le poids de la maçonnerie à lui seul
s'élève déjà à 13500 kg., soit 4500 kg. par rail. Or en se
reportant au tableau VIII, on voit que ce chiffre est déjà sensiblement supérieur à celui qui correspond à la portée de
251 cm. On pourra néanmoins conserver les 3 rails, à condition de disposer un arc de décharge dans la maçonnerie. Si
l'ontenait à plus de sécurité, on emploierait 4 rails ou en leur
place, 2 rails doubles accouplés par la base.

La fig. 68; A, B, C — donne une disposition applicable
aux murs de refend. Le linteau est formé de deux rails et

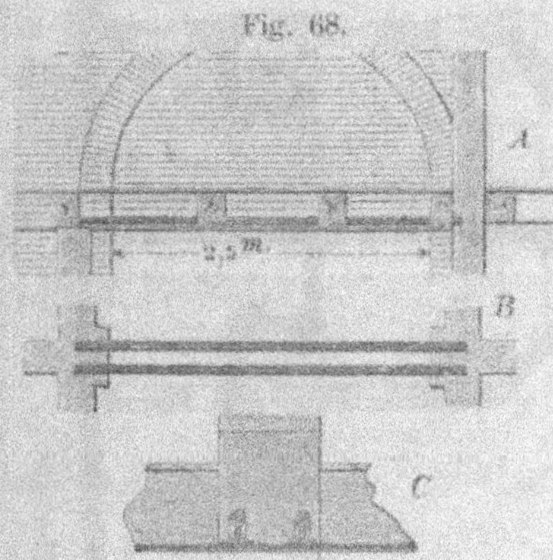

Fig. 68.

l'ouverture est recouverte
d'un arc de décharge semi-
circulaire.

Lorsque les rails ne doivent
pas être apparents, on les
recouvre d'une poutre en bois.
A cet effet, on ménage des
entailles convenables à la
partie inférieure de la poutre
et l'on s'arrange de façon à
ce que celle-ci porte principalement sur les ailes des
rails (voir C, fig. 68).

Nous pourrions donner de
nombreux exemples de l'application des rails, car leur emploi
est très-varié; mais nous nous bornerons à en citer encore un,
dans lequel les rails sont employés pour le soutènement de
voûtes de caves.

Soit dans la fig. 71 les plans du soubassement et du rez-
de-chaussée d'une construction. Nous supposons les caves recouvertes de voûtes en briques s'appuyant principalement sur

poutrelles formées de rails. Elles couvrent tout le sous-sol,
et s'étendent même sous la petite cour intérieure.

Dans ces conditions, les voûtes des parties a, b, et k pourront reposer sur rails de 13 cm. de hauteur, la portée n'étant
que de 4 m. 40. En (a), où la largeur est de 3 m. 75, on formera

Fig. 69.

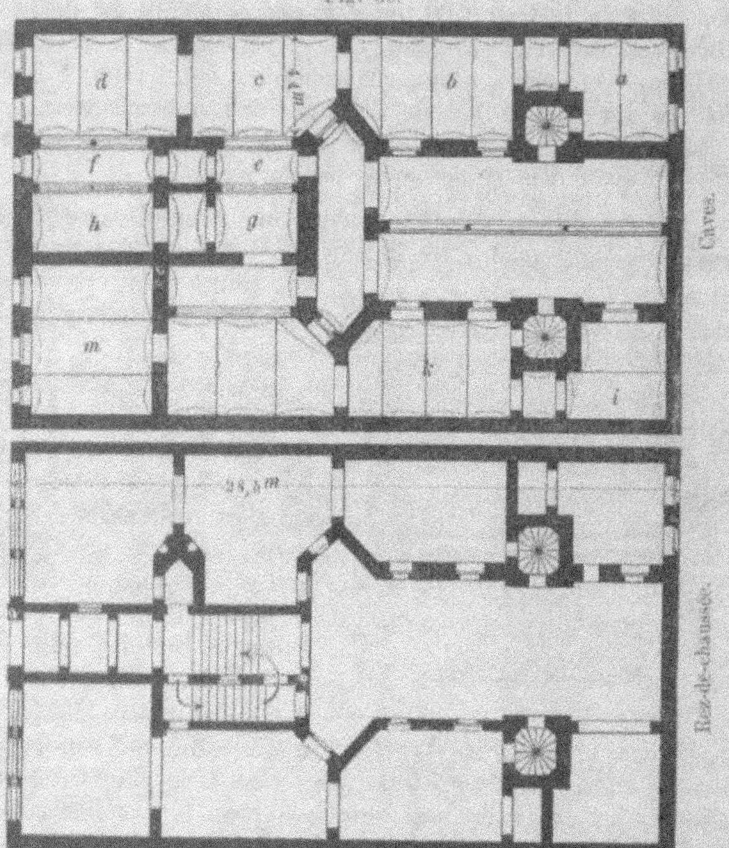


2 voûtes de 1,88 d'ouverture; en (b) et (k) où la largeur est de
7 m. 00, on en établira 4 de 1 m. 75 d'ouverture. Ces voûtes
auront l'épaisseur d'une demi-brique. En (c) et (d), les murs

qui supportent l'une des extrémités des rails sont percés de larges ouvertures. On ne peut donc, de ce côté, faire poser directement les rails sur la maçonnerie, mais on doit les appuyer sur une poutre transversale qui se composera de deux rails dans le cas particulier. La fig. 70 représente,
à plus grande échelle, une coupe suivant d—f, et la fig. 71, une coupe suivant f—h. L'entrée se trouvant 39 centimètres en contrebas des planchers du rez-de-chaussée, la voûte et les rails d'appui se trouvent en ce point placés plus bas que dans les autres parties du rez-de-chaussée. C'est ce qui ressort de la fig. 69.

Fig. 70.

Le mur entre (e) et (g) sert de mur d'appui aux escaliers des différents étages; il faut donc recouvrir l'ouverture qu'il présente par un solide linteau capable de supporter et le poids des murs et la charge des escaliers. Il est formé ici de trois rails doubles.

Le détail donné à la fig. 71, représente une coupe entre (f) et (h).

Fig. 71.

Pour les parties (c) et (d) où la portée est de 4 m. 40 et où les voûtes n'ont que 1 m. 12 d'ouverture, des rails simples suffiront. Dans les parties (l) et (m), où les voûtes ont de plus grandes ouvertures, on remplacera avantageusement les rails par des fers à double T.

Il en sera de même pour les voûtes des caves sous la cour. Elles porteront sur des fers à double T qui seront soutenus en deux points de leur longueur par des colonnes en fonte. En cette partie les voûtes auront l'épaisseur d'une brique, leur ouverture étant de 2,50 m.

On fera bien, avec des rails simples de ne pas dépasser 1 mètre d'ouverture; pour les voûtes sur rails doubles, on ira jusqu'à 1,50 m et 1,75 m, suivant la portée des rails.

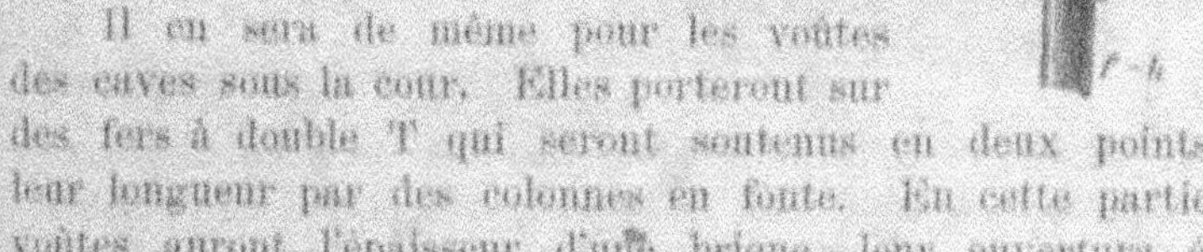

Les joints de rails, quand ils seront nécessaires, s'établi-

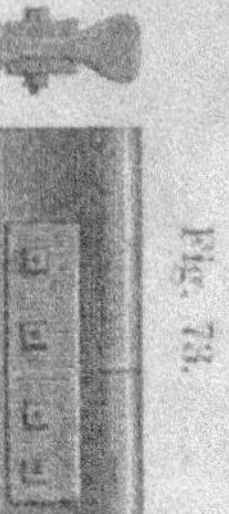

Fig. 72.

Fig. 73.

ront toujours au droit d'une colonne, et se feront au moyen d'éclisses et de boulons, fig. 72.

Dans la fig. 74, A et B, nous avons représenté le mode d'appui et de fixation des poutrelles en rails doubles, dont il a été question plus haut.

Les rails s'accouplent par la base parceque leur assemblage est alors des plus faciles; au point de vue de la résistance il y aurait au contraire avantage à les réunir par le champignon. Comme le montre la figure, l'appui se fait au moyen d'un sabot en fonte qui est lui-même relié à la maçonnerie par des boulons d'ancrage.

Dans la nouvelle synagogue de Berlin, on a fait usage de rails pour supporter le plafond voûté d'une salle de forme irrégulière, avec jour en son milieu. Deux paires de fers à double T (s), fig. 75, forment les poutres principales de l'ossature métallique. Sur ces poutres viennent reposer les rails (u) et les fers à double T (t) qui, à leur tour, supportent les rails (v).

Fig. 74.

Fig. 75.

Il est encore parlé de l'application des rails dans les exemples, figures 104, 105, 112, 113, 114, 117, 123 et 140 A—F. Afin d'éviter les redites, nous renvoyons simplement à ces exemples.

---

### b. Poutres en fer à T.

Ainsi que nous l'avons déjà vu dans l'exemple, fig. 71, quand la portée s'accroît un peu, les rails deviennent insuffisants, et il faut leur substituer des fers laminés en forme de simple ou double T.

Quand les charges sont grandes, il sera toujours préférable d'adopter un fer à double T, parceque le métal s'y trouve réparti d'une manière plus avantageuse que dans les rails.

Un fer à double T de 190 à 210 mm de hauteur, pesant autant qu'un rail de 130 mm de hauteur, pourrait, avec une portée de 1 mètre, être chargé de 15000 kg; tandis que le rail, dans les mêmes conditions ne supporterait qu'environ 9000 kg.

Le prix des fers à T varie selon le cours. On peut indiquer comme approximation, le prix de 30 à 35 frs., pour fers jusqu'à 260 mm. de hauteur. Au delà de cette dimension, les prix subissent des plus-values qui vont en augmentant avec l'accroissement de hauteur. Il y a également addition d'une plus-value lorsque la longueur des barres dépasse 6 à 7,00 m.

Quand le poids du métal contenu dans le fer à T est supérieur à 500 kg, ou quand la longueur de la barre dépasse 11,00 m. le prix de revient du fer s'élève au point de rendre un poutre en tôle et cornières plus avantageuse.

On emploie dans la construction des fers à simple T et des fers à double T. La seconde classe de fers est de beaucoup la plus usitée[1]) et la plus avantageuse.

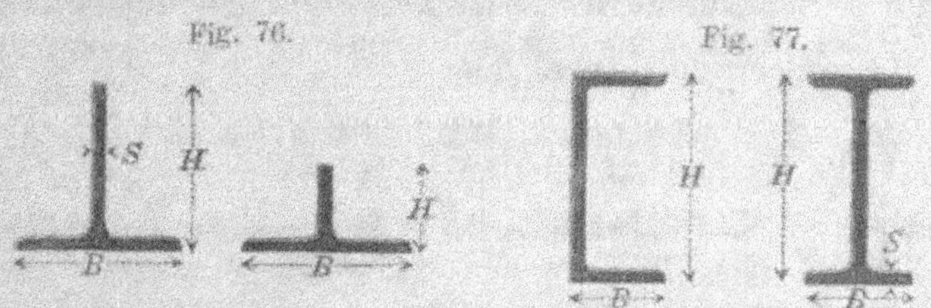

Fig. 76. Fig. 77.

Si H désigne la hauteur et B la largeur du fer à simple T, on peut exprimer les proportions limites, fig. 76, par les relations

[1]) Il n'en est pas ainsi en Angleterre, où les fers à simple T sont au contraire très-employés, surtout dans les charpentes métalliques

$$B : H = 2 : 1$$
$$\text{et } B : H = 1 : 2.[1]$$

Les meilleures proportions sont celles pour lesquelles B = H.

Les dimensions maxima sont:

$$B = 250 \text{ mm}[2] \text{ et } H = 150 \text{ mm}.$$

Les dimensions ordinaires des fers à double T et des fers en U fig. 77, varient pour la hauteur H: de 100 mm à 370 mm;[3] pour la largeur des ailes B: de $\frac{1}{2}$ à $\frac{1}{3}$ de H, et pour l'épaisseur de l'âme S: de $\frac{1}{7}$ à $\frac{1}{10}$ de B.

Habituellement l'épaisseur des ailes se fait à peu près égale, sinon un peu plus grande que celle de l'âme.

La forme qui convient le mieux aux poutrelles en fer laminé est celle du double T, fig. 79, A—B. L'axe neutre se trouve alors placé au milieu de la section, et pendant la déformation, les fibres également distantes de cet axe, supportent des tensions et compressions égales.

Le moment d'inertie de la section à double T est donné par la formule:

$$I = \tfrac{1}{12} (B H^3 - b h^3)$$

dans laquelle B et H ont la même signification que précédemment et

b = largeur des ailes moins l'épaisseur de l'âme,

h = hauteur du fer moins l'épaisseur des deux ailes.

La valeur de $\dfrac{I}{v}$ sera donc

$$\frac{I}{v} = \frac{B H^3 - b h^3}{6 H}$$

Exemple. — Les dimensions de la section d'une poutrelle sont:

---

[1] Ce rapport n'est jamais atteint en France; on ne dépasse guère B : H = 5 : 6.

[2] Ces limites ne correspondent pas à celles de la fabrication française. Les dimensions courantes maxima, en France, sont: B = 200 mm et H = 150 mm.

[3] En France, les hauteurs de fers de section courante varient de 80 mm à 300 mm. — Au delà de ces limites, le fer doit être considéré comme de fabrication spéciale.

$$H = 235 \text{ mm.} \qquad h = 209 \text{ mm.}$$
$$B = 91 \text{ mm.} \qquad b = 78 \text{ mm.}$$

Quel sera son moment d'inertie?

$$I = \frac{91 \times 235^3 - 78 \times 209^3}{12}$$

et

$$\frac{I}{v} = \frac{91 \times 235^3 - 78 \times 209^3}{6 \times 235}$$
$$= \frac{46889896}{141} = 332553$$

Si l'on adoptait pour unité le centimètre en place du millimètre, $\dfrac{I}{v}$ serait égal à

$$332,553$$

Si cette poutre reposait librement à ses extrémités et si la portée était de 4,50 m, elle pourrait supporter une charge uniformément répartie de

$$P = 8 \frac{R}{l} \frac{I}{v}$$

ou bien

$$P = 8 \times \frac{700}{450} \times 332,5 = 4138 \text{ kg environ.}$$

En admettant que le fer pèse 38 kg par mètre courant, le poids mort de la poutre serait de $38 \times 4,50 = 171$ kg, et la charge admissible, après déduction du poids mort, environ 4000 kg.

La fig. 79 A—L, donne quelques sections de fers spéciaux des forges de Burbach (Westphalie). Le tableau XI indique les charges maxima que ces fers peuvent porter avec sécurité quand la distance des points d'appui est de 1 mètre. Ces charges ont été calculées par la formule approchée suivante, établie par Schwedler.

$$(P - Gl) \, l = 10 \, G \left( h - \frac{3}{4} \, b \right) - 22 \, hd \, (h - 2 \, b)$$

Dans cette formule

P, désigne la charge maxima en kilogrammes,
l, la portée en mètres,

b, h et d les dimensions indiquées à la fig. 78, en centimètres, G, le poids du fer par mètre courant, en kilogrammes.

La charge est supposée uniformément répartie et la poutre, appuyée librement à ses extrémités.

Fig. 78.

La dernière colonne du tableau donne la valeur de (P + G l) l, soit la charge totale admissible pour une portée de 1 mètre. Pour des portées différentes, on obtiendra le poids maximum que pourra porter le fer en divisant le chiffre du tableau par la longueur de la portée, et en retranchant du résultat le poids mort de la poutre.

Nous trouvons, p. ex., que la plus grande charge uniformément repartie que puisse supporter le fer de section G, fig. 79 (hauteur 261 mm, épaisseur de l'âme 13 mm) quand la portée est de 1 mètre, est de 27600 kilogrammes. Quand la portée est de 5,00 m, cette charge maxima, se réduira à $\dfrac{27600}{5}$ et, s'il faut faire déduction du poids mort, à

$$\frac{27600}{5} - (5 \times 47,0) = 5285 \text{ kg.}$$

Autre exemple. — Sur une poutre de 6,28 m de portée, appuyée librement aux extrémités, doit reposer une charge uniformément repartie de 6000 kg, poids mort inclus. Quel est celui des profils du tableau XI qu'il faudra adopter?

Si la portée n'était que de 1 mètre, la charge qui produirait un moment fléchissant de même grandeur serait de

$$6000 \times 6,28 = 37680 \text{ kg.}$$

Le nombre qui se rapproche le plus de 37680 dans la dernière colonne du tableau est 39800. C'est donc le profil K qu'il faut prendre.

Nous donnons au tableau XII la résistance des fers à double T dont les sections sont indiquées à la fig. 80, A—L. Ces résistances ont été calculées par une commission de la société des Ingénieurs et Architectes de Vienne.

Les charges ont été déterminées au moyen de la formule

$$\frac{P\,l}{8} = \frac{R}{6}\left(B\,H^{2} - (B-b)\,\frac{h^{3}}{H}\right)$$

Fig. 79 A—L.

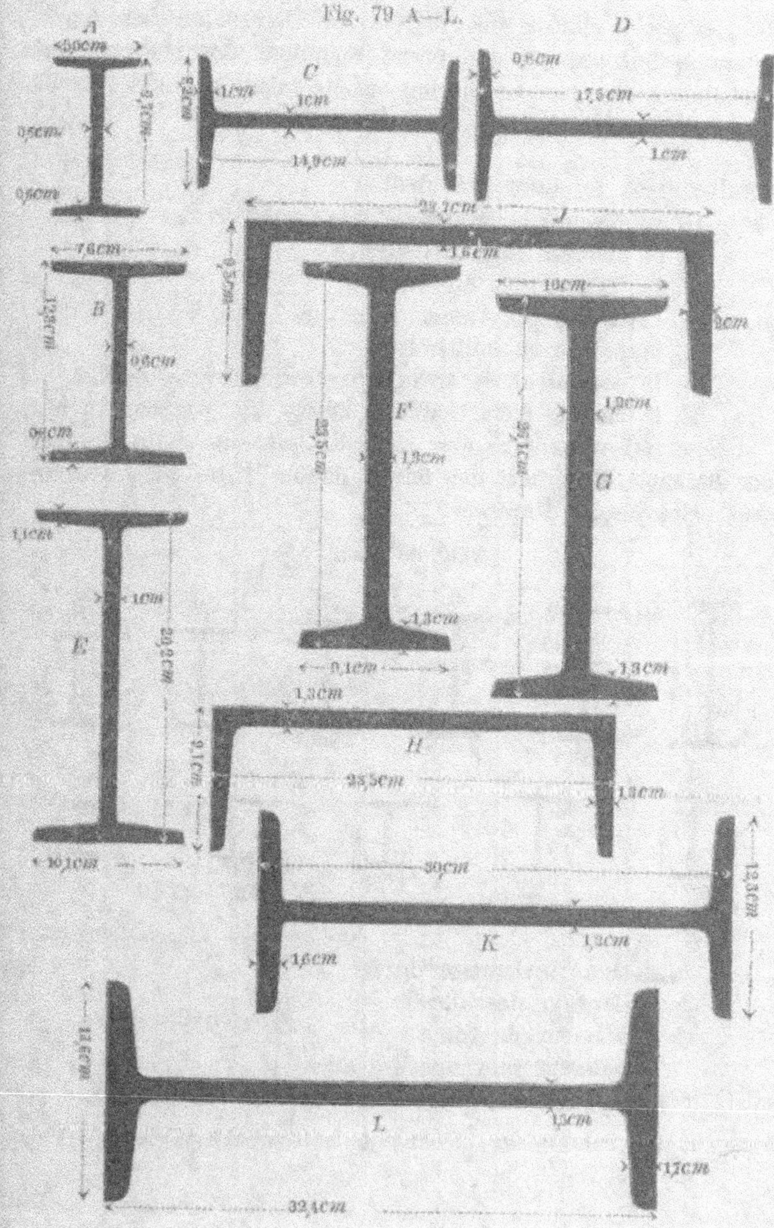

A
0,9cm
0,5cm
0,5cm
9,7cm
B
7,6cm
12,8cm
0,8cm
0,8cm
C
1cm
1cm
14,9cm
D
0,8cm
17,9cm
1cm
22,1cm
E
1,1cm
1cm
20,2cm
9,1cm
10,1cm
F
23,5cm
1,3cm
9,1cm
4,3cm
G
10cm
2cm
1,9cm
26,1cm
1,3cm
H
1,3cm
28,5cm
1,8cm
K
30cm
1,6cm
1,3cm
12,3cm
L
13,6cm
1,3cm
12cm
32,4cm

Les petits chiffres inscrits sous les charges maxima représentent les flèches (d) que prend le milieu des poutres sous l'effet de ces charges. Ces flèches ont été calculées par la formule

$$d = \frac{5}{24} \frac{R\, l}{E\, H}$$

Dans les deux formules précédentes,

H, représente la hauteur totale du fer,

h, la hauteur entre les ailes,

B, la largeur des ailes,

b, l'épaisseur de l'âme,

l, la portée en millimètres,

R, le coefficient de travail par mm carré de section,

E, le module d'élasticité = 20000 kg. par mm carré.

Nous faisons suivre une série de tableaux dans lesquels sont indiqués les profils des fers à double T les plus couramment employés en France.

Fig. 80 A—L.

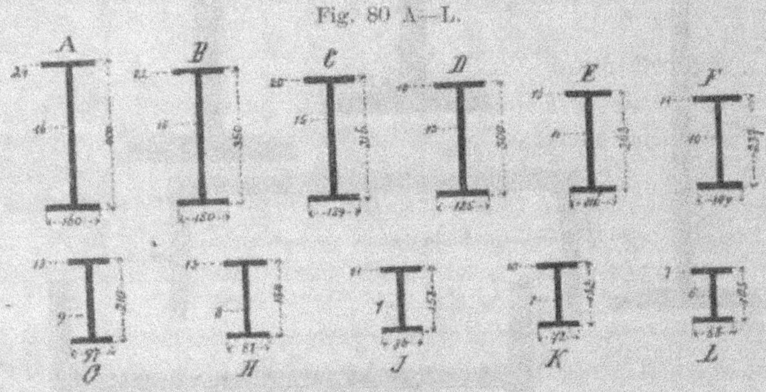

h, désigne la hauteur du fer
b, la largeur des ailes
d, l'épaisseur de l'âme        } en millimètres
t, l'épaisseur moyenne des ailes

et G le poids par mètre courant en kilogrammes. Dans ces tableaux les valeurs de $\dfrac{I}{V}$ ont pour base unitaire le mètre. Pour

# TABLEAU XI
*relatif à la résistance des fers de la fig. 79.*

| Désignation du Profil | Poids par mètre courant G en kilogs | Hauteur du fer h en millimètres | Epaisseur de l'âme d en millimètres | Epaisseur moyenne des ailes b en millimètres | $(P + G\,l)\,l$ ou charge totale admissible avec une portée de 1 m. en kilogs |
|---|---|---|---|---|---|
| A | 10,4 | 97 | 6 | 6 | 2350 |
|   | 12,3 | 97 | 10 | 6 | 2500 |
|   | 15,0 | 97 | 13 | 6 | 2930 |
| B | 15,1 | 123 | 6 | 9 | 4740 |
|   | 18,3 | 123 | 10 | 9 | 5260 |
|   | 21,5 | 123 | 13 | 9 | 5770 |
| C | 18,3 | 149 | 6 | 10 | 7000 |
|   | 22,1 | 149 | 10 | 10 | 7690 |
|   | 25,9 | 149 | 13 | 10 | 8400 |
| D | 25,5 | 175 | 10 | 9 | 10500 |
|   | 30,3 | 175 | 13 | 9 | 11690 |
|   | 35,1 | 175 | 16 | 9 | 13000 |
|   | 39,8 | 175 | 19 | 9 | 14090 |
|   | 44,6 | 175 | 22 | 9 | 15270 |
| E | 30,7 | 202 | 10 | 11 | 14800 |
|   | 35,5 | 202 | 13 | 11 | 15890 |
|   | 40,6 | 202 | 16 | 11 | 17200 |
|   | 45,8 | 202 | 20 | 11 | 18600 |
|   | 51,0 | 202 | 23 | 11 | 19650 |
| F | 40,6 | 235 | 13 | 14 | 21040 |
|   | 46,4 | 235 | 16 | 14 | 22460 |
|   | 52,2 | 235 | 20 | 14 | 24000 |
|   | 58,5 | 235 | 26 | 14 | 27300 |
| G | 42,0 | 261 | 11 | 13 | 25550 |
|   | 47,0 | 261 | 13 | 13 | 27600 |
|   | 51,1 | 261 | 16 | 13 | 28580 |
| H | 38,2 | 235 | 13 | 13 | 19010 |
|   | 44,6 | 235 | 16 | 13 | 20430 |
| I | 58,9 | 279 | 16 | 20 | 34860 |
|   | 79,7 | 279 | 26 | 20 | 42030 |
| K | 57,4 | 300 | 13 | 16 | 39800 |
|   | 64,9 | 300 | 16 | 16 | 42040 |
|   | 72,5 | 300 | 20 | 16 | 45560 |
|   | 80,1 | 300 | 22 | 16 | 48360 |
|   | 87,6 | 300 | 26 | 16 | 51260 |
| L | 75,3 | 324 | 15 | 17 | 57400 |

# TABLEAU XII
*relatif à la résistance des fers de la fig. 80.*



Charge maxima en tonnes de 1000 kg. — Flèche en millimètres. | le fer librement appuyé aux extrémités et travaillant à 10 kilogr. par millimètre carré, la portée étant de:

| Désignation du Profil | Poids par mètre lin. en kilogr. | Valeur de $\frac{1}{v}\left[\mathrm{BH}^3-(\mathrm{B}-b)\,h^3\right]$ le millim. p. unité. | Charge maxima pour la portée de 1 mètre. | 2,0 | 2,5 | 3,0 | 3,5 | 4,0 | 4,5 | 5,0 | 5,5 | 6,0 | 6,5 | 7,0 | 7,5 | 8,0 | 8,5 | 9,0 | 9,5 | 10,0 |
|---|---|---|---|---|---|---|---|---|---|---|---|---|---|---|---|---|---|---|---|---|
| A | 104,0 | 1649820 | 132,00 | 66,00 | 52,80 | 44,00 | 37,70 | 33,00 | 29,33 | 26,40 | 24,00 | 22,00 | 20,30 | 18,86 | 17,60 | 16,50 | 15,58 | 14,66 | 13,90 | 13,20 |
|  |  |  |  | 1,0 | 1,6 | 2,3 | 3,2 | 4,0 | 5,0 | 6,0 | 7,8 | 9,9 | 11,3 | 12,8 | 14,0 | 16,0 | 18,0 | 21,0 | 23,0 | 25,0 |
| B | 87,3 | 1220540 | 97,64 | 48,82 | 39,06 | 32,55 | 27,90 | 24,41 | 21,70 | 19,53 | 17,75 | 16,27 | 15,00 | 13,94 | 13,00 | 12,20 | 11,50 | 10,85 | 10,30 | 9,76 |
|  |  |  |  | 1,2 | 1,8 | 2,7 | 3,7 | 4,8 | 6,0 | 7,0 | 9,0 | 11,0 | 12,0 | 14,0 | 17,0 | 19,0 | 22,0 | 24,0 | 27,0 | 30,0 |
| C | 74,5 | 907260 | 72,58 | 36,39 | 29,03 | 24,19 | 20,70 | 18,14 | 16,13 | 14,52 | 13,20 | 12,10 | 11,17 | 10,37 | 9,68 | 9,07 | 8,54 | 8,06 | 7,64 |  |
|  |  |  |  | 1,3 | 2,0 | 3,0 | 4,0 | 5,0 | 6,0 | 8,0 | 10,0 | 12,0 | 14,0 | 16,0 | 18,0 | 21,0 | 24,0 | 27,0 | 29,0 |  |
| D | 65,0 | 730120 | 58,40 | 29,20 | 23,36 | 19,47 | 16,70 | 14,60 | 13,00 | 11,68 | 10,60 | 9,73 | 9,00 | 8,34 | 7,80 | 7,30 | 6,87 | 6,50 |  |  |
|  |  |  |  | 1,49 | 2,3 | 3,2 | 4,1 | 5,0 | 7,0 | 9,0 | 11,0 | 13,0 | 15,0 | 17,0 | 20,0 | 23,0 | 26,0 | 29,0 |  |  |
| E | 49,7 | 529010 | 42,32 | 21,16 | 16,93 | 14,11 | 12,10 | 10,58 | 9,40 | 8,46 | 7,70 | 7,05 | 6,50 | 6,05 | 5,64 | 5,30 | 4,98 |  |  |  |
|  |  |  |  | 1,6 | 2,5 | 3,6 | 5,0 | 6,0 | 8,0 | 10,0 | 12,0 | 14,0 | 17,0 | 20,0 | 22,0 | 25,8 | 29,0 |  |  |  |
| F | 40,3 | 387950 | 31,04 | 15,52 | 12,42 | 10,35 | 8,87 | 7,76 | 6,90 | 6,21 | 5,64 | 5,17 | 4,78 | 4,43 | 4,14 | 3,88 |  |  |  |  |
|  |  |  |  | 1,7 | 2,7 | 4,0 | 5,0 | 7,0 | 9,0 | 11,0 | 13,0 | 16,0 | 18,0 | 22,0 | 23,0 | 28,0 |  |  |  |  |
| G | 32,5 | 279330 | 22,35 | 11,18 | 8,94 | 7,45 | 6,40 | 5,60 | 4,97 | 4,47 | 4,06 | 3,72 | 3,44 | 3,20 | 3,00 |  |  |  |  |  |
|  |  |  |  | 2,0 | 3,0 | 4,5 | 6,0 | 8,0 | 10,0 | 12,0 | 15,0 | 18,0 | 21,0 | 24,0 | 29,0 |  |  |  |  |  |
| H | 26,6 | 209290 | 16,74 | 8,37 | 6,70 | 5,58 | 4,78 | 4,18 | 3,72 | 3,35 | 3,04 | 2,79 | 2,58 | 2,40 |  |  |  |  |  |  |
|  |  |  |  | 2,3 | 3,5 | 5,0 | 7,0 | 9,0 | 11,0 | 14,0 | 17,0 | 20,0 | 23,0 | 27,0 |  |  |  |  |  |  |
| I | 21,7 | 146250 | 11,70 | 5,85 | 4,68 | 3,90 | 3,34 | 2,92 | 2,60 | 2,34 | 2,13 | 1,95 |  |  |  |  |  |  |  |  |
|  |  |  |  | 2,6 | 4,0 | 6,0 | 8,0 | 10,0 | 13,0 | 16,0 | 20,0 | 24,0 |  |  |  |  |  |  |  |  |
| K | 16,9 | 92490 | 7,40 | 3,70 | 2,96 | 2,47 | 2,11 | 1,85 | 1,64 | 1,48 |  |  |  |  |  |  |  |  |  |  |
|  |  |  |  | 3,0 | 5,0 | 7,0 | 10,0 | 13,0 | 16,0 | 20,0 |  |  |  |  |  |  |  |  |  |  |
| L | 9,9 | 42320 | 3,38 | 1,69 | 1,35 | 1,13 | 0,96 | 0,85 |  |  |  |  |  |  |  |  |  |  |  |  |
|  |  |  |  | 3,9 | 5,0 | 7,0 | 10,0 | 13,0 |  |  |  |  |  |  |  |  |  |  |  |  |

# TABLEAU XIII

*donnant les fers à double T de l'Album des Usines du Creusot.*

| Fer à | h | d | b | t | G | $\frac{I}{v}$ |
|---|---|---|---|---|---|---|
| Petites Ailes | 80 | 4,5 | 40,0 | 7,0 | 7,00 | 0,000021087 |
|  | 80 | 10,0 | 45,5 | 7,2 | 10,50 | 0,000026864 |
| „ „ | 100 | 5,0 | 43,0 | 7,5 | 9,00 | 0,000032144 |
|  | 100 | 10,5 | 48,5 | 7,7 | 13,00 | 0,000041956 |
| „ „ | 120 | 5,5 | 45,0 | 8,7 | 10,00 | 0,000046975 |
|  | 120 | 11,0 | 50,5 | 9,0 | 15,00 | 0,000060573 |
| Larges „ | 125 | 7,0 | 75,0 | 8,5 | 16,00 | 0,000080814 |
|  | 125 | 10,0 | 78,0 | 8,5 | 19,00 | 0,000088626 |
| Petites „ | 140 | 6,0 | 49,0 | 9,0 | 13,00 | 0,000064808 |
|  | 140 | 12,0 | 55,0 | 9,2 | 19,00 | 0,000084408 |
| „ „ | 160 | 6,0 | 54,0 | 9,7 | 15,00 | 0,000088727 |
|  | 160 | 12,0 | 59,5 | 9,8 | 22,00 | 0,000112193 |
| Larges „ | 175 | 8,0 | 80,0 | 11,0 | 22,50 | 0,000157890 |
|  | 175 | 15,0 | 87,0 | 11,0 | 32,00 | 0,000193621 |
| Petites „ | 180 | 8,0 | 58,0 | 10,5 | 18,75 | 0,000121787 |
|  | 180 | 15,0 | 65,0 | 10,7 | 28,50 | 0,000159587 |
| „ „ | 200 | 8,0 | 60,0 | 11,5 | 21,20 | 0,000153765 |
|  | 200 | 15,0 | 67,0 | 11,7 | 32,15 | 0,000199880 |
| Larges „ | 200 | 9,0 | 90,0 | 10,7 | 28,00 | 0,000219316 |
|  | 200 | 15,0 | 96,0 | 10,8 | 37,50 | 0,000259316 |
| „ „ | 200 | 10,0 | 102,0 | 12,5 | 34,00 | 0,000272236 |
|  | 200 | 15,0 | 107,0 | 12,5 | 42,00 | 0,000305569 |
| Petites „ | 220 | 8,5 | 64,0 | 11,7 | 24,60 | 0,000195650 |
|  | 220 | 15,5 | 71,0 | 12,1 | 36,60 | 0,000260838 |
| Larges „ | 235 | 9,0 | 95,0 | 12,0 | 32,00 | 0,000297349 |
|  | 235 | 14,6 | 100,0 | 12,0 | 41,00 | 0,000343369 |
| „ „ | 235 | 10,0 | 106,0 | 12,7 | 38,00 | 0,000357460 |
|  | 235 | 15,0 | 111,0 | 12,7 | 47,00 | 0,000403481 |
| „ „ | 250 | 10,0 | 100,0 | 12,5 | 37,00 | 0,000358229 |
|  | 250 | 15,0 | 105,0 | 12,5 | 46,50 | 0,000410312 |
| „ „ | 250 | 10,0 | 115,0 | 12,1 | 38,00 | 0,000361986 |
|  | 250 | 15,0 | 120,0 | 12,2 | 48,00 | 0,000414069 |
| „ „ | 250 | 11,0 | 130,0 | 13,5 | 46,00 | 0,000438408 |
|  | 250 | 16,0 | 135,0 | 13,5 | 56,00 | 0,000490491 |

## TABLEAU XIV

*donnant les fers à double T de l'Album des Forges de Terre-Noire, La Voulte et Bessèges.*

| Fer à | h | d | b | G | $\dfrac{I}{V}$ |
|---|---|---|---|---|---|
| Petites Ailes | 70 | 9 | 49 | 9,45 | 0,00002330 |
|  | 70 | 11 | 51 | 10,55 | 0,00002492 |
| " " | 80 | 5 | 42 | 8,00 | 0,00002060 |
|  | 80 | 8 | 45 | 9,87 | 0,00002380 |
| " " | 100 | 5 | 43 | 8,00 | 0,00003105 |
|  | 100 | 9 | 47 | 11,10 | 0,00003771 |
| " " | 120 | 5 | 45 | 10,00 | 0,00004707 |
|  | 120 | 10 | 50 | 14,68 | 0,00005667 |
| " " | 140 | 6 | 49 | 13,00 | 0,00006601 |
|  | 140 | 13 | 56 | 20,64 | 0,00008831 |
| " " | 160 | 6,5 | 50 | 14,20 | 0,00008359 |
|  | 160 | 15 | 58,5 | 24,80 | 0,00011985 |
| Larges " | 160 | 8 | 78 | 23,20 | 0,00015130 |
|  | 160 | 12 | 82 | 27,99 | 0,00016840 |
| Petites " | 180 | 7,5 | 55 | 18,50 | 0,0001290 |
|  | 180 | 16 | 63,5 | 30,43 | 0,0001650 |
| " " | 200 | 7 | 62 | 23,00 | 0,0001467 |
|  | 200 | 20 | 75 | 43,00 | 0,0002332 |
| Larges " | 200 | 7,5 | 100 | 34,00 | 0,0002734 |
|  | 200 | 16 | 108,5 | 47,30 | 0,0003900 |
| Petites " | 220 | 7 | 62 | 24,50 | 0,0001819 |
|  | 220 | 20 | 75 | 46,80 | 0,0002867 |
| Larges " | 220 | 9 | 95 | 34,00 | 0,0003277 |
|  | 220 | 14 | 100 | 42,60 | 0,0003680 |
| Petites " | 260 | 10 | 69 | 31,60 | 0,0002823 |
|  | 260 | 20 | 79 | 52,00 | 0,0003950 |
| Larges " | 260 | 9 | 117 | 43,00 | 0,0004902 |
|  | 260 | 14 | 122 | 51,00 | 0,0005465 |

## TABLEAU XV

*donnant les fers à double T de l'Album des Forges de Chatillon et Commentry.*

| Fer à | h | d | b | t | G | $\dfrac{I}{v}$ |
|---|---|---|---|---|---|---|
| Petites Ailes | 80 | 8,5 | 40 | 7 | 6,50 | 0,000019708 |
| | 80 | 10,0 | 46,5 | 7 | 11,00 | 0,000028697 |
| Larges „ | 80 | 8,5 | 55 | 8 | 7,50 | 0,000028054 |
| | 80 | 8,5 | 60 | 8 | 10,50 | 0,000033220 |
| Petites „ | 100 | 5 | 43 | 7 | 8,25 | 0,000031859 |
| | 100 | 10 | 48 | 7 | 12,45 | 0,000040694 |
| Larges „ | 100 | 4 | 60 | 9 | 10,00 | 0,000046804 |
| | 100 | 9 | 65 | 9 | 14,00 | 0,000054853 |
| Petites „ | 120 | 5 | 45 | 6 | 9,50 | 0,000043433 |
| | 120 | 12,5 | 52,5 | 7 | 17,00 | 0,000065383 |
| Larges „ | 120 | 7 | 70 | 10 | 16,00 | 0,000084196 |
| | 120 | 14 | 77 | 11 | 22,50 | 0,000102256 |
| Petites „ | 140 | 6 | 47 | 7 | 12,50 | 0,000060978 |
| | 140 | 13,5 | 54,5 | 8 | 21,30 | 0,000090153 |
| Larges „ | 140 | 8 | 80 | 13 | 22,24 | 0,000136622 |
| | 140 | 12 | 84 | 13 | 26,52 | 0,000145070 |
| Petites „ | 160 | 6,5 | 48 | 7 | 13,00 | 0,000079585 |
| | 160 | 16,0 | 57,5 | 8 | 26,70 | 0,000118252 |
| Larges „ | 160 | 8 | 80 | 11 | 22,00 | 0,000149335 |
| | 160 | 12 | 84 | 11 | 27,00 | 0,000168913 |
| „ „ | 160 | 10 | 120 | 13 | 34,50 | 0,000236816 |
| | 160 | 18 | 128 | 13 | 43,50 | 0,000279527 |
| „ „ | 170 | 10 | 100 | 11 | 28,50 | 0,000190399 |
| | 170 | 15 | 105 | 11 | 35,00 | 0,000225253 |
| „ „ | 175 | 8 | 80 | 9 | 19,50 | 0,000139222 |
| | 175 | 13 | 85 | 9 | 26,20 | 0,000164742 |
| Petites „ | 180 | 7,5 | 55 | 10 | 20,00 | 0,000121315 |
| | 180 | 16,0 | 63,5 | 10 | 31,00 | 0,000167400 |
| Larges „ | 180 | 8 | 70 | 12 | 22,00 | 0,000173244 |
| | 180 | 16 | 78 | 13 | 33,00 | 0,000215503 |
| „ „ | 180 | 8 | 100 | 13 | 29,00 | 0,000219963 |
| | 180 | 12 | 104 | 13 | 34,50 | 0,000250050 |
| Petites „ | 200 | 8 | 60 | 12 | 23,00 | 0,000171111 |
| | 200 | 16 | 68 | 12 | 37,50 | 0,000225111 |
| Larges „ | 200 | 10 | 110 | 13 | 38,00 | 0,000306869 |
| | 200 | 17 | 117 | 13 | 50,00 | 0,000342345 |

## TABLEAU XV (suite)

*donnant les fers à double T de l'Album des Forges de Chatillon
et Commentry.*

| Fer à | h | d | b | t | G | $\frac{\mathrm{I}}{\mathrm{v}}$ |
|---|---|---|---|---|---|---|
| Larges Ailes | 200 | 12 | 200 | 14 | 70,00 | 0,000566734 |
|  | 200 | 15 | 203 | 15 | 74,00 | 0,000583630 |
| Petites ,, | 220 | 8 | 64 | 11 | 25,00 | 0,000199100 |
|  | 220 | 16 | 72 | 12 | 40,00 | 0,000265180 |
| Larges ,, | 220 | 9 | 95 | 14 | 33,60 | 0,000314321 |
|  | 220 | 14 | 100 | 14 | 40,50 | 0,000346275 |
| ,, ,, | 235 | 10 | 95 | 10,5 | 35,00 | 0,000338167 |
|  | 235 | 15 | 100 | 10,5 | 44,00 | 0,000377985 |
| ,, ,, | 248 | 10 | 127 | 15 | 46,00 | 0,000478000 |
|  | 248 | 14 | 131 | 15 | 53,00 | 0,000531100 |
| ,, ,, | 250 | 10 | 100 | 12 | 36,25 | 0,000357620 |
|  | 250 | 17 | 107 | 12 | 49,90 | 0,000430536 |
| Petites ,, | 260 | 10 | 69 | 13 | 31,50 | 0,000282265 |
|  | 260 | 20 | 79 | 14 | 50,00 | 0,000396789 |
| Larges ,, | 260 | 9 | 117 | 15 | 43,00 | 0,000480519 |
|  | 260 | 14 | 122 | 15 | 51,00 | 0,000536000 |
| ,, ,, | 300 | 12 | 120 | 17 | 65,00 | 0,000732142 |
|  | 300 | 20 | 128 | 18 | 85,00 | 0,000857143 |
| ,, ,, | 350 | 14 | 150 | 21,7 | 84,25 | 0,001200600 |
|  | 350 | 16 | 152 | 21,7 | 89,75 | 0,001240449 |

passer de ces valeurs à celles reposant sur le centimètre, il
suffira de multiplier les chiffres par 1000000.

En pratique, on choisit toujours l'un des profils qui se trouvent sur le marché, et parmi ceux-ci, celui qui se rapproche
le plus des dimensions fournies par le calcul.

## TABLEAU XVI

*donnant les fers à double T de l'Album des Forges de Montataire.*

| Fer à | h | d | b | t | G | $\dfrac{I}{v}$ |
|---|---|---|---|---|---|---|
| Petites Ailes | 100 | 6 | 42 | 8 | 8,06 | 0,000034437 |
| | 100 | 11 | 47 | 8 | 12,06 | 0,000042770 |
| " " | 120 | 6 | 45 | 9 | 11,10 | 0,000050518 |
| | 120 | 11 | 50 | 9 | 15,85 | 0,000062518 |
| " " | 140 | 7 | 50 | 10 | 13,25 | 0,000074876 |
| | 140 | 12 | 55 | 10 | 18,00 | 0,000091209 |
| " " | 160 | 8 | 55 | 8,5 | 16,50 | 0,000091502 |
| | 160 | 15 | 62 | 8,5 | 25,00 | 0,000121368 |
| Larges " | 175 | 8 | 80 | 9 | 23,50 | 0,000142969 |
| | 175 | 13 | 85 | 9 | 30,30 | 0,000168490 |
| Petites " | 180 | 9 | 60 | 10 | 20,00 | 0,000138615 |
| | 180 | 16 | 67 | 10 | 30,00 | 0,000175900 |
| " " | 200 | 9 | 65 | 10 | 22,00 | 0,000161173 |
| | 200 | 16 | 72 | 10 | 33,00 | 0,000207839 |
| " " | 220 | 9 | 65 | 10,5 | 24,30 | 0,000190005 |
| | 220 | 18 | 74 | 10,5 | 39,00 | 0,000262605 |

Soit un fer de 5,00 m. de portée, librement appuyé aux extrémités et chargé uniformément d'un poids de 6000 kg. Quel profil conviendra-t-il d'adopter?

Nous avons

$$\frac{I}{v} = \frac{Pl}{8R} = \frac{6000 \times 500}{8 \times 700} = 536.$$

ou, en prenant le mètre pour unité.

$$\frac{I}{v} = 0,000536$$

En nous reportant au tableau XV, nous voyons que le fer, à larges ailes, de $260 \times 122 \times 14$, pesant 51 kg. le mètre, répond le mieux à la question.

## TABLEAU XVII

*donnant les fers à double T de l'Album des Forges de Franche-Comté.*

| Profil No. | Fer à | h | d | b | G | I/v |
|---|---|---|---|---|---|---|
| 63 | Petites Ailes | 80 | 4 | 38 | 6,50 | 0,0000021059 |
| 64 |  | 80 | 8 | 42 | 9,00 | 0,0000025326 |
| 65 | „ „ | 100 | 5 | 44 | 9,00 | 0,0000036075 |
| 66 |  | 100 | 8 | 47 | 11,50 | 0,0000041075 |
| 67 | „ „ | 120 | 6 | 46 | 10,70 | 0,0000050585 |
| 68 |  | 120 | 11 | 51 | 15,00 | 0,0000062585 |
| 204 | Larges „ | 120 | 6 | 70 | 18,00 | 0,0000092088 |
| 205 |  | 120 | 12 | 76 | 23,50 | 0,0000106188 |
| 69 | Petites „ | 140 | 7 | 46 | 14,00 | 0,0000073444 |
| 70 |  | 140 | 12 | 51 | 19,50 | 0,0000089894 |
| 202 | Larges „ | 140 | 7 | 80 | 22,00 | 0,000130604 |
| 203 |  | 140 | 14 | 87 | 29,50 | 0,000155471 |
| 71 | Petites „ | 160 | 7 | 47 | 16,00 | 0,0000096242 |
| 72 |  | 160 | 13 | 53 | 23,50 | 0,000122863 |
| 190 | Larges „ | 160 | 7,5 | 80 | 23,00 | 0,000155450 |
| 191 |  | 160 | 14,0 | 86,5 | 31,00 | 0,000183183 |
| 193 | „ „ | 175 | 7,5 | 80 | 24,50 | 0,000175685 |
| 189 |  | 175 | 14,0 | 86,5 | 32,00 | 0,000203708 |
| 73 | Petites „ | 180 | 8 | 58 | 20,00 | 0,000134340 |
| 74 |  | 180 | 15 | 60 | 30,00 | 0,000172561 |
| 115 | Larges „ | 180 | 10 | 100 | 32,00 | 0,000241824 |
| 116 |  | 180 | 15 | 105 | 39,00 | 0,000268824 |
| 75 | Petites „ | 200 | 8 | 59 | 24,50 | 0,000191917 |
| 76 |  | 200 | 15 | 66 | 35,50 | 0,000239522 |
| 200 | Larges „ | 200 | 10 | 100 | 35,00 | 0,000291059 |
| 201 |  | 200 | 16 | 106 | 44,50 | 0,000331059 |
| 77 | Petites „ | 220 | 8 | 60 | 25,00 | 0,000217224 |
| 78 |  | 220 | 16 | 68 | 38,00 | 0,000281757 |
| 113 | Larges „ | 220 | 10 | 110 | 36,00 | 0,000344099 |
| 114 |  | 220 | 16 | 116 | 46,00 | 0,000392499 |
| 192 | „ „ | 235 | 10 | 90 | 34,00 | 0,000322095 |
| 188 |  | 235 | 16 | 96 | 45,00 | 0,000377329 |
| 79 | „ „ | 260 | 10 | 120 | 45,50 | 0,000498833 |
| 80 |  | 260 | 19 | 129 | 64,00 | 0,000601799 |
| 111 | „ „ | 300 | 12 | 120 | 57,00 | 0,000700860 |
| 112 |  | 300 | 20 | 128 | 76,00 | 0,000820860 |

## TABLEAU XVIII

*fers à double T des Forges d'Ars s/M.*

| Profil No. | Fer a | h | d | b | t | G | $\frac{I}{v}$ |
|---|---|---|---|---|---|---|---|
| 1a | Larges Ailes | 80 | 6 | 54,5 | 7,5 | 9,50 | 0,0000300 |
| 2b | » » | 100 | 6 | 49 | 9 | 12,00 | 0,0000390 |
| 3a | » » | 125 | 6 | 75 | 9 | 15,00 | 0,0000825 |
| b | » » | 124 | 8 | 82 | 9 | 17,00 | 0,0001050 |
| 5a | » » | 150 | 7 | 80 | 10 | 20,00 | 0,0001215 |
| b | » » | 149 | 8 | 86 | 11 | 23,00 | 0,0001600 |
| 7a | » » | 175 | 8 | 80 | 11 | 23,00 | 0,0001600 |
| b | » » | 174 | 9 | 86 | 11 | 26,50 | 0,0001720 |
| c | » » | 180 | 8 | 100 | 12 | 30,50 | 0,0002100 |
| 8a | » » | 200 | 8 | 100 | 11 | 30,00 | 0,0002390 |
| b | » » | 199 | 9 | 105 | 12,3 | 32,00 | 0,0002630 |
| c | » » | 200 | 9 | 110 | 13 | 34,80 | 0,0002780 |
| 9a | » » | 235 | 9,5 | 92 | 10,5 | 31,50 | 0,0002740 |
| b | » » | 235 | 11 | 96 | 14 | 36,00 | 0,0003480 |
| c | » » | 233 | 11 | 108 | 15 | 41,50 | 0,0003800 |
| 10a | » » | 261 | 11,5 | 100 | 13,5 | 39,50 | 0,0004040 |
| b | » » | 260 | 11,5 | 107 | 15 | 45,50 | 0,0004800 |
| c | » » | 260 | 12 | 130 | 14 | 51,00 | 0,0005120 |
| d | » » | 259 | 14 | 117 | 19 | 60,00 | 0,0005890 |
| 11a | » » | 300 | 12 | 130 | 15,5 | 58,00 | 0,0006740 |
| b | » » | 299 | 13 | 138 | 17 | 65,50 | 0,0007590 |
| 12a | » » | 320 | 14 | 138 | 19 | 73,50 | 0,0008840 |
| b | » » | 325 | 17 | 140 | 20 | 80,00 | 0,0009480 |
| 13a | » » | 305 | 15 | 152 | 23 | 83,00 | 0,0010470 |
| 15a | » » | 400 | 16 | 149 | 17 | 83,00 | 0,0012000 |
| c | » » | 410 | 15 | 160 | 18 | 92,50 | 0,0014660 |

Si le calcul conduisait à une valeur de $\frac{I}{v}$ supérieure à celles des plus grands fers donnés aux tableaux, on pourrait néanmoins faire usage de l'un de ces fers, en rivant sur les ailes deux plates-bandes en tôle, de manière à augmenter le moment d'inertie du fer. En calculant ce moment, il faudra naturellement faire déduction des trous de rivet des plates-bandes.

Au point d'appui de la poutre sur le mur, on pourra disposer des briques en encorbellement de manière à augmenter la longueur l'appui. Cette disposition est représentée à la fig. 81 A et B, où le fer à double T est supposé porter une cloison d'une demi-brique d'épaisseur.

Exemple. — Un fer à double T, de 3,75 m. de portée, doit supporter une cloison en briques de 3,75 m. de hauteur et de

Fig. 81.

0,11 m. d'épaisseur. Quelle sera la section à donner au fer, en supposant qu'il repose librement aux extrémités?

Le mètre cube de maçonnerie pesant 1600 kg, nous aurons pour charge, poids mort non compris,

$$P = 0,11 \times 3,75 \times 3,75 \times 1600 = 2475 \text{ kg.}$$

En supposant provisoirement un fer de 30 kg p. m., la charge totale sera de $2475 + 112,5 = 2587,5$ kg, soit 2600 kg,

en chiffres ronds. Donc

$$\frac{I}{v} = \frac{2600 \times 375}{8 \times 700} = 174,1,$$

et, en prenant le mètre pour unité

$$\frac{I}{v} = 0,0001741$$

Le profil No. 193 du tableau XVII convient bien au cas présent.

Fig. 82.

Lorsque l'épaisseur de la maçonnerie est grande, il faudra adopter deux ou plusieurs fers, de manière à fournir une meilleure assise à la maçonnerie. La fig. 82 représente une disposition de ce genre. Deux fers à double T y soutiennent un mur d'une brique d'épaisseur.

Ces fers multiples sont maintenus, tous les mètres environ, par un entretoisement formé de croisillons et d'une ceinture en fer plat. Les croisillons se remplacent quelquefois par des fourrures en fonte, de la forme indiquée à la fig. 83.

Fig. 83.

Les applications des fers à T sont analogues à celles des rails. Comme pour ceux-ci, on peut augmenter l'effet utile du fer en faisant usage d'arcs de décharge, fig. 84.

Fig. 84.

On trouvera aux figures 103, 104, 127, 139, 140 et 142 d'autres exemples de l'application des fers à double T.

## 2. Poutres à âme pleine.

Quand la portée de la poutre est grande, le calcul conduit à une section dont les dimensions dépassent celles des fers indiqués aux tableaux précédents. Le prix du fer à double T augmente avec sa hauteur, en sorte qu'à partir de certaines limites, l'emploi de poutres en tôle et cornières devient plus économique que celui de fers à T. C'est pour cette raison que la plupart des forges n'ont en magasin que des fers dont la hauteur ne dépasse pas 350 et 400 mm[1])

Les poutres à âme pleine se composent d'une tôle verticale, appelée l'âme de la poutre, et de 4 cornières horizontales sur lesquelles sont rivées une ou plusieurs tôles, selon la résistance requise, constituant les plates-bandes de la poutre, fig. 85 et 86.

Fig. 85.          Fig. 86.

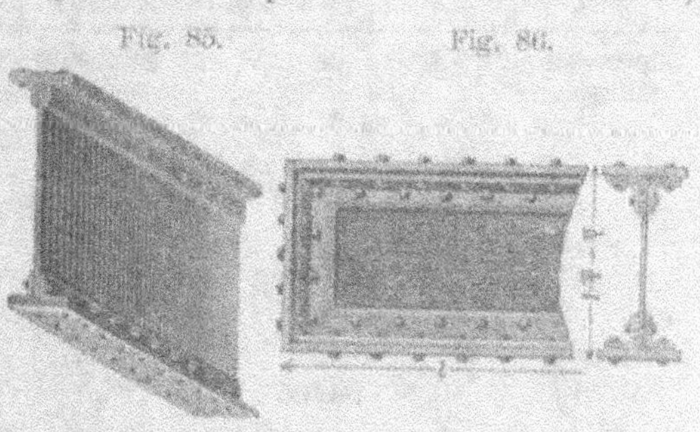

La hauteur des poutres en tôle dont on se sert dans les constructions civiles, varie du $\frac{1}{15}$ au $\frac{1}{25}$ de la longueur, suivant

---

1) En France, on peut considérer comme limites des hauteurs courantes 200 et 300 mm.

la grandeur de la charge et de la portée.[1] Pour une portée de 14,00 m, la hauteur serait, par exemple, d'environ 0,80 m; pour une portée de 10,00 m. elle serait de 0,50 m à 0,65 m.

Passons en revue les différentes parties de la poutre. —

## a. Âme.

Les tôles formant l'âme de la poutre se prennent d'assez grande longueur, de manière à ne pas augmenter inutilement le nombre des joints. Suivant l'épaisseur de la tôle, cette longueur atteindra de 3,00 m. à 4,75 m. On ne dépasse guère ces limites parcequ'au delà, le prix de la tôle augmente sensiblement. La plus grande largeur de tôle en usage dans les constructions est d'environ 1,50 m.[2]

L'épaisseur de l'âme varie de 5 à 18 mm. Dans les cas ordinaires, une épaisseur de 8 à 10 mm suffit. Ce n'est que dans les poutres supportant de fortes charges, telle qu'un mur de façade de plusieurs étages, que l'on à recours à des épaisseurs de 11 à 16 mm.

Le tableau XIX donne le poids par mètre carré des tôles d'épaisseur courante.

## TABLEAU XIX.
*Poids des tôles.*

| Épaisseur en millimètres | Poids par m. q. en kilogr. | Épaisseur en millimètres | Poids par m. q. en kilogr. |
|---|---|---|---|
| 1 | 7,78 | 11 | 85,58 |
| 3 | 23,34 | 12 | 93,36 |
| 5 | 38,90 | 13 | 101,14 |
| 6 | 46,68 | 14 | 108,92 |
| 7 | 54,46 | 15 | 116,70 |
| 8 | 62,24 | 16 | 124,48 |
| 9 | 70,02 | 18 | 140,04 |
| 10 | 77,80 | 20 | 155,60 |

---

[1] Au point de vue de l'économie de matière il y a toujours avantage à prendre le rapport le plus élevé; cependant, dans la pratique, les dispositions particulières de la construction rendent souvent les petites hauteurs obligatoires. Dans les ponts, où des considérations de ce genre n'existent pas,

Les joints de l'âme se font en plaçant les tôles bout à bout,
et en les recouvrant de chaque côté par une bande en fer plat;
la somme des sections des deux bandes doit être au moins égale
à la section transversale de l'âme.[3]

### Rivets.

L'écartement et le diamètre des rivets doivent être en
rapport avec l'épaisseur des tôles. Si $e$ désigne cette épaisseur,
on pourra faire l'écartement d'axe en axe égal à $5\,e$, pour joints
étanches, et à $10\,e$ pour joints ordinaires. En
général, l'écartement variera entre 130 et 185 mm.
Le diamètre des rivets sera compris entre 15 et
22,5 mm, et ira exceptionnellement jusqu'à 25 mm.[4]

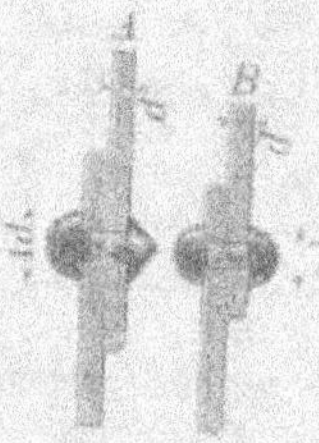

Les dimensions des rivets sont:

Pour un joint étanche, diamètre du rivet $2\,e$

   fig. 87, B.     diamètre de la tête $3\,e$.

Pour un joint ordinaire, diamètre du rivet $3\,e$

   fig. 87, A.     diamètre de la tête $4\,e$.[5]

Fig. 87.

### b. Cornières.

Les cornières constituent une des parties importantes de
la poutre, car elles forment la liaison entre l'âme et les plates-

---

on adopte généralement une hauteur du $\frac{1}{10}$; on a même été jusqu'au $\frac{1}{8}$
dans des constructions de date récente.

[2] Les forges françaises vont jusqu'à 2,00 m de largeur, la longueur
limite étant alors de 2,00 m à 2,25 m. Quand l'épaisseur et la largeur de
la tôle sont données, on détermine sa longueur limite en exprimant que son
poids ne doit pas dépasser 250 à 275 kg.

[3] On remplace fréquemment les couvre-joints en fer plat par des fers
à simple T, établissant de la sorte un montant à l'endroit du joint.

[4] Une règle empirique assez fréquemment employée pour le déterminer,
est la suivante. L'épaisseur $e$ de la tôle, et le diamètre $d$ du rivet étant
exprimés en centimètres,

$$d = 0{,}4 + 1{,}5\,e.$$

[5] Ces proportions ne correspondent pas à celles en usage en France.
Les divers constructeurs ont des règles assez différentes à cet égard. On
peut citer comme proportions usuelles

     diamètre de la tête $\frac{9}{5}\,d$.

     hauteur « » » » $\frac{4}{5}\,d$.

bandes. Les côtés des cornières peuvent être égaux ou inégaux; ils forment entre eux un angle droit.[1]

Dans la construction des poutres métalliques, on n'emploie guère que des cornières dont les côtés sont compris entre 60 et 100 mm, avec une épaisseur variant du $^1/_6$ au $^1/_9$ soit de 8 à 14 mm, et une longueur de barre de 7,50 m à 9,50 m.

Les tableaux suivants donnent les poids de quelques cornières égales et inégales.

b, désigne la largeur du côté de la cornière,

d, son épaisseur moyenne,

G, le poids en kilogr. par mètre courant, b et d exprimés en millimètres.

## TABLEAU XX.
*Poids des cornières égales.*

| b en millim. | d en millim. | G en kilogr. | b en millim. | d en millim. | G en kilogr. |
|---|---|---|---|---|---|
| 20 | $3^1/_4$ | 0,88 | 60 | 5 | 4,54 |
| 20 | $4^1/_4$ | 1,20 | 60 | 7 | 6,14 |
| $22^1/_2$ | $3^1/_4$ | 1,10 | 65 | $7^1/_4$ | 6,50 |
| $22^1/_2$ | $4^1/_4$ | 1,45 | 65 | $9^1/_4$ | 8,50 |
| 25 | $3^3/_4$ | 1,30 | 70 | $7^1/_4$ | 7,25 |
| 25 | $4^3/_4$ | 1,70 | 70 | $10^1/_4$ | 10,75 |
| 27 | $3^3/_4$ | 1,55 | 75 | $7^3/_4$ | 8,50 |
| 27 | $4^3/_4$ | 1,95 | 75 | 11 | 11,99 |
| 30 | $4^1/_4$ | 1,80 | 80 | $7^1/_2$ | 9,25 |
| 30 | $5^1/_4$ | 2,25 | 80 | 11 | 12,60 |
| 35 | $4^1/_2$ | 2,35 | 90 | 10 | 13,17 |
| 35 | $5^1/_2$ | 3,10 | 90 | 15 | 18,83 |
| 40 | 5 | 2,85 | 100 | $11^1/_2$ | 16,50 |
| 40 | 6 | 3,45 | 100 | $16^1/_2$ | 23,25 |
| 45 | $5^3/_4$ | 3,60 | 110 | $11^1/_2$ | 18,60 |
| 45 | $7^1/_4$ | 4,40 | 110 | $15^1/_2$ | 24,50 |
| 50 | 6 | 4,25 | 125 | 11 | 20,50 |
| 50 | 8 | 5,60 | 125 | 17 | 30,50 |
| 55 | $6^1/_4$ | 5,00 | | | |
| 55 | $8^1/_4$ | 6,25 | | | |

[1] Il se fait aussi des cornières ouvertes et fermées, mais elles ne trouvent qu'une application fort restreinte dans la construction.

# TABLEAU XXI.
*Poids des cornières inégales.*

| b en millim. | d en millim. | G en kilogr. | b en millim. | d en millim. | G en kilogr. |
|---|---|---|---|---|---|
| $25 \times 40$ | 4 | 1,90 | $50 \times 80$ | 8 | 7,50 |
| $25 \times 40$ | $5^1/_2$ | 2,65 | $50 \times 80$ | 10 | 9,00 |
| $30 \times 45$ | $4^3/_4$ | 2,50 | $60 \times 80$ | 7 | 7,25 |
| $30 \times 45$ | $6^3/_4$ | 3,60 | $60 \times 80$ | 11 | 11,00 |
| $35 \times 55$ | $5^1/_2$ | 3,50 | $60 \times 95$ | 8 | 9,00 |
| $35 \times 55$ | 9 | 5,50 | $60 \times 95$ | 10 | 11,20 |
| $40 \times 50$ | $5^1/_2$ | 3,75 | $70 \times 110$ | 8 | 11,00 |
| $40 \times 50$ | $7^1/_2$ | 4,75 | $70 \times 110$ | 12 | 15,50 |
| $40 \times 60$ | $5^1/_2$ | 4,00 | $80 \times 100$ | 9 | 12,00 |
| $40 \times 60$ | $8^1/_2$ | 5,00 | $80 \times 100$ | 13 | 16,50 |
| $45 \times 65$ | $6^1/_2$ | 5,10 | $80 \times 120$ | 9 | 13,00 |
| $45 \times 65$ | $8^1/_2$ | 6,00 | $80 \times 120$ | 16 | 22,70 |

Quand la poutre est trop longue pour que les cornières soient formées d'une seule longueur, on établit le joint en faisant toucher les extrémités bout à bout, et en les recouvrant d'un couvre-joint angulaire. [1]

## c. Plates-bandes.

Les épaisseurs de tôle des plates-bandes varient à peu près entre les mêmes limites que celles de l'âme, soit de 6 à 15 mm.

Dans les poutres à grande portée, on est conduit à former les plates-bandes de deux ou même plusieurs tôles superposées, fig. 95, R—T, afin d'obtenir une résistance suffisante.

Le joint des tôles des plates-bandes peut s'établir soit par simple recouvrement, soit au moyen d'une tôle couvre-joint. Le premier mode ne s'applique qu'aux tôles peu épaisses, se repliant facilement; le deuxième s'emploie exclusivement dans le cas de tôles un peu fortes. [2]

---

[1] La section de ces couvre-joints doit être égale à celle des cornières recouvertes, et leur longueur doit être telle que l'on puisse placer un nombre de rivets de résistance au moins équivalente à celle des cornières.

[2] Comme il a été indiqué à l'égard des cornières, la tôle couvre-joint et les rivets qui la relient à la plate-bande doivent présenter une résistance au moins équivalente à celle de la tôle interrompue.

Nous avons vu que l'épaisseur de l'âme variait généralement de 6 à 10 mm. Afin d'augmenter la résistance de l'âme, on rive de chaque côté, et à des distances de 1,50 m. à 2,50 m, des montants en cornières qui viennent se rattacher en haut et en bas, aux cornières horizontales des plates-bandes, fig. 88.[1]

Fig. 88.



### Calcul des poutres à âme pleine.

La formule fondamentale qui sert au calcul de ces poutres est comme précédemment,

$$P = \frac{8R}{l}\frac{I}{v}$$

Le moment d'inertie I varie avec la forme de la section. C'est lui qu'il faudra commencer par déterminer.

En adoptant les notations de la fig. 89, le moment d'inertie de la section par rapport à l'axe horizontal passant par son centre de gravité, sera exprimé par

$$I = \frac{1}{12}\left[bh^3 - (b - b'' - b')h'^3 - (b'' - b''')h''^3 - b''' h'''^3\right]$$

Exemple. — On donne comme dimensions:

Fig. 89.

| | | | |
|---|---|---|---|
| plate-bande | $b$ | = | 175 mm. |
| âme | $b'$ | = | 10 „ |
| cornière | $\frac{b''}{2}$ | = | 75 „ |
| ép. de la cornière | $\frac{b'''}{2}$ | = | 10 „ |
| | $h$ | = | 420 „ |
| | $h'$ | = | 400 „ |
| | $h''$ | = | 380 „ |
| | $h'''$ | = | 250 „ |

---

[1] On emploie fréquemment aussi des fers à simple T pour ces montants. Leur écartement dépendra de la valeur de l'effort tranchant. Quand la poutre supporte des charges distinctes outre la charge uniformément répartie, on s'arrangera de façon à ce qu'il y ait un montant au droit de chacune de ces charges.

On a, en prenant le mètre pour unité,

$$I = \frac{1}{12}\left[0{,}175 \times \overline{0{,}42}^{3} - 0{,}015 \times \overline{0{,}40}^{3} - 0{,}13 \times \overline{0{,}38}^{3} - 0{,}02 \times \overline{0{,}25}^{3}\right]$$
$$= 0{,}000379987.$$

Il faut en déduire le moment d'inertie, I', des trous de rivets. Nous ne tiendrons compte que des deux trous verticaux. Si leur diamètre est de 2 cm, le moment d'inertie à déduire sera de

$$I' = \frac{1}{12} \times 2 \times 0{,}02 \left(\overline{0{,}42}^{3} - \overline{0{,}38}^{3}\right)$$
$$= 0{,}00006405$$

donc  $I - I' = 0{,}00037998 - 0{,}00006405 = I''$

ou  $I'' = 0{,}00031593$

d'où l'on déduit

$$\frac{I''}{v} = \frac{0{,}00031593}{0{,}21} = 0{,}001504.$$

Avec une portée de 5,00 m et reposant librement aux extrémités, cette poutre pourrait porter:

$$P = \frac{8\,R}{l}\frac{I}{v} - G = \frac{8 \times 700 \times 1504}{500} - G,$$

en rapportant tout au centimètre;

$$\text{d'où } P = 16844 \text{ kg} - G.$$

Pour avoir G, il faut connaître le volume de la poutre, puis le multiplier par le poids spécifique du fer. Ce volume est égal à la section multiplié par la longueur, or la section

$$F = 2\,(17{,}5 \times 1{,}0) + 4\,(7{,}5 \times 1{,}0 + 6{,}5 \times 1{,}0) + 40{,}0 \times 1{,}0$$
$$= 35{,}0 + 68{,}0 + 40{,}0 = 143 \text{ cm carrés}$$

et le volume est donc

$$V = 143 \times 500 = 71600 \text{ cm cubes.}$$

d'où le poids propre

$$G = 71{,}5 \times 7{,}8 = 558 \text{ kg}$$

et en ajoutant les rivets 580 kg.[1]

$$\text{donc } P = 16844 - 580 = 16264 \text{ kg.}$$

---

[1] Dans les poutres à âme pleine, on ajoute généralement 5°/₀ au poids des tôles et cornières pour tenir compte de rivets.

Pour un avant-projet les calculs précédents sont un peu longs. D'ailleurs, en pratique, c'est généralement la charge qui est donnée et non la section. On peut alors faire usage du tableau suivant qui permet de déterminer rapidement une section suffisamment approchée. Dans ce tableau, b désigne la largeur des plates-bandes de la poutre

    t, l'épaisseur de ces plates-bandes,

    h, la hauteur totale de la poutre,

    d, l'épaisseur de l'âme,

    s, la largeur des côtés des 4 cornières égales,

    r, leur épaisseur moyenne. Toutes ces dimensions en centi-

        mètres.

    G, le poids propre, en kilogr., par mètre courant.

## TABLEAU XXII

*donnant la résistance d'un certain nombre de poutres à âme pleine.*

| h | d | b | t | s | r | G | $\dfrac{I}{v}$ |
|---|---|---|---|---|---|---|---|
| 30 | 1,0 | 15 | 1,5 | 7 | 1,5 | 114 | 1076 |
| 35 | 1,0 | 17,5 | 1,5 | 8 | 1,5 | 134 | 1643 |
| 40 | 1,0 | 20 | 1,5 | 9 | 1,5 | 153 | 2351 |
| 45 | 1,25 | 22,5 | 1,5 | 10 | 1,5 | 183 | 3232 |
| 50 | 1,5 | 25 | 1,5 | 11 | 1,5 | 209 | 4257 |
| 55 | 1,5 | 27,5 | 1,5 | 12 | 1,5 | 236 | 4917 |
| 60 | 1,5 | 30 | 1,5 | 13 | 1,5 | 260 | 6177 |

Premier exemple. — Quelle sera la charge admissible sur la poutre de 35 cm de hauteur, lorsqu'elle repose librement sur deux appuis écartés de 5,00 m?

Nous avons

$$P = \frac{8\,R}{l}\,\frac{I}{v} - G.$$

D'après le tableau $\dfrac{I}{v} = 1643$ et $G = 134 \times 5 = 670$ kg.

donc $P = \dfrac{8 \times 700 \times 1643}{500} - 670 = 18400 - 670$

$$= 17730 \text{ kg.}$$

La charge maxima sera donc d'environ 18000 kg.

Deuxième exemple. — Une charge de 35000 kg. est uniformément répartie sur une poutre à âme pleine de 6,28 m de portée; quelle devra être la section de la poutre?

Négligeons d'abord le poids mort; alors

$$\frac{I}{v} = \frac{P\,l}{8\,R} = \frac{35000 \times 628}{8 \times 700} = 3925.$$

En se reportant au tableau XXII, on voit que la poutre dont la hauteur est de 50 cent. est plus que suffisante. Vérifions s'il en est encore ainsi quand on tient compte du poids mort. Cette poutre pèse 209 kg. par mètre courant, donc, du fait du poids mort, il y aurait à ajouter à la valeur de $\frac{I}{v}$, précédemment trouvée,

$$\frac{(209 \times 6,28) \times 628}{8 \times 700} = 147.$$

L'addition de ce chiffre à 3925 donne un total encore inférieur à 4257, donc la poutre de 50 cm de hauteur est suffisante.

Si le calcul conduisait à une hauteur de poutre supérieure à 0,60 m, on adopterait de préférence deux poutres que l'on placerait à côté l'une de l'autre. Quand il s'agit du soutènement d'un plancher, la hauteur de la poutre est généralement déterminée par l'épaisseur du plancher.

Fig. 90.          Fig. 91.

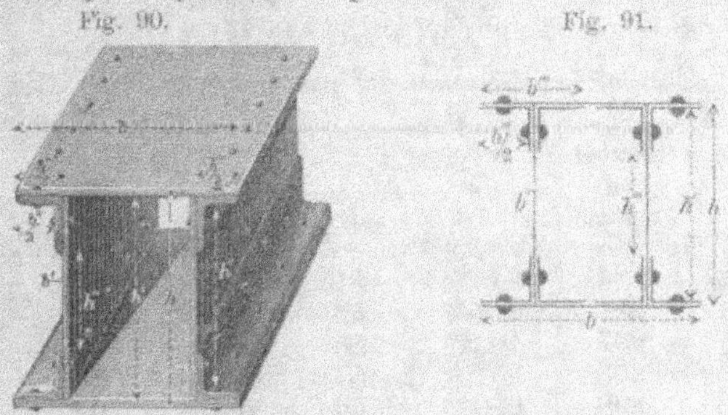

Pour les charges élevées et les grandes portées, on fait usage de poutres du système Fairbairn, désignées généralement sous le nom de poitrails ou poutres creuses. Ce sont en réalité deux poutres à âme pleine, reliées, haut et bas, par des plates-bandes communes. Il est clair que cette disposition ajoute beaucoup à la roideur de la poutre, fig. 90 et 91.

Le rapport entre l'écartement des âmes et la hauteur de la poutre varie généralement de $^1/_2$ à $^1/_3$, et la hauteur, du $^1/_{26}$ au $^1/_{30}$ de la portée. Dans le reste, ces poutres sont semblables aux poutres à âme pleine ordinaires.

En désignant les différentes dimensions par les lettres de la fig. 90, l'expression du moment d'inertie est:

$$I = \frac{1}{12}\left[ b\,h^3 - b''\,h''^3 - (b-b'''-2b')\,h'^3 - (b'''-b')\,h'''^3 \right].$$

Nous faisons suivre une série de tableaux dans lesquels se trouve indiqué pour les poutres représentées à la fig. 92, A—X la charge de sécurité, correspondant à une portée de 1,00 m.

P désigne la charge de sécurité et G, le poids par mètre courant, tous deux en kilogr.

La résistance est donnée dans chaque cas particulier pour différentes hauteurs d'âme.

<h3 style="text-align:center">TABLEAU XXIII</h3>

donnant la résistance des poutres A et B, fig. 92.

| Hauteur en millim. | Profil A | | Profil B | |
|---|---|---|---|---|
| | P | G | P | G |
| 184 | 34037 | 51 | 41382 | 60 |
| 211 | 41147 | 52 | 49927 | 62 |
| 237 | 48288 | 55 | 58532 | 64 |
| 263 | 55751 | 57 | 67166 | 66 |
| 290 | 65043 | 59 | 79018 | 67 |
| 316 | 73165 | 60 | 87067 | 73 |

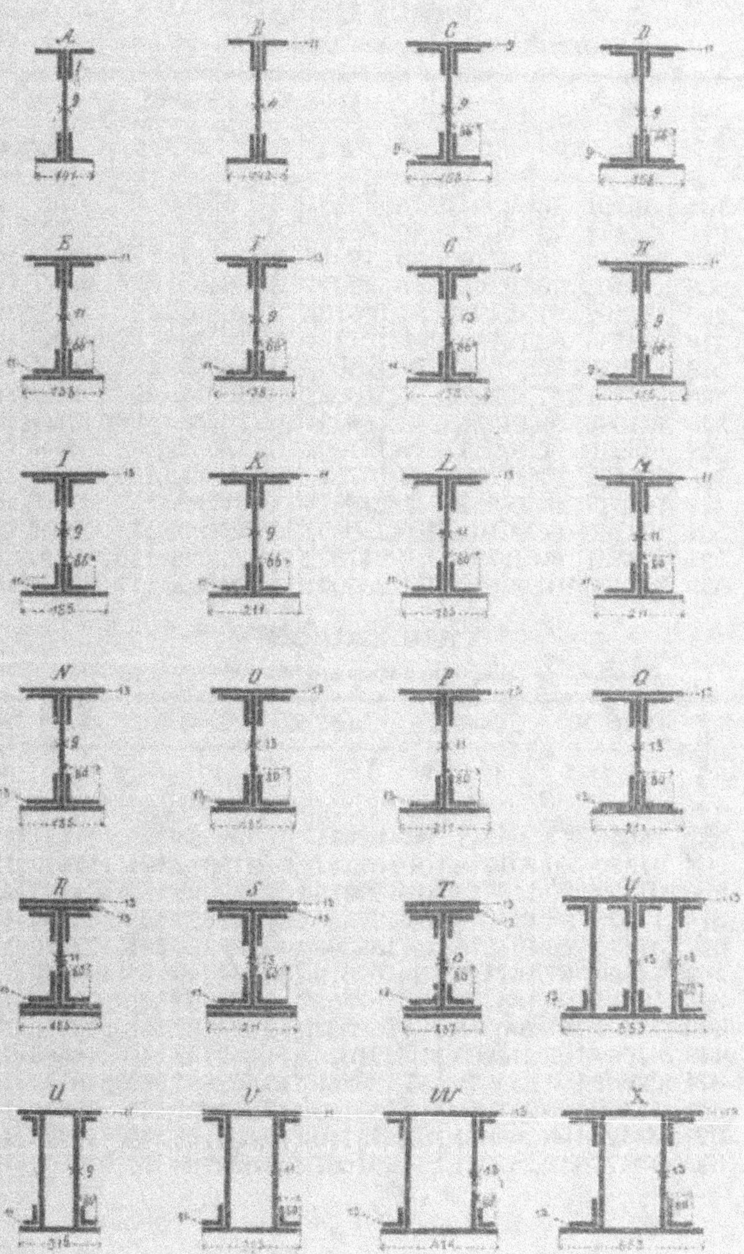

## TABLEAU XXIV

*donnant la résistance des poutres C — G, fig. 92.*

| Hauteur en millim. | Profil C | | Profil D | | Profil E | | Profil F | | Profil G | |
|---|---|---|---|---|---|---|---|---|---|---|
| | P | G | P | G | P | G | P | G | P | G |
| 184 | 46401 | 73 | 49547 | 78 | 55181 | 87 | 55809 | 90 | 57698 | 96 |
| 211 | 55414 | 74 | 60361 | 80 | 66390 | 90 | 68584 | 93 | 71335 | 99 |
| 237 | 67312 | 76 | 71702 | 83 | 79018 | 93 | 81448 | 94 | 84871 | 101 |
| 263 | 79603 | 78 | 82969 | 85 | 92677 | 94 | 94821 | 96 | 99650 | 104 |
| 290 | 89392 | 81 | 94983 | 87 | 106163 | 97 | 108942 | 97 | 114532 | 108 |
| 316 | 103455 | 83 | 107187 | 89 | 121454 | 99 | 123283 | 99 | 130233 | 110 |
| 342 | 115483 | 85 | 119763 | 90 | 136087 | 101 | 135750 | 101 | 146213 | 114 |
| 369 | 130761 | 87 | 132633 | 93 | 150822 | 103 | 150515 | 103 | 162426 | 117 |
| 395 | 141062 | 89 | 145745 | 94 | 166231 | 106 | 165353 | 106 | 179108 | 119 |
| 422 | 153910 | 90 | 159397 | 96 | 181903 | 108 | 180527 | 108 | 196448 | 122 |
| 448 | 167577 | 93 | 172757 | 97 | 197546 | 110 | 196243 | 110 | 214841 | 126 |
| 474 | 182677 | 94 | 186571 | 99 | 213876 | 112 | 211929 | 112 | 231933 | 128 |
| 501 | 194765 | 96 | 201013 | 103 | 230352 | 115 | 227807 | 114 | 250224 | 131 |
| 527 | 208521 | 99 | 217300 | 104 | 247372 | 117 | 244298 | 115 | 269101 | 135 |
| 553 | 223255 | 101 | 230367 | 106 | 265061 | 119 | 261506 | 117 | 288270 | 136 |

## TABLEAU XXV

*donnant la résistance des poutres H — M, fig. 92.*

| Hauteur en millim. | Profil H | | Profil I | | Profil K | | Profil L | | Profil M | |
|---|---|---|---|---|---|---|---|---|---|---|
| | P | G | P | G | P | G | P | G | P | G |
| 237 | 79018 | 87 | 90241 | 99 | 92671 | 97 | 98524 | 120 | 101451 | 119 |
| 263 | 91310 | 89 | 104918 | 101 | 107114 | 99 | 115015 | 124 | 117649 | 122 |
| 290 | 104552 | 90 | 119712 | 103 | 120913 | 101 | 132092 | 126 | 134887 | 124 |
| 316 | 117796 | 94 | 135356 | 104 | 137550 | 104 | 149623 | 128 | 154379 | 128 |
| 342 | 131024 | 96 | 151276 | 108 | 153309 | 106 | 167825 | 131 | 172215 | 129 |
| 369 | 44866 | 97 | 167124 | 110 | 169319 | 108 | 186249 | 133 | 190639 | 131 |
| 395 | 158914 | 99 | 183498 | 112 | 187302 | 110 | 204569 | 136 | 209545 | 135 |
| 422 | 173401 | 101 | 200018 | 114 | 203032 | 112 | 224162 | 138 | 228816 | 136 |
| 448 | 187989 | 103 | 216905 | 115 | 221046 | 114 | 242732 | 140 | 248688 | 138 |
| 474 | 202667 | 104 | 233879 | 117 | 238260 | 115 | 262897 | 143 | 268516 | 142 |
| 501 | 217869 | 106 | 251379 | 119 | 255769 | 117 | 283031 | 145 | 289046 | 143 |
| 527 | 233323 | 108 | 268881 | 120 | 273710 | 119 | 303122 | 149 | 316292 | 147 |
| 553 | 249171 | 112 | 287011 | 124 | 291607 | 122 | 323799 | 151 | 330501 | 149 |

## TABLEAU XXVI

*donnant la résistance des poutres N — Q, fig. 92.*

| Hauteur en millim. | Profil N | | Profil O | | Profil P | | Profil Q | |
|---|---|---|---|---|---|---|---|---|
| | P | G | P | G | P | G | P | G |
| 237 | 102914 | 120 | 106338 | 129 | 113157 | 131 | 115103 | 135 |
| 263 | 119844 | 122 | 124234 | 131 | 132136 | 133 | 134330 | 136 |
| 290 | 137681 | 126 | 143272 | 135 | 151642 | 136 | 154437 | 140 |
| 316 | 155842 | 128 | 162426 | 138 | 171572 | 138 | 174865 | 143 |
| 342 | 174587 | 129 | 182692 | 140 | 191131 | 140 | 195847 | 147 |
| 369 | 193464 | 131 | 203193 | 143 | 212911 | 143 | 217607 | 149 |
| 395 | 213057 | 133 | 223885 | 147 | 234128 | 145 | 239396 | 152 |
| 422 | 232665 | 135 | 246097 | 149 | 225711 | 149 | 262019 | 156 |
| 448 | 252551 | 136 | 267772 | 152 | 277851 | 151 | 284831 | 158 |
| 474 | 272906 | 138 | 289498 | 156 | 300295 | 152 | 308259 | 151 |
| 501 | 293436 | 140 | 312137 | 158 | 322950 | 156 | 332023 | 165 |
| 527 | 314316 | 142 | 335608 | 161 | 346144 | 157 | 356021 | 166 |
| 553 | 335506 | 145 | 357411 | 165 | 369381 | 150 | 380662 | 170 |

## TABLEAU XXVII

*donnant la résistance des poutres R — T, fig. 92.*

| Hauteur en millim. | Profil R | | Profil S | | Profil T | |
|---|---|---|---|---|---|---|
| | P | G | P | G | P | G |
| 395 | 272759 | 170 | 305536 | 197 | 334510 | 207 |
| 422 | 300072 | 181 | 334539 | 200 | 365459 | 211 |
| 448 | 324340 | 182 | 363849 | 202 | 396891 | 214 |
| 474 | 350957 | 186 | 393628 | 205 | 428995 | 218 |
| 501 | 377985 | 188 | 423962 | 207 | 461394 | 220 |
| 527 | 405407 | 191 | 454574 | 213 | 498059 | 223 |
| 553 | 433137 | 193 | 485610 | 214 | 527622 | 225 |
| 632 | 518374 | 200 | 581296 | 223 | 629760 | 232 |
| 712 | 610781 | 207 | 688877 | 232 | 743839 | 243 |
| 791 | 698125 | 214 | 783800 | 241 | 845348 | 251 |
| 949 | 889086 | 230 | 999668 | 259 | 1074296 | 269 |
| 1106 | 1091095 | 244 | 1229172 | 267 | 1317072 | 297 |

## TABLEAU XXVIII
*donnant la résistance des poutres U — X. fig. 92.*

| Hauteur en millim. | Profil U | | Profil V | | Profil W | | Profil X | | Profil Y | |
|---|---|---|---|---|---|---|---|---|---|---|
| | P | G | P | G | P | G | P | G | P | G |
| 263 | 150135 | 138 | 188766 | 179 | 242323 | 223 | 276564 | 241 | 331438 | 331 |
| 290 | 172011 | 142 | 215500 | 184 | 275758 | 228 | 314082 | 246 | 380327 | 340 |
| 316 | 195292 | 145 | 244737 | 188 | 309488 | 237 | 352655 | 251 | 430492 | 349 |
| 342 | 217138 | 149 | 272496 | 193 | 343758 | 241 | 391374 | 259 | 481880 | 358 |
| 369 | 239908 | 152 | 301323 | 198 | 380004 | 246 | 432406 | 264 | 535246 | 367 |
| 395 | 263101 | 157 | 330706 | 204 | 415577 | 251 | 472923 | 269 | 589125 | 375 |
| 422 | 287261 | 161 | 360792 | 207 | 452437 | 260 | 514715 | 276 | 644759 | 384 |
| 448 | 311419 | 165 | 385287 | 213 | 489854 | 264 | 557252 | 282 | 701508 | 394 |
| 474 | 336559 | 168 | 423128 | 218 | 527987 | 269 | 600919 | 287 | 759453 | 402 |
| 501 | 362049 | 174 | 455700 | 223 | 567013 | 276 | 645080 | 294 | 818819 | 411 |
| 527 | 387848 | 177 | 487937 | 228 | 606464 | 282 | 690092 | 299 | 897296 | 420 |
| 553 | 414948 | 181 | 522822 | 232 | 648242 | 287 | 736464 | 306 | 941941 | 429 |
| 632 | 496791 | 193 | 625004 | 248 | 770968 | 305 | 877614 | 322 | 1132038 | 453 |

Les poutres à âme pleine ne s'emploient que jusqu'à des portées de 14,50 m environ. Au delà de cette limite, il y a avantage, au point de vue de l'économie de matière, à leur substituer des poutres en treillis.

### 3. Poutres en treillis.

Elles se rencontrent quelquefois avec des longueurs inférieures à 14 mètres, tant dans les ouvrages de ponts que dans les constructions civiles, mais leur emploi n'est alors motivé que par des raisons d'apparence. Les poutres en treillis se distinguent des poutres à âme pleine en ce que la tôle continue de l'âme se trouve remplacée par une série de barres diagonales, s'entrecroisant à mailles plus ou moins serrées, fig. 93 et 94. Le treillis est relié aux plates-bandes au moyen de cornières.[1]

---

[1] Lorsque la hauteur de la poutre est grande, les cornières au lieu de recevoir directement les barres de treillis, portent entre leurs côtés une partie d'âme sur laquelle les barres viennent se fixer de part et d'autre. La hauteur de cette tôle dépend du nombre de rivets requis pour l'attache des barres.

Le calcul des poutres en treillis ne présente pas la simplicité de celui des poutres à âme pleine, parce que les vides de
l'âme font que la section varie d'un point à un autre.
Les croisillons ne travaillent pas non-plus dans les
mêmes conditions que l'âme continue.  Ainsi, en
partant de l'appui de gauche, toutes les barres qui
s'inclinent vers le bas travaillent à la traction,
tandis que toutes celles qui s'inclinent vers le haut
travaillent à la compression.  Dans ces conditions,
on devrait donner aux barres une section de forme
différente, suivant le sens de leur inclinaison, mais
dans les constructions civiles, où les portées ne sont
jamais grandes, cela ne se fait pas afin de simplifier
la construction, et de fournir une attache plus facile
des barres.  Le treillis est alors exclusivement formé de fers plats.[1])

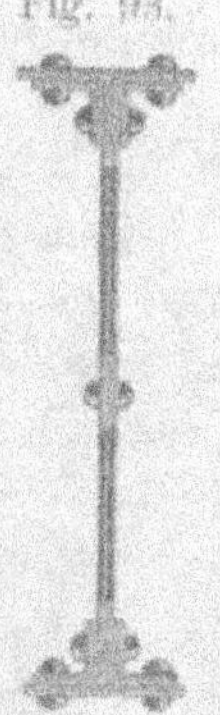

Fig. 93.

Fig. 94.

Pour le calcul de ces poutres, on se contentera d'une solution approximative.  On déterminera le moment d'inertie, en

---

[1]) En pareil cas, on placera toujours un rivet au point de croisement
des barres.

La dimension du treillis se détermine habituellement en admettant que
les (n) barres coupées par la section verticale, supportent chacune une égale
partie de l'effort tranchant.  En sorte que si (F) désigne la valeur de l'effort
tranchant au point considéré et (α) l'angle des barres avec la verticale, l'effort sur l'une des n barres sera exprimé par $\dfrac{1}{n} \times \dfrac{F}{\cos \alpha}$

faisant abstraction dans la section transversale de la partie qui
a trait au treillis.  Cela conduit à un résultat qui ne diffère que
peu de la vérité surtout lorsque les portées sont petites.  La
formule du moment d'inertie devient alors

$$I = \frac{1}{12}\left[B H^3 - (b'h^3 + b''h_{,}^3 + b'''h_{,,}^3 + b^{IV}b_{IV}^3)\right]$$

Pour les besoins du calcul, on peut admettre provisoirement que le poids de la poutre à âme pleine ou de la poutre
en treillis est de 16.1 à 20.1 kilogr. par mètre courant,
l désignant la portée en mètres.

Fig. 95.

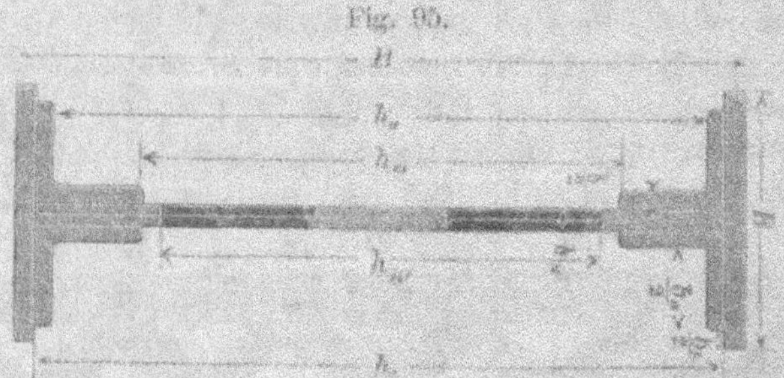

Nous avons déjà indiqué précédemment quelques constructions dans lesquelles il a été fait usage de poutres en fer à T;
nous allons compléter l'étude de leurs applications ainsi que de
celles des autres genres de poutres par quelques exemples rela-
tifs au soutènement des murs de façade et de refend.

*Emploi des rails, des fers à double T, des poutres à âme
pleine et des poutres en treillis pour le soutènement des murs.*

### Murs de façade.

Comme nous l'avons vu au sujet des poutres en fonte, la
hauteur à laquelle la poutre se trouve placée par rapport
aux solives du plancher peut varier.  Ces dernières peuvent
poser sur la semelle supérieure ou sur la semelle inférieure de
la poutre.  La fig. 96, A — C, en fournit des exemples.

En A, les deux poutres qui supportent le mur sont placées au même niveau et les solives viennent poser directe-

ment sur elles. L'arc linteau, entre les colonnes, est formé comme dans la fig. 57.

En C, la poutre intérieure a été baissée afin de recevoir les solives du plancher qui se trouvent ici de niveau avec le linteau de la baie. L'espace libre compris entre la poutre et le linteau peut servir pour loger la fermeture mécanique de la devanture. En B et C, la poutre intérieure peut avoir un peu plus de hauteur que la poutre extérieure. — Dans les trois cas, la portée peut aller jusqu'à 6,25 m, et la hauteur des poutres, varier de 300 à 460 cm suivant la charge et l'écartement des appuis.

Les fig. 97—102 donnent en plan et en élévation les détails d'une construction, dans laquelle il est encore fait usage de poutres à âme pleine pour supporter les maçonneries de la partie supérieure de la façade. Les différentes baies ont 4,00 m et 5,00 m d'ouverture et sont recouvertes chacune de deux poutres en tôle et cornières. La fig. 97 donne le plan d'une partie de la construction.

Il y a au-dessus du rez-de-chaussée 4 étages, et des mansardes, en sorte que du niveau du sol à la corniche, le bâtiment présente une hauteur de 19,00 m. L'épaisseur des murs dans le soubassement est de 0,80 m. — Les trumeaux n'ont que 0,80 m et 1,10 m de largeur et sont construits en pierres dures, avec mortier de ciment. Tout le mur de façade repose presque exclusivement sur une série de doubles poutres en fer, dont les dimensions sont:

Fig. 96.

|                                        | Poutre de 5.00 m de portée | Poutre de 4.00 m de portée |
| -------------------------------------- | -------------------------- | -------------------------- |
| Épaisseur de l'âme. . . . . . . .      | 13 mm                      | 10                         |
| Épaisseur des plates-bandes . . .      | 13 „                       | 10                         |
| Largeur de côté des cornières. .       | 91 „                       | 65                         |
| Largeur totale de la poutre . .        | 210 „                      | 180                        |
| Hauteur totale . . . . . . .           | 314 „                      | 314                        |

Fig. 97.

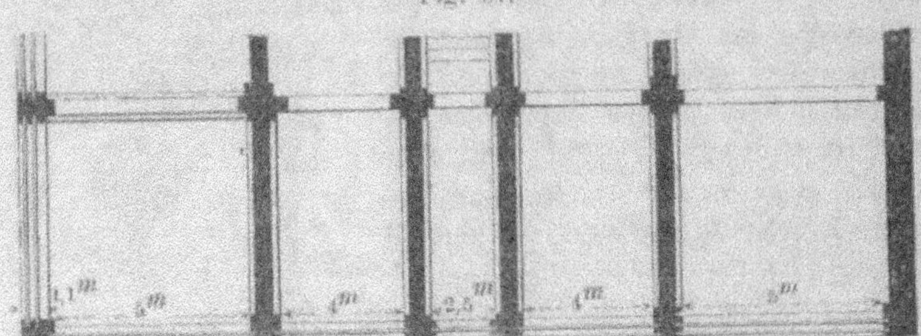

Fig. 98 AB.

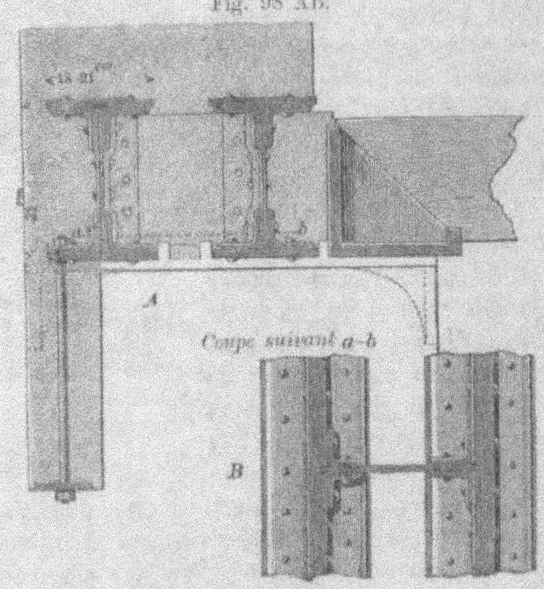

Afin de ne pas être conduit à donner à la poutre intérieure une section différente de celle de la poutre extérieure, on n'a pas appuyé les solives du plancher sur elle, mais on les a

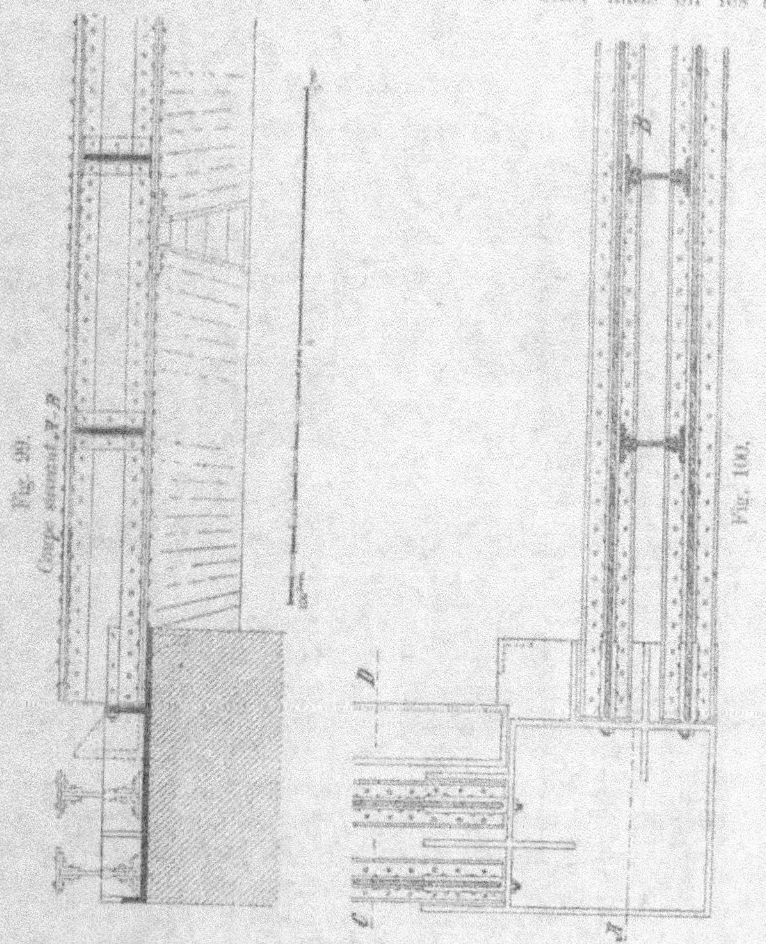



supportées par une poutre spéciale en fonte, fig. 98, A. — Des plaques en fonte, de 25 mm d'épaisseur, forment les sommiers des poutres et répartissent la charge également sur la maçonnerie des trumeaux. Les plaques sont munies d'oreilles sur les côtés, lesquelles viennent se loger dans la maçonnerie. Aux appuis, les poutres sont maintenues en place par des arrêts,

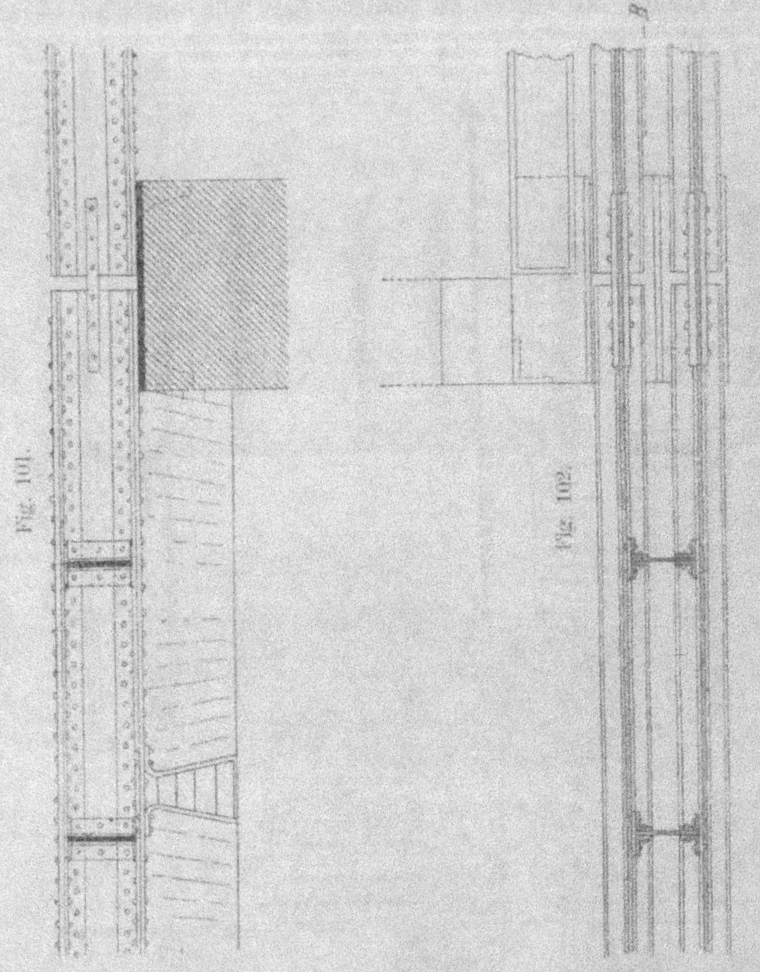


venus de fonte sur les plaques. Des entretoisements, placés tous les 1.25 m environ, lient les deux poutres ensemble. (Voir la coupe (a b) de la fig. 98, B et la fig. 103, C.)

Le poids des poutres de 5,00 m de portée est de 218 kilogr. le mètre courant, les entretoises comprises, mais sans inclure les plaques d'appui; celui des poutres plus petites est de 192 kilogr.

## Murs de refend.

Il a déjà été donné aux fig. 67, 68, 70, 71 et 72 des exemples dans lesquels il est fait usage de rails pour des soutènements de ce genre; nous n'en ajouterons qu'un autre, fig. 104.

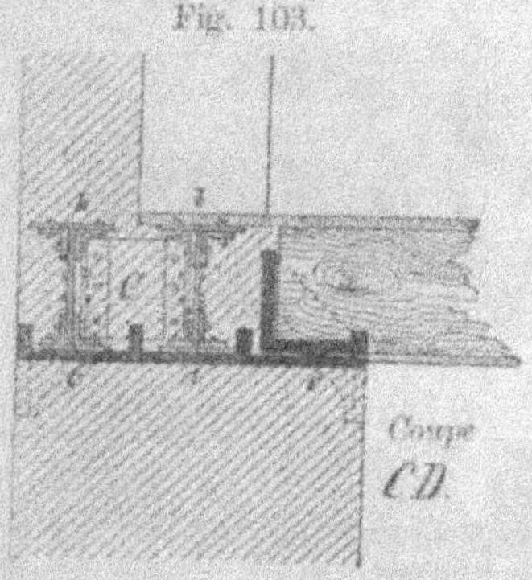

Fig. 103.

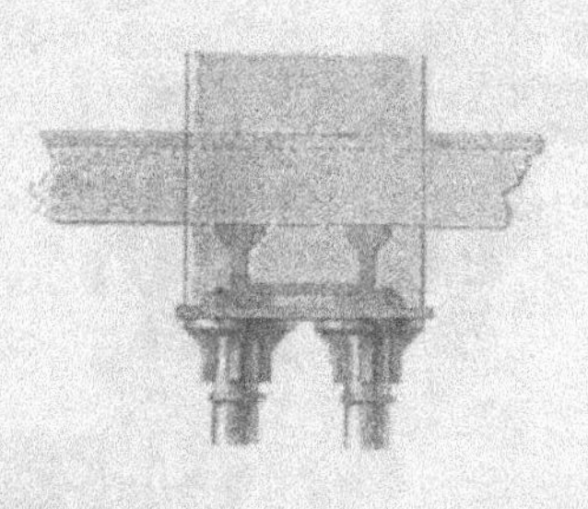

Fig. 104.

Pour augmenter la résistance des rails, on peut les assembler par la base, en les superposant, ou bien, on peut les placer côte à côte, et les relier de distance en distance par des fourrures en forme de ⌐⌐,

Fig. 105.

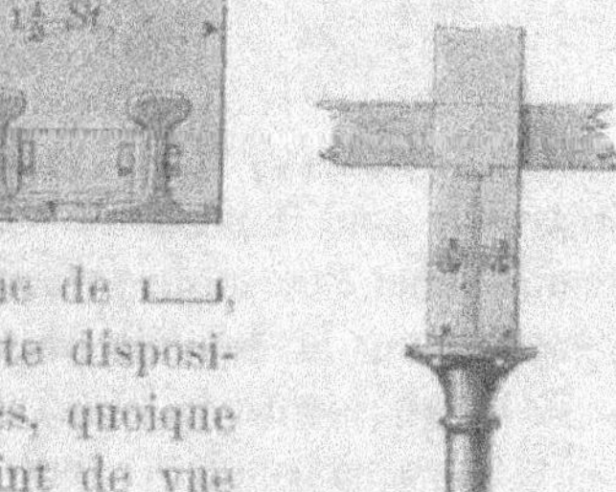

Fig. 106.

fig. 105. — On préfère souvent cette disposition à celle de deux rails superposés, quoique beaucoup moins avantageuse au point de vue de la résistance parce, qu'elle fournit une meilleure assise à la maçonnerie.

L'application des poutres en fonte au soutènement des murs de façade a été traitée en détail à la page 39 et suivantes. Les mêmes principes qui ont été développés alors s'appliquent au soutènement des murs de refend; mais il faut dans le cas particulier se préoccuper en outre de l'ancrage des poutres.

La fig. 106 représente, par exemple, le soutènement d'une cloison n'ayant qu'une demi-brique d'épaisseur. La portée de la poutre est assez grande; en conséquence, il a été nécessaire non seulement de la composer de deux poutrelles distinctes, superposées et boulonnées l'une à l'autre, mais aussi d'établir un appui intermédiaire sur colonne.

Fig. 107.

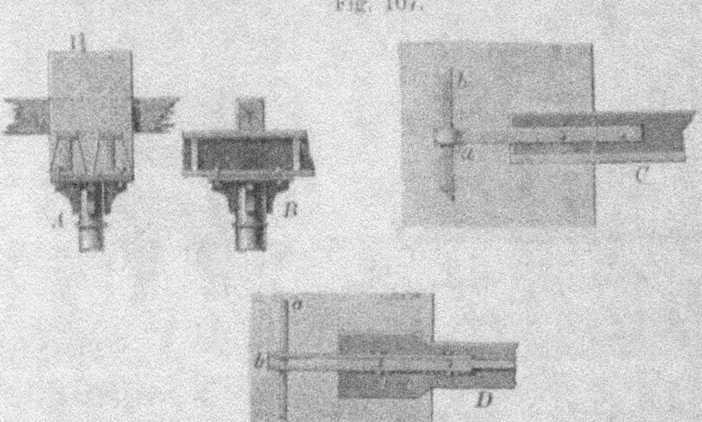

La fig. 107, A donne l'exemple d'un mur d'une brique et demie d'épaisseur. Les poutrelles reposent ici à côté l'une de l'autre et sont boulonnées au plateau de la tête de la colonne, comme dans l'exemple précédent. Dans les deux cas, les solives reposent sur la semelle supérieure des poutrelles.

On augmente la résistance des poutrelles en ancrant solidement leurs extrémités dans la maçonnerie.

L'ancrage peut se faire comme indiqué à la fig. 107, C—D. A l'appui, sur le mur, il est bon d'élargir un peu la semelle inférieure de la poutre afin de répartir la pression sur une plus grande surface de maçonnerie. L'ancre (b) traverse normalement plusieurs assises de briques. Une tringle en fer carré (a), logée dans l'épaisseur du mur, établit un lien continu entre les différentes ancres. Ce genre d'ancrage est surtout à recommander dans le cas où les poutrelles supportent des entrevous voûtés.

Comme nous l'avons déjà fait remarquer à plusieurs reprises, on néglige en pratique l'effet de l'encastrement, et l'on calcule la poutrelle comme si elle reposait librement aux extrémités, c'est-à-dire par la formule

$$P = \frac{8 \; R}{l} \; \frac{1}{V}$$

Deux exemples, dans lesquels le soutènement se fait au moyen de fers à double T, ont été donnés aux fig. 81 et 82.

De même que l'on peut accoupler deux fers à double T contigus à l'aide de ceintures en fer plat et de fourrures en fonte, on peut en réunir trois et plus.

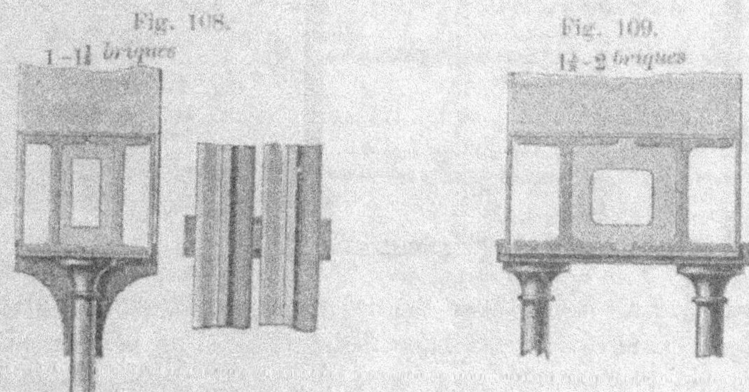


Quand il est nécessaire de fournir à la poutre un support intermédiaire, on pourra disposer l'appui sur la colonne comme indiqué à la fig. 108. La tête de la colonne porte un plateau supporté latéralement par deux consoles. Des rebords, venus de fonte sur les côtés du plateau, maintiennent les fers en leur position.

Si le mur est de grande épaisseur, on remplacera les fers à petites ailes par des fers à larges ailes, et la colonne unique par deux colonnes contiguës. On fixe alors sur les colonnes une forte plaque en fonte qui sert de sommier commun aux poutrelles, fig. 109.

Le soutènement des murs intérieurs peut encore se faire au moyen de poutres à âme pleine; une application de cette nature est donnée plus loin aux fig. 115 et 116.

Dans les exemples précédents, il a été supposé que l'on ne pouvait établir qu'un petit nombre de supports intermédiaires, assez éloignés les uns des autres, et que la hauteur dans œuvre devait être la même sur toute la largeur de l'ouverture. Quand ces conditions ne sont pas absolument imposées, on peut remplacer les poutrelles métalliques par des arcs en maçonnerie. Les colonnes en fonte se placent alors à des distances de

Fig. 110.
Fig. 111.

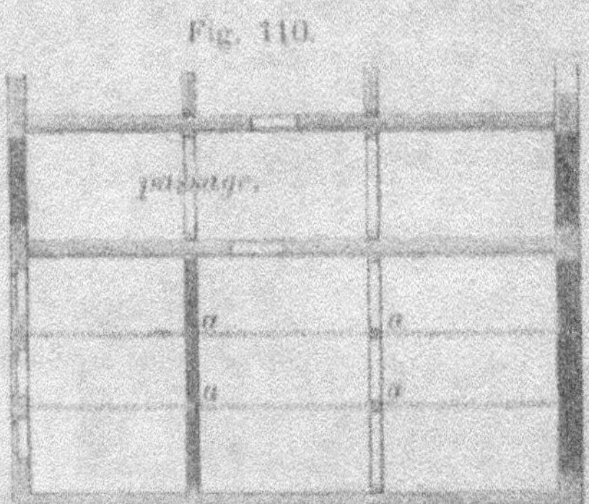

2,00 m à 2,25 m l'une de l'autre, et reçoivent sur le plateau de leur chapiteau le sommier des arcs.[1]) Une pareille disposition est représentée aux fig. 110 et 111. Elle exige sur la colonne une plus grande surface d'appui que ne le ferait une poutre en fer; aussi choisira-t-on une colonne dont le chapiteau fasse fortement saillie par rapport à la partie supérieure du fût.

La maçonnerie du mur se pose directement sur celle des arcs; elle reçoit les solives des planchers à un niveau supérieur à la clef de ces derniers.

---

[1]) En faisant usage d'arcs de ce genre, il faut prendre soin de vérifier si la poussée des arcs extrêmes trouve une buttée suffisante dans les murs d'appui. Cette précaution est d'autant plus nécessaire que la forme de l'arc s'écarte plus de celle du plein-cintre.

## Murs intérieurs en porte-à-faux.

La nécessité dans laquelle on se trouve fréquemment d'établir de grands espaces libres au rez-de-chaussée d'une construction, pour permettre l'installation de bureaux et de magasins, conduit à supprimer toute la partie inférieure d'un mur intérieur. On est alors obligé de le supporter par des colonnes, ou même simplement, par des poutres allant d'un mur transversal à l'autre. On peut, dans ce dernier cas, employer divers artifices pour venir en aide à la poutre d'appui.

Fig. 112.

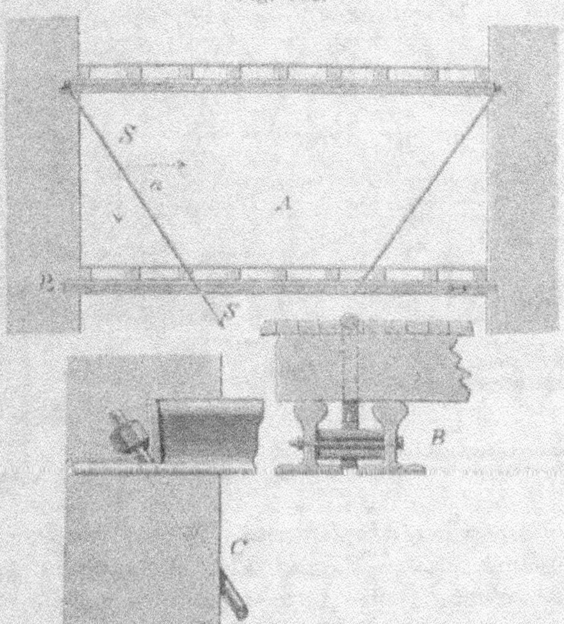


Soit, par exemple, le cas d'une cloison portant sur deux rails, lesquels supportent également les solives d'un plancher, fig. 112. La charge de la cloison et du plancher et la portée des rails sont telles que l'on puisse craindre un fléchissement de ces derniers. On pourra alors les soutenir, en deux points de leur longueur, à la manière indiquée dans la fig. 112, B et C, au moyen de tirants inclinés prenant leur point d'attache à l'appui de la poutre de l'étage supérieur. Dans ces conditions, la charge uniformément répartie sur les rails est portée en majeure partie par les tirants. Il est facile de déterminer les efforts qu'ils supportent.

Si $(s)$ désigne la tension des tirants; $(P)$, la tension dans la partie milieu des rails inférieurs; $(Q)$, la charge uniforme sur les rails, et $(\alpha)$, l'angle que les tirants font avec l'horizontale, on aura, en supposant que les points d'attache des tirants divisent la portée des rails en 3 parties égales, et en négligeant l'effet de la continuité,

$$s = \frac{1}{3} \frac{Q}{\sin \alpha} \quad \text{et} \quad P = \frac{1}{3} \frac{Q}{\mathrm{tg}\, \alpha},\text{[1]}$$

Fig. 113 A—E.

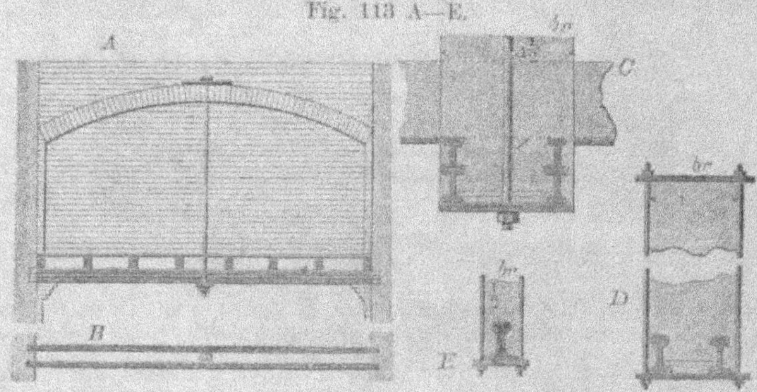

Une disposition complètement différente de la précédente est représentée en A—E, Fig. 113. Le mur et les solives s'appuient sur une poutre formée de rails, laquelle repose sur des pilastres à ses extrémités et est soutenue en son milieu par un tirant de suspension qui transmet une partie de la charge à un grand arc de décharge supérieur. Le tirant vient prendre

<hr>

[1] L'attache des tirants $(s)$ sur la poutre supérieure produit dans celle-ci une compression égale à P. En calculant sa résistance, il faudra donc ajouter à l'effort de compression provenant de la flexion, l'effort de compression dû à la force P.

son appui sur une forte plaque en fer placée à la clef de l'arc.
Il va s'en dire que cette disposition n'est possible qu'avec des
murs d'appui fournissant une buttée suffisante à la poussée de
l'arc. L'épaisseur de ce dernier et le nombre de rails dépendent du poids du mur qu'il s'agit de supporter.

Quand la charge est grande, on est conduit à employer
plusieurs rails, fig. 113—C. Pour cloisons d'une brique ou
d'une demi-brique d'épaisseur, 1 ou 2 rails simples suffiront,
fig. 120, D et E.

Afin de réduire un peu la portée de la poutre, la tête des
pilastres peut être disposée en saillie.

Fig. 114.                                     Fig. 115.

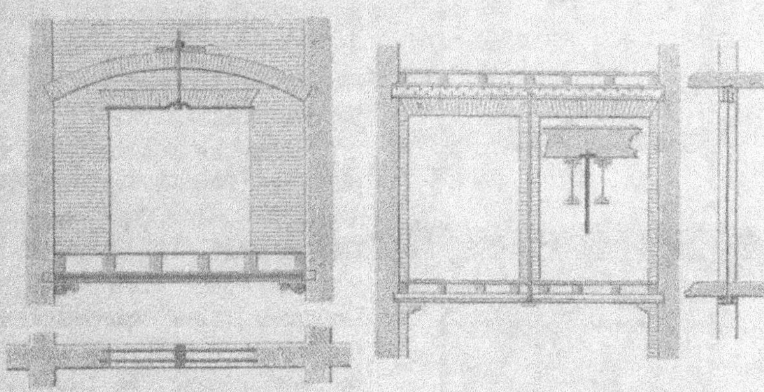

Les exemples ci-dessus ne supposent pas d'ouvertures dans
le mur ou dans la cloison supportée. S'il en était autrement,
et s'il y avait lieu d'établir une baie dans ce mur, on pourrait
avoir recours à une disposition analogue à celle de la fig. 114.
Ici, les rails qui portent le plancher ont été pris en nombre
suffisant pour ne pas exiger de soutien en un point intermédiaire. Toute la partie supérieure de la maçonnerie s'appuie
sur un arc de décharge qui supporte aussi l'arc linteau de la
baie de la porte. A cet effet, le linteau repose sur deux fers
plats qu'un tirant vient rattacher à la clef de l'arc.

Les arcs de décharge exigent toujours de forts murs de
buttée. Quand ceux-ci ne peuvent s'établir, il faut renoncer à

l'emploi de ces arcs, ou tout au moins adopter une disposition qui ne produise qu'une faible poussée aux naissances. Telle est, par exemple, celle indiquée à la fig. 116. Dans l'exemple représenté à la fig. 115, il est fait usage de deux poutres à âme pleine pour supporter le plancher supérieur et une partie du plancher inférieur. Comme précédemment la charge est transmise aux poutres supérieures au moyen d'un tirant en fer, logé dans le pied droit des deux baies. On évitera, autant que possible, l'inégalité de ces baies.

Dans les constructions à plusieurs étages, les arcs de décharge sont d'un emploi très-fréquent.

La fig. 116 donne l'exemple d'une construction dans laquelle différents modes de soutènement se trouvent appliqués simultanément. Les poutres supérieures y sont les plus importantes et transmettent le plus de charge aux maçonneries.[1]

Fig. 116.



---

[1] C'est là un des inconvénients de toutes ces dispositions dans lesquelles une partie de la charge se trouve reportée aux poutres supérieures. Elles placent en outre ces poutres dans des conditions désavantageuses de travail, car elles transforment la charge uniformément répartie de l'étage inférieur en un poids unique, appliqué au milieu de la poutre.

# Planchers.

Les planchers sont une des parties les plus importantes des bâtiments.

Un plancher est considéré comme incombustible lorsqu'il peut résister pendant un certain temps à l'action du feu. En réalité, aucune construction ne résiste au feu; car bien que beaucoup de matériaux soient incombustibles en eux-mêmes, ils subissent de telles déformations sous l'effet de la chaleur, qu'il en résulte forcément destruction de la construction.

Suivant la plus ou moins grande facilité avec laquelle les planchers sont détruits par le feu, ils se divisent en

      1. Planchers combustibles,

      2. Planchers semi-combustibles,

      3. Planchers incombustibles.

Dans la 1re catégorie se placent les planchers dans lesquels il n'entre que le bois comme élément constitutif. Nous en parlerons en traitant des constructions en bois.

Dans la 2e catégorie, on range les planchers composés de bois et de fer, le premier constituant les solives et le second les maîtresses-poutres.

### Planchers semi-combustibles.

Une disposition très-simple de ce genre est indiquée en plan à la fig. 117 A. Les poutrelles supportant les solives sont formées de rails. On place ceux-ci dans le sens de la plus petite dimension de la pièce. S'il est jugé nécessaire, on pourra réduire un peu la portée des rails en plaçant en encorbellement les pierres d'appui sur les murs.

La charge et la portée obligent généralement à employer plusieurs rails. On les accouple alors, deux-à-deux, par la base, et on les fait reposer aux appuis dans des sabots en fonte, fig. 117, C.

D'après le tableau IX, deux rails accouplés de 13 cm de hauteur, reposant librement aux extrémités et ayant une portée de 5,00 m, peuvent porter une charge uniformément répartie de 5400 kg.  Les deux rails doubles pourront donc porter 10800 kg.

Le calcul direct, au moyen du tableau X, donne un chiffre un peu moins élevé.  Nous avons

$$p = \frac{8}{l} \frac{R}{v} \frac{I}{\ } - G = \frac{8 \times 700}{500} \times 422{,}2 - 5 \times 65{,}31$$

$$= 4400 \text{ kg environ},$$

soit pour les deux rails doubles 8800 kg.

Fig. 117.

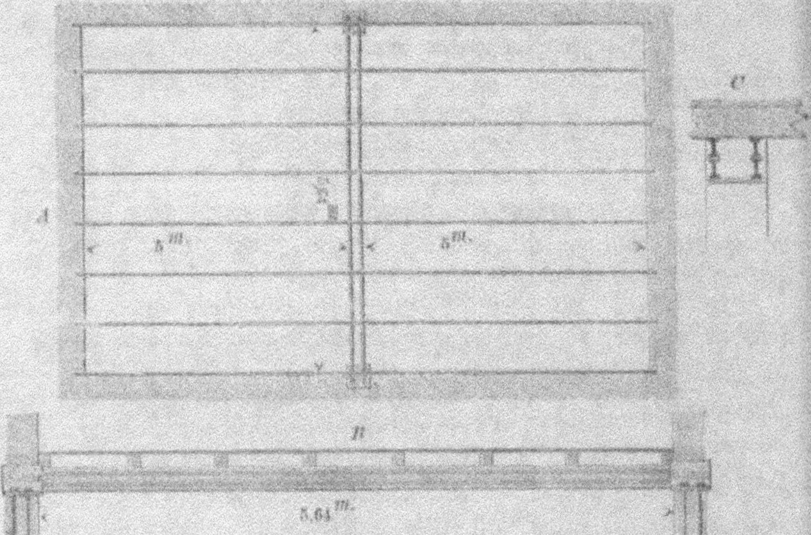



Il ressort de ces chiffres que les rails ne peuvent trouver qu'une application restreinte dans la construction des planchers, et qu'il faudra le plus souvent avoir recours aux poutrelles en fer à double T ou aux poutres en tôle et cornières.

Exemple. — Soit une pièce de 6,28 m de largeur sur 9,40 m de longueur.  Les solives sont placées dans le sens de la longueur et reposent au milieu sur une poutre transversale en fer.  La charge par mètre carré est supposée de 300 kg.  Quelles dimensions faudra-t-il donner à la poutre, en la supposant appuyée librement aux extrémités?

La charge totale sur le plancher est égale à

$9{,}40 \times 6{,}28 \times 300 = 18000$ kg à peu de chose près.

La poutre ne reçoit en réalité qu'environ la moitié de ce poids, mais supposons pour plus de sécurité qu'elle porte les $\frac{5}{8}$.

$$\tfrac{5}{8} \times 18000 = 11250 \text{ kg.}$$

En se reportant au tableau XI, on voit que deux fers à T, de 300 mm de hauteur, pesant 57,35 kg par mètre courant, (section k du tableau), suffiraient amplement dans le cas particulier; car ils pourraient porter

$$\frac{39800 \times 2}{6{,}28} = 12600 \text{ kg}$$

soit 1350 kg de plus que la charge calculée; le poids propre se trouve donc largement couvert.

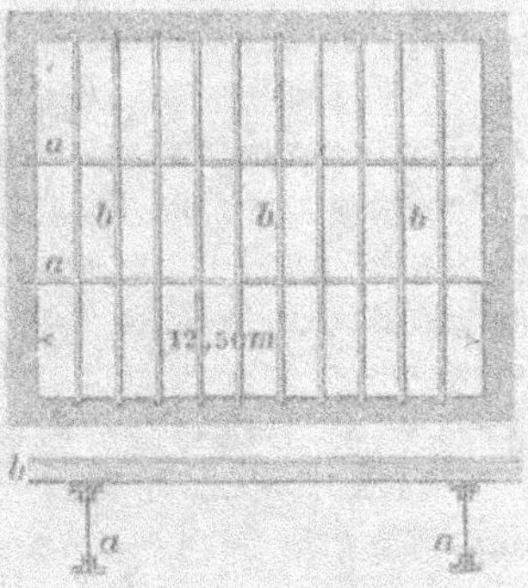

On trouve rarement en magasin des fers dépassant 350 mm de hauteur. D'ailleurs, quand on atteint ces dimensions, les fers à T reviennent plus chers que les poutres en tôle et cornières, de sorte qu'il vaut mieux employer ces dernières. La fig. 118 en donne un exemple.

Quand la portée et la charge sont considérables, le calcul conduit à une poutre de grande hauteur. Il vaut mieux alors lui substituer deux poutres moins hautes, placées à côté l'une de l'autre, et entretoisées de distance en distance.

Exemple. — Le plancher d'une salle de danse de 15,00 m de largeur sur 18,80 m de longueur est supporté en son milieu par une poutre en tôle. La charge, y compris le poids mort, est de 250 kg par mètre carré. Quelles seront les dimensions à donner à la poutre?

La poutre supporte une charge égale à la moitié du poids total du plancher, soit

$$P = \frac{18{,}80}{2} \times 15 \times 250 = 35250 \text{ kg.}$$

D'après la formule $P = \dfrac{8\,R}{l}\,\dfrac{I}{v}$, on a

$$\frac{I}{v} = \frac{35250 \times 1500}{8 \times 700} = 9442.$$

En nous reportant au tableau XXI, nous voyons qu'une poutre unique devra avoir plus de 600 mm de hauteur, si l'on n'augmente le nombre de tôles de ses plates-bandes. Dans ces conditions, elle sera avantageusement remplacée par deux poutres égales, portant chacune la moitié de la charge, et pour lesquelles

$$\frac{I}{v} = \frac{9442}{2} = 4721.$$

La poutre de 550 mm de hauteur conviendrait bien dans le cas particulier. Les autres dimensions de la poutre ressortent du tableau précité.

A la place de deux poutres indépendantes, on peut aussi employer une poutre creuse ou poitrail. Ainsi que les poutres précédentes, il faut les faire reposer aux appuis, sur des sommiers en fonte afin de répartir la charge bien uniformément sur la maçonnerie. Il sera bon aussi pour plus de solidité de fixer le sommier et la poutre par des boulons de scellement. La fig. 119, A, B et C, donne un exemple de plancher avec poutre creuse.

Dans l'exemple numérique précédent, on pourrait substituer aux deux poutres à âme pleine, de 550 mm de hauteur, une poutre creuse unique, capable de porter à elle seule toute la charge de 35250 kg. D'après le tableau XXX sa section devrait se rapprocher de la section W, dont la hauteur est de 501 mm, car cette dernière, quand les appuis sont écartés de 15,00 m peut supporter une charge de

$$\frac{567013}{15} = 37801 \text{ kg.}$$

Souvent on fait poser les solives sur la semelle inférieure de la poutre, au lieu de les appuyer sur la semelle supérieure. Quand la poutre atteint de grandes hauteurs, on peut même adopter une position intermédiaire. Il faut alors établir des points d'appui sur l'âme. A cet effet, on rive de petites équerres en fer à l'aplomb de chaque solive, et l'on roidit l'âme en ces points au moyen de montants verticaux, fig. 120 A et B. Cette disposition convient surtout lorsque pour des motifs de décoration la poutre doit faire saillie d'une quantité déterminée sur le plafond.

Fig. 119.

Les planchers du rez-de-chaussée de bâtiments dans lesquels sont installés des magasins et des boutiques, s'établissent généralement à très peu de hauteur au-dessus du sol, à 15 cm environ, de manière à faciliter l'accès de ces boutiques. Cette disposition rend l'éclairage des caves difficile, et il convient alors de faire le plancher aussi peu épais que possible.

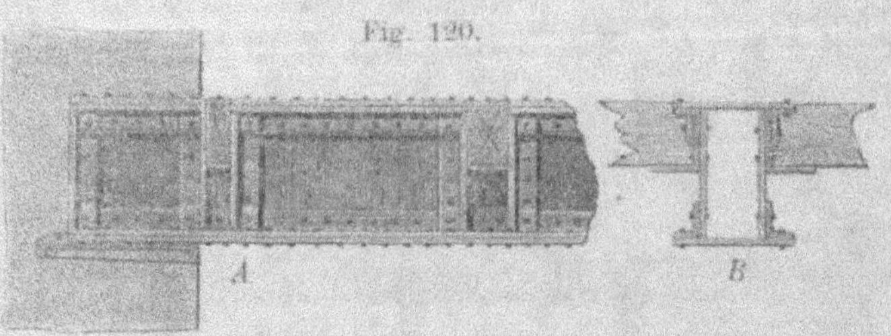

Fig. 120.



Le système le plus en usage à Berlin pour les planchers de ce genre est représenté aux fig. 129 et 130. Les soupiraux des caves sont recouverts d'un ou deux rails (a) sur lesquels s'appuient les rails transversaux (b). Ces derniers sont placés à environ 1.50 m l'un de l'autre, et portent entre eux les solives qui reposent ici sur la semelle du rail; la largeur de l'appui est d'environ 4 cm et l'écartement des solives varie de 0.70 m à 0,94 m, fig. 122. A. On pourrait substituer aux rails des poutrelles en fonte à large semelle. L'épaisseur du plancher atteindrait alors 23 cm tout compris, fig. 122. B.

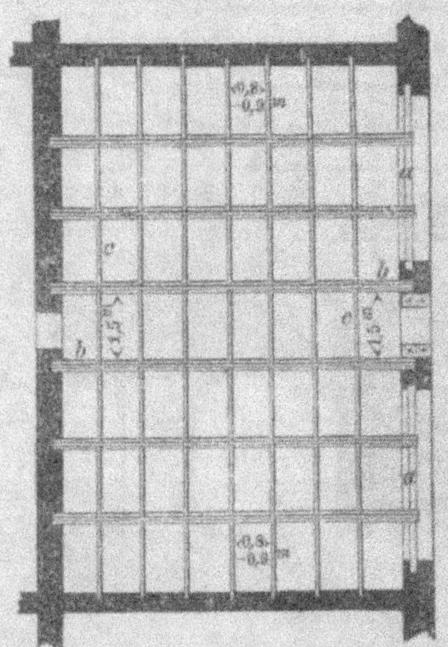

Fig. 121.

Dans les planchers semi-combustibles que nous avons indiqués précédemment, la pièce sous-jacente n'admettait pas l'installation de soutiens isolés, venant en aide aux poutres principales. Il est clair que cette condition rend le plancher plus coûteux puisqu'elle conduit à des poutres de dimensions beaucoup plus fortes, et qu'elle oblige à renoncer à toute une série de fers, tels que les rails, dont l'emploi est très-économique. On établira donc un ou plusieurs soutiens sous la maîtresse-poutre quand cela sera possible.

Ainsi dans la fig. 123, A, B, les poutres (a) reposent en (x) sur des colonnes en fonte et portent sur leur plate-

Fig. 122 A B.

bande supérieure les solives du plancher. Les fig. 123, C et D indiquent deux dispositions différentes, l'une avec rails accouplés, l'autre avec poutrelles en fonte.

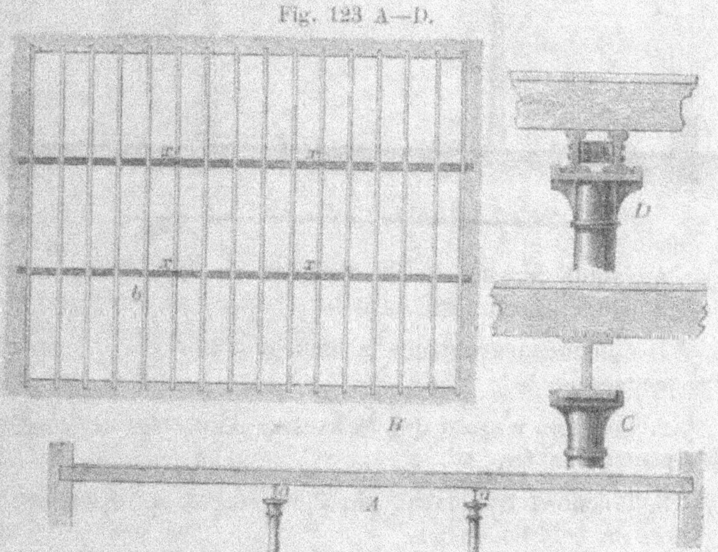
Fig. 123 A—D.

La tête de la colonne porte un plateau qui est garni de rebords latéralement, afin de maintenir les poutres en leur position.

Dans l'exemple ci-dessus, le mode d'appui des poutres sur la colonne est des plus simples. Il n'en est plus ainsi lorsque les soutiens doivent traverser plusieurs étages. Il faut alors veiller avec le plus grand soin à ce que les colonnes soient bien d'aplomb l'une sur l'autre pour assurer que la pression agisse bien suivant l'axe du soutien et ne tende pas à produire, ni son déversement, ni sa rupture transversale.

Fig. 124 A.

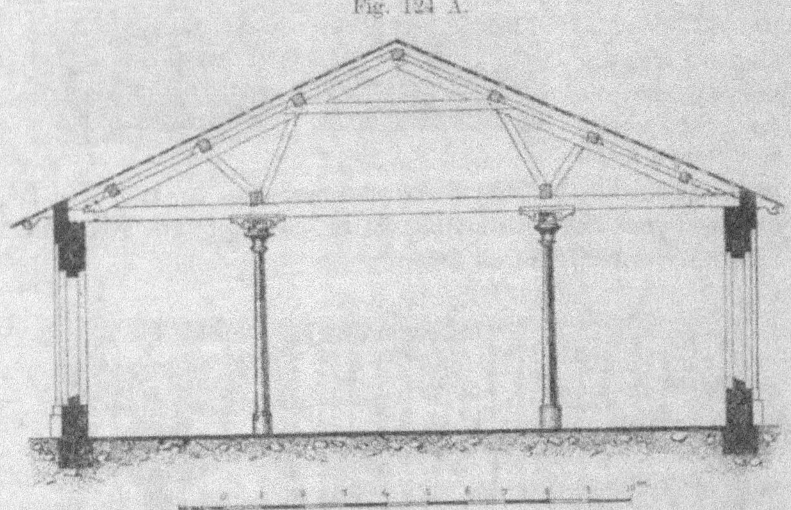

Au point de vue de l'assemblage de la colonne avec la poutre-maîtresse, on peut faire les distinctions suivantes:

1. Colonnes n'ayant que la hauteur d'un étage et supportant des poutres en bois.

2. Colonnes n'ayant que la hauteur d'un étage et supportant des poutres en fer.

3. Colonnes traversant plusieurs étages et supportant des poutres en bois ou en fer.

Un cas très-simple du premier genre est représenté aux fig. 124, A et 124, B. Une poutre continue, formant l'entrait d'une ferme, repose sur des colonnes en fonte en deux points de sa longueur. La tête des colonnes porte des consoles qui sont munies de rebords sur les côtés pour maintenir l'entrait qui est

de plus, retenu par des boulons. La base des colonnes se
compose d'une large plaque carrée.

Dans la fig. 125, les colonnes n'ont également que la
hauteur d'un étage, mais elles se continuent l'une au-dessus de
l'autre. L'assemblage des colonnes avec la poutre et des colonnes
superposées entre elles, peut se faire de diverses manières.

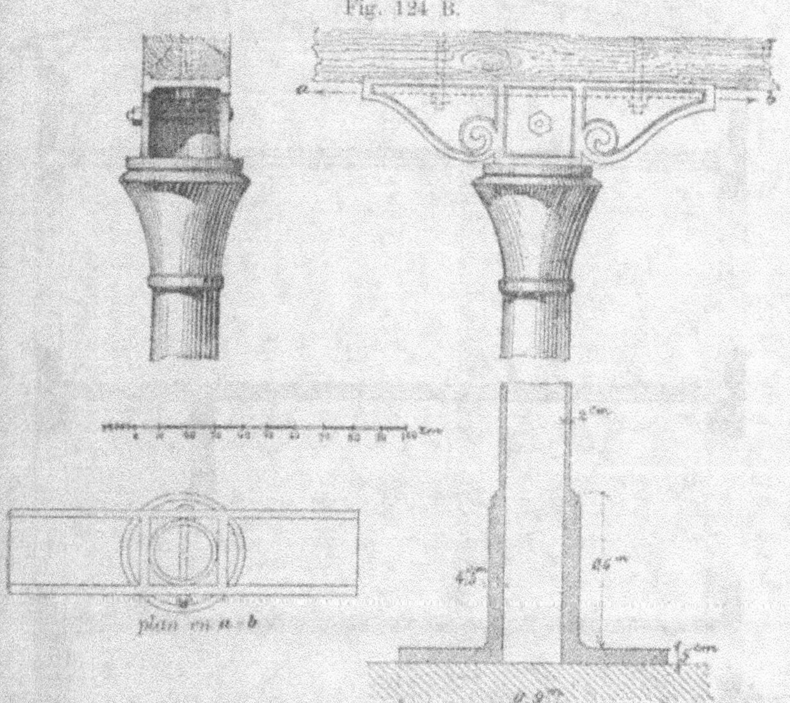

Fig. 124 B.

La disposition de la fig. 126 est une des moins à recommander.
La colonne inférieure porte sur son chapiteau un sabot en forme
d'U dans lequel vient se loger la poutre-maîtresse. Sur ce sabot,
on applique une plaque en fonte sur laquelle s'appuient les solives
portant directement la base des colonnes supérieures. Pour
empêcher tout mouvement, la base de la colonne et la plaque sont
munies de nervures qui pénètrent dans la solive; la base est de
plus solidement boulonnée au sabot de la colonne inférieure.

Il est facile de comprendre qu'avec cette disposition, tout mouvement dans le bois aurait pour effet de jeter les colonnes hors de position.

La disposition de la fig. 127, A et B, paraît donc plus rationnelle.

Fig. 125.

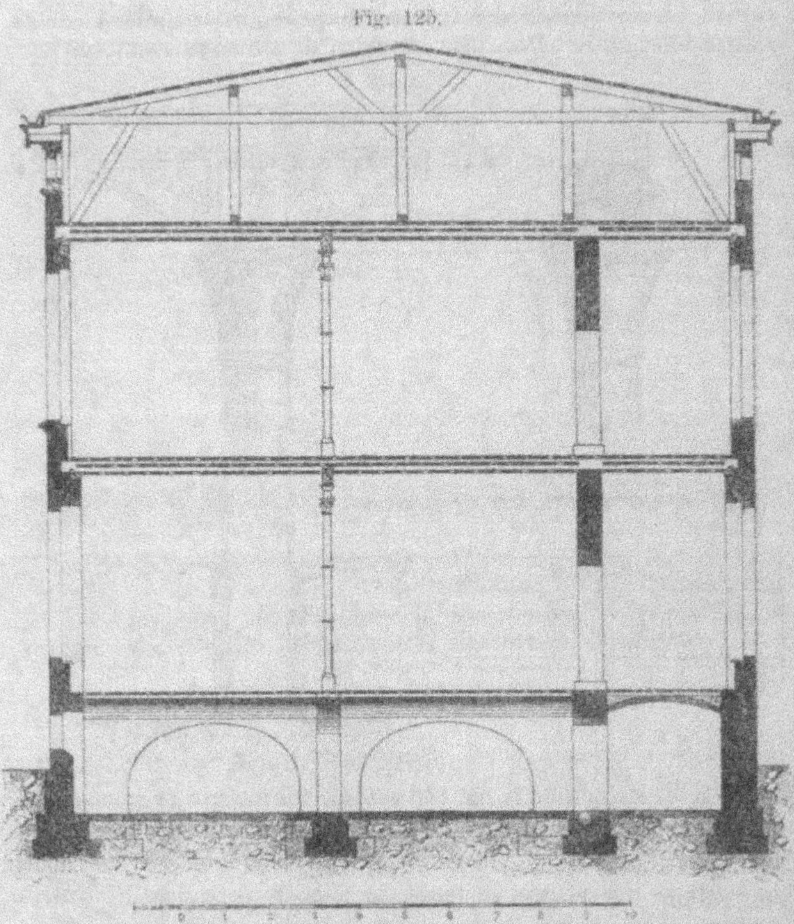

La base de la colonne supérieure repose ici directement sur le sabot de la colonne inférieure, et les solives du plancher passent de part et d'autre de la colonne.

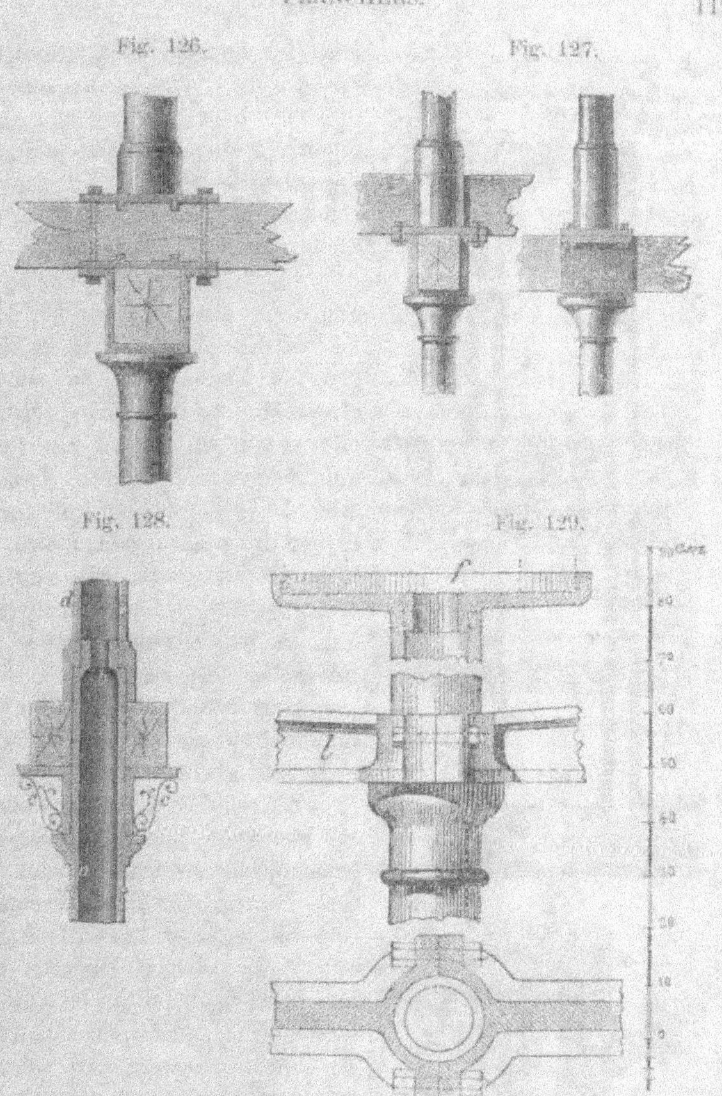

Fig. 126.

Fig. 127.

Fig. 128.

Fig. 129.

Le mode d'assemblage représenté à la fig. 128 est plus
satisfaisant comme aspect, mais ne doit s'employer que pour de
faibles charges. La colonne inférieure porte un plateau circu-

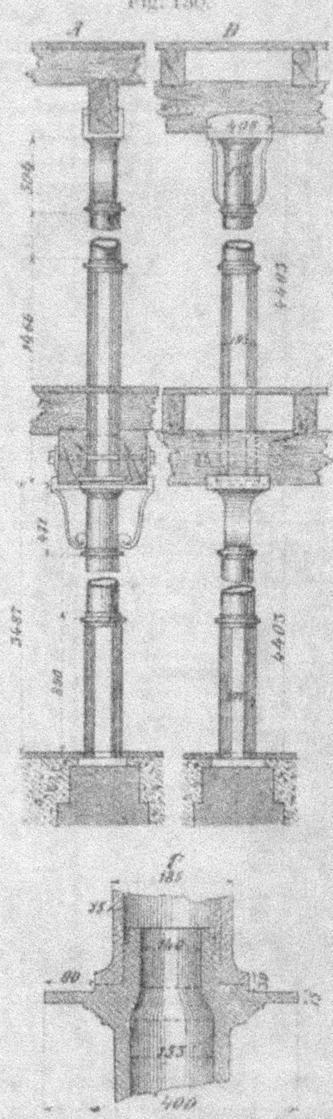

Fig. 130.

laire (c) formant chapiteau avec
les consoles qui le soutiennent
et sur lequel viennent s'appuyer les maîtresses-poutres;
l'épaulement (b) qui termine la
colonne inférieure forme l'appui
de la colonne supérieure (d).

Une disposition d'un autre
genre est donnée à la fig. 129.
La colonne traverse deux étages, le sous-sol et le rez-de-
chaussée. A la partie supérieure,
elle porte un plateau en fonte
qui vient s'emboîter sur l'extrémité de la colonne et qui forme
l'appui des poutres principales. A
la partie inférieure, elle soutient
deux poutres en fonte qui supportent les voûtes du plancher du
rez-de-chaussée.

Une autre combinaison est
indiquée à la fig. 130; elle
s'explique d'elle-même.

L'assemblage des colonnes
est beaucoup plus facile lorsque
les maîtresses-poutres sont en
fer. Un exemple de cette espèce
est donné à la fig. 131 A, B,
et C. Le plan (C) montre que
les deux poutrelles en fer à
double T (a), placées à côté l'une
de l'autre, reposent en (b) sur
un soutien, ici, deux colonnes en
fonte. Les poutres sont logées
dans des chaises en fonte qu'un
fort boulon réunit l'une à l'autre. Ces chaises sont en outre

boulonnées aux plateaux des colonnes inférieures et aux bases
des colonnes supérieures. En accouplant les colonnes de distance

Fig. 131.

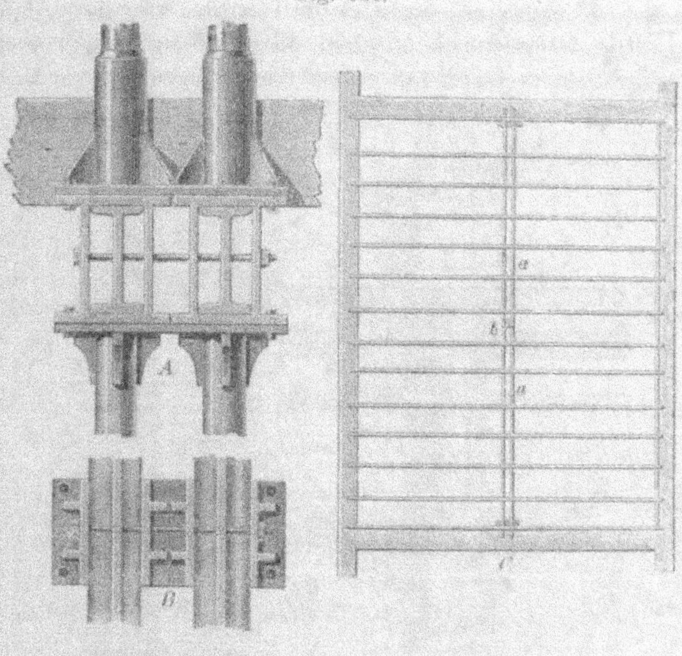

Fig. 132.

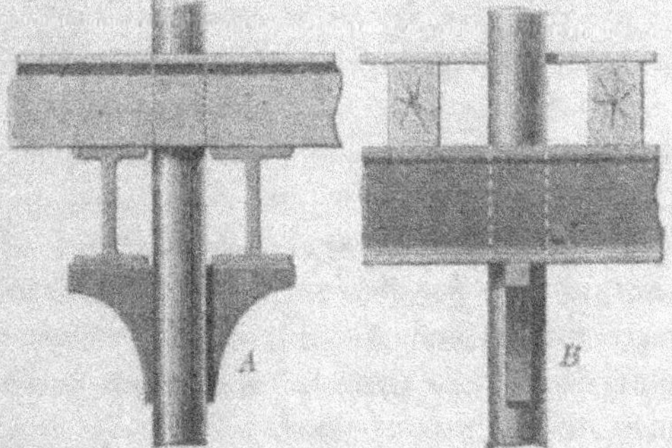

en distance, comme indiqué à la fig. 15, on pourra considérer
le soutien comme formé d'une seule pièce.

Lorsque la colonne a pour longueur la hauteur de plusieurs étages, elle portera au niveau des planchers de petites consoles qui fourniront aux poutres les appuis nécessaires. Il sera bon de munir ces consoles de rebords, afin de maintenir les poutres latéralement, et aussi de relier ces dernières entre elles, de distance en distance, par des boulons.

Fig. 133.

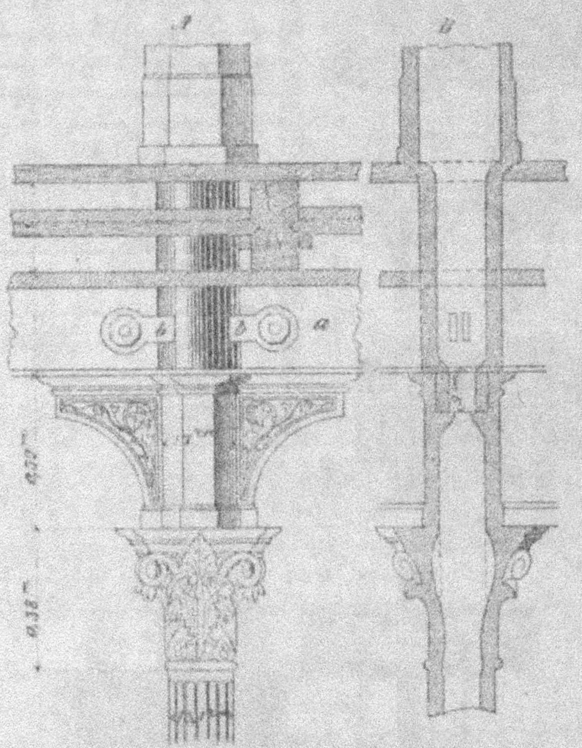

Il faut autant que possible faire agir la charge symétriquement par rapport à l'axe de la colonne. Avec un appui du genre de celui de la fig. 132, la maîtresse-poutre sera donc toujours formée de deux poutrelles.

La fig. 133 représente un mode d'assemblage qui a été adopté à l'École polytechnique d'Aix-la-Chapelle. Les poutres

en fer (a) sont placées dans le plan de l'axe de la colonne et
s'appuient sur des consoles, venues de fonte sur celle-ci. Des
attaches en fer plat (b) relient les poutres l'une à l'autre en
traversant la colonne. Le mode de juxtaposition des colonnes
ressort de la section verticale, fig. 133, B.

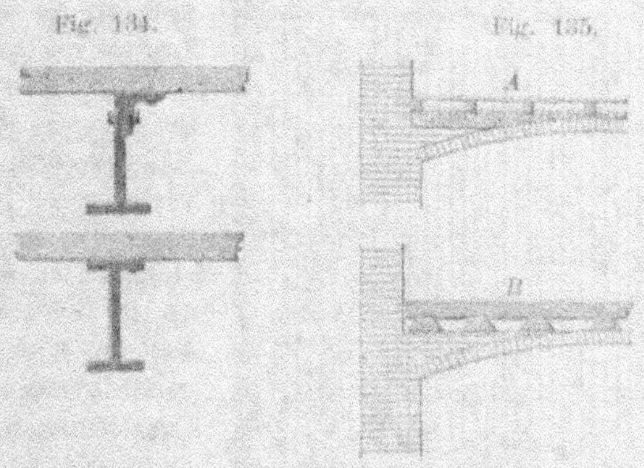

Fig. 134.       Fig. 135.

Lorsque les solives sont en fer, on fixe les lambourdes sur
elles au moyen de vis à bois qui traversent l'aile supérieure
du fer. Si, au lieu de fers à double T, on a fait usage de fers
à simple T, on rive une petite cornière au haut du côté vertical du fer, fig. 134.

## Planchers incombustibles.

Sous cette dénomination, nous comprenons les séparations
d'étages qui sont faites soit entièrement en briques ou pierres
d'appareil, soit en matériaux pierreux combinés avec le fer.

Les séparations d'étages construites exclusivement en pierres
naturelles ou artificielles seront décrites au volume traitant des
constructions en pierre.

Dans la construction des planchers, on n'emploie guère que
les voûtes en berceau. Les voûtes de caves reposent habituellement sur des appuis en pierre. En Allemagne, on recouvre
ces voûtes d'une couche de sable ou de béton sur laquelle on
pose les lambourdes parallèlement à la crête de la voûte.

fig. 135 A. — En France, les noues se remplissent de maçonnerie et les lambourdes portent sur de petits massifs en plâtre que l'on établit sur celle-ci. fig. 135, B.

Fig. 136.

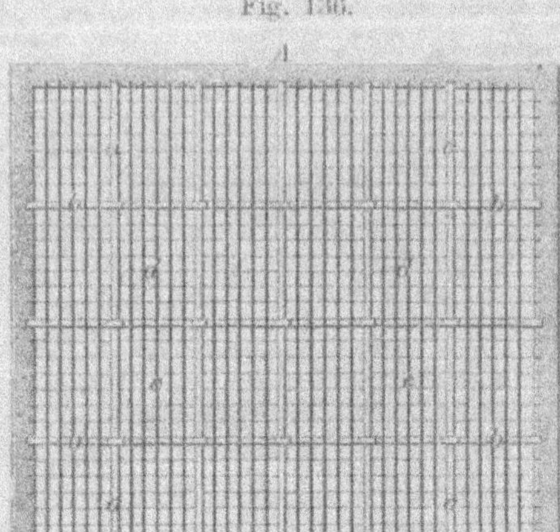

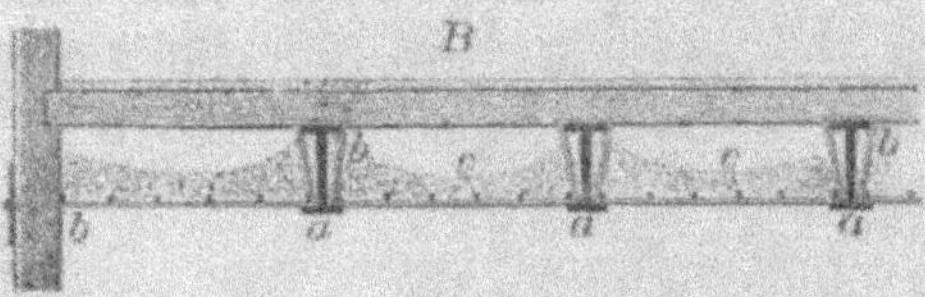

A Paris, les planchers incombustibles se font en fer et plâtre. Les solives (a), fig. 136, A et B, sont formées de fers à double T. Elles reçoivent transversalement les entretoises (b) qui s'accrochent à l'aile supérieure du fer et qui supportant des tringles en fer carré, appelées fentons. Ces derniers sont entrelacés de fil de fer et sur le treillage ainsi formé, on établit un remplissage en plâtre, appelé le hourdis, auquel on donne une forme concave à la partie supérieure et qui reçoit en dessous l'enduit du plafond. Sur les solives en fer reposent les lambourdes.

Les dimensions les plus usuelles des différentes parties de ces planchers sont:[1]

---

[1] L'écartement des solives n'est pas absolu, mais varie de 0,80 m à 1,00 m; leur hauteur est généralement comprise entre le $\frac{1}{20}$ et le $\frac{1}{25}$ de la portée. Les solives présentent une légère flèche avant la pose. Les fentons sont généralement plus espacés qu'il est indiqué ci-dessus, soit d'environ 0,25 m.

Dans les planchers en fer, la surcharge accidentelle est relativement petite par rapport au poids mort du plancher, aussi y fait-on travailler le fer à un coefficient plus élevé que dans les constructions de ponts et de

Écartement des solives    0,80 m
Hauteur des solives de    0,21 m à 0, 24 m
Distance des entretoises   1,00 m
Section des entretoises, fer carré de 15 mm de côté.
Distance des fentons de 0,13 m à 0,15 m
Section, fer carré de 10 mm de côté.

Ce genre de plancher n'est possible qu'avec du plâtre de très-bonne qualité. C'est pour ce motif qu'il n'est que peu employé en Allemagne.

Un système qui lui est très-analogue est celui qu'on désigne à Vienne sous le nom de plancher à „agrafes". Les solives ont 410 mm de hauteur et sont placées à 0,47 m l'une de l'autre. Elles sont recouvertes transversalement de fers recourbés en forme de crochets, appelés „agrafes", lesquels supportent trois fentons entre les solives.

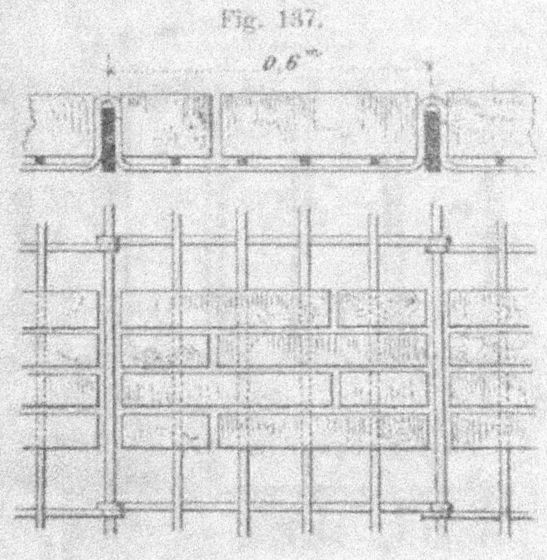

Fig. 137.



Le treillage est complété par du fil de fer, et l'on vient recouvrir le tout de tuyaux en mortier de ciment, de 5 cm de diamètre et de 18 cm de longueur, placés à côté les uns des

combles. Beaucoup de constructeurs vont jusqu'à admettre pour R la valeur de 10 kg. par mm carré.

Les planchers hourdés en plâtre sont un peu plus lourds que ceux en briques creuses. Dans les maisons d'habitation ordinaires, le plancher de 0,30 m d'épaisseur pèse de 225 à 275 kg. par m et le plancher de 0,35 m d'épaisseur de 250 à 320 kg.

On admet généralement comme surcharge:
Pour chambres à coucher          de 75 à 100 kg. par m q.
Pour salons et pièces de réception de 100 à 150  „     „   „ „

autres. L'épaisseur totale de ce plancher ne dépasse pas 24 centimètres.

Le plafond de la scène et les planchers des couloirs du Grand Opéra de Vienne ont été établis d'une manière un peu différente, fig. 137. Le plafond est suspendu au comble en fer du théâtre. Les solives sont en fer plat de 118 mm sur 13 mm, et sont espacées de 0,625 m. Sur ces fers principaux, qui ont 8 cm de flèche en leur milieu, viennent s'accrocher des entretoises en fer carré de 20 mm de côté. L'écartement de ces entretoises est de 0,60 m; de légères entailles les assujettissent sur les solives. Elles portent les fentons dont la section est celle d'un carré de 7 mm de côté, et que l'on attache aux entretoises au moyen de fil de fer. Sur ce treillis métallique repose un hourdis en briques creuses dont la pose est faite avec joints croisés. Ces

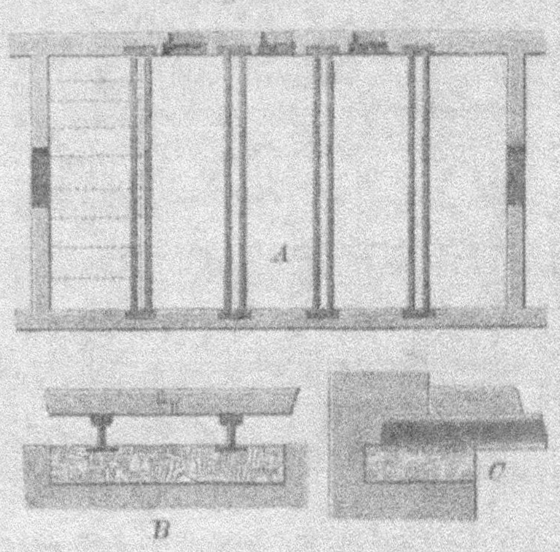

Fig. 138.



briques ont 65 mm d'épaisseur.

Dans les pays où l'on peut se procurer facilement de grandes dalles en pierre ou de grandes ardoises, on peut former un plancher à bon marché en disposant des poutrelles en fer, par paires, dans le sens de la petite dimension de la pièce, et en les recouvrant de ces dalles ou ardoises, fig. 138, A. Les rails sont très-propres à cet emploi. A l'appui, il faudra faire reposer chaque paire de rails sur un coussinet en pierre de taille, fig. 138, B et C.

En général, les planchers incombustibles sont composés de voûtes légères en briques et de solives en fer.

Le plancher le plus simple de ce genre est formé de voûtes en plates-bandes s'appuyant sur des solives en fer à double T, fig. 139, A et B. Les voûtes sont faites en briques creuses et maçonnées en mortier de ciment. Il faut éviter de leur faire supporter de la charge, et par conséquent avoir soin de ne faire porter les lambourdes que sur les solives.

Fig. 139.

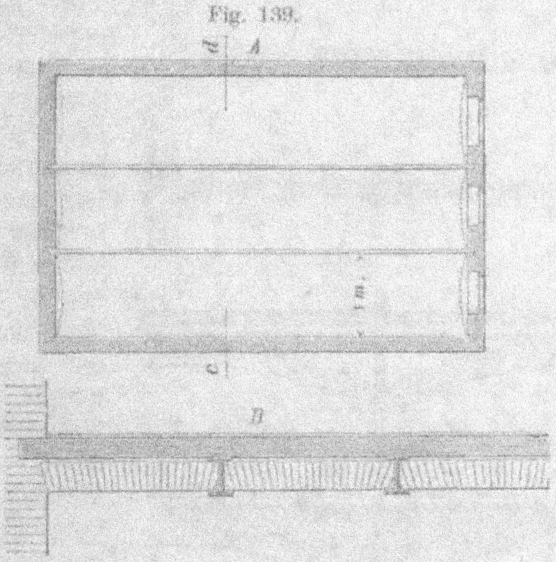

Ce mode de construction ne présente que peu de résistance, et l'on doit lui préférer l'emploi de voûtes en briques surbaissées, s'appuyant sur solives en fer. On ne dépasse guère 1,60 m comme portée et une demi-brique comme épaisseur de ces voûtes. Les fig. 140, de A à F donnent diverses dispositions d'entrevous voûtés.

En A, les voûtes sont appareillées en queue d'hironde dans le but d'obtenir un meilleur entretoisement. Dans les planchers qui ne portent que de faibles charges, la voûte peut se faire avec des briques à plat, c'est-à-dire n'avoir que ¼ de brique d'épaisseur, mais alors il ne faut pas espacer les solives de plus de 1,00 m. Lorsque la portée des voûtes est grande, il sera bon

Fig. 140 A—F.

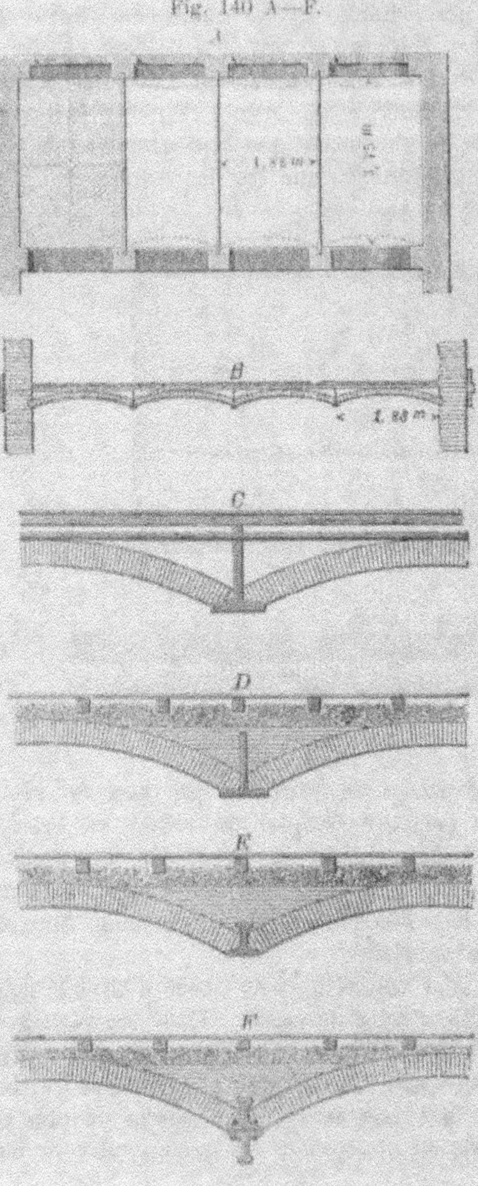

de relier par un tirant
les murs de butée
des voûtes extrêmes,
fig. 140, B. Pour
les solives, on peut
employer        toute
espèce de poutrelles
en fer. En C, fig. 140,
on a fait usage de
poutres  en  fonte.
Celles-ci ont assez
de hauteur pour que
les  lambourdes  ne
touchent point  les
voûtes à la clef. Il
suit de cette condi-
tion, que les voûtes
ne   peuvent   avoir
que de petites por-
tées et flèches. Les
noues se remplissent
quelquefois de ma-
çonnerie que l'on re-
couvre d'un lit de
sable sur lequel re-
posent les lambourdes
parallèlement à l'axe
des voûtes.

Dans les fig. 140,
E et F, on a sub-
stitué des rails à la
poutrelle en fonte.
Leur usage dans ce
genre de construc-
tions  n'est  guère
possible que jusqu'à

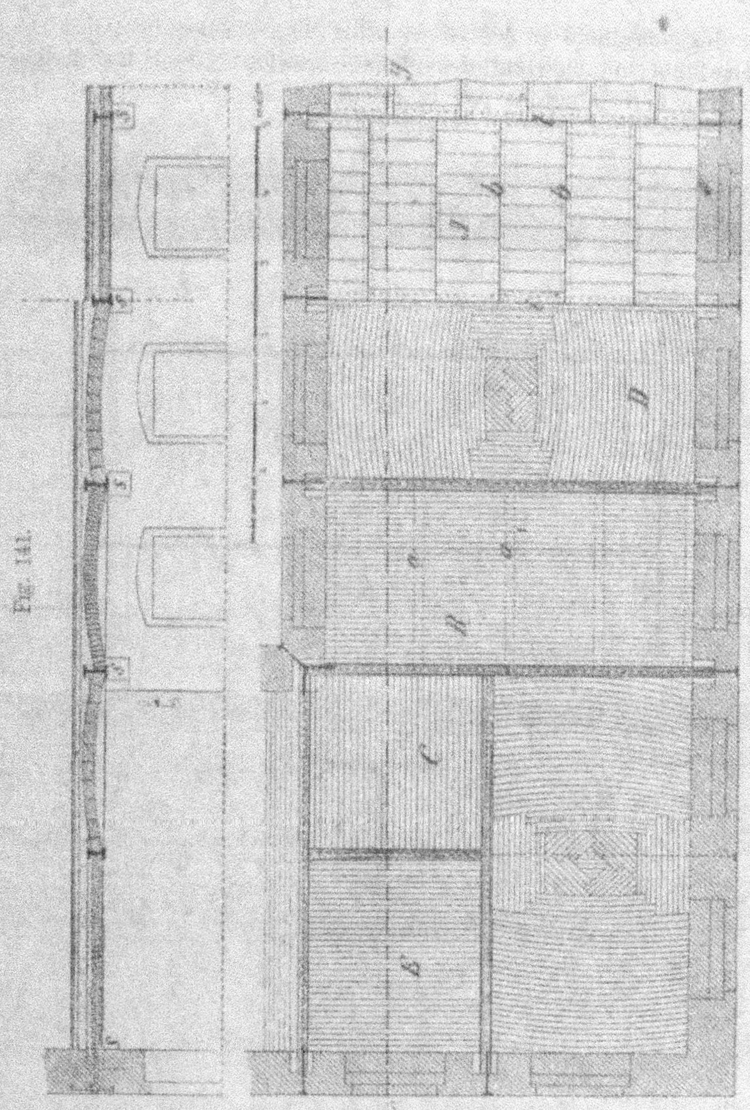

Fig. 141.

des portées de 3,75 m. On les fait pénétrer dans le mur de
0,30 m environ, afin de les sceller solidement. On les appuiera

sur des coussinets en pierre de taille d'un volume de 0,3 à 0,4
mètre cube, ou bien sur des plaques en fonte dont les dimensions se détermineront par le calcul.

Fig. 142.

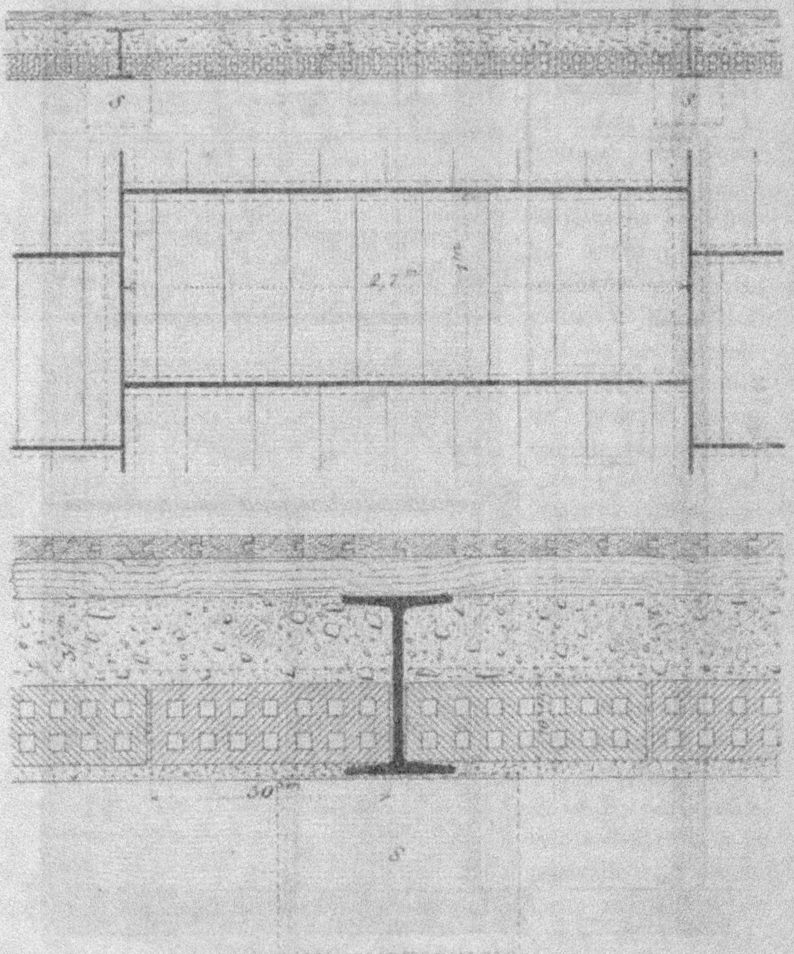

Admettons que la portée des rails soit de 3,75 m. et celle
des voûtes de 1.88 m; que la charge des voûtes, plus le poids

propre, soit de 500 kg par mètre carré; le rail de 13 centimètres de hauteur pourra-t-il suffire dans le cas particulier?

Fig. 143.

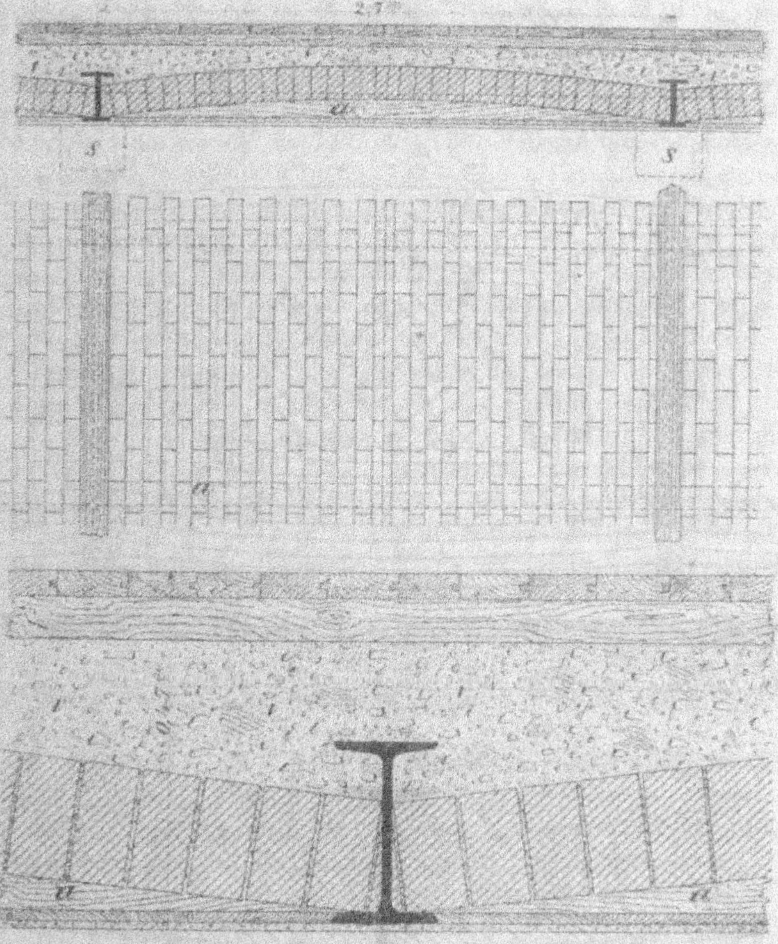

Chaque rail porte

$$3,75 \times 1,88 \times 500 = 3525 \text{ kg.}$$

D'après le tableau VIII, la portée limite pour une pareille

charge est de 2,51 m; un seul rail est donc insuffisant. D'autre part, deux rails, accouplés par la base pourraient porter, d'après

Fig. 144.

le tableau IX, 7200 kg. et seraient trop forts, à moins d'augmenter l'espacement des solives.

Nous représentons à la fig. 141, différentes manières de faire le remplissage en briques ou poterie des entrevous des planchers.

En A, les solives (b) sont espacées de 1,00 m et sont supportées par les poutres-maîtresses (t), placées à 2,70 m les unes des autres. Les solives s'appuient sur la plate-bande inférieure de la poutre et sont reliées à l'âme au moyen d'équerres et de boulons. Elles supportent des dalles creuses en poterie dont la longueur est de 1,00 m.[1] Cette disposition est donnée à plus grande échelle à la fig. 142. Elle a l'avantage de fournir en dessous du plancher une surface plane contre laquelle on peut appliquer directement l'enduit du plafond et de conduire à un plancher de faible épaisseur. Les dalles creuses sont recouvertes de sable ou de plâtras et les lambourdes reposent directement sur les solives en fer, sans porter sur le remplissage de l'entrevous. Les extrémités des poutres sont ancrées dans la maçonnerie et reposent sur des sommiers en pierre.

En B, fig. 141, l'entrevous est formé d'une voûte en berceau ordinaire. Si, en pareil cas, le plafond doit néanmoins présenter une surface plane, on encastrera tous les 1,30 m dans la voûte des traverses en bois, de 16 cm de hauteur environ, reposant sur l'aile inférieure du fer à T; on vient clouer contre elles les lattes qui doivent recevoir l'enduit du plafond. Ce mode de construction est donné en détail à la fig. 143.

D'autres manières de disposer les voûtes d'entrevous sont données à petite échelle à la fig. 141, en C et D, et en détail aux fig. 144 et 145.

Enfin en E, fig. 141, il est représenté un cinquième mode de construction de l'entrevous. La voûte est disposée en plate-bande et est construite avec des briques creuses, fig. 146. Comme la solidité de la construction dépend surtout de la qualité du mortier, il sera bon de faire la pose des briques au

---

[1] Les entrevous en poterie se font sous formes très-variées. Quand ils sont plans, on en profite quelquefois pour figurer des caissons dans le plafond. Quand ils sont voûtés, ils se composent de deux ou plusieurs voussoirs et permettent alors un espacement plus considérable des solives.

Fig. 145.

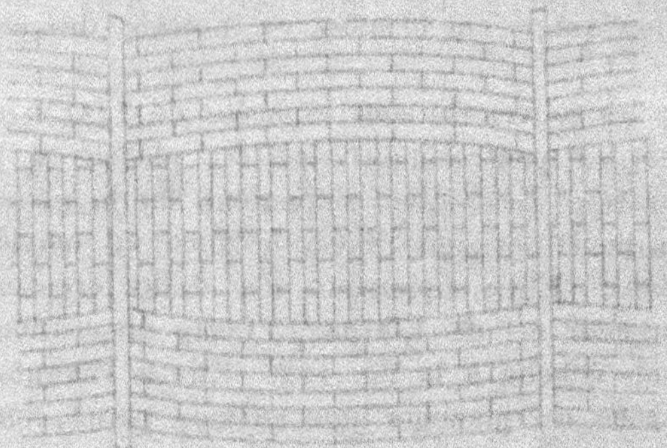

Fig. 146.

mortier de ciment. Une pareille voûte droite ne peut supporter que de faibles charges. Il faut donc prendre soin de ne faire porter les lambourdes que sur les solives.

L'augmentation de hauteur des poutres-maîtresses, permet aussi d'augmenter la flèche et par suite la portée des voûtes d'entrevous.

Un exemple de voûtes de plus grande portée est donné en plan à la fig. 147, et en coupe à la fig. 148. — On place les poutres principales (a) dans le sens de la petite dimension de la pièce et l'on appuie les solives en fer à T qui supportent les voûtes, sur la semelle inférieure de ces poutres. Dans ses détails la construction est semblable à celles qui ont été décrites précédemment. Il faut veiller à ce que l'appui des poutres prin-

Fig. 147.

Fig. 148.

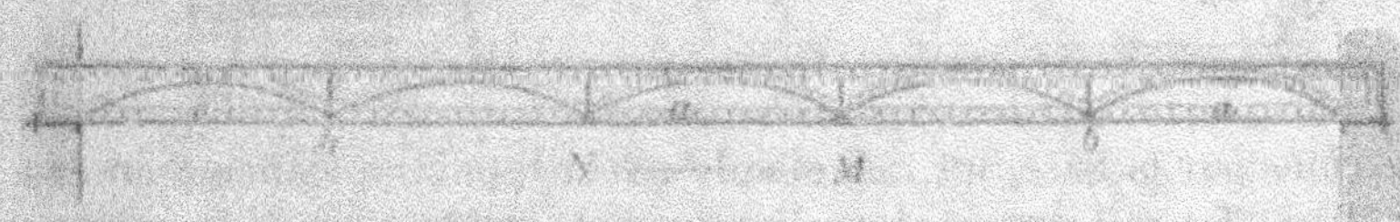

cipales soit bien solidement établi sur le mur. On interposera un sommier en fonte entre la poutre et la maçonnerie, fig. 149, et l'on reliera le bout des poutres par une barre de fer, noyée dans la maçonnerie. Les solives s'attachent à l'âme de la poutre au moyen d'équerres et de boulons, fig. 150.

Quand deux poutres sont placées à côté l'une de l'autre, elles reçoivent une plaque d'appui commune, fig. 151 et 152, dont les dimensions dépendent de la pression à transmettre à la maçonnerie. Cette plaque est munie de nervures, en dessus comme en dessous, les dernières se noyant dans la maçonnerie.

Dans le cas d'une poutre unique, le sommier aurait en plan la forme indiquée à la fig. 153.

Lorsque la portée est grande et la charge considérable, il conviendra généralement de faire usage de supports intermédiaires, quand ces supports sont possibles. Ainsi dans l'exemple numérique de la page 132, on pourrait substituer aux deux rails

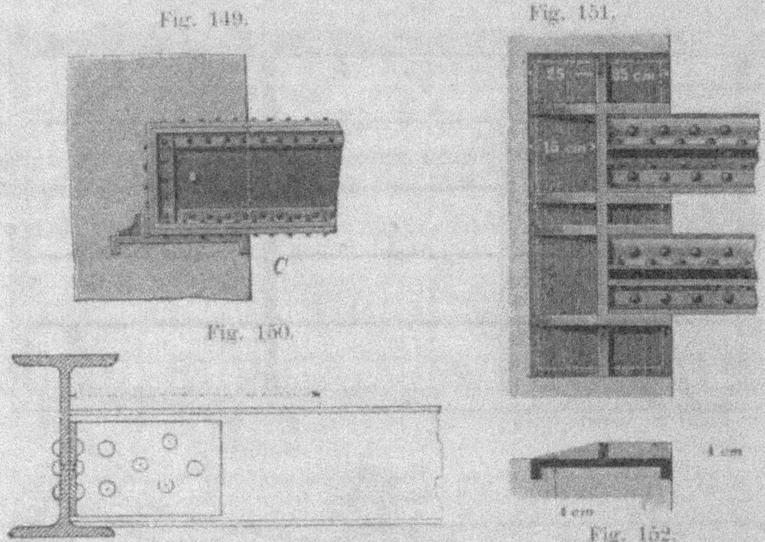



accolés par la base, un rail simple avec appui sur colonne en son milieu. Le rail repose alors directement sur la tête de la colonne où il est maintenu transversalement par des rebords venus de fonte sur les côtés du plateau, fig. 154. — Lorsque le rail n'est pas assez long pour former la poutrelle d'une seule longueur, on établira le joint au droit de l'appui sur la colonne. Le calcul de cette dernière se fait comme d'ordinaire. En voici un exemple.

Une colonne de 2,82 m de hauteur supporte un plancher avec entrevous voûtés. Elle reçoit une charge de 5000 kg;

quel devra être son diamètre, si l'on admet qu'elle repose librement aux extrémités?

La formule approchée du tableau III donne

$$\varsigma \, \delta^3 = \frac{P l^2}{200000}$$

dans laquelle P est exprimé en kilog. et $\varsigma$, $\delta$ et $l$ en cm. Donc

$$\varsigma \, \delta^3 = \frac{5000 \times 282^2}{200000} = 1988.$$

Posons $\varsigma = 2$ cm, alors

$$\delta^3 = \frac{1988}{2} = 999$$

Fig. 153.                                               Fig. 154.

et $\delta = 10$ centimètres. Le diamètre extérieur de la colonne serait donc de $10 + 2 = 12$ centimètres.

Lorsqu'il y a plusieurs planchers à entrevous voûtés au-dessus l'un de l'autre, leur soutènement à l'aide de colonnes présente quelque difficulté. Les supports peuvent alors être formés d'une seule colonne, traversant plusieurs étages, ou bien se composer de plusieurs colonnes, n'ayant chacune que la hauteur d'un étage.

La fig. 155, A et B, donne un exemple dans lequel les colonnes n'ont pour longueur que la hauteur d'un étage. Les voûtes supportent une aire en carrelage et ont 5,00 m d'ouverture avec ¹/₄ de flèche. Leur épaisseur est de 1¹/₂ brique aux

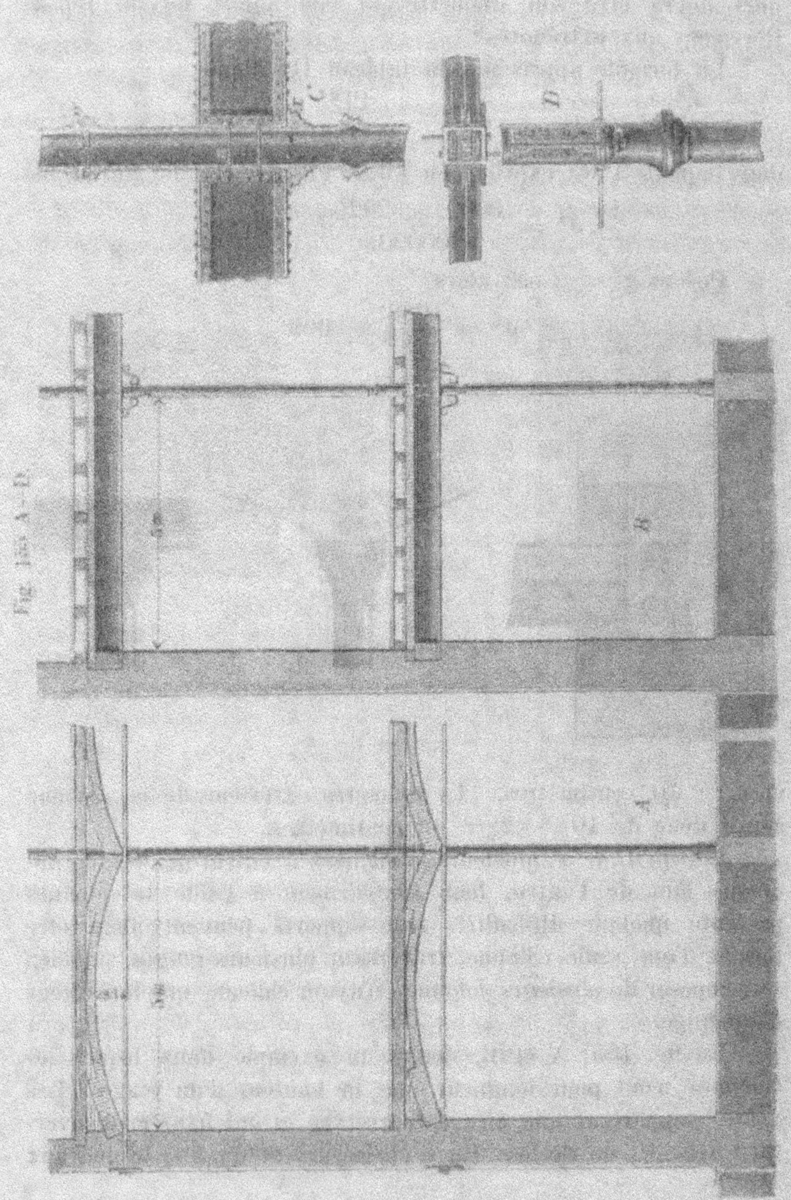
Fig. 135 A—B.

naissances et de 1 brique à la clef. Les colonnes montent
jusqu'au plancher du dernier étage. Elles ont une section
circulaire sur toute la longueur, sauf au droit de l'appui des
poutres-maîtresses, où elles sont carrées. Les poutres ont 0,62 m
de hauteur et reposent sur de petites consoles venues de fonte
sur la colonne, fig. 155, C; leurs extrémités sont reliées par des
boulons (n), traversant la colonne. Le joint des colonnes se
fait simplement par juxta-position, comme indiqué en (o) sur la

Fig. 156.

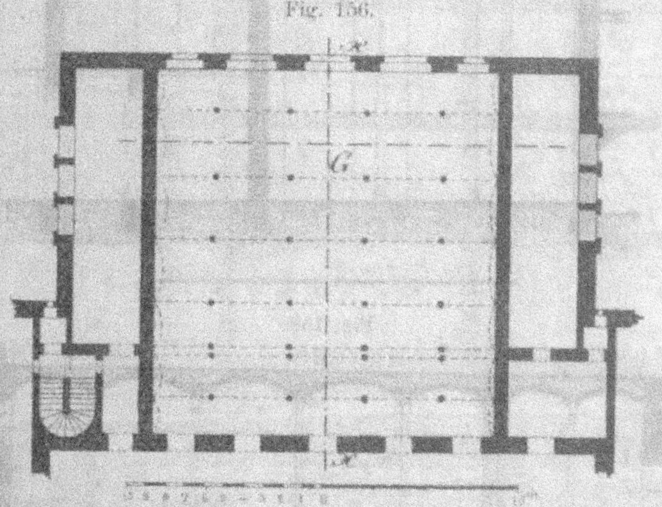

figure. Les murs de butée des voûtes extrêmes sont reliés par
de forts tirants, afin d'éviter toute poussée horizontale sur ces
murs, et le pied des colonnes repose sur une base en
pierre de taille ou sur un massif de maçonnerie faite au
mortier de ciment. (Voir page 13.)

Une disposition qui a été adoptée au „Stadttheater" de
Leipzick est représentée dans son ensemble aux fig. 156, 157
et 158. A la partie supérieure se trouve le magasin des
costumes, (la fig. 156 en donne le plan) et à la partie inférieure,
le magasin des décors, montré en coupes transversale et
longitudinale aux fig. 157 et 158.

Fig. 157.

Fig. 158.

Fig. 157.

Lorsqu'on peut augmenter le nombre de soutiens des pontres, la disposition générale prend une forme un peu différente.

La fig. 159 représente, par exemple, le plan d'un plancher avec entrevous en voûtes légères, reposant en partie sur

Fig. 159.

colonnes. La surface totale est divisée en largeurs égales par des pontrelles en fer posant sur colonnes. Sur ces pontrelles s'appuient les naissances des voûtes en briques construites en berceau et appareillées en queue d'hironde. Des arcs doubleaux renforcent les voûtes au droit des colonnes. Les voûtes peuvent n'avoir qu'une demi-brique d'épaisseur, mais les arcs doubleaux auront au moins le double d'épaisseur. Une pièce spéciale, venue de fonte sur la tête de la colonne, forme le sommier de ces arcs. Sa forme est telle, qu'elle n'empêche pas l'appui des poutrelles sur les colonnes, fig. 159, C. Lorsqu'une seconde série de colonnes doit se juxta-poser aux premières, cette pièce est surmontée d'un plateau sur lequel vient poser la base des colonnes supérieures, fig. 160.

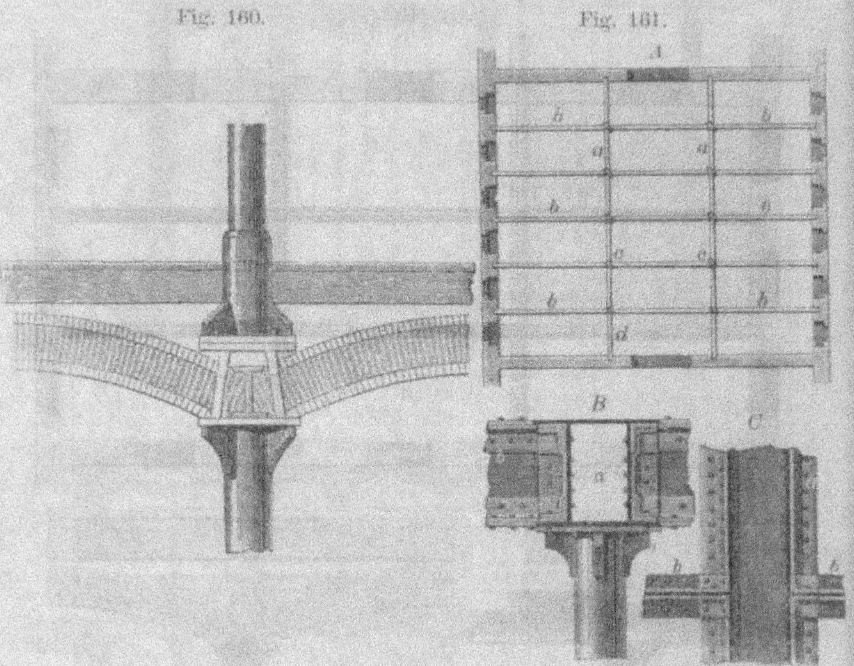

Fig. 160.  Fig. 161.

La fig. 161 donne l'ossature métallique d'un plancher de grandes dimensions. Deux poutres creuses traversent toute la largeur de la pièce et reposent en (c) sur des colonnes en fonte. Elles portent transversalement des poutres à âme pleine, sur lesquelles posent à leur tour, parallèlement aux poutres principales des fers à double T, distants de 1,80 m à 2,50 m l'un de l'autre et sur ces fers viennent s'appuyer les voûtes d'entrevous.

Dans les exemples précédents, on n'a fait usage que de voûtes en berceau. On pourrait aussi employer d'autres espèces de voûtes, la voûte annulaire, par exemple. Cette dernière serait même d'un effet architectural plus satisfaisant, mais elle n'est possible que lorsque les soutiens sont régulièrement espacés.

Fig. 162.                                       Fig. 163.

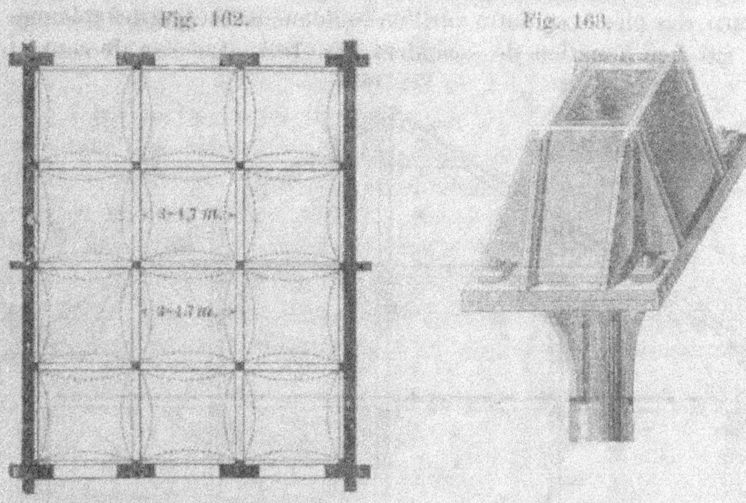

Fig. 164.

Soit, dans la fig. 162, le plan du sous-sol d'une construction à couvrir avec des voûtes annulaires. Les soutiens se trouvent à égale distance les uns des autres et sont réunis par des arcs

doubleaux qui divisent en plan la surface en cases regulières
dont la grandeur peut varier de 3.00 m à 4.70 m. Les arcs s'appuient
contre des pièces en fonte que l'on boulonne sur la tête des colonnes
et qui font fonction de sommiers, fig. 163. Le plan de contact

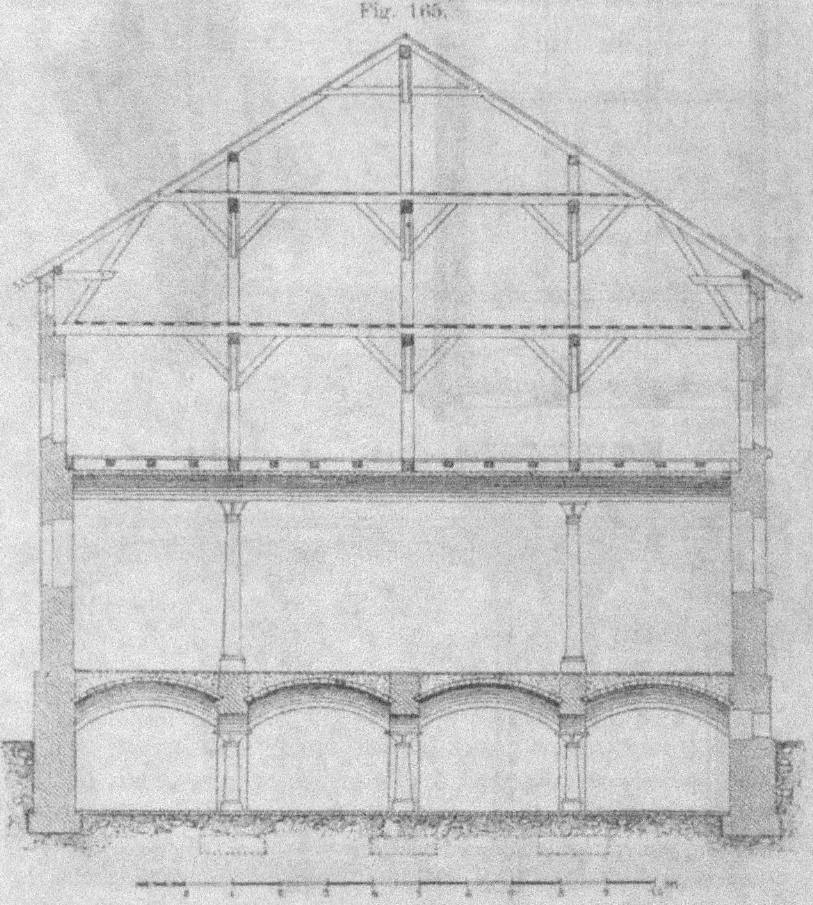

Fig. 165.

entre le coussinet de la voûte et la fonte doit naturellement être
normal à l'intrados de l'arc. Contre ces arcs viennent s'appuyer
les voûtes annulaires fig. 164, à la manière décrite au chapitre
„Voûtes", vol. II de cet ouvrage.

La fig. 165 donne un exemple dans lequel il est fait usage de voûtes annulaires pour recouvrir les caves d'un bâtiment. Les arcs doubleaux s'appuient, comme dans l'exemple précédent, sur colonnes en fonte.

## Balcons en fer et pierre.

Dans les pays où la pierre de taille fait défaut, la construction des balcons en pierre entraînait anciennement à une dépense sérieuse. Il fallait faire venir la pierre de distances plus ou moins grandes, car les consoles exigent toujours des blocs de fortes dimensions puisqu'elles doivent pénétrer assez profondément dans le mur. Cette difficulté n'existe plus depuis que le fer est devenu d'un usage courant dans la construction, et les balcons sont aujourd'hui d'un emploi très-général.

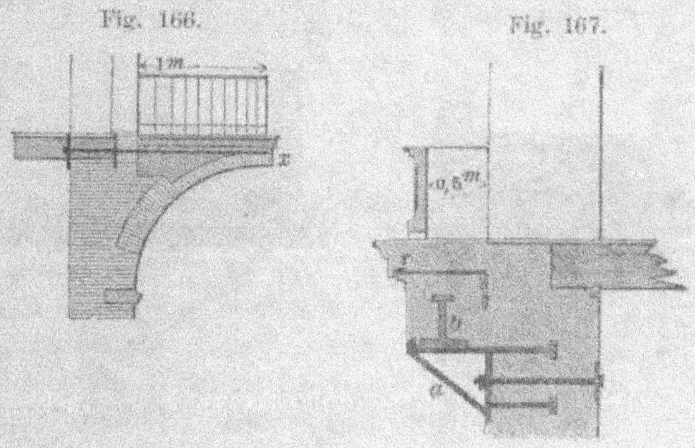

Fig. 166.   Fig. 167.

La fig. 166 donne un exemple dans lequel l'aire du balcon est établie sur une demi-voûte en berceau. Cette voûte est construite en briques; elle a une brique et demie d'épaisseur à la naissance et une brique d'épaisseur à la clef. En ce point, elle s'appuie contre un fer en U (x) qui est rattaché à la maçonnerie, et quelquefois même aux solives du plancher, par des tirants en fer. La saillie du balcon est de 1 mètre. La plate-forme se trouve au niveau du parquet du plancher et est formée d'une aire en asphalte. Les conditions qui conviennent le mieux à ce genre de construction sont celles qui permettent d'appuyer les extrémités de la voûte contre des contreforts ou contre des parties saillantes de la maçonnerie.

Les petites galeries qui se trouvent au-dessus des corniches et qui ne doivent recevoir que de faibles charges, telles que des pots de fleurs, etc., peuvent se faire comme indiqué à la fig. 167. La largeur de la galerie n'est supposée que de 0,50 m et sa longueur, égale à celle d'une baie de petite largeur. La corniche est construite en briques et est supportée par des consoles en fonte (a) qui sont solidement ancrées au mur. Sur ces consoles repose une poutre en fonte à large base, laquelle forme l'appui principal de la corniche. Les moulures du haut sont soutenues par un fer plat (r), scellé dans le corps de la maçonnerie.

Fig. 168.

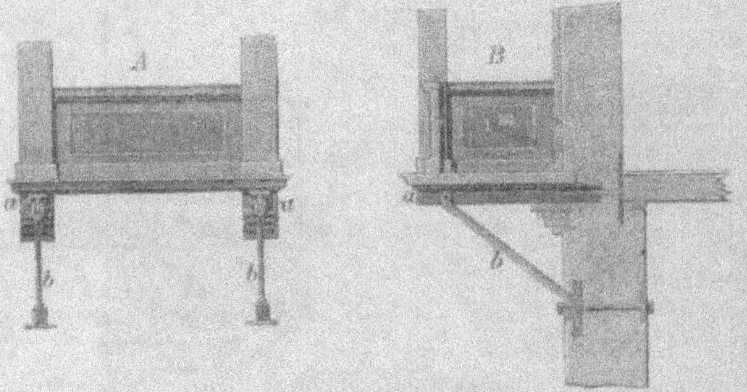

Les balcons faisant saillie de 1 m à 1,60 m doivent se construire différemment. La fig. 168, A et B donne un exemple de ce genre. Si l'on a à sa disposition de grandes dalles en pierre, le balcon pourra se construire très-simplement. On appuiera ces dalles sur deux fers à simple T (a), fig. 168, A, dont la semelle sera tournée vers le haut et que l'on ancrera solidement à la maçonnerie ou aux solives du plancher. Leurs extrémités seront supportées par des contre-fiches (b), se terminant dans le haut par une fourche pour l'assemblage avec le fer à T. A l'extrémité inférieure ces contre-fiches s'appuient contre la maçonnerie par l'intermédiaire d'une plaque en fonte dans le but de répartir la pression sur une plus grande surface.

Fig. 169.

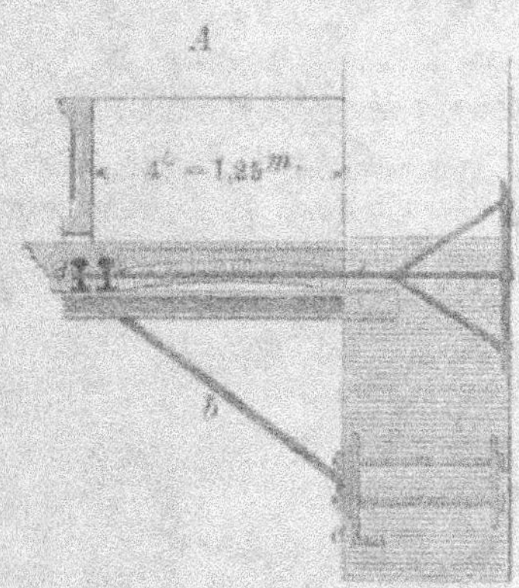
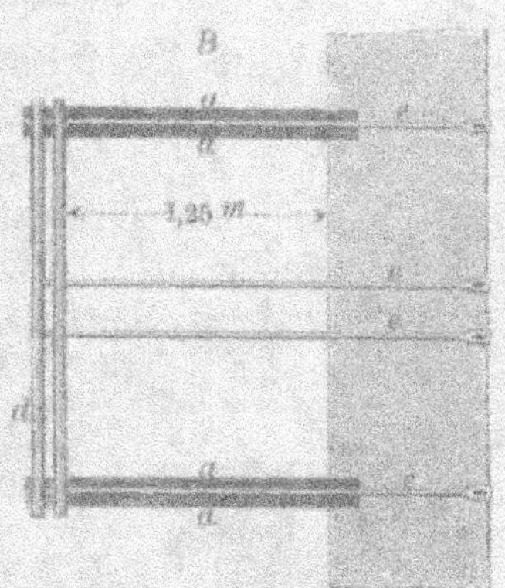

Quand on ne dispose pas de dalles, on peut établir l'aire sur une voûte légère en briques, à la façon des fig. 169 et 170. Les consoles triangulaires du balcon y sont formées d'une paire de rails contigus (a), soutenus par une contre-fiche en fer (b). Sur les rails (a) reposent transversalement deux autres rails (d) contre lesquels vient s'appuyer la voûte de la plate-forme. Les rails (d) sont ancrés au mur en plusieurs points de leur longueur, afin de résister à la poussée que leur transmet la voûte.

Fig. 170.

Dans toutes les dispositions précédentes, on pourra cacher les contre-fiches et rails d'appui par des consoles et moulures en plâtre ou en zinc moulé. La balustrade du balcon pourra être en pierre, en fonte ou en zinc moulé.

La fig. 171, A—D donne le plan et quelques détails d'un balcon établi au-dessus d'un porche. La plate-forme de la terrasse est supportée par des rails qui sont ancrés à la maçonnerie des piliers et des murs. Les détails de construction sont semblables à ceux des exemples précédents.

## Combles mixtes.

L'emploi du fer permet de simplifier beaucoup la construction des fermes de grande portée. Les fermes mixtes, c'est-à-dire, en bois et fer, se font sur les principes de la poutre armée, le fer y entrant pour les parties tendues et le bois pour les parties comprimées. Généralement la charpente se compose de fermes, pannes, chevrons et du voligeage.[1])

Fig. 171.

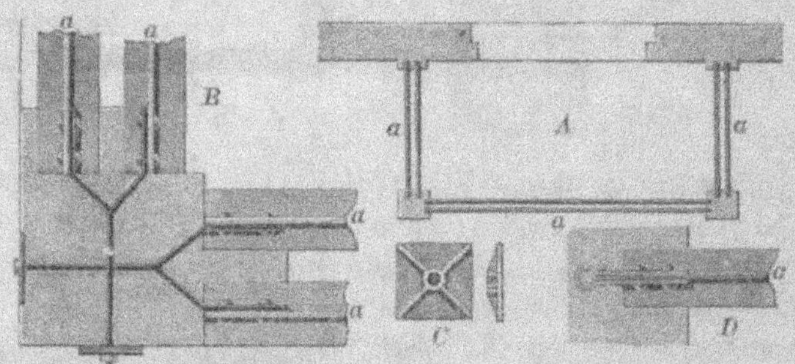

La fig. 172 représente une petite ferme qui ne diffère de celle que nous décrirons par la suite, au vol. „Constructions en bois,“ que par l'addition d'un entrait secondaire et par la substitution d'un tirant en fer rond au poinçon en bois. Le mode d'assemblage du tirant avec les arbalétriers et avec l'entrait principal ressort de la figure.

Une disposition peu différente de la précédente est donnée à la fig. 173. Ici, aussi, il y a double entrait, mais le faux entrait est soutenu par le poinçon, tandis que l'entrait principal

---

[1]) Quand les pannes sont peu écartées les unes des autres, on supprime souvent les chevrons et l'on fait porter les voliges directement sur les pannes. Avec des voliges de 27 mm d'épaisseur, l'espacement des pannes ne devra guère dépasser 2.00 m.

est supporté par deux tirants qui se rattachent aux arbalétriers aux points de jonction de ceux-ci avec l'entrait secondaire. Le détail (b) se rapporte à l'assemblage du faux entrait avec les arbalétriers.

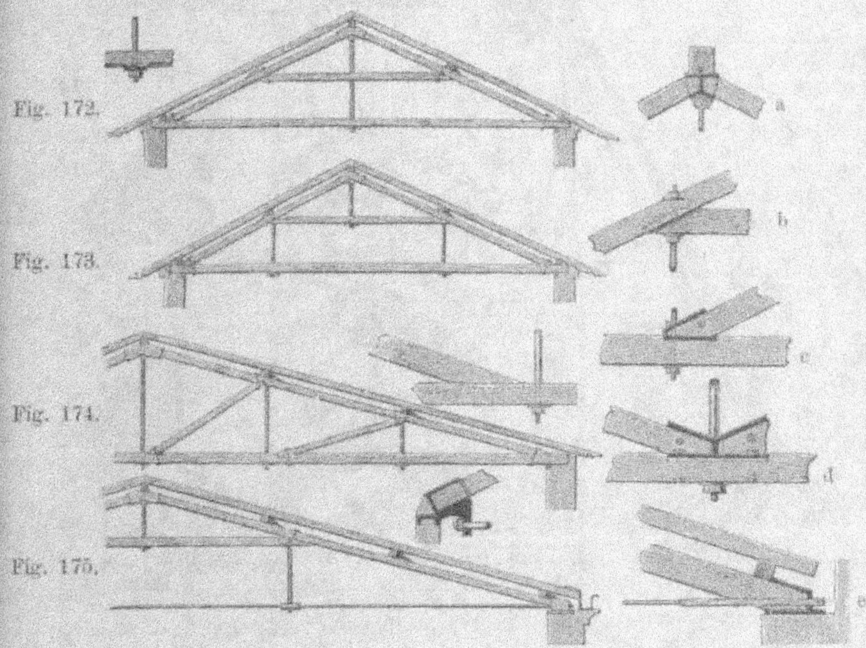

Fig. 172.

Fig. 173.

Fig. 174.

Fig. 175.

Un autre système de ferme est donné à la fig. 174. Il se compose d'un entrait principal en bois, relié aux arbalétriers par des contre-fiches inclinées en bois et par des tirants verticaux en fer. L'assemblage des contre-fiches avec les arbalétriers se fait soit à l'aide de tenons et mortaises, soit au moyen de sabots en fonte, (c). Au pied du poinçon se rencontrent deux contre-fiches de sens inverse; leur assemblage peut se faire comme indiqué en (d).

Tous les systèmes de fermes dans lesquels l'entrait est en bois ne sont applicables qu'à des portées peu étendues, car l'entrait atteint vite des dimensions qui donnent à la ferme un

aspect lourd et peu satisfaisant. Il y a avantage alors à remplacer le bois par le fer, et à substituer à la poutre de l'entrait

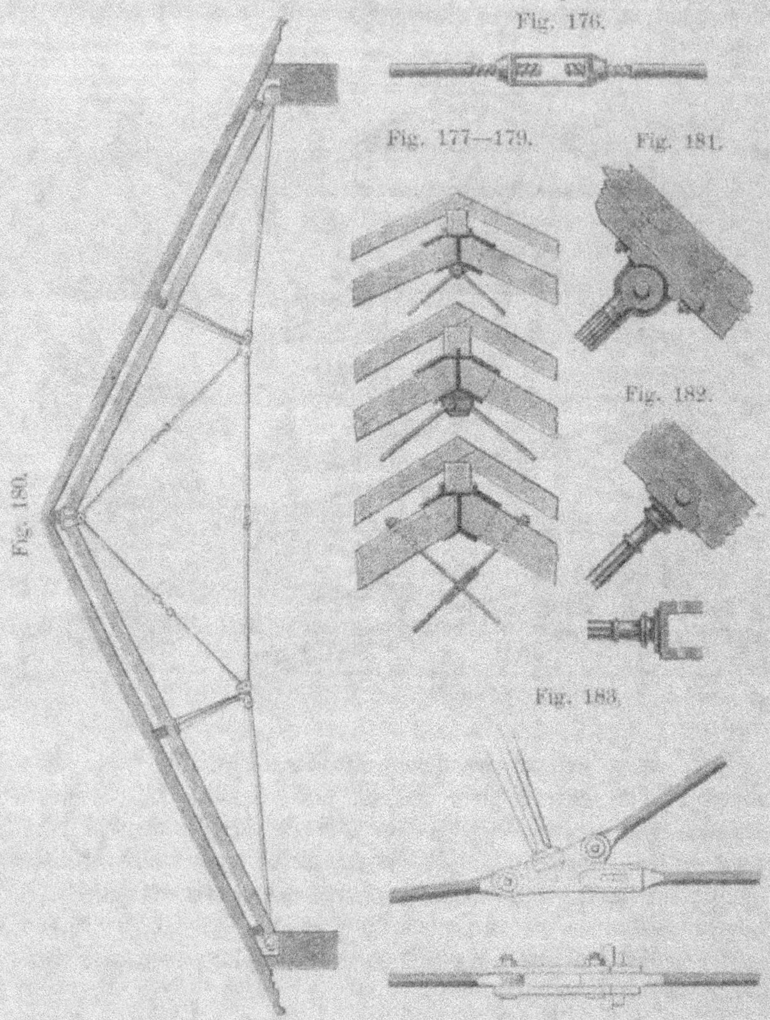

Fig. 176.

Fig. 177—179.                     Fig. 181.

Fig. 182.

Fig. 180.

Fig. 183.

un tirant en fer rond, fig. 175. Les arbalétriers reposent
sur la maçonnerie par l'intermédiaire de sabots en fonte aux-

quels peut se rattacher directement le tirant horizontal. Quand
la portée est petite, on peut se contenter du mode d'attache
représenté au-dessus de la fig. 175; pour de grandes portées le
tirant doit traverser le corps même du sabot, comme en (e).[1]
Le tirant-entrait est généralement formé de deux longueurs,
réunies à l'aide d'un manchon ou d'un étrier d'accouplement, afin
de permettre le serrage de la ferme, fig. 176. L'assemblage de la
panne faîtière avec les arbalétriers est indiqué aux fig. 177—179.
Quand il s'agit de portées de 10,00 m et au delà, on peut
construire la ferme sur le système Polonceau. Dans ce système,
les arbalétriers sont armés en leur milieu de contrefiches que
des tirants rattachent aux extrémités des arbalétriers et dont
les pieds sont reliés entre eux par un tirant horizontal.

La fig. 180 représente une ferme du système Polonceau.
Les contre-fiches se font ordinairement en fonte et reçoivent
une section circulaire ou cruciforme. Leur mode d'attache avec
les arbalétriers est indiqué aux fig. 181 et 182 et l'assemblage
avec les tirants, à la fig. 183.

## Combles en fer.

Les combles en fer furent d'abord employés dans les pays où
le bois est cher et le fer relativement bon marché, puis par
la suite, dans toute construction qui exigeait un comble de
grande portée ou qui devait ne renfermer que des éléments incombustibles, tels, par exemple, les combles des gares de chemins
de fer, des remises de locomotives, etc.

Il ne rentre pas dans le cadre de cet ouvrage de traiter
en détail la question des charpentes métalliques. Nous devons
nous borner à citer quelques exemples choisis parmi les types
ordinairement employés dans les bâtiments civils, et renvoyer
le lecteur, quant au calcul et à la description de constructions
plus importantes, aux ouvrages qui traitent spécialement du sujet.

A l'origine, on a fait des fermes en fonte, mais on n'a pas

---

[1] L'attache du tirant au pied des arbalétriers se fait fréquemment
aussi au moyen d'un étrier en fer forgé ou de deux brides en fer plat, ou
bien encore en terminant le tirant en forme de fourche.

tardé à y renoncer, et aujourd'hui, on ne se sert presque plus que de fer.

Fig. 184.

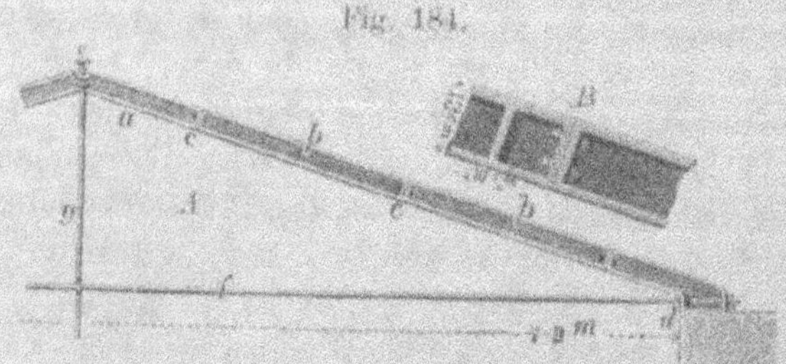

Les combles en fonte étaient en réalité copiés sur les combles en bois, fig. 184. L'arbalétrier se faisait soit d'une seule

Fig. 185.                                             Fig. 186.

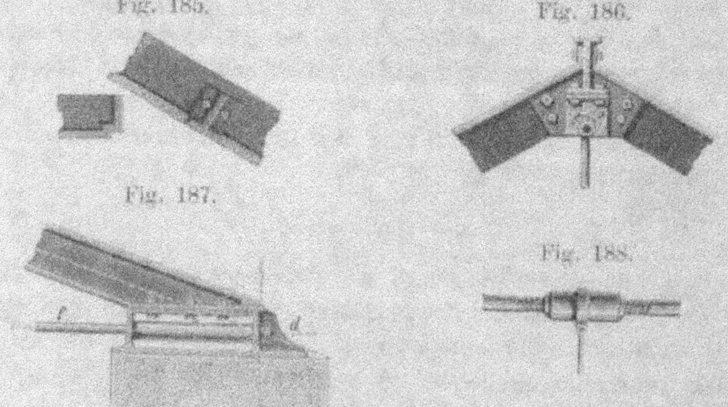

Fig. 187.

Fig. 188.

pièce, soit en plusieurs longueurs, réunies bout à bout, au moyen de brides et de boulons, fig. 184, B. Les pannes (b) fig. 185 se boulonnaient directement aux arbalétriers, qui étaient assemblés au sommet par des plaques moisées. Ces plaques recevaient à la partie inférieure la tête du tirant-poinçon, fig. 186, et portaient de petites équerres sur lesquelles venait s'appuyer la panne faîtière. Les arbalétriers reposaient sur la maçonnerie au moyen de sabots en fonte auxquels se boulonnait le tirant

Fig. 189.

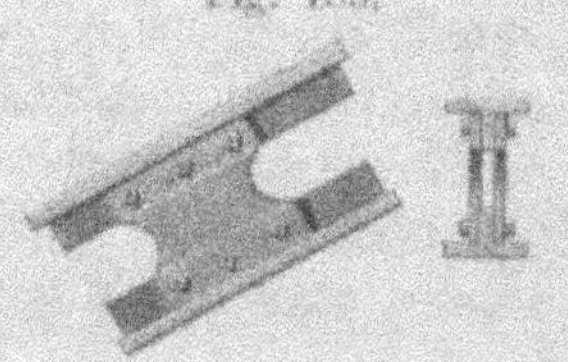

horizontal (f), fig. 187. L'entrait était formé de deux longueurs que l'on réunissait au moyen d'un manchon d'accouplement placé au milieu de la portée, de façon à le soutenir par
le poinçon, fig. 188.

Les arbalétriers constituent de véritables poutres et quand
la portée de la ferme est grande, ils seront formés de deux
plates-bandes et d'une âme, généralement évidée, fig. 189, afin
de donner une apparence de légèreté à la charpente. La
hauteur des arbalétriers se fait en ce cas, environ égale au
$\frac{1}{90}$ de la portée.

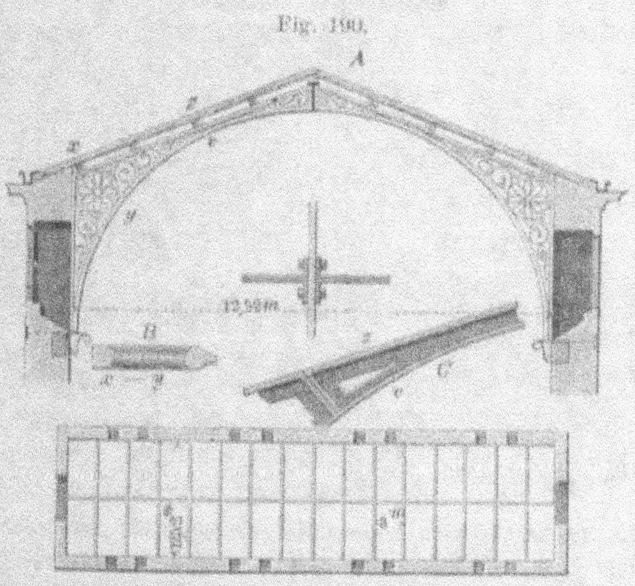

Fig. 190.

Pour des combles de plus de 8 à 15 mètres de portée, on
adopte quelquefois des fermes en fonte de forme semi-circulaire
ou ogivale. La fig. 190 représente un comble de cette espèce.
Sa portée est de 12,50 m et les fermes sont espacées de 3,00 m.
Chaque ferme se compose de plusieurs segments qui sont réunis
à l'aide de brides et de boulons, fig. 190, C. L'âme de l'arc
est évidée et l'on vient y rapporter, après coup, des orne-

ments en zinc moulé. La section des membrures peut être
celle de la fig. 190 B, ou bien celle du double T ordinaire.
Les arcs s'appuient sur des consoles en fonte ou en granit
lesquelles sont solidement scellées dans la maçonnerie. Quand
l'épaisseur des murs est faible, on renforce ceux-ci de contre-
forts au droit des fermes.

Ainsi que nous l'avons fait remarquer précédemment, pour
les grandes ouvertures on se sert exclusivement du fer.

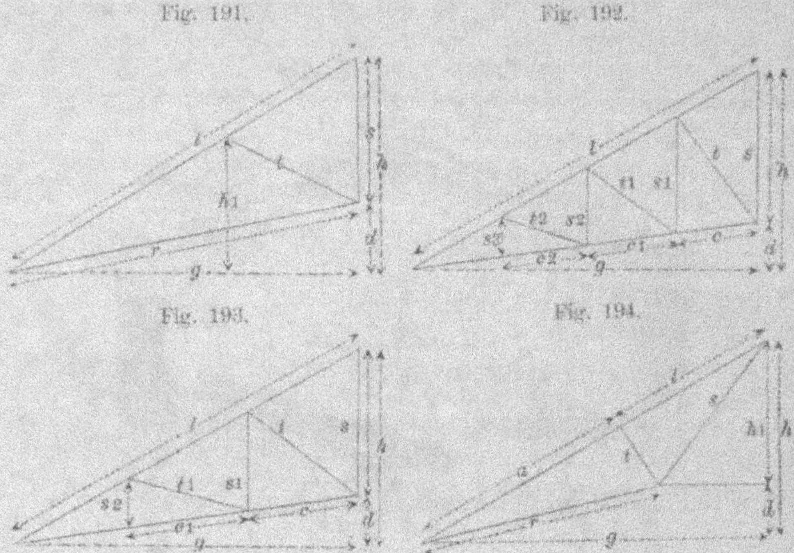

Fig. 191.

Fig. 192.

Fig. 193.

Fig. 194.

La forme la plus simple de ferme en fer est celle de la
fig. 184. Elle se compose, comme on voit, de deux arbalétriers,
d'un entrait et d'un poinçon. On peut appliquer ce type jusqu'à
des portées de 6 et 7 mètres. Quand l'ouverture dépasse ces
limites, il faut fournir à l'arbalétrier, un ou plusieurs points
d'appui intermédiaires ce qui se fait en l'armant de contre-
fiches. Ces dernières se disposent, autant que possible, normalement à l'arbalétrier. Leur nombre dépendra de la portée de
la ferme. En partant du type de la fig. 191, l'addition de
tirants verticaux (s) et de bielles inclinées (t) conduit au système

triangulaire anglais fig. 192. Dans ce système l'espacement des contre-fiches peut varier de 1,80 m à 5,60 m.[1])

À côté du système anglais vient se placer la ferme Polonceau dont nous avons déjà donné un exemple aux combles mixtes. Dans les fermes entièrement métalliques de petites portées, les arbalétriers sont formées de fers à simple ou à double T. Quand la portée est grande et l'écartement des fermes considérables, ils se composeront de poutres à âme pleine ou de poutres en treillis. Les contre-fiches se font presque toujours en fonte, car elles travaillent à la compression; on leur donne une section cruciforme ou circulaire. Les tirants sont généralement en fer rond; rarement en fer carré ou méplat.

Fig. 195.

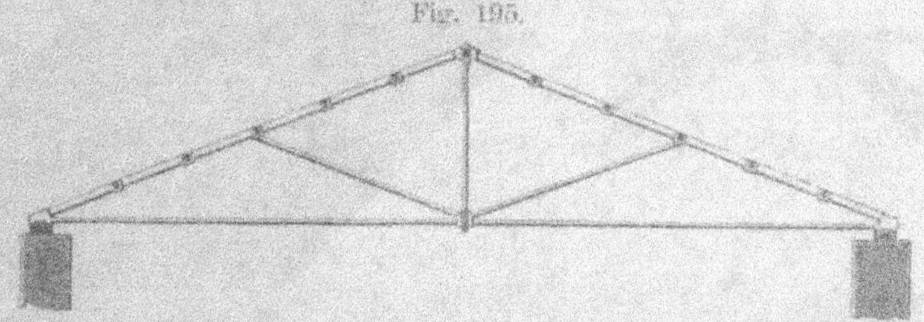

La fig. 195 représente une ferme du système triangulaire. Les arbalétriers et les contre-fiches sont formés de fers à simple T et les tirants sont en fer rond. Les pannes supportent directement le voligeage[2]) et sont formées de cornières à côtés égaux. Le mode d'assemblage du pied des contre-fiches avec les tirants est représenté à la fig. 196. Deux plaques

[1]) L'écartement des contre-fiches dépend de la distance des pannes, car on s'arrange presque toujours de façon à ce qu'une panne se trouve placée au droit de la contre-fiche. Dans les fermes triangulaires indiquées ci-dessus, les bielles forment un angle variable avec l'arbalétrier. On rencontre également un type de fermes dans lequel les bielles sont disposées normalement à l'arbalétrier. L'entrait est alors horizontal ou incliné, mais dans ce dernier cas, il forme une ligne brisée et présente une partie horizontale au milieu de la portée.

[2]) Lorsque les pannes sont en fer, on boulonne d'abord une fourrure en bois sur la panne, puis on cloue sur elle le voligeage. L'assemblage des pannes avec les arbalétriers se fait le plus souvent au moyen d'équerres, rivées sur la panne et boulonnées sur l'arbalétrier.

moisées en fer embrassent les têtes des tirants, et les boulons qui servent à les assembler, fixent aussi les pieds des contre-fiches.[1]  Dans la ferme Polonceau le poinçon ne supporte point de tension; ici, au contraire, il subit un effort de traction dû à la poussée des deux contre-fiches.  L'extrémité inférieure des arbalétriers est logée dans un sabot en fonte qui aura la forme

Fig. 196.  Fig. 197.

de la fig. 197 ou de la fig. 198 suivant que l'arbalétrier sera à simple ou à double T.[2]  Dans le cas de la fig. 197, le tirant peut s'attacher directement au sabot.  Avec la disposition de la fig. 198, il faudra le terminer en fourche ou, ce qui est préférable, l'arrêter avant l'arbalétrier et le rattacher à celui-ci au moyen de deux brides en fer plat.

[1] Dans les fermes du type anglais, les contre-fiches sont presque toujours formées de fers à simple T.  Leur assemblage avec les tirants se fait au moyen d'une tête forgée à l'angle que doit former la contre-fiche avec le tirant et posant à plat sur celui-ci, le tout étant réuni par un boulon fig. 200.  Cette disposition a l'inconvénient de faire passer l'axe de résistance de la contre-fiche en dehors du point d'attache et de faire naître par conséquent, des efforts de flexion, qui sont encore augmentés si l'angle donné à la tête n'est pas rigoureusement exact.  On l'emploie, néanmoins parcequ'elle rend le montage de la ferme très-facile.

[2] Quand l'arbalétrier est à simple T, on forme souvent sa base d'appui en rivant simplement de part et d'autre de l'âme du T des plaques en tôle qui portent un bout de cornière le long de leur bord inférieur.

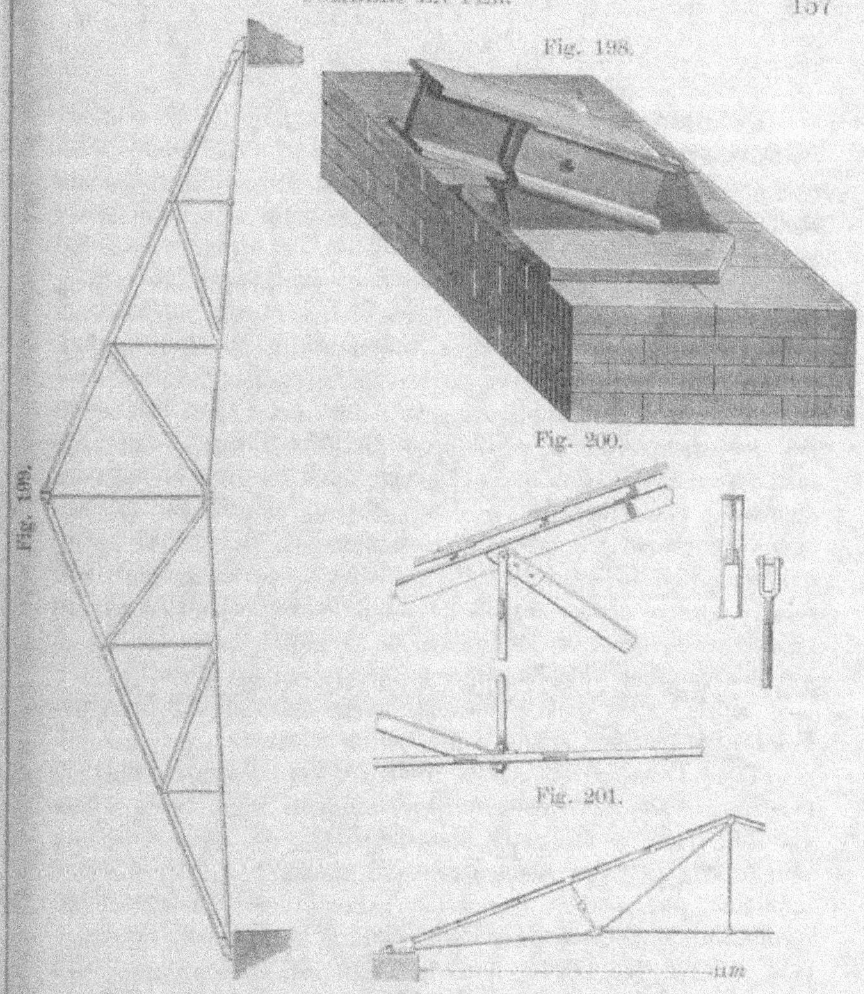

Fig. 198.

Fig. 199.

Fig. 200.

Fig. 201.

Les fig. 199 et 200 donnent un autre exemple de ferme du même système, mais de plus grande portée; et la fig. 201, le croquis d'une ferme Polonceau avec arbalétriers en fer et bielles en fonte.[1]

---

[1] Il se fait aussi des fermes Polonceau à six bielles, mais elles ne s'appliquent qu'aux grandes ouvertures et sont d'un ajustage moins facile que la ferme à deux bielles.

### *Calcul des Fermes.[1])*

Le calcul des fermes du système anglais ou du système Polonceau, et d'une manière générale d'un système triangulaire quelconque, peut se faire très-simplement au moyen de la méthode suivante qui est connue en Allemagne sous le nom de méthode de Ritter.

Supposons la ferme divisée en deux parties par une section quelconque ne rencontrant que trois de ses barres ou éléments droits; c'est ce qui a presque toujours lieu quand la section est droite. Pour que chacune des parties ainsi formées reste en équilibre, il faut appliquer aux points de section des barres des forces extérieures égales en direction, sens et intensité aux forces intérieures qui agissaient dans les barres. Si nous exprimons l'équilibre de l'une des parties, en prenant les moments de toutes les forces extérieures par rapport au point d'intersection de deux des barres coupées et en égalant leur somme à zéro, nous obtenons une équation dans laquelle n'entre qu'une seule inconnue, l'effort sur la troisième barre coupée, et qui nous permet de déterminer la valeur de cet effort.

Ainsi, l'effort dans l'une quelconque des barres de la ferme, s'obtiendra par une simple équation de moments.

Dans l'application de la méthode, on regardera toujours comme positifs les moments qui agissent dans le sens des aiguilles d'une montre, et comme négatifs, ceux qui agissent en sens contraire. On commencera par supposer que les forces à appliquer aux points de section exercent une tension. Si la résolution de l'équation conduit alors à une valeur négative, cela indique que l'effort dans la barre est, en réalité, de sens contraire à celui que l'on a supposé, c'est-à-dire, que la barre est soumise à une compression.

On supposera toujours la ferme complètement chargée, car c'est l'hypothèse pour laquelle les efforts dans les barres prennent leur plus grande valeur.

[1]) Note du Traducteur.

### Ferme du système anglais.

Les pannes exercent un poids (p) et sont supposées appliquées aux points de rencontre de l'arbalétrier avec les contre-fiches. S'il y en avait dans la partie intermédiaire, il faudrait ajouter aux efforts de compression que donne le calcul ci-dessous, les efforts de flexion que produiraient ces charges intermédiaires.

Une première section, immédiatement à droite de l'appui (A), permet de déterminer l'effort dans la barre X. En effet, exprimons l'équilibre de la partie de ferme située à gauche de la section (1), en prenant les moments par rapport au point (E). Nous avons

$$X_1 \times a - 3.5\,p \times 2l = 0$$

$$\text{d'où} \quad X_1 = -\frac{7\,pl}{a}$$

Le signe (—) indique que l'effort $X_1$ est une compression.

La section (2) coupant les trois barres $X_2$, $U_1$ et $Z_1$ conduit aux trois équations suivantes:

Moments par rapport au point (E)

$$X_2 \times a + 3.5\,p \times 2l - p \times l = 0$$

$$\text{d'où} \quad X_2 = -\frac{6\,pl}{a}$$

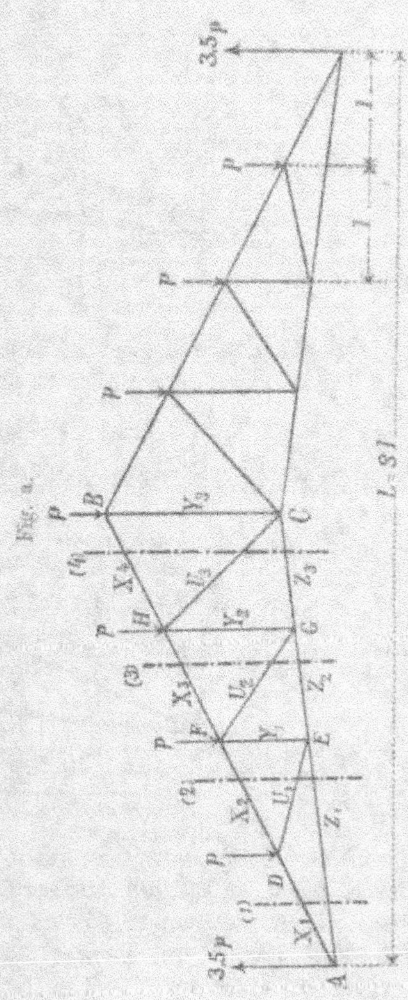

Moments par rapport au point (D)
$$- Z_1 \times b + 3.5\,p \times 1 = 0$$
$$\text{d'où} \quad Z_1 = \frac{3.5\,p\,1}{b}$$

Fig. b.

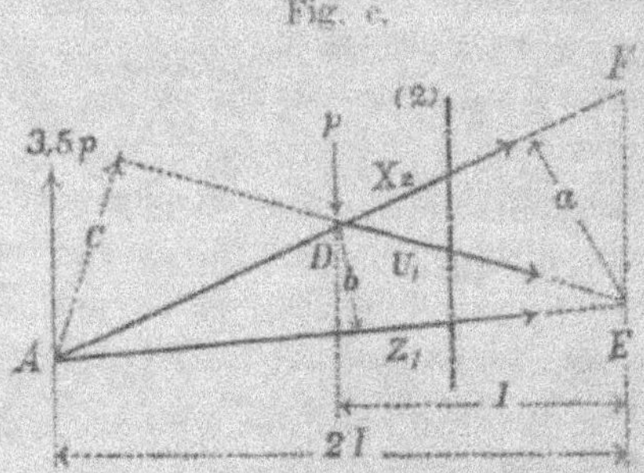

Moments par rapport au point (A)
$$U_1 \times c + p \times 1 = 0$$
$$\text{d'où} \quad U_1 = - \frac{p\,1}{c}$$

Fig. c.

Les efforts dans les autres barres s'obtiendraient de la
même façon, en menant les sections (3) et (4). Reste le poinçon. Pour déterminer l'effort auquel il est soumis, coupons
les trois barres du sommet comme indiqué à la fig. d et
exprimons l'équilibre de la partie de ferme ainsi détachée.

L'effort $X_4$ est déjà connue et peut donc être considéré comme une force extérieure, mais alors il faut le faire entrer avec son

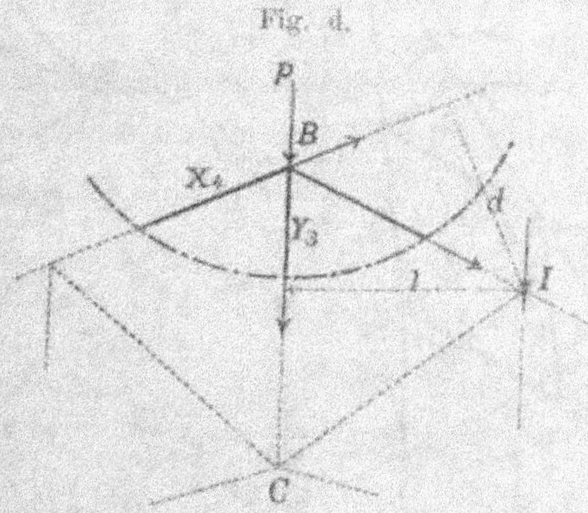



véritable sens dans l'équation des moments. Prenons les moments par rapport au point (I).

$$- Y_3 \times l - p \times l + X_4 \times d = 0$$

$$\text{d'où} \quad Y_3 = \frac{X_4\, d - p\, l}{l}.$$

## 2. Ferme Polonceau.

Nous supposerons le cas le plus général d'une ferme à six bielles.

Toutes les barres qui peuvent se couper par une section n'en rencontrant que trois à la fois, se détermineront comme dans l'exemple précédent.

Font exception les barres $U_3$, $Z_2$, $U_2$, $X_2$ et $Y_3$.

L'effort dans la première se détermine au moyen de la section $(\alpha)$ fig. e. Prenons les moments par rapport au point (B)

$$- U_3 \times a - p \times l = 0$$

$$\text{d'où} \quad U_3 = - \frac{p\, l}{a}$$

L'effort dans $Z_2$ se détermine par une section analogue $(\beta)$ menée un peu plus bas.

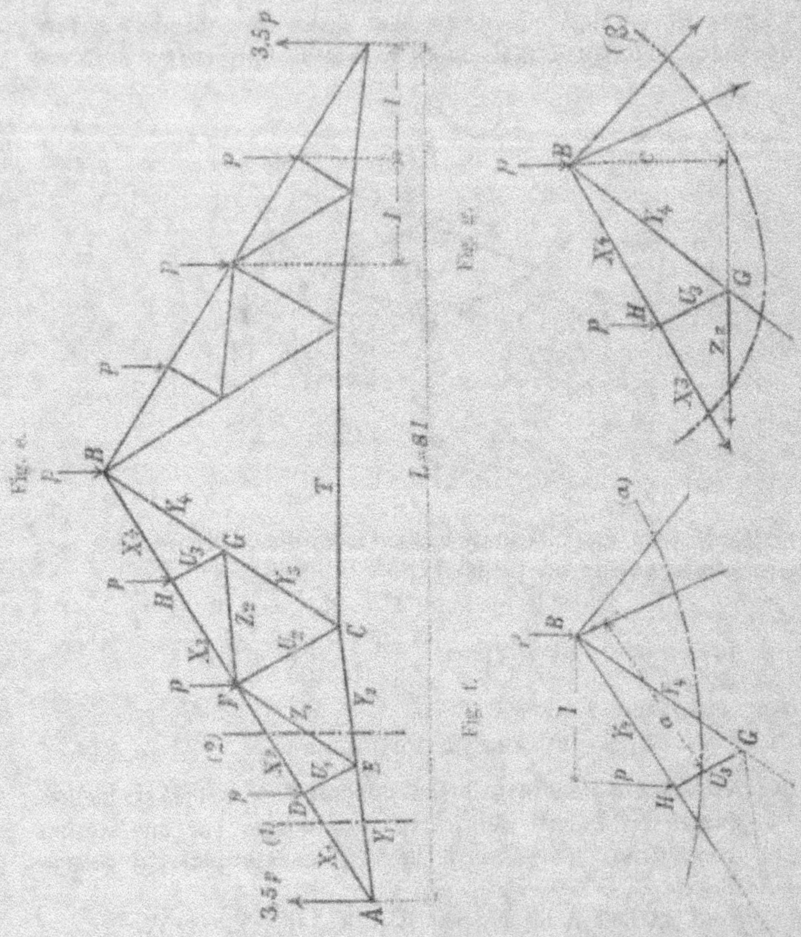

Nous avons, en prenant les moments par rapport à (B),

$$Z_2 \times c - p \times a = 0$$

d'où

$$Z_2 = \frac{pa}{c}$$

Connaissant $Z_2$, on détermine $U_2$ et $X_3$ en faisant une section immédiatement à gauche du point (C).

L'équation des moments par rapport au point (A) donne

$$U_2 \times \overline{AF} + Z_2 \times d + p \times 1 + p \times 21 = 0$$

$$\text{d'où} \quad U_2 = \frac{Z_2 d + 3\,pl}{AF}$$

et les moments par rapport au point (C),

$$Z_2 \times e + X_3 \times \overline{FC} - p \times f - p \times (1 + f) + 3{,}5 \times (21 + f) = 0$$

$$\text{d'où} \quad X_3 = \frac{6\,pl + 1{,}5\,pf + Z_2 e}{CF}$$

Fig. 4.

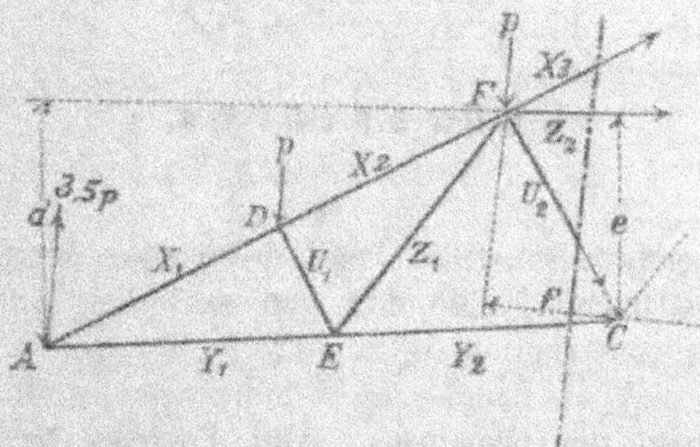


$Y_3$ se déterminera comme $X_3$, mais il faut alors faire passer la section à droite de (C), au lieu de la faire passer à gauche.

# CHAPITRE II.

## Couvertures.

La couverture constitue l'une des parties les plus importantes des bâtiments. Elle doit non-seulement garantir l'intérieur de la construction de la pluie et des autres agents atmosphérique, mais des flammèches et débris ardents qui s'échappent accidentellement des cheminées. Afin d'obtenir un écoulement facile de la pluie et de la neige fondue, on donne au toit une pente plus ou moins grande suivant le degré de perméabilité des matériaux qui composent la couverture et le climat du pays dans lequel on se trouve.

Une bonne couverture doit remplir les conditions suivantes: être légère, imperméable, résister au feu, aux agents atmosphériques, enfin s'établir et s'entretenir à bon marché.

Les couvertures peuvent se diviser en deux classes.

1. Les couvertures capables de résister pendant un certain temps à l'action du feu et que l'on nomme, en conséquence, couvertures incombustibles.

2. Les couvertures qui se détruisent rapidement sous l'action directe du feu, ou même sous l'effet d'une chaleur intense et que l'on nomme couvertures combustibles.

Dans le premier groupe viennent se placer toutes les couvertures qui sont formées de matériaux pierreux naturels ou artificiels.

Nous distinguerons donc:

## I. Couvertures dites incombustibles.

Elles comprennent:

1. La couverture en ardoises.
2. „ en dalles de grès.
3. „ en tuiles (terre cuite, ciment, etc.).
4. „ en feutre ou carton bitumé.
5. „ en mastic goudronneux.
6. „ en gazonnage.
7. „ en asphalte.
8. „ métallique (cuivre, plomb, zinc, tôle de fer).

## II. Couvertures facilement combustibles.

Ce sont:

1. La couverture en chaume ou roseaux.
2. „ en bardeaux.
3. „ en voliges.

Ces dernières sont d'une application très-restreinte, aussi n'en parlerons-nous pas dans la suite. [1]

---

[1] Le poids par mètre carré et l'inclinaison des principales espèces de couvertures sont donnés dans le tableau comparatif ci-dessous:

| Nature de la couverture | Inclinaison du toit sur l'horizon | Poids par m. carré bois non-compris. |
|---|---|---|
| Tuiles plates | $45^\circ - 38^\circ$ | 70 k |
| „ mécaniques | $30^\circ - 20^\circ$ | 40 k |
| Ardoises | $45^\circ - 33^\circ$ | 30—40 k |
| Zinc ou tôle galvanisée | $25^\circ - 18^\circ$ | 7—10 |
| Asphalt | $30^\circ - 10^\circ$ | 20—25 |
| Carton bitumé | $20^\circ - 10^\circ$ | 5—7 |

## 1. Couverture en ardoises.

La couverture en ardoises s'emploie surtout pour édifices publics et pour maisons d'habitation, mais elle revient généralement trop cher pour constructions industrielles. Elle est durable, d'un aspect satisfaisant, et demande peu d'entretien.

Suivant la forme et le mode de pose, nous distinguerons deux genres différents de couvertures en ardoises: la couverture allemande et la couverture anglaise.

Le premier genre s'emploie encore dans une partie du midi et du centre de l'Allemagne et dans toute l'Autriche; mais dans le nord de l'Allemagne et sur les bords du Rhin, on ne fait presque plus usage, depuis une dizaine d'années, que de la méthode anglaise. Les ardoises dites anglaises proviennent des carrières d'Écosse et de France; les ardoises allemandes proviennent de la Silésie, du Harz, de Saxe-Meiningen etc.[1]

La couleur des ardoises est très variable. Elles sont noires, noir-bleuâtre d'un gris ou brun foncé; certains schistes anglais présentent même une teinte verdâtre. Cette dernière coloration est rare et d'un aspect agréable ce qui fait adopter ce genre d'ardoises pour les constructions de luxe.

## Méthode allemande.

Ce mode de pose exige toujours un voligeage. La pente du toit peut varier de 0,66 m à 0,50 m par mètre et descendre exceptionnellement jusqu'à 0,40 m. La méthode présente de légères différences suivant la région où elle est appliquée; nous ne décrirons que les deux principales variantes.

---

[1] Les principales ardoisières de France sont celles d'Angers et de Charleville. C'est des premières que proviennent presque toutes les ardoises dont on se sert à Paris. Outre ces deux gîtes principaux, il en existe un très grand nombre dont l'exploitation ne fait que pourvoir aux besoins des contrées dans lesquelles ils se trouvent. Telles sont les ardoisières de St. Lô et de Cherbourg, celles des environs de Grenoble, de Blamont près Lunéville, des vallées des Alpes et des Pyrénées, etc.

Voici la première:

Supposons qu'il s'agisse d'un comble composé de deux longs-pans. On commence par la pose de la rangée inférieure, c'est-à-dire de la rangée d'égout et l'on procède avec elle de droite à

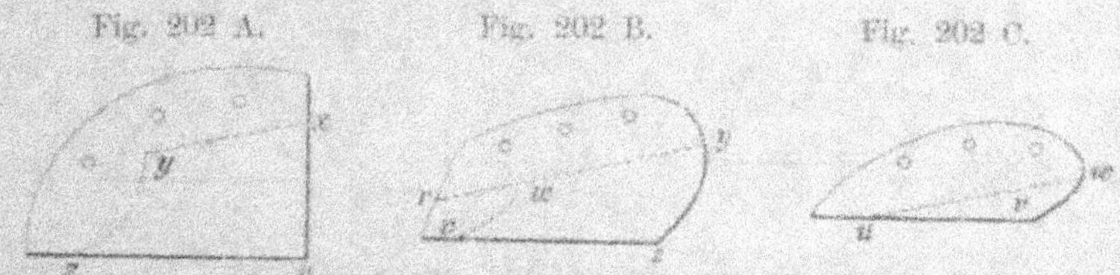

Fig. 202 A.     Fig. 202 B.     Fig. 202 C.

gauche. La première ardoise (1) de droite a la forme indiquée à la figure 202 (A) et se fixe à l'aide de 3 clous. Les lignes pointillées x y et y z montrent de combien les ardoises supérieures la recouvrent. On voit d'après la figure que les clous sont cachés par le recouvrement qui est d'environ 8 cm. Viennent en suite deux ardoises dont la forme est celle indiquée aux fig. 202 (B) et (C). Les lignes pointillées dénotent comme précédemment le recouvrement. De la forme donnée à ces premières ardoises dépend l'obliquité des rangées supérieures, car ces rangées seront toutes parallèles à la tangente commune.

Fig. 202 D.     Fig. 202 E.

On pose en suite les 4 ardoises qui suivent sur l'égout (les nᵒˢ 4, 5, 6 et 7 de la fig. 203). La première a la forme de la fig. 202 (D) et est fixée par 4 clous. A sa suite viennent les 3 autres e, f, g fig. 202 (E), placées de façon à ce que leur tangente commune (h i) ait la direction adoptée pour l'obliquité des rangées. Cette file de 4 ardoises se répète autant

de fois que l'exige la longueur du toit. La rangée d'égout se
termine à gauche par une ardoise ayant la forme de la fig. 202 (F).

Cette rangée posée, on fait suivre successivement les rangées
obliques. Les ardoises dont celles-ci se composent ont toutes
la forme de la fig. 202 (G). Dans une même rangée elles seront
toutes de même grandeur, mais elles pourront différer d'une
rangée à l'autre. Chaque ardoise se fixe par 2 clous. Les
limites du pureau sont encore indiquées par une ligne pointillée.
La première rangée prend son point de départ aux ardoises (3)
et (4) et se continue jusqu'au pignon, fig. 113. La deuxième
commence à l'ardoise (8) et monte aussi jusqu'au pignon. On
fera ainsi la pose de toutes les rangées. Chacune de celles qui

Fig. 203.

aboutissent au pignon, se termine par deux ardoises spéciales se recouvrant l'une l'autre et présentant la forme de la fig. 202 (H). Elles se fixent à l'aide de trois clous et forment l'encadrement de la rive droite du toit. Pour constituer la rive gauche, il faut

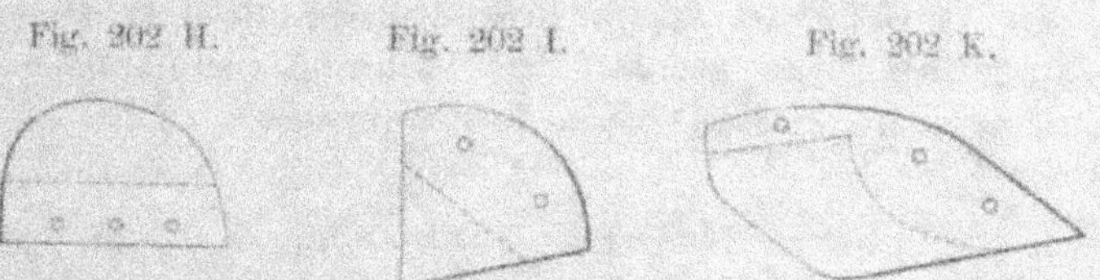

Fig. 202 H.　　　　　Fig. 202 I.　　　　　Fig. 202 K.

également deux ardoises par rangée. La plus petite (no. 42) de la fig. 203 est représentée à la fig. 202 (I) et la plus grande (no. 43), à la fig. 202 (K).

Les nombres inscrits sur les ardoises, fig. 203, indiquent l'ordre dans lequel le couvreur pose ces dernières. Il ressort de la figure que la dernière ardoise posée est la faîtière située à l'extrémité gauche du faîtage. On la fixe, ainsi que les autres faîtières, à l'aide de trois clous dont les têtes sont les seules restant apparentes dans la couverture.

Le deuxième genre de couverture allemande est représenté à la fig. 204. On le rencontre surtout en Bavière et en Autriche. La pose des ardoises s'y fait d'une manière analogue à celle décrite précédemment. On place d'abord les ardoises 1, 2, 3, 4; 1', 2', etc. le long de l'égout et l'on dispose les autres ardoises en rangées obliques, partant du batellement et montant

Fig. 204.

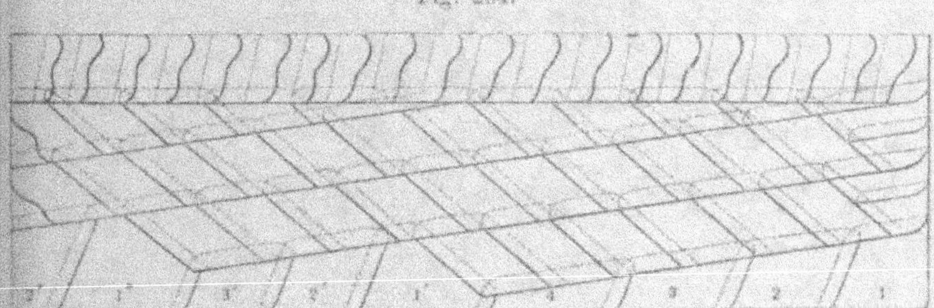

de gauche à droite. La couverture se termine par la faîtière du coin de gauche. Il faut remarquer que l'obliquité des rangées est nécessaire pour le bon écoulement de l'eau et qu'elle sera plus ou moins grande suivant l'inclinaison du toit.

En Autriche, on adopte fréquemment aussi la disposition de la fig. 205. Les ardoises ont la forme rectangulaire avec angles arrondis, et sont posées sur voligeage.

## Méthode anglaise.

La méthode anglaise est bien plus simple et meilleure que la méthode allemande. Elle n'exige que des ardoises rectangulaires et de grandeur uniforme. On cloue ces dernières sur un lattis à claire-voie, en faisant porter chaque ardoise sur

Fig. 205.

trois lattes ou même quelquefois sur quatre. Dans les constructions agricoles et dans les bâtiments ordinaires, un recouvrement double sur 8 à 10 cm, tel que le représente la fig. 206 A—B, est parfaitement suffisant.

Fig. 206.

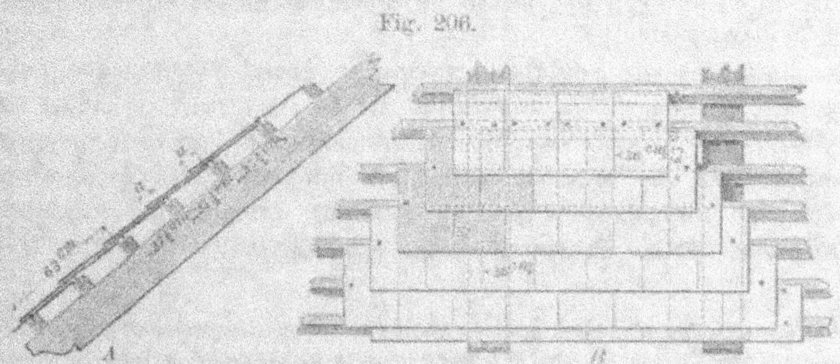

Avec des ardoises de 63 cm de longueur et un recouvrement de 10 cm, les lattes seraient placées à $\dfrac{63-10}{2} = 26{,}5$ cm d'axe en axe. Un recouvrement de 8 cm, conduirait à un espacement de 27,5 cm. En Allemagne, les plus grands modèles d'ardoises ont 0,680 m $\times$ 0,400 m, mais ce ne sont pas ceux dont on se sert le plus; ces derniers ont 0,630 $\times$ 0,360 m et 0,630 $\times$ 0,320 m.[1]

Les ardoises se fixent sur le voligeage ou sur les lattes à l'aide des clous. Autrefois on se servait des clous en cuivre, mais, on y renonce de plus en plus à cause de leur peu de durée; on les remplace aujourd'hui par des pointes en fer.[2]

[1] Les principaux modèles en usage en France sont compris entre 0,640 $\times$ 0,360 et 0,216 $\times$ 0,162. Leur dénomination varie avec les dimensions des ardoises. Ainsi, les cartelettes ont 0,216 $\times$ 0,162;
les grandes carrées (1er modèle) 0,324 $\times$ 0,222;
les ardoises dites anglaises varient du modèle no. 1  0,640 $\times$ 0,360,
au modèle no. 10  0,395 $\times$ 0,165.

[2] On emploie aussi des clous de zinc pour le même objet. Ils ont l'avantage de ne pas se rouiller et de pouvoir être facilement coupés pendant les réparations.

Pour assurer la parfaite imperméabilité de la couverture en ardoises, on garnit quelquefois les interstices à l'intérieur de mortier de ciment. Dans le Holstein la pose se fait souvent au mastic à l'huile, ce qui n'empêche pas de conserver l'inclinaison de 0,66 m par mètre ou même de faire la flèche égale à la demi-portée.

La méthode anglaise présente le grand avantage de permettre facilement la réparation de la couverture.[1]) Aussi se répand-elle de plus en plus en Allemagne et l'on ne rencontre aujourd'hui la méthode allemande que dans les régions où l'ardoise allemande revient à meilleur compte que l'ardoise anglaise, comme en Autriche, par exemple.[2])

---

Les feuilles de plomb dont on garnit le faîtage, les noues et les arêtiers, comme nous le verrons plus loin, sont fixées à la charpente à l'aide de clous à tête plate que l'on recouvre par une goutte de soudure.

[1]) La réparation d'une couverture en ardoises entraîne toujours beaucoup de casse. Pour faciliter aux couvreurs le travail de réparation, on dispose sur la toiture des crochets en fer auxquels ils peuvent venir accrocher leurs échelles. Ces crochets se placent en quinconce, de deux en deux chevrons, et la trouée qu'ils font dans la toiture est couverte de lames de plomb.

[2]) Dans un autre mode de pose, assez souvent employé en France et en Belgique, l'ardoise se fixe à l'aide de crochets doubles en fil de cuivre, comme

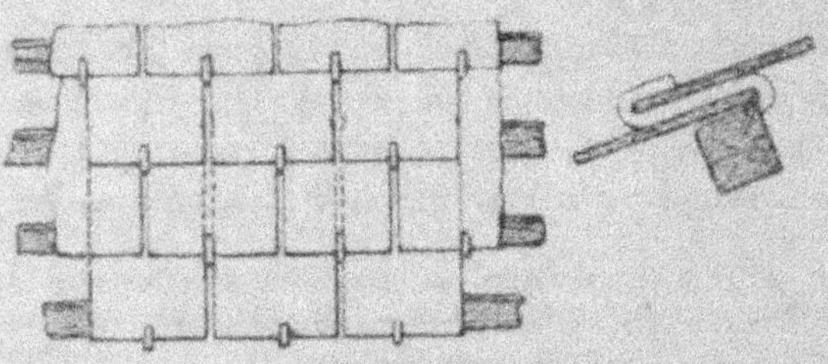

indiqué à la fig. ci-contre. Le voligeage est remplacé par de fortes lattes dont l'espacement dépend de la dimension des ardoises. Le mode de pose conduit à une couverture plus légère que dans le cas ordinaire puisque le pureau est ici presque égal à la demi-longueur de l'ardoise et que le voligeage est remplacé par un lattis non-jointif. Les crochets ont ordinairement 9 cm de longueur et de 3 à 4 mm de diamètre.

## 2.  Couverture en dalles.

Les couvertures en dalles de grés ne sont employées que dans les rares contrées où l'on rencontre des grés avec plans de clivages.  C'est une couverture peu étanche, fort lourde et d'un usage extrêmement restreint.

## 3.  Couverture en tuiles.

On emploie deux espèces de tuiles en Allemagne: la tuile plate et la tuile flamande.  La première est de beaucoup la plus usitée; l'autre ne se rencontre que dans certaines parties du nord de l'Allemagne et tend à disparaître.[1])  Pour recouvrir

[1]) En France on fait usage d'un très-grand nombre de tuiles différentes. Outre celles que nous venons de citer, on rencontre la tuile creuse, des modèles variés de tuile mécanique, la tuile romaine, etc.  Parmi ces différentes genres de tuiles, la tuile mécanique est celle qui s'emploie le plus aujourd'hui.

Les tuiles plates, dont on ne se sert plus qu'exceptionnellement près Paris, et qui sont dites de Bourgogne, ont les dimensions suivantes:

grand moule  $0{,}310$ m $\times$ $0{,}230$ m $\times$ $0{,}016$ m

petit  moule  $0{,}257$ m $\times$ $0{,}185$ m $\times$ $0{,}014$ m.

Dans le premier cas, il va 42 tuiles au mètre carré de couverture, et dans le deuxième cas, il en va 64.

les arêtiers et le faîtage, on se sert de tuiles spéciales que l'on nomme tuiles faîtières. Elles sont semi-circulaires et se recouvrent d'une petite quantité à leurs extrémités; leur longueur

Dans le midi de la France, on emploie encore la tuile creuse. Elle est conique, les diamètres aux extrémités étant de 0.20 m et 0.15 m; sa longueur est de 0.40 m sur 0.13 m d'épaisseur. Elle se pose en rangées verticales et la convexité de la tuile est alternativement tournée vers le bas ou vers le haut.

Les tuiles flamandes ou tuiles-pannes, dont il sera question plus loin, ne sont employées que dans le nord de la France.

Les tuiles romaines, appelées aussi tuiles Gourlier, ont la forme d'un losange, et se posent de manière à ce que l'une des diagonales soit horizontale, tandis que l'autre suive la pente du toit. Elles s'agrafent les unes aux autres par des rebords dont sont munis les côtés.

Les différentes tuiles mécaniques ont toutes une forme se rapprochant de l'une des deux indiquées ci-dessous. On les fait de diverses grandeurs. Le grand moule, qui est de beaucoup le plus usité, a environ 0.40 m sur 0.24 m. La tuile pèse généralement 3 kilogr., et il en faut de 13 à 14 par mètre carré de couverture. Elle se pose sur lattes ou liteaux dont l'espacement est de 0.33 m. d'axe en axe. Quand l'écartement des chevrons ne dépasse pas 0.50 m, on peut donner à ces lattes une section de 0.027 m $\times$ 0.027 m. Les tuiles mécaniques ont l'avantage de réduire sensiblement le

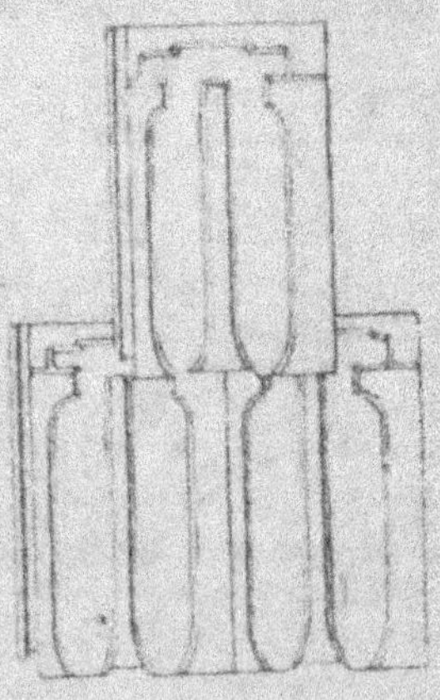

est de 40 cm environ sur 17 cm de largeur à la base. On se servait autrefois de tuiles d'une forme semblable pour l'ensemble de la couverture.

### Couverture en tuiles plates.

Les tuiles plates dont on se sert en Allemagne, ont 0,36 m × 0,15 m sur 0,015 à 0,02 m d'épaisseur. Elles sont munies d'un crochet destiné à les retenir sur les lattes. Le poids d'une tuile de ce genre est d'environ 1,75 kg. En Autriche les tuiles plates ont 0,38 m sur 0,19 m ou 0,48 m sur 0,19 m. La forme de ces tuiles varie. L'extrémité inférieure peut être arrondie, comme à la fig. 207, terminée à angle droit, comme à la fig. 208, ou enfin former un angle vif, comme à la fig. 209.

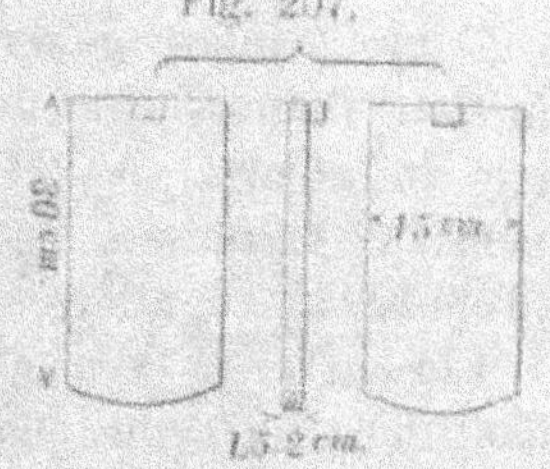

Fig. 207.

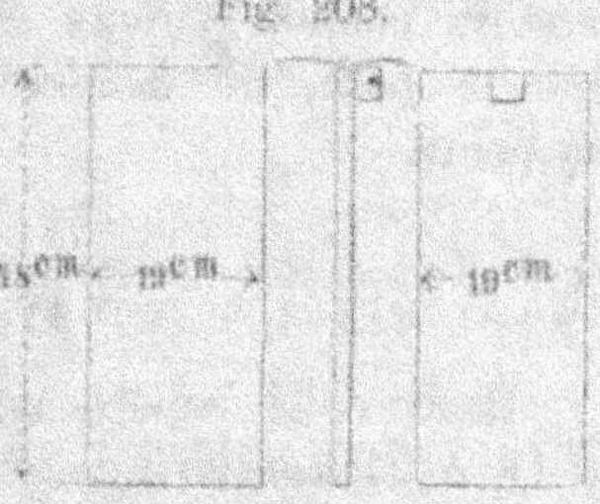

Fig. 208.

En Allemagne, la pose des tuiles plates se fait de trois manières différentes, ce qui conduit à trois genres distincts de couverture. Ce sont:

1. la couverture à recouvrement partiel avec bardeaux.

poids de la couverture, tout en permettant de donner une pente plus faible au toit. Ainsi, dans une couverture en tuiles plates, le poids de la tuile entre pour environ 70 kilogr. par mètre carré de couverture, tandis que dans une couverture en tuiles mécaniques, il n'atteint que de 40 à 45 kilogr. La pente peut être diminuée jusqu'à 0,30 m par mètre; mais c'est là une limite qu'il ne faut pas dépasser. L'inclinaison la plus convenable est de 0,40 m par mètre.

Les tuiles mécaniques se font par deux procédés distincts, désignés par les architectes sous les noms de procédés en terre tendre et en terre dure. Le premier qui est celui qui fut adopté en Alsace par Gilardoni dès l'origine de cette fabrication, est aujourd'hui reconnu comme le seul bon. Il conduit à une tuile de texture homogène et compacte, sur laquelle la gelée reste sans effet, tandis que le second fournit une tuile feuilletée, qui ne tarde pas à se détruire sous l'action combinée de l'humidité et de la gelée.

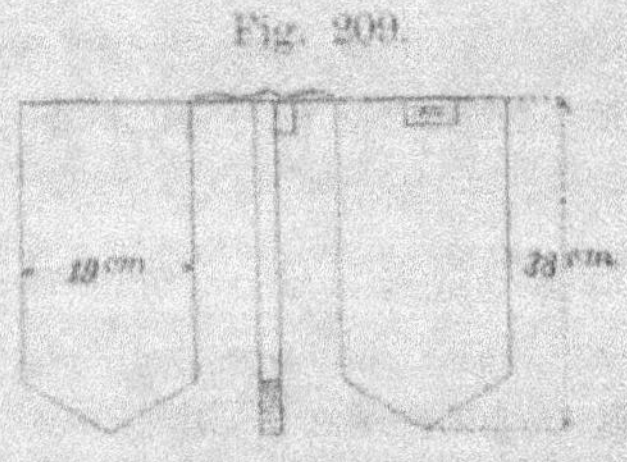
Fig. 209.

2. la couverture à recouvrement simple.

3. la couverture à double recouvrement.

Ces diverses méthodes ne diffèrent les unes des autres que par la grandeur du recouvrement et par l'espacement des lattes.

D'une manière générale, il faut que les tuiles posent bien l'une sur l'autre, c'est-à-dire qu'elles ne „baillent" pas à la partie inférieure. A cet effet, il faut que les lattes soient de dimensions uniformes, bien dressées et que la tuile soit plane et d'épaisseur régulière.

Lorsqu'il se rencontre dans le nombre des tuiles des échantillons de moins bonne qualité, on doit prendre soin de les mettre du côté le moins exposé à la pluie et au vent. Dans un comble à deux égouts, on procédera symétriquement avec la pose, de manière à ne pas charger inégalement la charpente.

## Couverture à recouvrement partiel avec bardeaux.

Dans cette espèce de couverture les lattes sont espacées de 19 à 21 cm lorsque l'on couvre avec des tuiles de 36 cm de longueur. Chacune des tuiles embrasse donc, à peu de chose près, deux intervalles du lattis, fig. 210, A—C. Les tuiles se recouvrent à joints croisés, et la partie du joint qui reste à découvert est rendue étanche par une petite longueur de bardeau, placée sous le joint et garnie de mortier.

Dans chaque pan de couverture les rangées supérieures et inférieures, c'est-à-dire, celle du faîte et celle de l'égout sont formées d'un double rang de tuiles, posées à joints croisés, afin de rendre ces joints étanches. Les bardeaux ont environ 0,07 m de largeur sur 0,004 m d'épaisseur. Comme ils n'ont qu'une durée assez courte, on les remplace souvent par les lames de zinc.

La pente d'une couverture de cette espèce ne doit jamais descendre au-dessous de 0,50 m par mètre. Dans les contrées

Fig. 210 A—C.

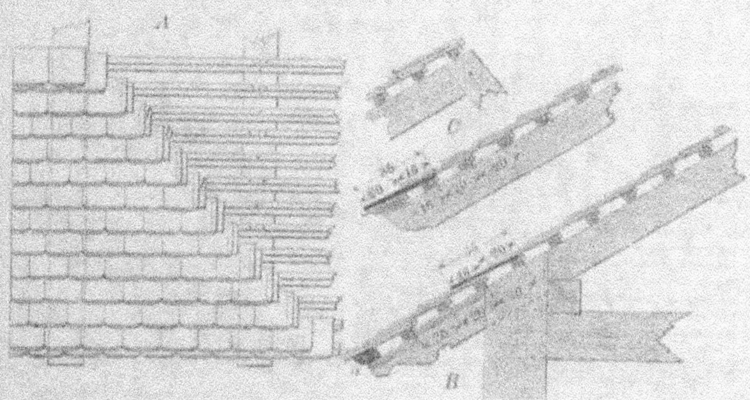

du nord, il vaudra même mieux éviter cette limite, et s'en tenir à la pente de 0,66 m par mètre comme minimum.

## Couverture à recouvrement simple.

Ce mode de pose donne une couverture plus étanche, mais plus lourde et plus coûteuse que la précédente. Les tuiles s'y recouvrent des $\frac{2}{3}$ environ de leur longueur. L'espacement des lattes s'obtient en retranchant de la longueur totale de la tuile, la quantité dont les tuiles extrêmes chevauchent l'une sur l'autre, soit 6 cm, puis en divisant la longueur restante par 2. Soit, dans le cas de tuiles de 36 cm de longueur $\frac{36-6}{2} = 15$ cm.

La rangée du faîte et la rangée de l'égout doivent, comme précédemment, être formées de doubles tuiles. Les autres rangées se disposent comme indiquées à la fig. 211.

Quoique la couverture à recouvrement simple soit tout-à-fait imperméable dans les conditions ordinaires, elle est souvent rejetée à cause de la difficulté avec laquelle elle se répare. Comme nous venons de le voir, les lattes n'y sont espacées

Fig. 211 A—B.

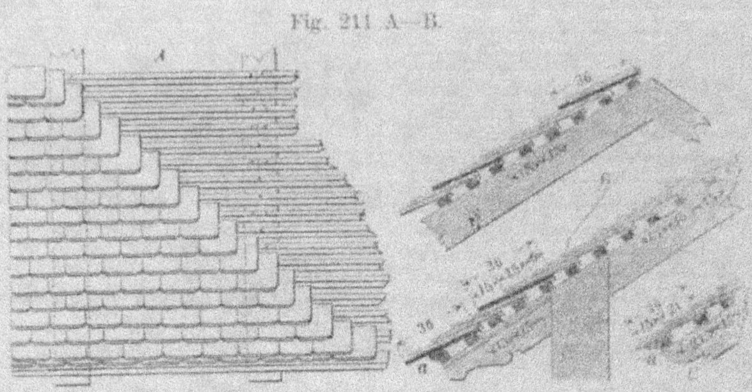

d'axe en axe, que de 15 cm. Il faut retrancher pour le crochet et la largeur de la latte environ 7 cm, il ne reste donc que 8 cm de largeur libre. Il est presque impossible dans ces conditions de retirer de l'intérieur les tuiles endommagées et pour faire la réparation, il faut lever toutes les tuiles depuis le faîte jusqu'à la partie à réparer.

On ne saurait donc trop insister sur ce qu'il ne faut faire usage que de tuiles de premier choix dans les couvertures à simple recouvrement. La pente des couvertures de ce genre ne doit pas descendre au-dessous de 0,50 m par mètre, ou mieux encore de 0,66 m par mètre.

## Couverture à double recouvrement.

Ce genre de couverture en tuiles plates est tout aussi imperméable et durable que le précédent, et il a de plus l'avantage d'exiger un moins grand nombre de lattes et de permettre facilement les réparations. Les lattes sont plus écartées les unes des autres; leur espacement est en effet égal à la longueur de la tuile moins 10 ou 12 cm, soit donc de 24 à 26 cm avec des tuiles de 36 cm. de longueur. Chaque latte supporte une double rangée de tuiles posées l'une sur l'autre à joints croisés, fig. 212. La pente du toit peut descendre jusqu'à 0,50 m par mètre, mais dans les sites exposés et surtout dans les pays du nord on fera bien de se tenir au-dessus de cette limite.

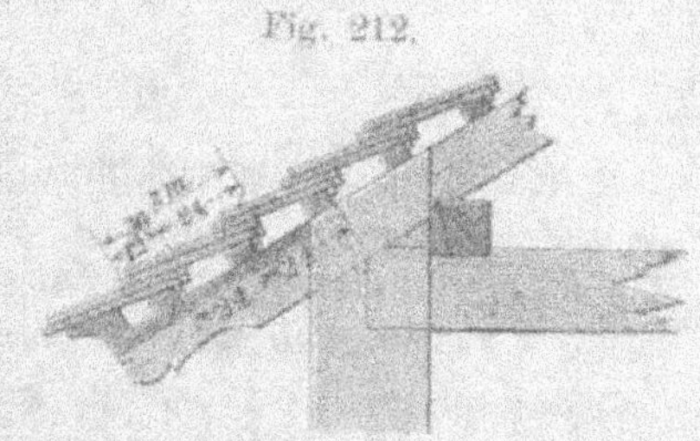

Fig. 212.

## Couvertures en tuiles flamandes.

Cette couverture, représentée à la fig. 213, est surtout en usage dans le nord de l'Allemagne. Les tuiles flamandes que l'on emploie dans ces régions, se font de deux grandeurs différentes. Le petit moule a 34 cm de longueur, 24 cm de lar-

Fig. 213.

geur et de 1,5 à 2 cm d'épaisseur; il pèse de 3 à 3,5 kg. Les lattes s'espacent de 25 cm et la largeur utile de la tuile est de 20 cm. Le grand moule a 39 cm. de longueur, 26 cm de largeur et de 1,5 à 2 cm d'épaisseur. Il pèse de

3,5 à 4 kg. Les tuiles posent sur des lattes dont l'espacement varie de 30 à 34 cm. et elles couvrent une largeur effective de 22 cm.

## Pose des tuiles.

Afin d'assurer la complète imperméabilité des couvertures en tuiles plates ou flamandes, on garnit les joints de mortier de chaux auquel on mêle une petite quantité de poils de vache à l'effet d'augmenter l'adhérence du mortier à la tuile. Ce maçonnage n'est pas à recommander lorsqu'il s'agit de greniers à blé ou à fourrage, parce qu'il se détache toujours des particules de mortier qui viennent souiller les matières emmagasinées. En Bohême l'emploi du maçonnage est général, quel que soit le mode de pose adopté.

On reprochait autrefois au maçonnage de rendre les réparations difficiles et coûteuses, vu que les tuiles une fois scellées, ne pouvaient s'enlever sans une forte proportion de casse. Ce reproche n'est pas fondé. En s'y prenant avec précaution, et en opérant avec des outils appropriés, le bris est peu considérable. Le scellement occasionne, il est vrai, une sensible augmentation de dépense, mais il a l'avantage:

1. de fournir une couverture d'une imperméabilité absolue même dans les conditions les plus défavorables, comme par exemple, à l'époque de la fonte des neiges ou pendant les bourrasques de l'hiver.

2. d'éviter les ébranlements et soulèvements de tuiles qui se produisent quelquefois sous l'effet de violents coups de vent quand les tuiles sont simplement posées l'une sur l'autre.

3. d'empêcher le dépôt de la poussière dans les joints et de rendre la tuile moins sujette à la mousse laquelle est une des causes de sa destruction.

Le maçonnage se fait au moyen d'outils spéciaux dont la forme est indiquée aux fig. 214—221. Ce sont: La truelle, fig. 214—216, de forme semblable à celle du maçon, mais plus étroite qu'elle.

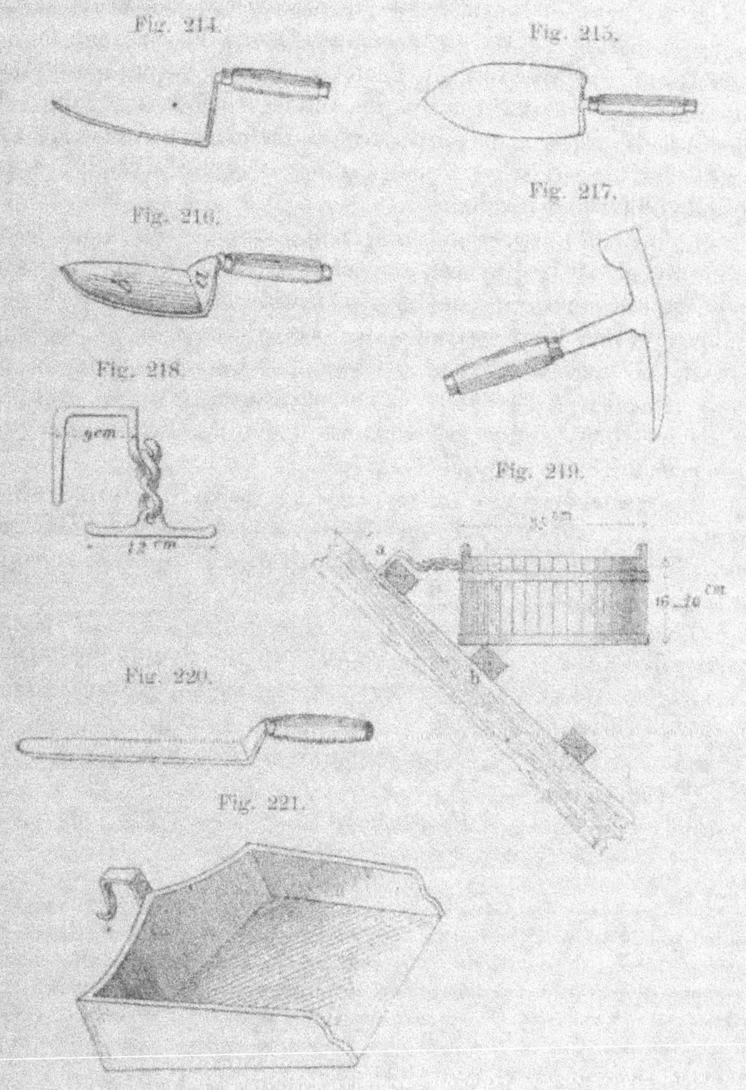

Fig. 214.

Fig. 215.

Fig. 216.

Fig. 217.

Fig. 218.

Fig. 219.

Fig. 220.

Fig. 221.

Le marteau, fig. 217, terminé en pointe d'un côté. Il sert
à tailler les tuiles du tranchis des noues, des arétiers, etc.
Avant de couper la tuile, on commence par tracer la ligne
du bris avec la pointe du marteau. Quand le couvreur ne se
sert pas de son marteau, il l'enfonce par la pointe dans une
latte ou dans un chevron. Puis, un crochet avec chaîne et
cheville, fig. 218, pour suspendre le récipient à mortier. Ce
dernier est circulaire et formé de douves cerclées de fer, à la
façon d'un baquet ordinaire.

La fig. 220 représente une truelle spéciale qui sert à faire
le nettoyage et le dressage des joints, et la fig. 221, une petite
auge en tôle qui peut remplacer au besoin le récipient ci-dessus
indiqué. Enfin les couvreurs se servent vers la fin de leur
travail de petites échelles n'ayant que quelques échelons et
qu'ils attachent à l'une des lattes supérieures, tandis qu'à la
partie inférieure, elles reposent sur les tuiles déjà posées par
l'intermédiaire de coussinets en paille[*].

Le maçonnage des tuiles exige un mortier de préparation
soignée. Il faut de plus que le travail ait lieu par un temps
sec, car si la pose se faisait pendant la pluie, il serait à craindre, que le mortier ne soit délavé avant sa prise.

L'emploi du ciment n'est pas à recommander dans le cas
particulier. En couche aussi mince, il se feuillle facilement
sous l'effet d'ébranlements; cela surtout quand le ciment dont
on s'est servi avait déjà commencé à faire prise ce qui est
presque inévitable ici, vu la rapidité de prise du ciment.

Le maçonnage peut aussi se faire au plâtre, mais en Allemagne on préfère généralement le mortier de chaux. On prend

---

[*] L'outillage du couvreur français se compose: d'une petite auge et
d'une truelle pour la confection des solins, ruellées et des scellements de
pièces d'égout et de faîtières; d'un marteau, nommé essette; d'une enclume
servant au travail des ardoises et pouvant se piquer sur les chevrons; d'un
tire-clous, d'un compas de fer pour tracer les parcaux; d'un cordeau, et enfin
d'échelles, cordages et chevalets. En France, le scellement des pièces et les
solins et ruellées se font souvent au plâtre.

de la chaux bien cuite, on l'éteint à la façon ordinaire et on
la gâche avec une partie et demie de sable. Il faut faire choix
d'un sable très-fin soigneusement criblé. Le mélange se gâche
clair, afin de ne pas avoir à mouiller chaque tuile avant sa
pose, et aussi pour que le mortier pénètre bien dans les joints
de faible épaisseur.

La pose se fait toujours de droite à gauche parceque
cela facilite le travail du couvreur. Dans la couverture à
double recouvrement, le maçonnage comprend non-seulement le
rebouchage des joints des tuiles contiguës, mais aussi le scellement des tuiles superposées entre elles. Ce scellement se fait
à l'aide d'un cordon en mortier que le couvreur étend horizontalement d'un bout de la rangée à l'autre, fig. 222. Le cordon
n'a que peu de largeur, 15 mm environ; il est désigné par la
lettre (b) dans la section, fig. 223. Après enlèvement des ba-

Fig. 222.

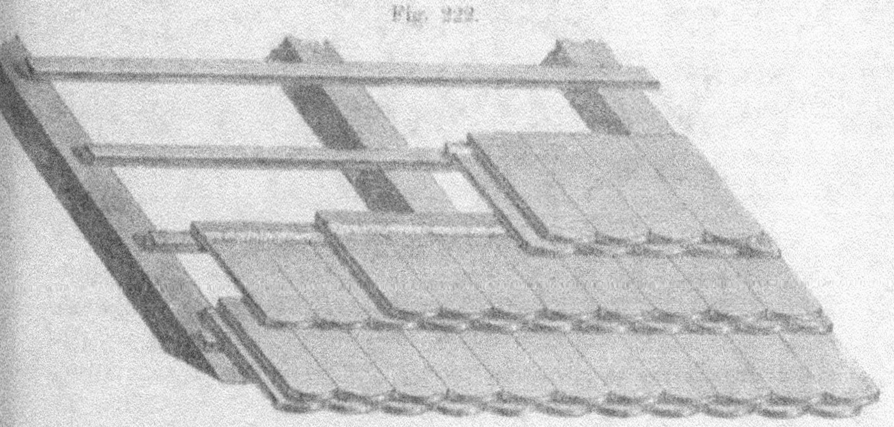

vures, le couvreur lisse avec soin la surface des joints montants. Comme on le voit toutes les tuiles sont reliées entre
elles; deux tuiles adjacentes, sur les côtés, et deux tuiles superposées, par le cordon transversal.

Le couvreur procède de bas en haut, par séries de trois
rangées. Quand toutes les tuiles sont de dimensions uniformes,

les joints se répètent bien régulièrement. Mais cela n'a généralement pas lieu; il faut alors veiller à ce qu'il y ait toujours
croisement des joints.

Dans la couverture à recouvrement simple, le scellement à
l'aide du cordon transversal n'est plus possible, car celui-ci

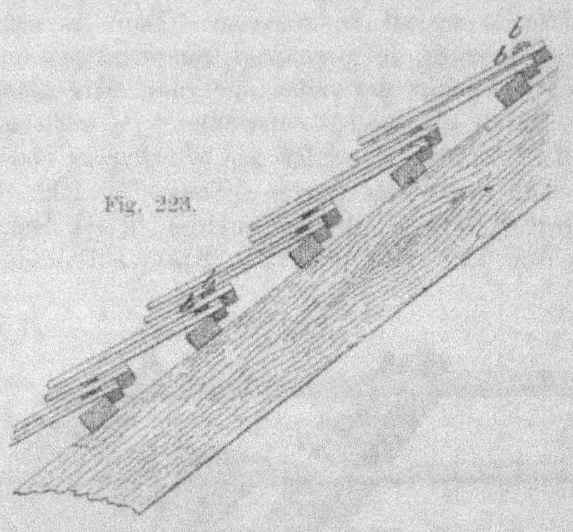

Fig. 223.

aurait pour effet de faire bâiller les tuiles à la partie inférieure.
Le maçonnage se fait alors en garnissant de mortier les joints
montants et en bouchant de l'intérieur le jeu horizontal entre
les différentes rangées de tuiles. On est cependant forcé
d'avoir recours au cordon transversal pour les rangées de batellement que l'on ne peut atteindre de l'intérieur.

La couverture à recouvrement partiel avec bardeaux sous
les joints peut aussi se faire avec maçonnage. On étend le
mortier sur les bardeaux en couche régulière et peu épaisse,
afin de ne pas trop soulever la tuile au-dessus de la latte. Le
scellement dans le sens horizontal se fait comme dans le cas
précédent; c'est-à-dire qu'on rebouche de l'intérieur le jeu entre
les rangées de tuiles.

Toutes les fois que la pose se fait au mortier, on peut au besoin employer les tuiles concaves dont il s'en trouve toujours un certain nombre dans une livraison. Le couvreur commence par enlever le crochet de la tuile avec son marteau, puis il fait la pose en retournant la tuile sans dessus-dessous. Dans ces conditions, celle-ci n'est maintenue en place que par le maçonnage, il faudra donc veiller à ce que son scellement soit bien fait. On voit que le dessous de la tuile, qui est ordinairement plus poreux que le dessus, se trouve tourné vers le haut. Pour parer à cet inconvénient, on badigeonne la surface avec du ciment très-délayé.

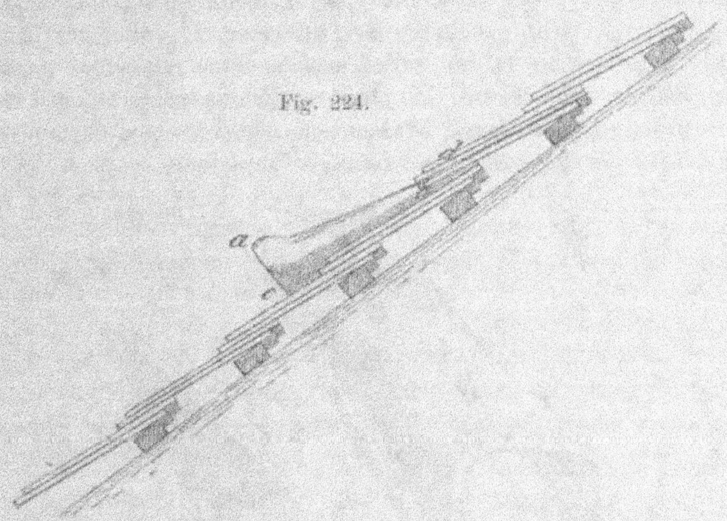

Fig. 224.

On procède autant que possible simultanément avec les deux côtés, de la couverture, de manière à charger également les fermes. Cela est surtout important quand il s'agit d'un comble de grande portée, car on diminue par là les risques d'accidents par suite de coups de vent.

Le maçonnage des joints des couvertures en tuiles a pour effet d'empêcher le libre passage de l'air entre les tuiles. Il devient alors indispensable d'établir des moyens de ventilation dans la toiture, sans quoi la chaleur sous les combles ne tarderait pas à amener l'attaque et la destruction de la charpente par les vers à bois.

La disposition et la pose des bouches de ventilation et lucarnes, constituent une des parties les plus difficiles du travail du couvreur. L'imperméabilité du raccordement dépend surtout de l'habileté de l'ouvrier.

Sur les toits de petites dimensions où il manque la place pour établir des lucarnes ou des châssis à tabatière, on forme les bouches de ventilation de tuiles creuses coniques, fig. 224. L'extrémité évasée est placée vers l'extérieur et les côtés sont raccordées aux tuiles adjacentes par un solin en mortier. Les joints sont en outre rebouchés de l'intérieur. L'ouverture (a c) n'étant que petite et les tuiles sous-jacentes remontant assez haut sous la tuile creuse, la pluie ne peut pénétrer dans l'intérieur du comble. Dans le haut, la tuile creuse, se trouve recouverte par les tuiles de la rangée supérieure.

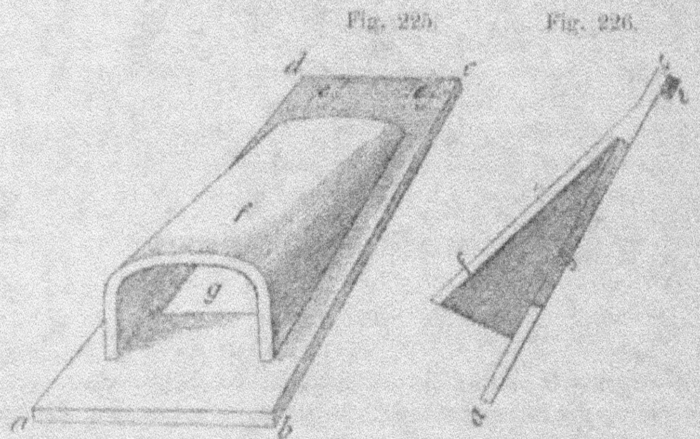


Quand des tuiles de ce genre sont jugées insuffisantes, on peut faire usage de pièces spéciales en poterie dont la forme est celle d'un petite lucarne rampante, comme indiqué à la fig. 225. Ces pièces sont d'une pose très-facile. La base plate évidée (a b c d) et la lucarne sont venue d'une seule pièce; deux crochets (e e) servent à la fixer sur les lattes. Les rebords (a d), (d c) et (c b) sont recouverts par les tuiles contiguës; leurs joints se rebouchent au mortier. Le rebord inférieur (a b) recouvre au contraire les tuiles de la partie inférieure.

Le plus souvent on emploie des lucarnes en métal; elles se prêtent mieux aux besoins de l'éclairage et de la ventilation. On en fait en tôle, en zinc moulé, en fonte, de dimensions très variables. La forme des jouées dépend naturellement de l'inclinaison du toit et doit se faire sur mesure. Pour les lucarnes non-décorative, la tôle galvanisée convient très-bien.

En faisant la pose d'une lucarne, il faut s'arranger de façon à ce que l'eau qui tombe au-dessus, et sur les côtés de la lucarne, soit écartée de celle-ci. Il n'y a que la petite quantité de pluie qui tombe sur la lucarne même, qui doive s'écouler le long des raccordements. A cet effet, on exhausse les parties de lattes qui entourent l'ouverture dans laquelle se vient fixer la lucarne. Ces parties reçoivent des revêtements en fer-blanc, zinc ou plomb et sont partiellement recouvertes par les tuiles de pourtour. Dans la couverture à double recouvrement, l'exhaussement doit être au moins de 4,5 cm, au bas de la lucarne, c'est-à-dire égal à l'épaisseur de deux tuiles plus le cordon transversal en mortier. Dans la couverture à recouvrement partiel avec bardeaux sous les joints, il peut n'être que de 2 cm; soit l'épaisseur de la tuile plus celle du bardeau. Dans ces conditions la garniture de pourtour n'offre pas de points bas à l'eau.

Fig. 227.

La fig. 227 donne en élévation la disposition du lattis d'une lucarne ordinaire. On commence par fixer sur les chevrons qui forment les appuis des jouées de longs coins en bois (a b).

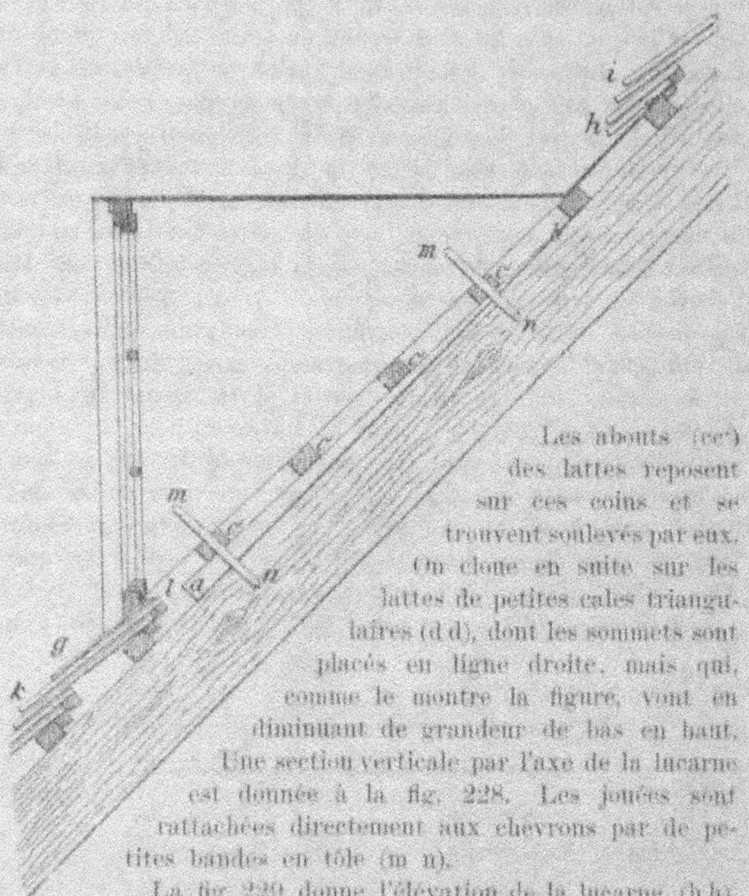

Fig. 228.

Les abouts (ee) des lattes reposent sur ces coins et se trouvent soulevés par eux. On cloue ensuite sur les lattes de petites cales triangulaires (d d), dont les sommets sont placés en ligne droite, mais qui, comme le montre la figure, vont en diminuant de grandeur de bas en haut. Une section verticale par l'axe de la lucarne est donnée à la fig. 228. Les jouées sont rattachées directement aux chevrons par de petites bandes en tôle (m n).

La fig. 229 donne l'élévation de la lucarne. (h h), (e e), (g g) sont les parties apparentes des tables métalliques recouvrant le raccordement; leurs parties cachées sont indiquées par une ligne pointillée. La garniture du haut a 30 cm de largeur; les tuiles la recouvrent d'environ 11 cm. Les bordures des rives ont 20 cm de largeur; elles sont recouvertes de 7,5 cm par les tuiles et de 2,5 cm par le solin. Enfin la bavette a de 23 à 25 cm de largeur.

Dans la fig. 229, on a supposé une couverture à double recouvrement. La même disposition de lucarne serait applicable à une couverture à recouvrement partiel avec bardeaux sous les joints. Il faudra seulement disposer au bas de la lucarne une rangée de doubles tuiles pour regagner la différence produite par l'exhaussement des rives.

Fig. 229.

Lorsqu'une lucarne a été posée comme il vient d'être décrit, l'eau qui descend de la partie supérieure du toit ne suivra pas les lignes de raccordement, mais passera à une certaine distance des rives de la lucarne.

Les jouées des lucarnes en métal exigent de la part du couvreur un travail très-soigné. Elles doivent s'adapter exactement à la pente du toit; c'est pourquoi elles ne sont généralement faites qu'après le montage de la charpente.

Les lucarnes flamandes ou mansardes[1]) ne s'emploient que pour combles habités. Leur couverture se pose sur voligeage. Les jouées sont recouvertes de tables de zinc ou d'ardoises.

---

[1]) On nomme lucarne flamande ou mansarde celle qui est construite en maçonnerie ou charpente et qui est élevée sur l'entablement même du bâtiment. Elle est quelquefois couronnée d'un fronton. La lucarne-demoiselle est celle qui est construite en charpente; elle porte sur les chevrons et est recouverte d'un petit comble à deux égouts. La lucarne capucine est celle dont la couverture est en forme de croupe.

Par suite de la forme à deux égouts du toit de la lucarne,
le raccordement de ce dernier, surtout à l'extrémité des égouts,
exige un soin tout particulier. Les tuiles des rives doivent
faire suffisamment saillie pour que l'eau qui s'écoule de la lucarne ne tombe pas sur le bord des jouées, mais sur les premières tuiles de pourtour.

La pose des châssis à tabatière, se fait d'une façon analogue; mais ils ne sont pas à recommander pour les couvertures
en tuiles, même quand ils sont en fer. Les ébranlements causés
par l'ouverture et la fermeture du châssis finissent toujours par
détacher les solins.

Fig. 230.

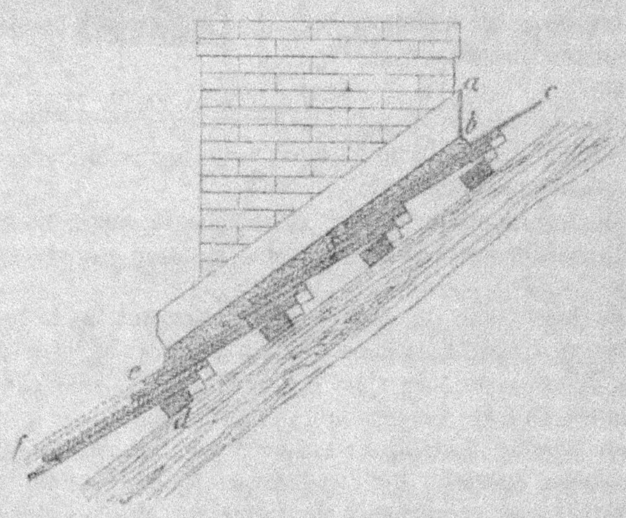

Sur le faîtage et les arétiers, et dans les noues, la pose des
tuiles se fait toujours au mortier, même dans les couvertures
non-maçonnées. Le raccordement le long des souches de cheminées se fait au moyen de solins. Il est bon que sur les
côtés de la souche les tuiles soient un peu engagées dans la
maçonnerie, afin que dans le cas de tassements les solins ne

soient pas détachés. La fig. 230 donne l'élévation latérale d'une souche de cheminée. Quand la cheminée ne traverse pas le faîtage, comme dans le cas particulier, on garnit la partie supérieure du pourtour d'une table de zinc recourbée (a b c). A la partie inférieure, on fait passer une latte (d) et l'on dispose double rangée de tuiles au droit de la cheminée.

La partie apparente des souches de cheminées ne se recouvre généralement pas d'un enduit, car celui-ci se dégrade facilement. Quand les cheminées sont construites en briques, on dissimule les solins en les colorant en rouge.

En faisant la pose des tuiles d'égout, il faut avoir

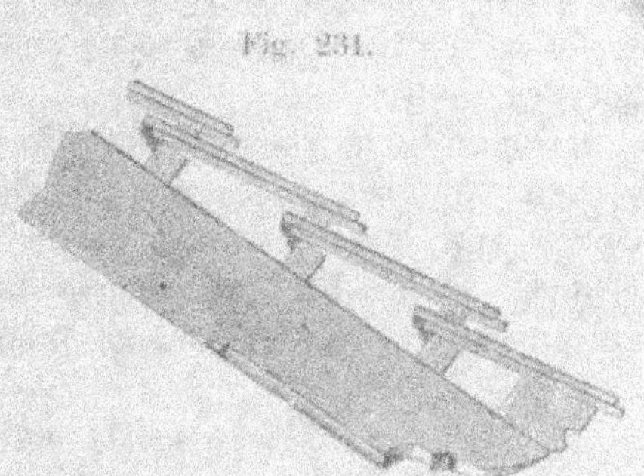

Fig. 231.

soin de leur donner la même inclinaison qu'aux autres tuiles de la couverture. A cet effet, on place à l'égout une latte plus grosse et de section trapézoïdale, que l'on nomme la chanlatte, fig. 231. Elle est désignée aux fig. 210 et 212 par la lettre (a). Quand l'égout se trouve terminé par une gouttière, on met cette latte assez en retrait pour que la gouttière prenne bien sous les tuiles d'égout. Elle est supportée, de distance en distance, par des crochets en fer que l'on fixe sur les extrémités des chevrons.

Fig. 232.

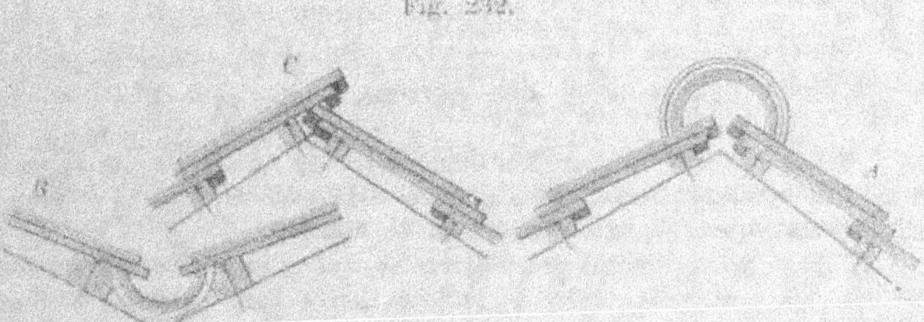

Le faîte et les arêtiers des combles en tuiles peuvent se recouvrir de tuiles creuses tronc-coniques, nommées faîtières fig. 232, A. Les dimensions ordinaires de ces faîtières sont: longueur 40 cm, largeur 17 cm, épaisseur 2 cm. Dans les couvertures en tuiles flamandes, les faîtières ont une section plus évasée tout en conservant la forme d'un segment de cercle. Le poids d'une de ces faîtières est d'environ 3,5 kg. On les scelle au mortier et quelquefois même on les rattache au faîtage par des clous.[1]

Quand on ne regarde pas à la dépense, il est préférable de couvrir le faîte et les arêtiers de tables de plomb. On peut encore remplacer les tuiles faîtières par des ardoises, ou simplement rapprocher les rangées faîtières de manière à ce que l'une recouvre l'autre, comme indiqué à la fig. 232 C. En ce cas, on placera en-dessus la rangée qui est le plus exposée au vent et à la pluie.[2]

Fig. 233.

Le faîtage des appentis se recouvre d'une bavette en zinc et d'un solin en mortier, fig. 233.

Les noues peuvent se former soit à l'aide de tuiles creuses renversées dont les joints sont rendus étanches par un scellement au mortier, soit à l'aide de garnitures en zinc, posées sur lattis jointif d'environ 0,70 m de largeur, fig. 234.

Tuiles émaillées. — Les tuiles et carreaux émaillés étaient déjà connus des anciens. On s'en sert encore

---

[1] Les faîtières en terre cuite employées en France ont généralement une forme semi-cylindrique. Elles se raccordent par emboîtement et sont le plus souvent ornées de grains d'orge ou de fleurons.

[2] Il se fait également des faîtières en fonte; leur forme est angulaire au lieu d'être arrondie. Elles se prêtent bien à l'ornementation et s'emploient beaucoup sur couvertures en ardoises.

Fig. 234.

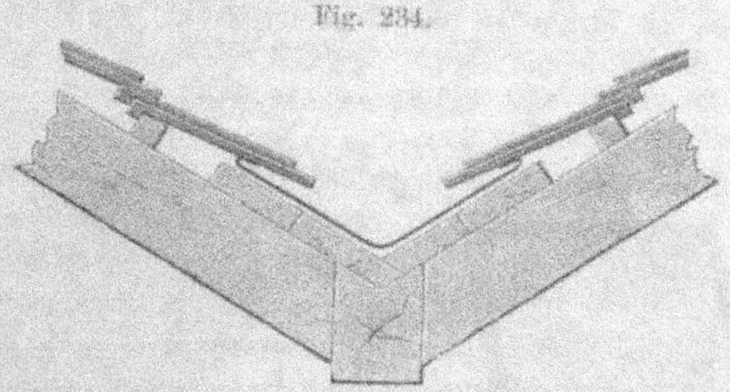

quelquefois de nos jours soit dans un but décoratif, soit en vue d'obtenir plus de durabilité. La toiture de la cathédrale Saint-Stéphan, à Vienne, nous fournit un bel exemple d'une application de ce genre.

### 4. Couverture en tuiles de ciment.

La propriété particulière du ciment de Staudach de ne faire prise que très-lentement donna l'idée de s'en servir pour fabriquer des tuiles en ciment. Dans cette fabrication, on ajoute au ciment une certaine quantité de sable, soit deux parties de sable pour trois de ciment, et l'on gâche le mélange avec le moins d'eau possible. Cette masse ne commence à durcir qu'au bout d'une demi-heure, mais avant sa mise au moule, on lui fait subir un travail mécanique qui lui donne toute l'homogénéité désirable.

Les tuiles peuvent se colorer en gris, rouge ou noir. Ce dernier ton se donne au moyen d'oxyde de manganèse; la coloration rouge s'obtient à l'aide d'oxyde de fer. Le sel colorant n'est pas mélangé à la masse même, mais imprègne seulement la surface de la tuile. Ces produits en ciment n'acquièrent leur dureté complète qu'au bout de deux ou trois semaines.

Dans le principe les fabricants firent de nombreuses expériences pour déterminer la meilleure forme à donner à ces tuiles. Ils s'arrêtèrent d'abord à la forme représentée à la fig. 235, qui est, à peu de chose près, la tuile antique; mais sa pose exigeait un lattis et un travail très-soignés. On adopta

À sa place la forme en écaille de poisson, fig. 236 qui est restée en usage depuis lors.

Il va onze de ces tuiles au mètre carré de couverture; elles se posent sur un lattis espacé de 0,175 m d'axe en axe.

M. Jansen, d'Elbing, a adopté un modèle différent. Il donne aux tuiles la forme ondulée, fig. 237. Elles ont pour dimensions: 0,46 m de longueur, 0,31 m de largeur et 0,13 m d'épaisseur; le poids du mètre carré de couverture est de 36 kilog. Les tuiles sont munies de deux crochets et posent sur lattes espacées de 0,18 m.

En résumé, l'expérience de plusieurs années permet de dire, que les couvertures avec tuiles en ciment sont imperméables, même non-maçonnées (le maçonnage est non-seulement inutile, mais nuisible); qu'elles sont incombustibles, légères; leur poids est environ moitié de celui d'une couverture en tuiles plates à double recouvrement; qu'elles sont durables, de pose facile, d'un aspect agréable et enfin peu coûteuses; la dépense égale à peu près celle d'une couverture en carton bitumé.


## 5. Couverture en carton ou en feutre bitumé.

Les couvertures en ardoises et en tuiles reviennent trop cher pour les constructions légères provisoires, agricoles ou autres, dans lesquelles le bon marché joue le rôle principal. On a fait de nombreux essais dans ces derniers temps en vue de trouver une bonne couverture économique. Parmi les différents matériaux proposés, il faut placer en première ligne le carton goudronné ou bitumé, qui a fourni d'excellents résultats.

Les couvertures en carton bitumé sont imperméables; incombustibles dans une certaine mesure; très-légères, d'où réduction de la dépense par suite de la diminution de section des pièces de charpente; elles n'exigent qu'une pente très-faible, d'où possibilité d'utiliser dans son entier l'espace couvert.

En revanche, elles donnent lieu à une ventilation défectueuse des combles, car celle-ci ne peut se faire que par les bouches de ventilation qu'il devient de toute nécessité d'y établir; elles exigent de plus des réparations périodiques, qui doivent être renouvelées tous les quatre ans au moins.

Ce dernier inconvénient est cause de ce que le carton bitumé ne s'est pas répandu dans les campagnes, quoiqu'il fournisse une couverture excellente quand il est de bonne qualité et que la pose en est faite avec soin.

Nous allons donner une description détaillée de cette couverture vu les services importants qu'elle peut rendre.

Le carton bitumé ou carton incombustible se trouve dans le commerce sous forme de rouleaux dont la largeur est de 1,00 m et qui ont 15,00 m de longueur; ils pèsent environ 50 kilog. Le carton se pose sur voligeage, par bandes dirigées suivant la pente du toit.[1]) Le carton bitumé de bonne qualité est fabriqué de chiffons et a subi une immersion prolongée dans un mélange chaud de goudron de bois et de goudron de houille.

Lorsque par suite d'un dépôt prolongé en magasin, le carton a trop durci et a perdu la souplesse requise pour sa pose; ou bien encore quand certaines de ses parties sont collées ensemble, il suffit de le plonger pendant quelque temps dans l'eau chaude pour que les parties collées se détachent et qu'il reprenne toute sa souplesse primitive. En faisant usage de ce carton ramolli, les couvreurs doivent prendre garde de ne pas poser sur lui des objets durs et lourds. Ils devront porter des chaussons pour en faire la pose. Ces derniers, les mains et les outils s'enduisent d'huile avant de commencer le travail, afin d'enlever facilement les taches de goudron par la suite.

La pente du toit peut être faible. Dans la couverture sans tasseaux, elle ne doit pas descendre au-dessous de 1 : 6; dans

---

[1]) On emploie aussi le carton bitumé sous forme de feuilles rectangulaires dont les dimensions sont ordinairement de $0{,}74 \times 0{,}64$ m. Ces feuilles peuvent se fixer directement sur les chevrons, sans interposition de voligeage. On espace alors les chevrons de 0,28 m et on leur donne une section de $0{,}03 \times 0{,}06$ m. Les feuilles se fixent au moyen de petits clous placés à 0,05 m de distance et sous la tête desquels, on interpose de petites rondelles en carton. — Elles se recouvrent d'au moins 4 cm dans tous les sens et reçoivent une légère courbure à l'effet de faciliter l'écoulement de l'eau. Cette courbure s'obtient en abaisant les chevrons milieu au moyen de petites entailles dans les pannes.

celle avec tasseaux, on peut la réduire à 1 : 8. Par contre, on ne dépasse guère une inclinaison de 1 : 3; au delà de cette limite, la pose de l'enduit de goudron deviendrait fort difficile. La pente la plus forte a l'avantage de favoriser l'écoulement de l'eau ou de la neige fondue, et de prolonger la durée de la couverture.

On ne donne que 20 cm. de largeur aux voliges, afin qu'elles soient moins exposées à se déjeter. Dans les parties où elles sont apparentes, il faut toujours les réunir à rainure et languette, ou tout au moins cacher le joint par une baguette fixée seulement sur l'une des voliges. Avec des chevrons placés à 1.00 m de distance, les voliges pourront n'avoir que 2 cm d'épaisseur; il sera cependant préférable de leur donner un peu plus, soit 2.5 cm.

Dans les bâtiments où il y a dégagement de vapeurs d'eau, ou autres, il sera bon d'établir un second lambris contre le parement intérieur des chevrons et de le recouvrir de carton.

Pose. — Le carton bitumé se fixe sur le voligeage au moyen de pointes à tapis, ou de clous d'épingle à tête plate. On enduit le bord des feuilles d'un mastic d'asphalte et l'on recouvre la feuille elle-même d'une couche de goudron de houille préalablement épaissi par une distillation. Ce goudron concentré se solidifie par le refroidissement, et peut alors être cassé, par le choc. L'addition d'un peu de bitume naturel, rend le goudron de houille plus propre à résister à l'action de la chaleur solaire.

On procède de la façon suivante:

On commence par se procurer des tringles ou tasseaux triangulaires en coupant une planche de 4 cm d'épaisseur par une série de traits de scie obliques, comme l'indique la fig. 238. Chaque trait de scie produit un tasseau dont la base a 8 cm de largeur et dont l'arête supérieure est abattue sur 5 ou 6 mm de largeur. Après avoir raboté les arêtes vives et les irrégularités du voligeage, on cloue les tasseaux parallèlement aux chevrons, c'est-à-dire, normalement au faîtage et à l'égout, fig. 239. La distance de ces tasseaux dépend de la largeur des feuilles de carton. Elle doit être telle que les bords des feuilles puissent être relevés de 4 cm le long des tasseaux. Avec des feuilles de 1,00 m de largeur, les tasseaux seront espacés de 1,00 m. d'axe en axe. Ils se terminent à l'égout par un biseau dont les arêtes sont émoussées.

Quand toute la surface a été divisée par les tasseaux en bandes régulières, on vient appliquer le carton sur le voligeage, en ayant soin de dé-

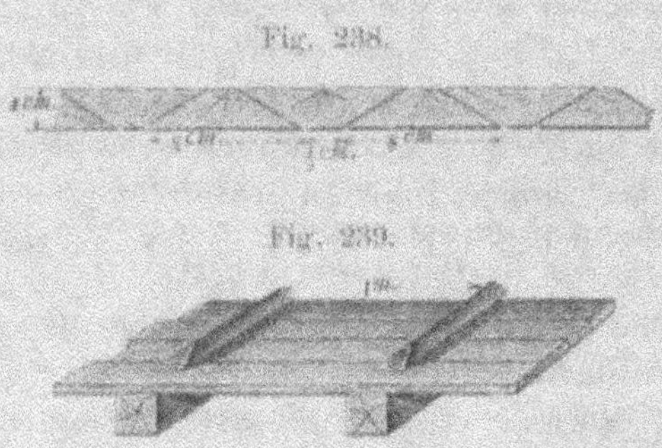

Fig. 238.

Fig. 239.

rouler les feuilles bien régulièrement et de faire toucher les côtés aux tasseaux dans toute la longueur. Il faut aussi veiller à ce qu'après le clouage des feuilles, les bords inférieurs forment une ligne droite continue, parallèle à l'égout, et en saillie de 4 cm par rapport au bord de la volige. Si cela n'avait pas lieu, on rognerait les feuilles de la quantité nécessaire. Cette partie saillante est en suite rabattue sur la volige et y est fixée à l'aide de clous. Elle dépasse encore l'arête inférieure d'environ 1 cm et constitue ainsi une sorte de larmier. On exé-

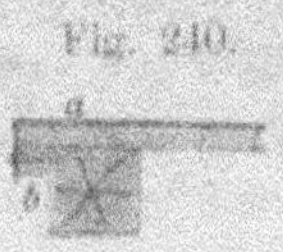

Fig. 240.

cute d'une manière analogue les rives des pignons, fig. 240. La feuille de carton (a) est rabattue d'une quantité suffisante pour couvrir complétement la volige et le tasseau (b).

Lorsque la longueur des feuilles est telle que celles-ci ne dépassent que peu le faîte du toit, on rabat les extrémités simplement l'une sur l'autre, en plaçant en dehors celle qui se trouve sur le versant sud-ouest, c'est-à-dire, dont le joint apparent est le moins exposé aux grandes pluies. Le recouvrement doit avoir au moins 15 à 20 cm de largeur et le bout des feuilles doit être solidement cloué. Ordinairement les rouleaux donnent des feuilles dont la longueur dépasse de beaucoup la largeur du versant; le joint s'établit alors en quelque point intermédiaire, et se fait au moyen d'un simple recouvrement de 8 cm de largeur.

On fixe le bout de la feuille inférieure par des clous à tête plate; puis on enduit la partie qui doit former le joint d'une couche de goudron de houille, et on cloue sur elle l'extrémité de la feuille supérieure. Les têtes apparentes des clous sont recouvertes d'un vernis bitumineux. Dans les toits en queue de vache, on fera bien de recouvrir le dessous des voliges de toute la partie en saillie par un revêtement en carton bitumé.

Quand les feuilles ont été posées comme nous venons de le décrire, on procède au recouvrement des tasseaux par des bandes de carton formant chapeau.

On enduit de mastic bitumineux les bords des feuilles sur une largeur correspondant à celle des couvre-joints ou chapeaux, fig. 241; puis on vient poser ces couvre-joints en les serrant

Fig. 241.

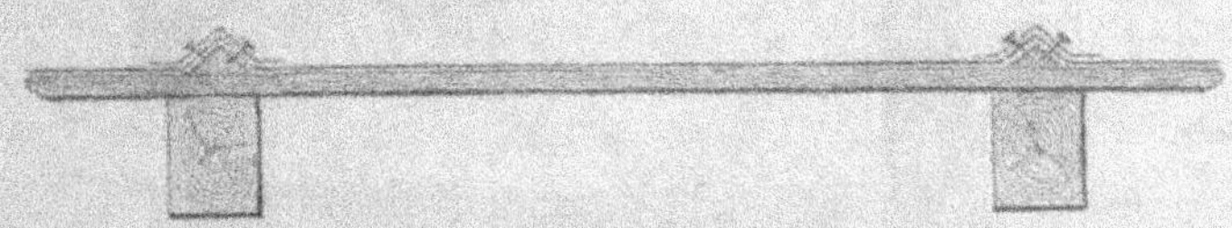

bien contre les tasseaux, et les fixant, tous les 5 cm, au moyen de pointes à large tête.

On commence leur pose à la partie inférieure du versant et l'on joint les différentes longueurs en les recouvrant de 8 cm l'une par l'autre. A la partie inférieure les tasseaux se terminent en sifflet, fig. 245, afin de ne pas gêner l'écoulement de l'eau. Le plus souvent on adapte une gouttière en zinc à l'égout. Quelquefois cependant, on se contente de fixer obliquement une tringle en bois au bas du versant, de façon à reporter toute l'eau vers l'une de ses extrémités; cette tringle est recouverte par les feuilles de carton.

La fig. 242 représente un comble à deux égouts recouvert en carton bitumé. Dans les constructions très-économiques, l'égout se termine le plus souvent comme indiqué à la fig. 243. C'est la disposition que nous avons mentionnée ci-dessus; elle peut s'exécuter par le premier ouvrier venu. Il est préférable cependant de placer une gouttière en zinc au bas du versant, fig. 244. Elle peut se faire au moyen d'une table de zinc, relevée sur l'un de ses côtés et remontant de 0,20 m environ sur le voligeage; elle y est recouverte par le bord du carton (b).

Fig. 242.

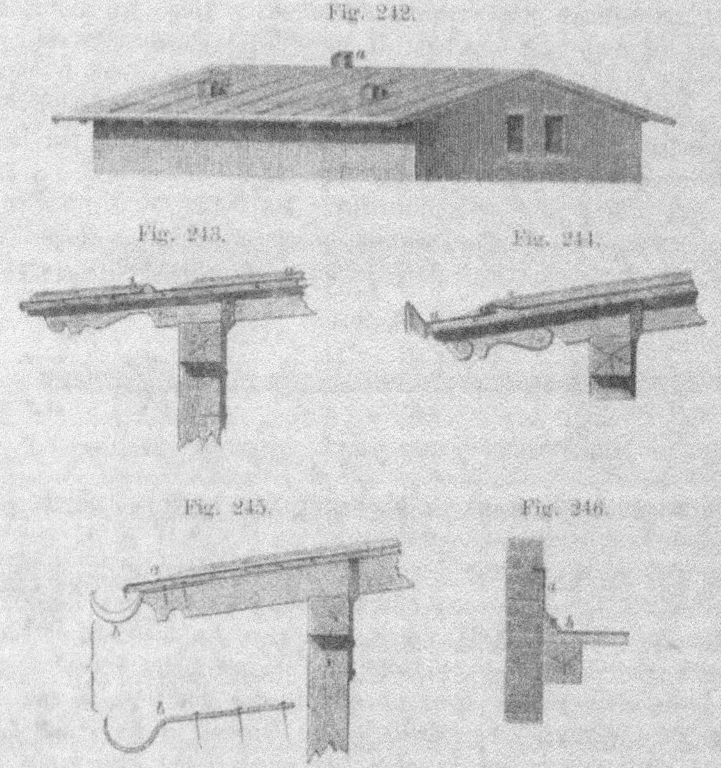

Fig. 243.

Fig. 244.

Fig. 245.

Fig. 246.

Mais la forme la plus ordinaire est celle de la fig. 245. La gouttière repose sur des crochets en fer (b) qui sont fixés sur les chevrons, tous les 1,00 ou 1,50 m. Les joints et raccords des feuilles de carton doivent toujours être recouverts d'une forte couche de goudron.

Quand la toiture est adossée à un mur, son raccordement avec la maçonnerie se fait de la façon suivante: On cloue dans l'angle du mur et du voligeage un tasseau triangulaire (b), et on relève le bord de la feuille de carton le long de ce tasseau. Au-dessus, contre le mur, on fixe une bande de carton, de 30 à 40 cm de largeur, laquelle forme couvre-joint.

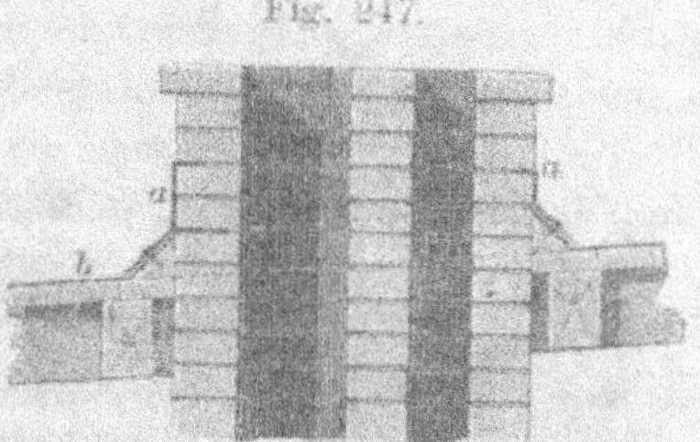

Fig. 247.

Les joints contre les souches de cheminées se font d'une manière semblable, fig. 247. —

La fig. 248 représente à petite échelle la disposition des joints des arêtiers et des noues dans une couverture en carton bitumé. Au droit des arêtiers, les feuilles de carton sont taillées suivant la ligne d'arête et sont recouvertes par

Fig. 248.

une bande de carton (d), qui forme couvre-joint et qui est clouée sur le voligeage. On enduit de goudron bitumineux les surfaces en contact. La noue (y z) se fait en plaçant dans l'angle rentrant des deux pans une large bande de carton qui fait fonction de table de noue. Les feuilles des versants viennent la recouvrir de chaque côté d'une quantité suffisante pour que l'eau ne puisse remonter jusqu'au voligeage.

Le faitage se fait comme les arétiers. Il faut toujours avoir soin d'enduire de mastic bitumineux chaud les surfaces en contact.

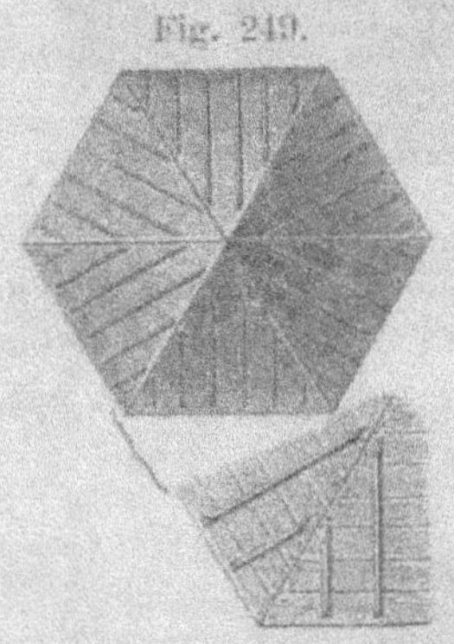

Fig. 249.

La disposition reste la même pour les autres formes de toiture. La fig. 249 représente, par exemple, un toit en pavillon couvert en carton bitumé.

Après la mise en place des feuilles, le goudronnage des surfaces en contact, la pose des bandes couvre-joints, on enduit de goudron de houille chaud toute la partie clouée du revêtement, afin de la garantir le plus vite possible de l'action de l'humidité. Cela fait, on passe une couche sur la surface tout entière, mais auparavant, on enlève la poussière qui a pu se déposer sur le carton. Le goudron chaud s'applique à l'aide d'un gros pinceau; on l'étend en couche uniforme et pas trop mince. Un second ouvrier saupoudre immédiatement de sable fin, bien chaud et préalablement passé au tamis. Plus le sable sera chaud, mieux l'enduit résistera. Il est indispensable de passer le sable au tamis.

Le mastic bitumineux qui sert à recouvrir les parties clouées, les égouts, les noues, ainsi qu'à fixer les couvre-joints sur les tasseaux, s'obtient en fondant de l'asphalte concassé dans du goudron de houille bouillant. Suivant les proportions respectives de ces éléments, le mastic est plus ou moins consistant. A froid, il prend la forme solide. Le mélange à proportions égales donne un mastic de bonne consistance, mais on peut sans inconvénients augmenter un peu la proportion d'asphalte.

Le mastic bitumineux peut se remplacer par le mélange suivant de brai, de goudron et de craie ou de chaux en poudre. On ajoute à 1 partie de brai fondu, 1 partie de goudron et 1 partie de craie, introduisant ces deux derniers par petites quantités à la fois. Les pinceaux dont on se sert pour étendre le mastic doivent être liés avec du fil de fer, sans quoi le mélange chaud les détruirait rapidement. Il faut éviter de marcher sur l'enduit fraîchement posé; on établit, à cet effet, au moyen de planches des voies de passage temporaires.

Lorsque toutes les précautions ont été soigneusement observées, la couverture ne nécessite de nouvel enduit qu'au bout d'une année, et celui-ci ne se renouvelle en suite, que tous les 4 ou 5 ans.

Pour ces enduits ultérieurs on fait usage d'un mélange de 1 partie de goudron de houille pour $1^1{}_2$ ou 2 parties de chaux en poudre; ce mélange s'applique à chaud.

Lorsque certaines parties de la couverture nécessitent des réparations, il n'est pas nécessaire de relever les feuilles de carton dans toute leur longueur. On enlève la partie endommagée en coupant la feuille suivant sa largeur, c'est-à-dire de tasseau à tasseau, et on remplace la partie enlevée par un morceau 16 cm plus long qu'elle. Celui-ci s'engage de 8 cm sous la partie supérieure de la feuille à réparer, tandis qu'il recouvre d'une quantité égale la partie inférieure. Les surfaces en contact s'imprègnent comme toujours de mastic bitumineux.

La pose du carton bitumé est, comme on le voit, fort simple; aussi cette couverture convient-elle bien aux constructions légères, industrielles ou agricoles. L'inconvénient le plus sérieux du carton bitumé est de rendre les combles extrêmement chauds en été. On y remédie en établissant de distance en distance des cheminées de ventilation. Ces cheminées sont représentées à la fig. 242 où elles sont désignées par la lettre (a). Il suffit d'en placer une par 10 ou 14 mètres carrés de couverture.

Elles se font simplement avec des bouts de planches que l'on cloue directement sur le voligeage. Leur hauteur est d'environ 20 cm; leur largeur intérieure de 15 à 20 cm; les parements extérieurs sont recouverts de carton bitumé. — On surmonte ces cheminées d'un chapeau en zinc, comme l'indique

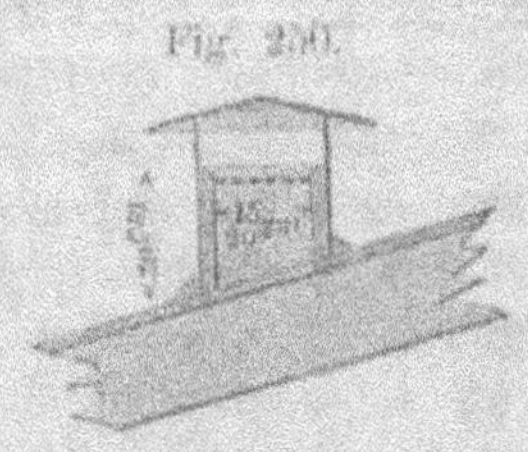

Fig. 250.

la fig. 250, et lorsqu'il s'agit de greniers à blé, on fixe de plus une toile métallique sur l'ouverture. Outre ces cheminées, on établit des bouches de ventilation dans les murs des pignons et des rives. Lorsque les combles sont habités, il conviendra d'avoir double voligeage, c'est-à-dire, d'appliquer un lambris sous les chevrons pour mieux garantir de la chaleur en été, et du froid en hiver, fig. 251, A.

Fig. 251.

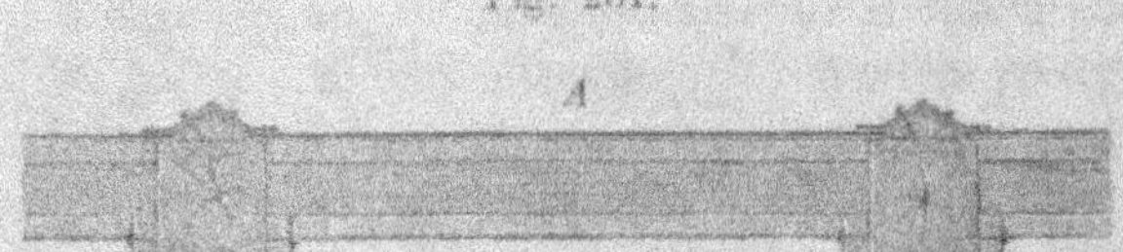



Les chevrons doivent être reliés par des ferrures aux pans de bois sur lesquels ils portent, afin que la toiture ne risque pas d'être soulevée par le vent, fig. 243 et 244.

Le feutre bitumé ne s'emploie que rarement en Allemagne, mais son usage est très-commun en Angleterre où il remplace presque exclusivement le carton bitumé. Il se trouve dans le commerce sous forme de rouleaux de 0,81 m de largeur et de 22,90 m de longueur.

Sa pose se fait le plus souvent comme celle du carton bitumé. Quelquefois cependant, on dispose les bandes horizontalement, c'est-à-dire parallèlement à la gouttière et au faîte. On commence alors au bas du versant, et l'on donne à chacune des bandes 8 cm de recouvrement; les bords des bandes se clouent l'un sur l'autre, après interposition de mastic d'asphalte. Quand on adopte cette disposition; il faut poser les voliges normalement au faîte. On supprime alors les chevrons, et l'on rapproche un peu les pannes, de manière à pouvoir appliquer le voligeage directement sur elles. Les noues et égouts reçoivent double revêtement en feutre avec enduit d'asphalte. Sur la surface entière, on passe une couche d'un mélange de goudron de houille et d'asphalte, lequel est formé de deux parties du premier, pour une partie du second. Au bout de six mois, on redonne une nouvelle couche de ce même mélange.

En Allemagne le feutre n'a pas donné d'aussi bons résultats que le carton bitumé. Il est important, comme pour ce dernier, de ne faire la pose que par un temps sec, car l'humidité endommagerait rapidement le feutre, s'il n'était déjà recouvert d'une couche de goudron.

Il faut aussi prendre les mesures nécessaires pour qu'il y ait circulation d'air sous les combles. La pente du toit est la même que dans le cas précédent.

### 6. Couverture sur aire au mastic goudronneux.[1]

#### a. Procédé d'Hänsler.

La composition exacte du mastic d'Hänsler est restée secrète jusqu'à présent. Son principal ingrédient paraît être le goudron de houille, auquel viennent s'ajouter du soufre, du brai, de la gomme, du noir de fumée et du poussier de charbon dans des proportions non-connues. En Bavière, on a remplacé avec succès le mastic goudronneux par du bitume ordinaire.

Sur les chevrons, dont l'inclinaison n'est que de 0,042 m à 0,063 par mètre, et qui ont, suivant la portée, de 10 à 18 cm de hauteur, on établit une aire en planches bien sèches, de 3 à 3,5 cm d'épaisseur, assemblées à rainures et languettes. On égalise la surface, en rabotant avec soin toute arête ou nœud qui ferait saillie. On entoure en suite cette aire d'une bordure en zinc disposée de la façon suivante: Une première table de zinc recouvre la volige d'égout et fait saillie sur le bord de

---

[1] Ces couvertures ne s'appliquent qu'aux combles en terrasse; elles ne sont du reste pas en usage en France.

7 cm environ. Sur cette table, on vient en souder une seconde, repliée à angle droit sur elle-même, fig. 252 et 253 (k, e, d), et formant bordure droite le long des rives. Cette bordure est roidie dans le haut par un petit bourrelet (h) et sert à retenir la couche de sable et de gravier (m), fig. 252, dont on recouvre

Fig. 252.

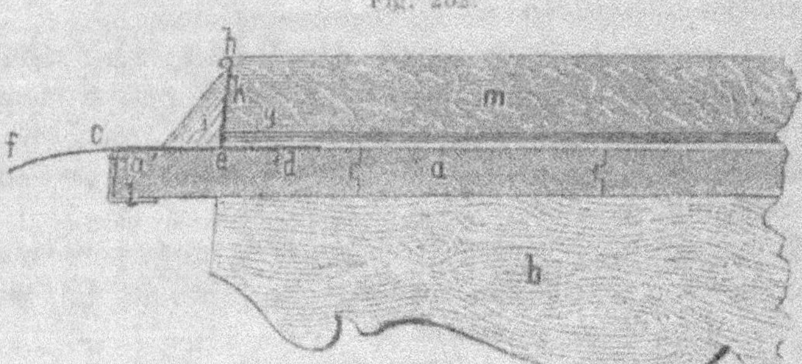

Fig. 253.

le revêtement au mastic goudronneux. Il faut donc qu'elle puisse résister à une certaine poussée intérieure et, à cet effet, on la renforce de petites pièces en zinc (i) qui la contrebuttent sur son pourtour. Ces renforts fig. 253 (i, i) sont espacés de

25 à 30 cm. Dans l'intervalle, la bordure est percée dans le bas de trois petites ouvertures, fig. 253 et 254, de 15 mm de hauteur sur 10 mm de largeur, pour servir à l'écoulement des eaux d'infiltration. Les fig. 252 et 253 représentent la coupe transversale et l'élévation de l'égout d'une couverture de ce genre; la fig. 255 en donne la vue en perspective.

Fig. 254.

Sur les murs de pignon les rives peuvent se terminer par une simple bordure droite en zinc, fig. 256 (c), à moins, cependant, que l'on ne désire quelque bordure plus décorative.

Avant de procéder à la mise en place du revêtement sur lequel s'applique le mastic goudronneux, on recouvre le voligeage

Fig. 255.

d'une couche de sable fin, bien criblé, d'environ 7 mm d'épaisseur. Ce lit de sable a pour but d'isoler le revêtement en papier de l'aire en bois qui est toujours plus ou moins sujette à jouer sous l'effet de la chaleur. Les ouvriers qui font le travail ne doivent pas porter de souliers à clous, mais mettre des chaus-

sons, afin de ne pas endommager le papier des revêtements.
Tandis que le mastic goudronneux est fondu dans un chaudron
en fer, sur un brasier établi provisoirement sur le toit même,
au-dessus d'une couche de sable de 8 à 10 cm d'épaisseur, un ouvrier

Fig. 256

prépare de longueur les feuilles
de papier. Ce papier est spécial pour couvertures; il est
épais et très-résistant; il se vend
en rouleaux qui ont 1,22 m de
largeur et jusqu'à 125 m de
longueur. Les feuilles vont en
un seul morceau d'un égout
à l'autre. L'ouvrier commence
la pose sur le versant qui
est frappé par le vent. Il fixe
la feuille, tous les 0,60 m, par de petits clous sous la tête desquels, il met deux ou trois rondelles en papier. Il pose en
suite la bande adjacente, en la faisant chevaucher de 8 à 10 cm
sur la première, fig. 257, puis il réunit les bords, soit au moyen

Fig. 257.

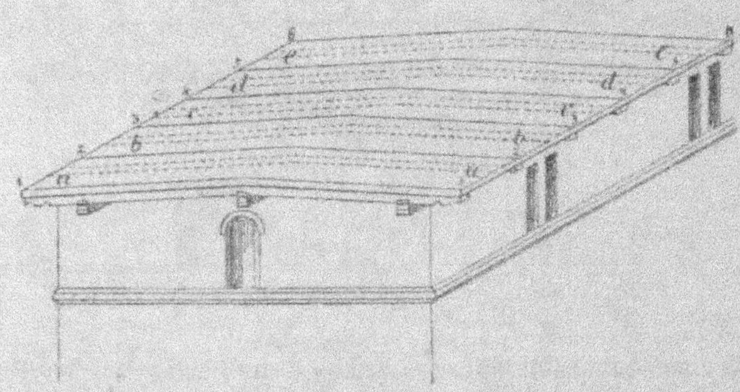

d'une colle spéciale, formée de 1 partie de colle forte pour
1 partie d'amidon et $\frac{1}{4}$ partie d'alun, soit au moyen de mastic
goudronneux chaud. La pose des autres bandes se fait d'une

manière analogue. Ce revêtement en papier est nécessaire pour empêcher que le mastic ne traverse le voligeage, et pour le rendre indépendant des mouvements qui pourraient se produire dans le bois.

Dès que les joints du premier revêtement sont secs, soit au bout de quelques minutes, un ouvrier étend sur lui une couche mince et régulière de mastic chaud. Ce travail se fait au moyen d'une brosse molle, ayant la forme d'un balais à manche incliné, fig. 261. Deux autres ouvriers viennent en suite appliquer un second revêtement en papier sur le mastic fraîchement posé. Ils commencent par une bande de demi-largeur, de manière à

Fig. 258 A – B.

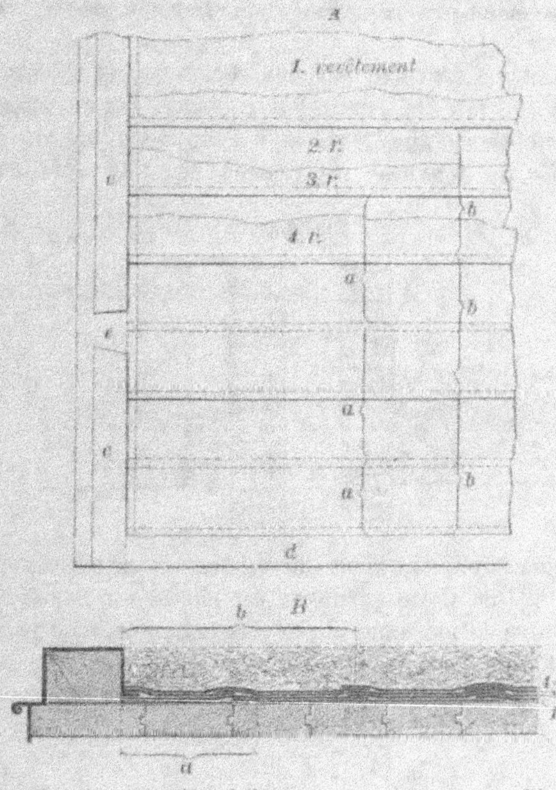

croiser les joints, comme indiqué à la fig. 257 en (1a). Ils posent en suite, de la même manière, un troisième et un quatrième revêtement, en alternant, comme ci-dessus, la position des joints.

La disposition des feuilles est représentée en détail à la fig. 258, A et B.

Il faut avoir soin que le mastic soit appliqué chaud et bien fluide, mais qu'il n'ait pas été porté jusqu'à l'ébullition, car il perd alors ses propriétés agglutinantes. Le travail doit se faire vivement. Les revêtements doivent s'appliquer si tôt le mastic répandu; il sera donc bon d'employer plusieurs ouvriers pour la pose. La mise en place du papier demande des précautions particulières, sans quoi il arrive facilement que les feuilles se plient ou se déchirent. Lorsque pareille chose a lieu, il faut recouvrir la partie endommagée par des bandelettes de papier, enduites de mastic.

Si le toit est traversé par des cheminées ou s'il est adossé à un mur, on fait le raccordement avec la maçonnerie au moyen de tables en zinc repliées à l'angle voulu. On les fixe après la pose du deuxième revêtement, fig. 259; elles couvrent

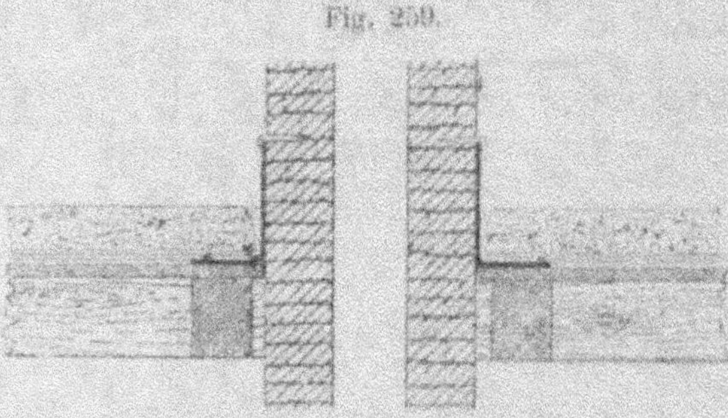

Fig. 259.

horizontalement une largeur de 0,10 m et verticalement une hauteur de 0,24 m. Cette garniture est clouée sur le voligeage et est fixée contre la maçonnerie par des crampons. Le papier des troisième et quatrième revêtements doit bien pénétrer dans les angles de la garniture, et doit y être recouvert de mastic bien chaud. Il faut éviter de le redresser et de le faire monter

contre la garniture en zinc, parcequ'il y adhérerait mal et
que l'humidité pénétrerait alors par ces points. L'expérience a
prouvé qu'avec une pose soignée, trois revêtements suffisent
pour rendre la couverture imperméable. La dépense en ce cas
serait réduite d'environ 25 à 30 centimes par mètre carré de
couverture.

Les feuilles du dernier revêtement se font de 0,05 m plus
longues que les autres, afin de rabattre leurs bords sur les revêtements inférieurs, après application d'une couche de mastic chaud.
On réunit de la sorte tous les bords en un seul, ce qui diminue
les risques de pénétration d'humidité. Quand on a passé le
mastic sur le dernier revêtement, on étend sur l'aire un lit de
poussier de charbon lequel s'unit intimément au mastic; ce lit a
environ 6 mm d'épaisseur. On répand en suite une couche de
sable fin de 12 mm d'épaisseur et l'on recouvre le tout de 4 à
8 cm de gros sable ou de gravier que l'on nivelle à l'aide d'un
rouleau ou d'une planche. Une autre manière de constituer le
revêtement protecteur consiste à étendre d'abord comme tout

Fig. 260.

à l'heure, une lit de poussier de charbon, puis à recouvrir
celui-ci, après l'avoir légèrement mouillé, d'une couche de glaise,
mêlée de paille hachée, de 0,15 m d'épaisseur. Sur la glaise

on répand encore 0,03 m de sable et l'on passe le rouleau sur
le tout, de manière à ce que le sable pénètre partiellement dans
la glaise. Dans beaucoup de cas on substitue la terre végétale
à la glaise et l'on fait alors usage de la toiture pour y cultiver
des fleurs. En ce cas, il faut entourer la couverture d'un
garde-fou. On peut fixer ce dernier de la manière suivante:
tous les 1,60 m ou 2,00 m, c'est-à-dire, au droit des montants
du garde-fou, on cloue sur l'aire des coins en bois de 0,90 m
à 1,20 m de longueur fig. 260 (a) dont l'angle est égal à celui
du toit. Le dessus de ces coins se trouve donc être horizontal.
Ils sont munis de mortaises dans lesquelles viennent s'engager
les tenons des montants, préalablement enduits de mastic
goudronneux. Ces montants sont maintenus en outre par des
contre-fiches en fer.

Quand on ajoute une gouttière, il faut fixer les crochets en
fer qui la supportent soit au voligeage, soit aux chevrons,
comme l'indique la fig. 260. On en fait la pose avant la mise
en place des revêtements et l'application de l'enduit.

Il faut avoir soin de ne faire la pose de la couverture
que par un temps sec et tranquille, car la pluie et le vent ont
une influence considérable sur les conditions d'exécution du
travail.

En supposant un quadruple revêtement, on peut couvrir
avec 50 kg de mastic goudronneux une surface de 15,15 mètres
carrés.

Les couvertures de cette nature ont été reconnues incombustibles par les différents gouvernements de l'Allemagne; elles
sont bon marché et durables. On en trouve des applications non-
seulement sur les constructions agricoles et industrielles, mais
aussi sur les terrasses de maisons de campagne, etc. A Berlin,
on les emploie fréquemment pour constructions secondaires, peu
élevées.

### b. Procédé de Rabitz.

Cette couverture ne diffère que peu de la précédente.

Le mastic de Rabitz a une autre composition que celui

d'Häusler, mais il s'emploie de la même manière. Il fond comme
lui, à une température peu élevée et se répand sur les revêtements en papier au moyen de balais à manche incliné fig. 263.
Dans le procédé de Rabitz, le premier
revêtement se pose directement sur le
voligeage, sans interposition de lit de
sable.

Les feuilles de papier sont disposées
à joints croisés et chaque revêtement
reçoit une couche de mastic. L'ensemble
des quatre revêtements n'occupe que
6 mm d'épaisseur. Le procédé de Rabitz
se distingue encore de celui d'Häusler

par la substitution d'une couche de 5 à 8 cm de gravier, mélangé de balayures et de débris de routes, à la couche de glaise
ou de terre végétale qui recouvre l'aire dans la couverture
d'Häusler.

Le procédé de Rabitz fournit une bonne couverture. Elle
résiste bien au feu, ainsi que le démontrèrent des expériences
faites à cet égard à l'Exposition de Vienne.


### 7. Couverture en gazonnage.[1]

Cette couverture se rapproche beaucoup de celles que nous
venons de décrire en dernier lieu. Elle a la même disposition
d'ensemble qu'elles, mais elle en diffère par la nature des matériaux employés. C'est ainsi que la cendre y prend la place du
sable; le goudron, celle du mastic goudronneux, et les mottes
de gazon, celle de la couche de glaise ou de gravier.

La couverture en gazonnage ne doit s'exécuter que par
un temps calme et sec. Il faut pour sa confection: 1°. de la
créosote, pour enduire le voligeage; 2°. de la cendre; 3°. du
goudron de bois; 4°. dix fois plus de goudron de houille que de
goudron de bois; 5°. de la colle, composée de colle-forte, d'ami-

---

don et d'alun, pour unir les joints du revêtement en papier;
6°, du papier en rouleau; 7°, de la terre végétale pour former
un lit de 10 cm d'épaisseur sous le gazon; 8°, des mottes de
gazon, d'environ 0,1 mètre carré de grandeur, pour le revêtement de la surface.

On commence par enduire le voligeage d'une couche de
créosote, afin de le garantir de l'attaque des vers, puis on
répand à sa surface un lit de cendres, soigneusement criblées
de 6 mm d'épaisseur. Le reste de la couverture se fait comme
précédemment, à part les substitutions indiquées.

La couverture en gazonnage revient au même prix que
celle au mastic goudronneux; mais elle ne présente pas autant
de garanties que cette dernière, car son imperméabilité ne dépend que de la manière dont est préparée le mélange des
goudrons de houille et de bois.

Des couvertures de ce genre ont été employées avec succès
sur les maisons de garde de la ligne de Rosenheim-Salzbourg-
Reichenhall; mais il faut dire qu'elles y ont été exécutées avec
un soin tout particulier. Le voligeage est formé de planches
étroites, en bois bien sec; le lit de cendres qui le recouvre
d'ordinaire, est remplacé par un revêtement en carton bitumé;
les mottes ont été choisies; toutes celles qui renfermaient des
mauvaises herbes, dont les racines auraient pu endommager le
carton bitumé, ont été écartées.

### 8.   Couverture en asphalte.[1]

A la suite du grand incendie qui détruisit une partie de
la ville de Hambourg, en 1842, on fit largement usage de cette
couverture dans les travaux de reconstruction. On en espérait
les meilleurs résultats, mais on ne tarda pas à s'apercevoir que
la couverture en asphalte présente de serieux inconvénients.
Ce sont d'abord l'élévation du prix de revient, puis la difficulté
d'exécution.

---

[1] Cette couverture ne s'applique qu'aux combles en terrasse.

Ces deux raisons sont cause qu'on ne l'emploie que rarement dans les constructions industrielles, à moins qu'il n'y ait quelque motif particulier pour le faire. C'est ainsi, par exemple, qu'elle est d'un fréquent usage sur les magasins à blé des villes, parce que le toit sert alors d'aire à sécher le grain.

Pour ces couvertures, on ne doit employer que de l'asphalte naturel; il faut rejeter d'une manière absolue tout mélange ou toute combinaison artificielle.

L'asphalte dont on se sert principalement en Allemagne, provient des gisements de Limmer, dans le Hanovre, et de Hölle, dans le Holstein; ce dernier est plus élastique que le premier et moins apte à se fendre sous l'effet d'une basse température. Le meilleur asphalte vient de l'île de Trinidad.[1])

Il importe que l'aire sur laquelle on étend l'asphalte soit bien fermement établie. Il faut donc adopter une forme de charpente qui ne soit que peu sujette à s'ébranler. Des différents modes de pose employés, le suivant a donné les meilleurs résultats.

Sur les chevrons, dont l'inclinaison est très-faible (ce sont en réalité des solives légèrement inclinées), on pose un lattis en planches étroites ou en grosses lattes, fig. 262. Ce lattis est non-jointif, mais ses jeux sont très-réduits. On le recouvre d'une couche de glaise ou de mortier que l'on remplace quelquefois par

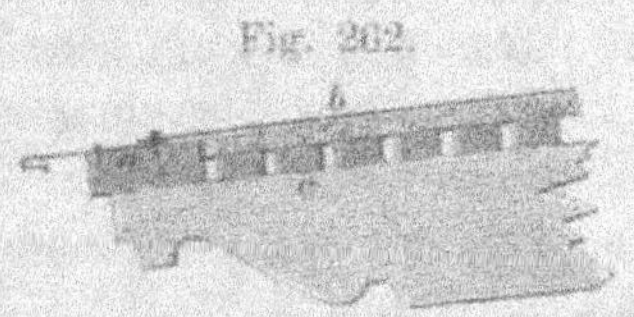
Fig. 262.

une aire en carreaux ou en tuiles plates, posées au mortier. Cette dernière disposition a l'inconvénient de rendre la couverture fort lourde. L'aire en argile ou en mortier n'a que 2 cm d'épaisseur; quelquefois l'argile est mélangée de paille hachée.

Quand cette aire est bien sèche, on la recouvre ordinaire-

---

[1]) En France les asphaltes dont on se sert le plus sont ceux de Seyssel (Ain), de Lobsann (Alsace), de Puy de la Poix (Puy de Dôme), du Val de Travers etc.

Ces bitumes d'asphalte sont noirs ou bruns, solides, plus lourds que l'eau, et fondent à la température de l'eau bouillante.

ment d'une toile grossière que l'on fixe en de nombreux points par des clous en zinc. Les égouts et les rives se garnissent de tables de zinc. On étend l'asphalte chaud sur la toile, en lui donnant une épaisseur uniforme de 1,5 à 2 cm et en l'appliquant par parties successives.

## 9. Couvertures métalliques.

Cuivre. — La couverture en cuivre, bien exécutée, est de toutes les couvertures la meilleure et la plus durable; mais elle revient très-cher et n'est pour cette raison que rarement employée. On ne s'en sert aujourd'hui que dans les constructions monumentales. Le cuivre conserve presque toute sa valeur, même après un usage prolongé. Il se recouvre à l'air d'une couche de patine qui le préserve de l'action ultérieure des agents atmosphériques. La peinture est donc inutile.[1]

Les feuilles de cuivre se posent sur voligeage. Elles s'agrafent les unes aux autres, tant dans le sens longitudinal que dans le sens transversal, au moyen de bourrelets formés en rabattant les bords sur eux-mêmes. Les joints transversaux sont ensuite aplanis au marteau, afin de ne pas gêner l'écoulement de l'eau. Les feuilles sont fixées sur le voligeage par des pattes recourbées que l'on cloue sur les voliges et qui pénètrent dans le bourrelet inférieur.[2] Il faut compter 4 cm en plus dans chaque sens sur les dimensions des feuilles, pour tenir compte des bourrelets.

Le mètre carré de couverture en cuivre, y compris le voligeage, pèse généralement de 21 à 25 kilog.

---

[1] Il faut éviter d'employer le cuivre en feuilles trop minces; il présente alors fréquemment des fissures qui, imperceptibles d'abord, finissent par s'ouvrir sous l'effet de la dilatation.

Le cuivre peut communiquer des actions nuisibles aux eaux pluviales.

[2] Souvent la pose se fait aussi en fixant à la partie supérieure des feuilles par des vis en cuivre et en maintenant la partie inférieure par des crochets qui s'engagent sous la feuille inférieure. Les côtés des feuilles s'agrafent l'un à l'autre, comme ci-dessus, au moyen de bourrelets.

Plomb. — Les couvertures en plomb se détruisent à la longue à l'air, même quand elles sont recouvertes d'une couche de peinture. Elles sont chères, et ont le grave inconvénient de rendre le sauvetage difficile en cas d'incendie, à cause de la grande fusibilité du plomb. Ces diverses raisons font que le plomb ne s'emploie presque plus pour couvertures.

Zinc. — Le zinc est un métal léger, relativement bon marché, résistant bien à l'action de l'air, convenant donc admirablement à la couverture des combles. Mais comme le zinc est peu malléable et qu'il se dilate très-fortement sous l'action de la chaleur, son application exige des dispositifs particuliers, et des ouvriers expérimentés. On l'emploie le plus souvent sous forme de feuilles laminées. Dans le principe, cette fabrication laissait à désirer, et il arrivait fréquemment que l'on fît usage de feuilles défectueuses. Le mode de pose était aussi très-imparfait, et ne tenait pas suffisamment compte de la nature dilatable du métal. Les couvertures en zinc furent donc d'abord décriées. Mais les inconvénients que nous venons de signaler n'existent plus aujourd'hui, et l'on peut en toute sécurité adopter le zinc, même pour édifices de première importance.

Comme nous l'avons dit plus haut, la pose se fait le plus souvent sur voligeage. On commence par enlever avec soin toute arête vive ou partie saillante que pourrait présenter le voligeage, car elle pourrait causer une déchirure si une pression venait à agir en ce point, particulièrement pendant les froids de l'hiver. Il faut laisser un peu de jeu entre les voliges, soit de 0,5 à 1 cm, et percer des trous de 2,5 cm tous les 0,30 m ou 0,40 m, afin que l'air puisse passer facilement entre le zinc et le bois, car on a remarqué que quand cela n'avait pas lieu, les feuilles étaient sujettes à se corroder, probablement par suite de la formation d'acide pyroligneux.

Le zinc s'oxyde rapidement à l'air libre et se recouvre, pour ainsi dire, d'un vernis protecteur qui empêche la continuation de l'oxydation et qui rend la peinture à l'huile inutile.

La pose des feuilles doit se faire de manière à ce que les dilatations et contractions puissent se produire librement; les joints doivent donc être formés de replis en agrafe. La soudure doit être proscrite, sauf pour réparer les déchirures ou boucher les trous. Il faut autant que possible faire arriver les feuilles toutes préparées de l'atelier, et éviter que le couvreur ne fasse sur le toit le travail qui pourrait s'exécuter à l'atelier. Les feuilles se replient à chaud, au moyen d'outils chauffés.[1]

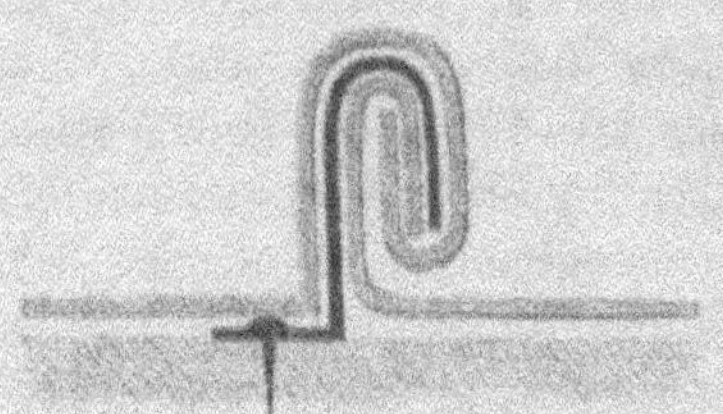

Fig. 263.

On distingue généralement quatre modes de pose:

1. Pose sur voligeage, avec assemblage direct des feuilles l'une à l'autre, fig. 263. Cette méthode est analogue à celle usitée pour le cuivre. Elle convient aux petites surfaces et peut s'appliquer jusqu'à une pente de 0,125 m par mètre. Il faut compter environ 9 cm en plus sur la largeur des feuilles pour le bourrelet des joints. Dans le sens transversal, les feuilles se recouvrent de 3 à 5 cm et sont soudées l'une à l'autre. Les bourrelets longitudinaux sont retenus tous les 0,40 m par des crochets en fer de 2,5 cm de hauteur et de 2,5 cm de largeur. Une feuille, dont les dimensions sont 1,88 et 0,88 m, présentant donc une superficie de 1,58 m q., ne couvre en réalité que 1,34 m q. de surface.

2. Pose avec tasseaux. Ce mode de pose est connu en Allemagne sous le nom de méthode silésienne. On peut l'appliquer jusqu'à la pente de 0,125 m par mètre. On cloue sur le voligeage, fig. 264, parallèlement à la ligne de plus grande pente du toit, et à une distance déterminée par la largeur des feuilles de zinc, des tasseaux en bois, qui ont 4 × 6 cm et contre lesquels on appuie les bords des feuilles; ces bords sont relevés sur 5 cm de largeur, sur lesquels 1,5 cm sont rabattus à

---

[1] Outre l'inconvénient de se dilater fortement, le zinc présente celui de former une pile galvanique lorsqu'il est en contact humide avec le fer. Il se corrode alors rapidement. On n'emploiera donc pour le clouer que des clous de zinc ou des clous de fer étamés, dont on couvrira la tête par une goutte de soudure.

nouveau pour former agrafe avec le chapeau recouvrant le tasseau. Tous les 0,50 à 0,60 m, on place une patte en feuillard, elle embrasse le tasseau et pénètre d'environ 1 cm dans

Fig. 264.

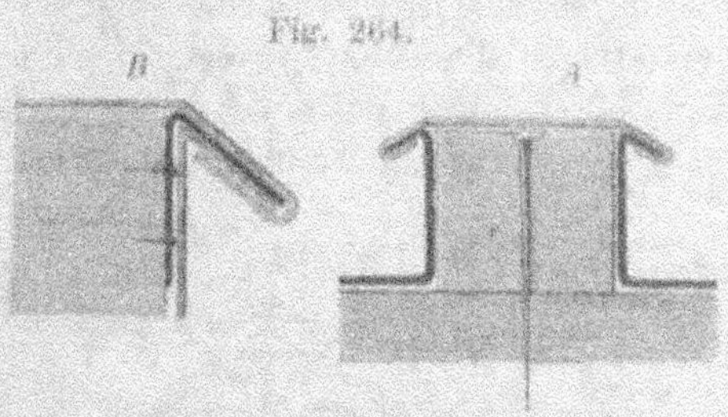

les replis des feuilles. La longueur totale de cette patte est de $6 + (2 \times 4) + (2 \times 1) = 16$ cm. On peut aussi la remplacer par deux pattes indépendantes, clouées sur les côtés du tasseau, mais cette disposition ne vaut pas la première. Les chapeaux ont la largeur des tasseaux plus quatre fois celle des replis, soit $6 + (4 \times 1,5) =$ cm. Une feuille de 1,58 m. q. de surface couvre, dans le cas particulier, seulement de 1,25 à 1,35 mètres carrés.

3. Méthode française. — Elle a le très-grand avantage de supprimer le joint soudé transversal et, par conséquent, de rendre la dilation possible dans tous les sens. Avec ce mode de pose la pente ne doit pas descendre au-dessous de 0,170 m par mètre. Les feuilles ont les bords transversaux repliés en bourrelets, mais elles ne s'agrafent pas directement l'une à l'autre. A la partie inférieure le repli est retenu par deux

Fig. 265.

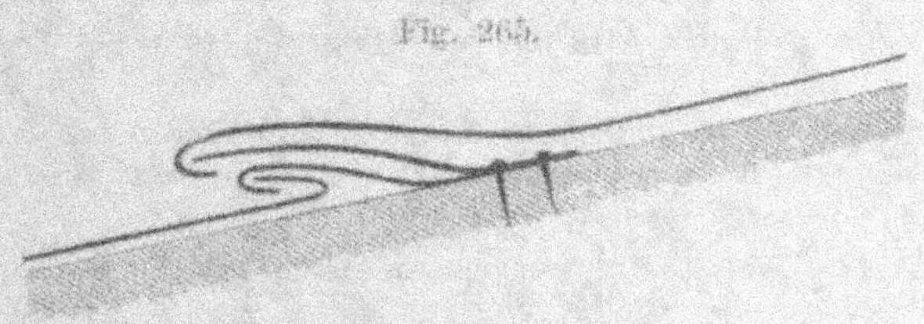

crochets qui ont environ 16 cm de longueur sur 4 cm de largeur. A la partie supérieure, il s'agrafe à une bande de zinc

repliée, laquelle prend presque toute la largeur de la feuille
fig. 265.[1]) Les joints montants se font le plus souvent avec
tasseaux, comme dans le cas précédent. Quand on supprime
ceux-ci, les bords repliés des feuilles adjacentes se placent dos
à dos, et se recouvrent d'un chapeau en zinc, que l'on visse sur
le voligeage, fig. 266. Une patte de 5 cm de largeur, fendue
en son milieu à la partie supérieure, et formant agrafe dans

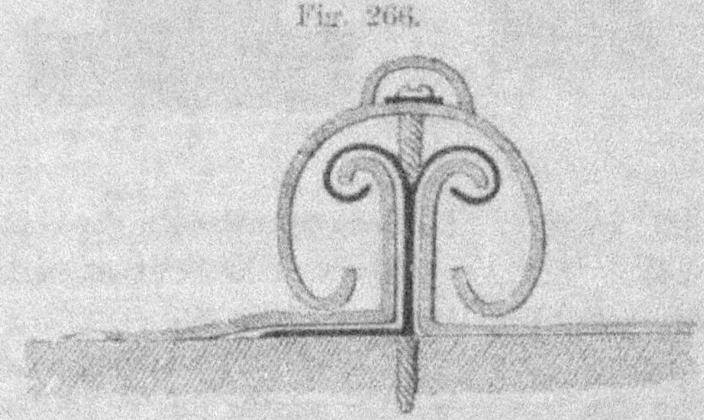

Fig. 266.

les deux sens retient les bourrelets des feuilles. Les chapeaux
ont une largeur totale de 13 cm et leurs différentes longueurs
se rejoignent par simple recouvrement. Chaque tête de vis
s'appuie sur une petite rondelle en tôle galvanisée, et se trouve
recouverte par une petite calotte en zinc ou par une goutte
de soudure.[2])

4. Couverture en zinc ondulé. Elle se pose sur lattis non-
jointif, les lattes se plaçant à 42 ou 46 cm de distance. La
pente du toit doit être d'au moins 0.25 par mètre. Les ondes
ont la forme indiquée à la fig. 267. Leur hauteur est de 2 cm et

<hr>

[1]) Souvent on se contente de clouer la partie supérieure de la feuille
sur le voligeage, et de souder ou de clouer sur le bord, les crochets qui
viennent retenir le pli inférieur de la feuille supérieure.

[2]) Presque tout le zinc employé en France provient des usines de la
Vieille Montagne. Les feuilles ont pour dimensions 0.81 sur 2.25 m. La
Vieille Montagne fabrique 26 épaisseurs différentes, mais les seuls numéros
employés en construction sont les numéros 12, 13 et 14. Leurs poids par
mètre carré sont respectivement de 5.31 k, 5.97 k et 6.63 k.

leur longueur de 6,5 cm.[1]) Dans les joints montants, les feuilles
sont repliées sur elles-mêmes et sont tenues par des agrafes
doubles, de 2,5 cm de largeur, fixées sur les lattes à des
distances de 48 à 66 cm les unes des autres. Le joint est

Fig. 267.

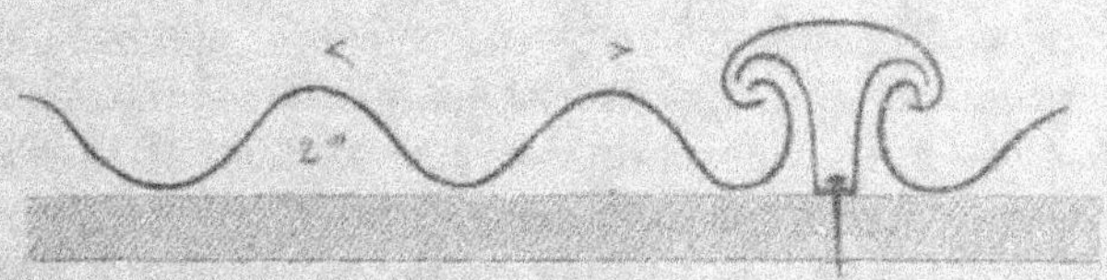

recouvert par un chapeau. Dans le sens transversal, le joint
se fait par un recouvrement de 5 cm avec soudure. Les ondes
font perdre à la feuille une partie de sa largeur. Une feuille
plane de 1,58 m q. de surface ne couvre, par exemple, sous la
forme ondulée, que 1,13 m q. Aussi emploie-t-on souvent des
feuilles de plus grandes dimensions pour le zinc ondulé, afin de
réduire le travail du couvreur. On peut aussi prendre du zinc
un ou deux numéros moins fort, parceque la courbure augmente
la résistance des feuilles, et empêche les déformations irrégu-
lières que la chaleur tend à produire. La dépense additionelle
provenant de l'augmentation de surface et de la difficulté de la

---

[1]) Le zinc ondulée de la Vieille Montagne présente des ondes de 0,25
sur 0,10 m. Les feuilles ont 0,75 m de largeur sur 1,82; 2,12 ou 2,42 m
de longueur, suivant le numéro du zinc employé. La pose du zinc ondulé
peut se faire aussi comme celle de la tôle ondulée, c'est-à-dire, en supprimant les chevrons et le lattis ou le voligeage, et en appuyant les feuilles directement sur les pannes. L'écartement de celles-ci est alors déterminée de
façon à ce que chaque feuille porte sur trois pannes et qu'elle se trouve
recouverte de 0,12 m à sa partie supérieure. Le bord, se place au ras du
bord de la panne et y est maintenu par la partie inférieure de la feuille
supérieure qui est attachée à la panne par des pattes en feuillard. Ces
pattes se placent à 0,30 les unes des autres. Ce mode de pose du zinc ondulé a l'avantage de rendre un démontage facile; mais en revanche, il ne
garantit en aucune façon des condensations de vapeur d'eau qui se font
contre la surface intérieure, ni des changements de température qui ont lieu
à l'extérieur.

main-d'œuvre, se trouve ainsi compensée par une diminution de poids. Souvent on remplace le lattis à claire-voie par un demi-voligeage, c'est-à-dire, par un voligeage dans lequel les voliges sont écartées de 20 cm, et cela dans le but de diminuer les condensations qui se produisent toujours sur la surface intérieure des toitures métalliques.

On n'emploie les couvertures ondulées que sur hangars, remises, magasins etc., jamais sur maisons d'habitation.[1]

Tôle. — Les couvertures en tôle se font en tôle étamée, en tôle noire ou en tôle galvanisée.

1. Tôle étamée en feuilles. Elle se pose sur voligeage. La tôle étamée est naturellement plus chère que la tôle noire, mais elle est aussi plus durable. Toutes deux cependant ont besoin d'une couche de peinture à l'huile sur les deux faces pour résister à l'action de l'air. Il convient de prendre le noir de fumée pour base de la couleur, du moins pour la première couche. Les bords des feuilles sont repliés de 4 cm et s'agrafent l'un à l'autre comme dans la couverture en cuivre. Les feuilles sont maintenues par des pattes que l'on cloue sur le voligeage et qui pénétrent dans les replis, rabattus après coup au marteau. Quand la pente du toit est faible, les joints se garnissent de soudure à l'étain. Il ne faut jamais employer des tôles de petite épaisseur parceque leur durée est très-restreinte, et que, ne se trouvant dans le commerce que sous de petites dimensions, elles augmentent notablement la dépense de la main-d'œuvre.

2. Tôle noire. — Elle est meilleur marché que la tôle étamée, mais exige, en revanche, plusieurs couches de peinture

---

[1] Outre les quatre systèmes indiqués ci-dessus, il faut citer la couverture en losanges ou à ardoises en zinc, dont l'emploi est assez fréquent sur les édifices publics et maisons d'habitation de quelque importance.

Les feuilles de zinc sont découpées en carrés et ont leurs bords repliés de telle façon que le bourrelet soit tourné vers l'intérieur dans le bas, et vers l'extérieur dans le haut du losange. Ces losanges s'agrafent l'un à l'autre et sont fixés par une patte soudée à l'angle supérieur et, suivant leur grandeur, par deux ou quatre pattes mobiles. Cette couverture est d'un effet agréable, mais elle a l'inconvénient de ne se réparer que difficilement.

et revient par suite plus cher, sans être pour cela plus durable. La peinture doit se renouveler tous les quatre ans; elle aura pour base le minium.

La tôle, comme le zinc, s'emploie aussi sous forme ondulée.

3. Tôle galvanisée. Elle venait anciennement d'Angleterre, mais se fabrique aujourd'hui couramment en France et en Allemagne.[1]) Les feuilles de tôle se recouvrent de 5 cm, dans le sens longitudinal comme dans le sens transversal, et sont rivées ensemble tous les 8 cm.[2]) La tôle ondulée ne nécessite pas de voligeage; elle peut s'appliquer directement sur les pannes qui seront espacées de 1,80 à 2,50 m suivant la dimension des feuilles. Quand la charpente est construite en fer, la toiture est donc complètement incombustible. On recouvre quelquefois la surface d'un vernis d'asphalte; il va 0,6 kilog. de ce vernis au mètre carré de couverture.

Les couvertures en tôle ondulée sont d'un emploi fréquent sur les hangars, magasins, halles à marchandises, etc.

---

[1]) Les forges et fonderies de Montataire fabriquent trois sortes de tôles ondulées, désignées par les noms de: Tôle à grandes, moyennes et petites ondes. Les dimensions des feuilles et la grandeur des ondes sont:

|  | Dimensions des feuilles. | Hauteur de l'onde. | Largeur de l'onde. |
|---|---|---|---|
| Grandes ondes | 0,854 × 2,000 m | 0,082 m | 0,166 m |
| Moyennes „ | 0,740 × 2,500 m | 0,028 m | 0,1355 m |
| Petites „ | 0,500 × 1,100 m | 0,018 m | 0,076 m |

Les mêmes forges fabriquent aussi différents modèles de tôles à nervures. Ces tôles sont planes, mais présentent, de distance en distance, une cannelure parallèle à la longueur de la feuille.

[2]) Au lieu de river les joints transversaux, on fixe quelquefois la partie supérieure de la feuille sur la panne à l'aide de 2 clous ou de 2 vis, et l'on agrafe la partie inférieure par 2 pattes aux feuilles inférieures, le recouvrement étant alors de 10 à 12 cm. — La tôle galvanisée ou zinguée n'a qu'une durée assez courte, quoique protégée par une couche de zinc qui se recouvre d'un vernis d'oxyde, insoluble dans l'eau et inaltérable à l'air. Cela provient de ce que les deux métaux se dilatent d'une manière différente. Avec le temps, il se fait à la surface de la tôle des fissures imperceptibles, mais suffisantes pour admettre l'humidité, et alors il se forme entre le zinc et le fer une pile galvanique qui ne tarde pas à amener la destruction de la tôle.

## 10. Vitrages.

Dans les couvertures en tuiles plates ou flamandes, l'éclairage des combles peut se faire par des tuiles en verre, de forme identique à celle de la tuile employée, et intercalées de loin en loin dans la couverture. Quand il s'agit d'un modèle usuel, on trouve ces tuiles en verre dans presque toutes les verreries. Il est clair que l'introduction de tuiles de ce genre, ne change en rien l'exécution de la couverture.

Lorsque ce moyen est jugé insuffisant et que l'on désire établir des jours plus considérables, on les constitue d'une série de barres parallèles, en fer à simple T, sur lesquelles on place les carreaux en les faisant chevaucher l'un sur l'autre.[1] Il est bon de choisir pour ces vitres du verre à surface un peu rugueuse, parceque l'intensité des rayons solaires se trouve amortie par la réfraction.

Fig. 268.

La fig. 268 A représente un mode de pose dans lequel il est fait usage de cadres en plomb (k k) pour fixer les carreaux.

[1] Les petits fers spéciaux que l'on emploie pour construire les chassis des vitrages se nomment petits-bois.

Ces cadres, dont la section est celle d'un double T aplati, posent sur les chevrons en fer à T (s s), et sont reliés avec eux par de petites pattes en fer qui sont soudées à la face inférieure des cadres et qui s'enfilent dans des anneaux (r r) calés sur les chevrons.[1]) Dans ces conditions la dilatation du fer est indépendante de celle des vitres. Il faut donner aux vitrages une pente suffisante pour que l'eau de condensation puisse s'écouler facilement. Dans les vitrages couvrant une grande surface, on alterne la position des barres transversales (q q). fig. 268, B.

Quand le vitrage est formé d'un châssis en fer, il se produit souvent des fuites par suite de l'inégale dilatation du verre et du fer. On peut remédier à cet inconvénient par le moyen suivant: On fond une partie de suif avec deux parties de résine, et l'on trempe dans cette masse, d'étroites bandes de coton ou de toile. Ces bandes s'appliquent sur les croisillons du châssis préalablement garnis de mastic à l'huile et s'engagent de 0,6 à 1,2 cm sous les bords des vitres; le joint se termine en suite, comme à l'ordinaire, par un bourrelet au mastic.

## Gouttières et Chéneaux.

Une des tâches les plus importantes du constructeur consiste à parer à l'action destructive que les eaux de pluie exercent sur les bâtiments.

Il n'y a qu'un petit nombre de régions sur le globe, comme l'Égypte, par exemple, où il ne pleut jamais, ou presque jamais. Nous y trouvons des bâtiments d'une forme toute différente de celle de nos pays. Les terrasses y remplacent les toits inclinés, et tout y est disposé en vue de maintenir la fraîcheur à l'intérieur pendant les chaleurs du jour. Chez nous, au contraire, une des premières préoccupations du constructeur est, de faciliter l'écoulement des eaux de pluie.

La disposition la plus simple consiste à donner au toit deux pentes en sens opposés, et à laisser l'eau tomber naturelle-

[1]) Le placement du verre se fait en redressant les lèvres d'un côté du panneau avec un couteau émoussé. Ce mode de pose était très en usage autrefois, mais on l'emploie rarement aujourd'hui.

ment au bas de chaque versant. L'égout doit alors faire saillie par rapport au mur pour que l'eau ne vienne pas frapper le parement extérieur pendant la chute. Ce simple mode de construction était celui qu'employaient les Grecs, dans leurs édifices publics. Ils ajoutaient quelquefois une bordure de rive pour ne déverser l'eau que de distance en distance, par des têtes de lion.

Nous trouvons ces mêmes dispositions dans les monuments du moyen âge. L'eau s'y déverse naturellement, soit sur toute la longueur de l'égout, soit de distance en distance au moyen de gargouilles — Mais ces mêmes constructions nous prouvent combien peu cette disposition remplissait son but, surtout quand les édifices étaient élevés. L'eau vient alors non-seulement frapper la base de la construction, mais aussi la majeure partie du parement extérieur des murs. On fut donc conduit a recueillir l'eau dans des gouttières pour ne l'évacuer qu'au niveau du sol. Mais même alors, la disposition n'est parfaitement efficace que lorsque la gouttière ou le chéneau a été exécuté avec le plus grand soin, et que ses dimensions ont été déterminées en vue du volume d'eau ou de la pression de neige qu'il est exposé à recevoir.

Les gouttières se posent avec une pente assez forte. Elles ont, en général, de 1,2 à 1,5 cm de chute par mètre de développement. Tous les 12 ou 15 m, on place un tuyau de descente. On évite des écartements plus considérables pour

ne pas rendre trop grand le volume d'eau que reçoit chaque tuyau, et pour diminuer les chances de débordement en cas de pluies exceptionelles. Si donc la toiture a une longueur de 25 m, on établit un point haut au milieu, en (a), fig. 269 et l'on incline la gouttière dans les deux directions vers (b) et (c), où sont les tuyaux de descente. Tout tuyau de descente, comme (b d), auquel aboutissent deux gouttières, aura naturellement une section plus grande. En pareil cas, on forme ordinairement en (b) un entonnoir ou une cuvette pour empêcher le débordement que pourrait produire la rencontre des deux veines d'eau.

Les tuyaux de descente se fixent à la maçonnerie par des colliers en fer, fig. 270, A—C. Ces derniers ont le plus souvent la forme indiquée en (A); la disposition (C) vaut mieux cependant, mais elle coûte plus cher. On évite autant que possible d'introduire des coudes dans les tuyaux de descente. Dans les petites villes, sur les maisons séparées le tuyau se termine simplement à 16 ou 30 cm du sol

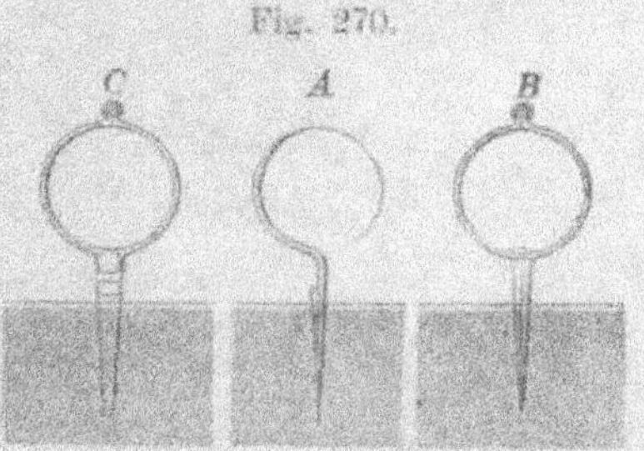


et déverse son eau sur une petite rigole pavée qui conduit au ruisseau de la rue. Il vaut mieux faire descendre le tuyau dans le sol, et mener l'eau aux égouts par une conduite que l'on enterre de 0,90 m, afin de la mettre à l'abri de la gelée. On protège quelquefois, en pareil cas, le pied des tuyaux par des bornes de 0,80 à 1,00 m de hauteur. Quelques constructeurs noient le tuyau de descente dans l'épaisseur de la maçonnerie. C'est là une pratique vicieuse qu'il faut se garder d'imiter. Elle rend non-seulement les réparations difficiles, mais peut aussi occasionner de graves dégâts. Si l'on désire dissimuler le tuyau, on peut le loger dans une rainure d'une demi-brique de largeur sur autant de profondeur, ménagée à dessein dans la maçonnerie. Le tuyau reçoit alors une section carrée.

On donne aux tuyaux de descente de 12 à 15 cm de

diamètre, pour les toits de grande surface, et de 7 à 10 cm, pour les petites surfaces. En général, on compte de 1,0 à 1,2 cm q. de section, par mètre carré de surface couverte.

Les tuyaux de descente et les gouttières en zinc se font avec des feuilles d'un numéro compris entre 10 et 13; on choisit ordinairement le n° 11.

Quand la couverture est faite en ardoises ou en tuiles et que la gouttière se trouve placée dans le plan même du versant, on est obligé de la poser obliquement par rapport aux rangées d'ardoises ou de tuiles, afin de lui donner la pente requise. Les tuiles ou ardoises qui la recouvrent sont alors posées en tranchis et sont maçonnées avec le plus grand soin. La fig. 271 donne la section transversale d'une pareille gouttière

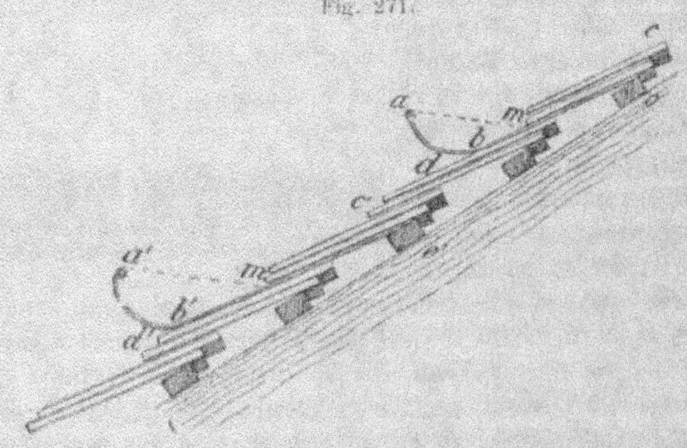

Fig. 271.

en deux points différents. Dans le haut, les tuiles sont en partie coupées. La face plane de la gouttière remonte sous les tuiles jusqu'à la latte supérieure, où elle est solidement fixée. Sa largeur varie avec l'inclinaison de la gouttière. Cette dernière est soutenue tous les 1,50 à 2,00 m, par des crochets en fer qui ont la forme de la gouttière, et de 2,5 à 4,0 cm de largeur, sur 0,6 cm d'épaisseur. Ils reçoivent trois couches de peinture à l'huile avant la pose et se clouent sur les lattes. Il faut veiller à ce que les bords (m, m) des tuiles soient tout au plus de niveau avec les bords (a, a) de la gouttière, pour que, en cas de pluies exceptionnelles ou d'engorgement, l'eau puisse se déverser en dehors sans atteindre le scellement (m, m). Le jeu intérieur des tuiles d'égout se rebouche au mortier avec soin. La largeur de la gouttière dépend de l'inclinaison du toit.

Il faut également reboucher au mortier le jeu intérieur de toutes les tuiles qui environnent les points de raccordement des gouttières et des tuyaux de descente. Mais, d'une manière

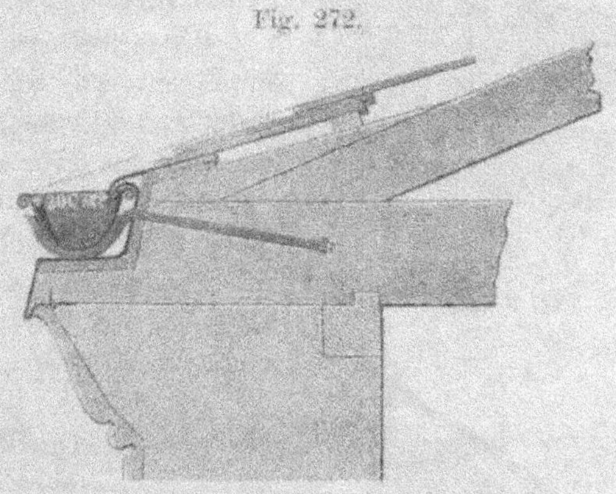

Fig. 272.

générale, il vaut mieux disposer la gouttière au-dessous l'égout, de façon à ce qu'elle soit indépendante de la couverture. La fig. 272, en donne un exemple. La gouttière est maintenue par des crochets en fer qui se fixent à la charpente du comble, tous les 1,00 m ou 1,20 m. Au lieu d'avoir une forme arrondie, elle peut recevoir une forme angulaire et constituer la cymaise de la corniche, comme le représente la fig. 273. Elle forme alors le point de passage de la gouttière au chéneau. Un autre exemple dans lequel le chéneau forme

Fig. 273.

corniche est indiqué à la fig. 274. Ces trois dernières dispositions sont à éviter lorsque les corniches sont faites en bois comme cela a lieu fréquemment dans les constructions légères. Une fuite dans de telles conditions pourrait causer de graves

Fig. 274.

Fig. 275.

dégâts, à moins qu'il n'y ait un revêtement en zinc sous le chéneau. Nous reviendrons sur cette question dans le vol. „Constructions en bois.“

Une excellente disposition, appliquée au séminaire de Friedland (Prusse), est indiquée à la fig. 275. Le chéneau s'appuie sur une assise de briques, posées de champ, et en pente régulière de 1 : 120. Cette assise est d'abord recouverte d'une feuille de zinc qui, en cas de fuite dans le chéneau, rejette l'eau directement sur l'entablement. Ce dernier est recouvert d'un double rang d'ardoises. Le chéneau pose sur cette garniture et se trouve fixé à la maçonnerie par des pattes et crochets en fer, espacés de 1,00 m environ. La disposition présente l'avantage qu'en cas de réparations, on peut sans inconvénient marcher sur le chéneau.

Dans la fig. 276, nous donnons une disposition qui s'applique à des bâtiments de plus grande importance. La couverture est faite en tuiles plates; sa rangée d'égout s'arrête à 0,60 m du bord du toit et l'espace restant est recouvert par un voligeage. Sur celui-ci on fixe une planche de rive qui sert à retenir

le bord extérieur du chéneau, et à cacher la pente de ce dernier. La bordure de rive est fixée au moyen de petites équerres
en fer, placées à 0.60 m l'une de l'autre. La table de zinc

Fig. 276.

du chéneau s'accroche d'une côté à la planche de rive et pénètre
de l'autre d'une certaine quantité sous les tuiles. Elle y monte
plus haut que du côté de la bordure de rive, de façon à ce

qu'en cas de surabondance d'eau, le débordement ait lieu par devant. La bordure de rive est recouverte de tables de zinc qui s'agrafent à la gouttière dans le haut et que des pattes fixées sur l'entablement retiennent dans le bas. Ce genre de chéneau s'emploie surtout sur les maisons d'habitation.

Dans les bâtiments où l'entablement est couronné d'une balustrade et où le chéneau se trouve reporté en-arrière, il faut des dispositions spéciales pour assurer le bon écoulement de l'eau. On donna à ces chéneaux dans le principe les dispositions ordinaires, mais malgré tout le soin apporté à l'exécution des joints, ils se conservaient rarement étanches. Cela provenait sans doute des grandes différences de température que leurs divers points peuvent subir.

La difficulté d'exécution de ces chéneaux donna à l'architecte Schinkel l'idée de diriger la pente des versants vers l'intérieur du bâtiment. La toiture disparaît alors entièrement derrière la balustrade, ce qui ajoute à l'élégance de la construction. Il en résulte aussi la suppression des tuyaux de descente qui ne font jamais bon effet dans une façade. Il existe plusieurs toitures de ce genre à Berlin. L'eau est recueillie dans un réservoir central et sert pour les usages de la maison. Il est clair qu'une telle disposition ne peut convenir qu'aux couvertures de faible pente, car sans cela le toit constituerait un véritable entonnoir, dans lequel la neige et la glace s'accumuleraient pendant l'hiver. L'application de ces couvertures est donc fort restreinte.

Aussi, s'en est-on tenu au chéneau derrière la balustrade, mais en cherchant à améliorer sa construction. Nous donnons à la fig. 277 une disposition qui a donné de bons résultats. Elle est généralement adoptée à Berlin pour les édifices publics.

Le chéneau proprement dit se trouve placé dans les combles, et l'eau du toit y arrive par une fente mince qui longe le pied de la balustrade. Le chéneau est en bois et est doublé de zinc; il a de 23 à 25 cm de largeur sur 16 cm de profondeur. La fente est garnie sur toute sa longueur de feuilles de zinc, recouvrant d'un côté le pied de la balustrade et remontant

de l'autre jusque sous les premières ardoises. La largeur de cette
fente n'est que de 0,6 cm et les feuilles de zinc qui la forment

Fig. 277.

se prolongent intérieurement de 25 cm. Les joints des feuilles sont
de nature à permettre la libre dilation des parties. Les neiges
peuvent s'amasser sans inconvénient dans le renfoncement derrière

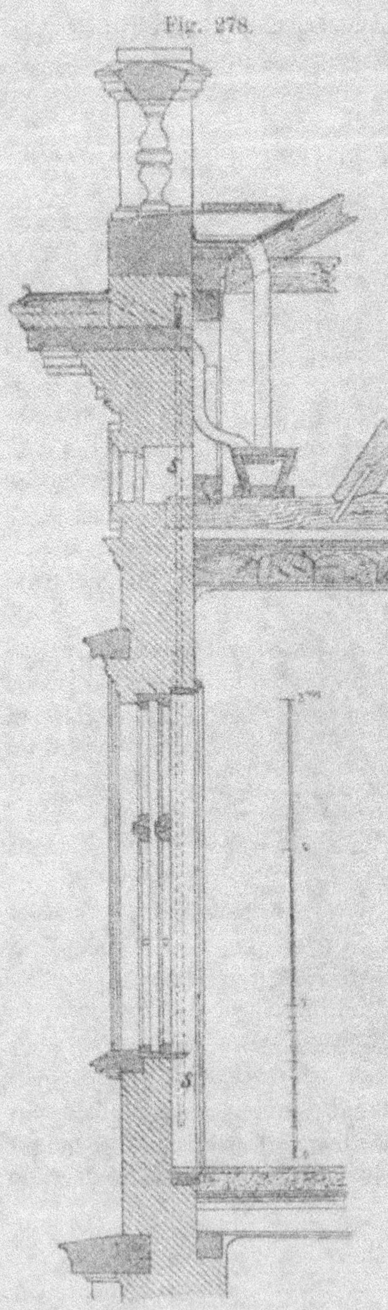

Fig. 278.

la balustrade, car la température plus élevée de l'intérieur empêche la fente de se remplir de glace; au moment du dégèle, l'eau peut donc toujours s'écouler. Les ouvertures, au-dessus du chéneau, du côté des combles, sont fermées par des tables de zinc articulées à la partie supérieure, de manière à permettre la visite et le nettoyage du chéneau.

Dans les fabriques et ateliers où la surface couverte est très-grande, on place souvent des tuyaux de descente dans l'intérieur du bâtiment. Nous en donnons un exemple au vol. „Constructions en bois", à l'occasion de la description de la charpente des grands ateliers de construction de Pflug. Les bâtiments y couvrent une surface de 137,50 m sur 30 m. Ils sont recouverts par une série de combles à deux égouts, dirigés parallèlement au petit côté du rectangle. Les chéneaux sont disposés de façon à ce que l'eau s'écoule toute dans un sens; elle est évacuée par des tuyaux de descente, placés à l'intérieur du bâtiment.

A Vienne, on trouve de

nombreux exemples d'édifices dans lesquels on a supprimé les tuyaux de descente apparents. Les eaux du toit sont recueillies dans un conduit placé à l'intérieur des combles et vont

Fig. 279.

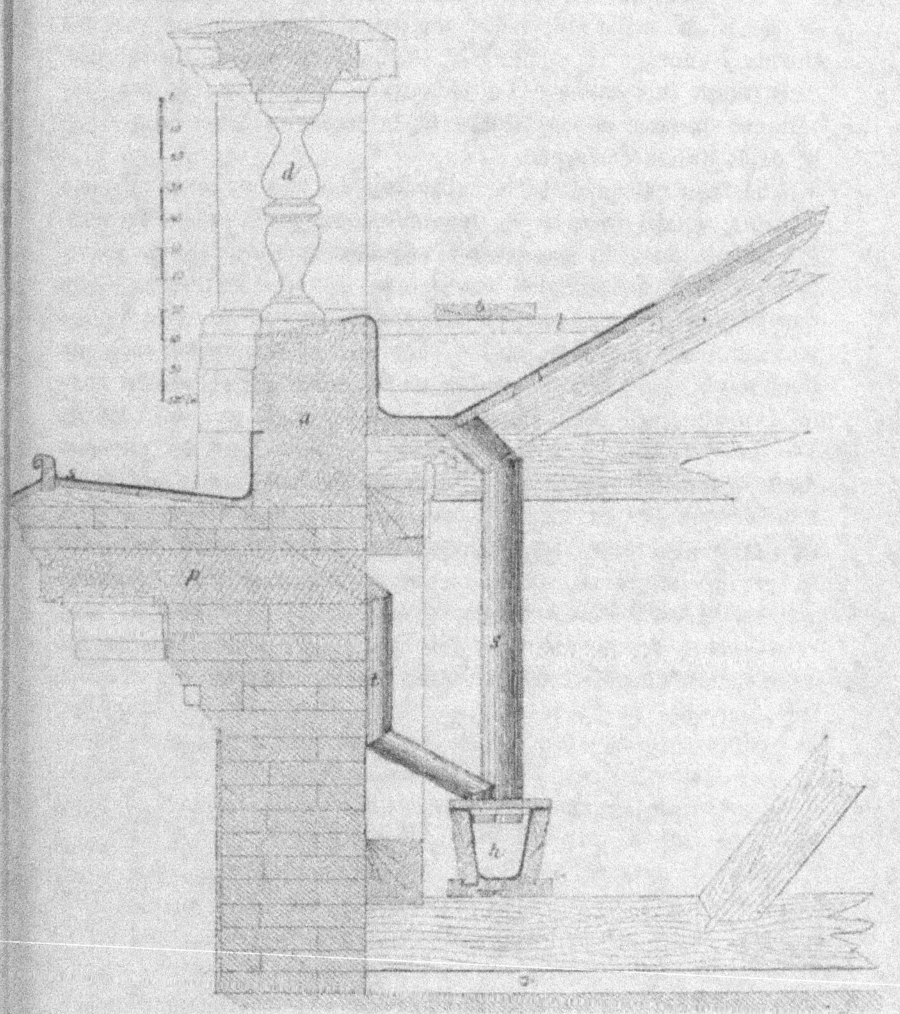

de là soit à un réservoir pour servir aux usages domestiques, soit au tuyau de décharge aux égouts.

Une pareille construction est représentée en détail à la fig. 279, et dans son ensemble à la fig. 278.

La corniche de l'entablement est composée d'une tablette en pierre de taille (p), reliée au corps de maçonnerie par des tirants d'ancrage (r, s) fig. 278, et de deux assises de briques, constituant la cymaise. La balustrade affleure sur la face intérieure du mur et est formée de la base (a), des balustres (d) et de la tablette d'appui.

Derrière le pied de la balustrade est logé un large chéneau en zinc, ayant 0,30 m de profondeur et 0,75 m de largeur. Il remonte de 0,30 m sous les ardoises et recouvre en partie la base de la balustrade. Sa pose se fait sur voligeage. Afin que les ouvriers puissent circuler facilement le long de la balustrade, sans marcher sur le chéneau, on établit une voie en planches (C) sur les entretoises en fer plat qui relient la base de la balustrade aux chevrons tous les 1,00 m ou 1,25 m. Des tuyaux de 12 cm de diamètre déversent l'eau du chéneau dans le conduit intérieur (h). Celui-ci est en bois et est garni d'un revêtement en zinc. Il est recouvert par une planche à sa partie supérieure. Les dimensions sont: largeur, 18 cm à la partie inférieure, 22 cm à la partie supérieure; hauteur 25 cm. L'entablement est également garni de tables de zinc et sa pente est dirigée vers l'intérieur. De petits tuyaux (t), de 8 cm de diamètre, mènent l'eau qui s'y recueille au conduit intérieur (h).

# CHAPITRE III.

## Escaliers.

Les escaliers servent à mettre en communication les différents étages d'un bâtiment. D'une manière générale, il faut observer les principes suivants dans leur construction.

1. Ils ne doivent pas séparer des pièces dépendantes les unes des autres.

2. Ils doivent être placés près de la porte d'entrée de la maison.

3. Ils doivent être facilement vus de l'entrée.

4. Il faut placer la première marche directement à portée, et éviter qu'on ait à tourner autour de l'escalier pour y arriver.

5. La largeur de l'escalier doit être en rapport avec le service auquel il est destiné.

6. Les escaliers des différents étages doivent s'établir à la suite les uns des autres.

7. Il faut autant que possible éviter les marches d'angle, et établir, à cet effet, des paliers à mi-hauteur.

8. Quand les marches d'angle ne peuvent être évitées, il faut donner à la courbe du limon un diamètre tel, que les marches ne soient pas trop étroites à l'emmarchement.

9. Les escaliers longs et droits doivent se diviser en plusieurs volées par des paliers. On ne dépassera pas de 15 à 20 marches par volée.

10. La cage de l'escalier doit être bien éclairée. Il faudra tenir compte de cette condition en faisant l'étude du plan de la construction.

11. La largeur du palier correspondra au moins à celle de trois marches.

12. Enfin, et cette condition est la plus importante de toutes, les marches d'un même escalier auront toutes même hauteur et même giron. Cette règle ne s'applique pas seulement à un seul étage, mais à tous les escaliers d'une même cage.

On distingue dans chaque marche la partie horizontale, nommée giron, et la partie verticale, appelée contre-marche.

L'expérience démontre qu'un homme de taille ordinaire fait en moyenne des pas de 0,63 m de largeur. Pour franchir une planche de 7,50 m de longueur, il fera donc 12 pas. Si l'on élevait de 0,60 m l'une des extrémités de la planche, il serait forcé de faire 13 pas pour atteindre le sommet du plan incliné ainsi formé. Si ce sommet se trouvait à 2,90 m de hauteur, il ferait déjà 18 pas, et chacun d'eux couvrirait en projection horizontale une longueur de 0,30 m. A chaque pas, il s'est élevé de 0,16 m, sans difficulté, si son pied trouve un point d'appui convenable sur le plan incliné.

Le rapport de 16 à 31, 16 cm de hauteur, pour 31 cm de largeur, est, en effet, celui qui donne les marches les plus faciles à monter. Mais comme la place dont on dispose pour la cage de l'escalier, ne permet pas toujours de l'adopter, il faut chaque fois qu'on augmente la hauteur de la marche de 1 cm, réduire sa largeur de 2 cm. Si l'on avait une hauteur de marche de $17 = (16 + 1)$ cm, on ferait la largeur égale à $(31 - 2) = 29$ cm. Si, au contraire, la hauteur était de 15 cm, la largeur serait de 33 cm.

Cette relation qui doit exister entre la hauteur et la largeur d'une marche, peut s'exprimer sous une des deux formes suivantes.

1. Pour obtenir la largeur de la marche, sa hauteur étant donnée, on retranche du nombre 63 [1]) le double de cette hau-

---

[1]) Le nombre 63 n'est pas absolu; quelques autres indiquent 64 et d'autres même 65.

teur, exprimée en centimètres; la différence est la largeur cherchée. Ainsi pour 16 cm de hauteur, la largeur serait égale à 63 — 2 × 16 = 31 cm.

2. La largeur de la marche est égale au quotient de la division du nombre 500 par la hauteur de la marche, exprimée en centimètres. Ainsi pour une hauteur de 16 cm, la largeur $= \dfrac{500}{16} = 31{,}25$ cm.

La première règle conduit aux proportions suivantes:

| Hauteur | Largeur |
|---------|---------|
| 13 cm | 37 cm |
| 15 „ | 33 „ |
| 16 „ | 31 „ |
| 17 „ | 29 „ |
| 18 „ | 27 „ |
| 20 „ | 23 „ |
| 21 „ | 21 „ |

On peut dire, d'une façon générale, qu'un escalier est commode, tant que son inclinaison se maintient entre 24 et 30 degrés, et que la hauteur de marche ne descend pas au-dessous de 14 cm.

Mothes donne les indications suivantes sur les conditions de montée et de descente d'escaliers avec marches de différentes proportions.

Proportions de la marche

| Hauteur en cm. | Largeur en cm. | |
|----------------|----------------|---|
| 8 | 47 | facile à monter, fatigant à descendre. |
| 10 | 42 | assez facile, tant à la montée, qu'à la descente. |
| 13 | 42 | fatigue les genoux. |
| 13 | 37 | facile. |
| 15 | 37 | fatigue un peu les genoux. |
| 15 | 34 | facile, mais fatigant quand les marches sont nombreuses. |
| 17 | 34 | très-commode. |
| 18 | 31 | se monte facilement en allant vite. |

Hauteur en cm.    Largeur en cm.

|  |  |  |
|---|---|---|
| 21 | 26 | Incommode. |
| 24 | 24 | très-fatigant. |
| 26 | 23 | n'est presque plus applicable. |

La largeur de l'escalier et la hauteur des marches varient avec l'importance du bâtiment et l'usage auquel l'escalier est destiné dans celui-ci.

Ainsi les escaliers des édifices publics et des hôtels particuliers se font avec des marches de 14 à 16 cm de hauteur et ont une largeur de 1,50 à 3,00 m. Dans les maisons particulières plus modestes, la hauteur des marches est de 16 à 17 cm et la largeur de l'escalier de 1,20 à 1,50 m. Enfin les escaliers de cave ou de grenier peuvent avoir jusqu'à 19 et 21 cm de hauteur de marche et une largeur de 1,00 m et au-dessous.

Les escaliers se font droits et courbes, c'est-à-dire à rampes droites et à quartiers tournants; ils sont formés ordinairement d'une combinaison des deux.

Ils peuvent se construire en bois, en pierre (pierre de taille, ou brique) ou en métal (fer ou fonte).

## Escaliers en bois.

Ils se font le plus souvent en sapin, mais lorsque la construction est importante, on emploie de préférence le chêne qui est d'un bel effet imprégné d'une couche d'huile.

Les escaliers les plus simples sont ceux des caves et des greniers, fig. 280. Ils sont généralement droits et sont composés de deux madriers inclinés, de 8 à 10 cm d'épaisseur, faisant fonction de limons, et recevant les marches dans des feuillures pratiquées dans leur épaisseur. Ordinairement les contre-marches font défaut dans ces escaliers. Les abouts des limons s'appuient contre le chevêtre (a) qui porte aussi la marche palière.

Fig. 280.

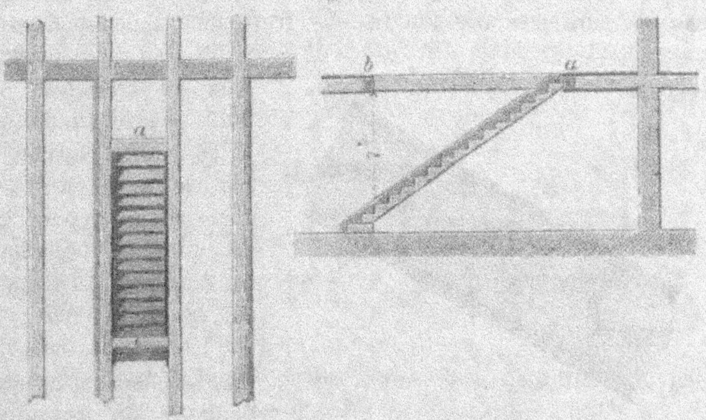

Dans les escaliers plus soignés, on ajoute toujours des contre-marches. La fig. 281 donne la section de la forme la plus simple d'escalier à rampe droite avec contre-marches.

Ces dernières, ainsi que les marches, sont encastrées dans les limons qui présentent, pour les recevoir, des feuillures d'environ 2 cm de profondeur, fig. 282. On empêche l'écartement des limons au moyen de boulons en fer (a b), fig. 283, placés à 1,50 ou 2,00 m les uns des autres.

Fig. 281.

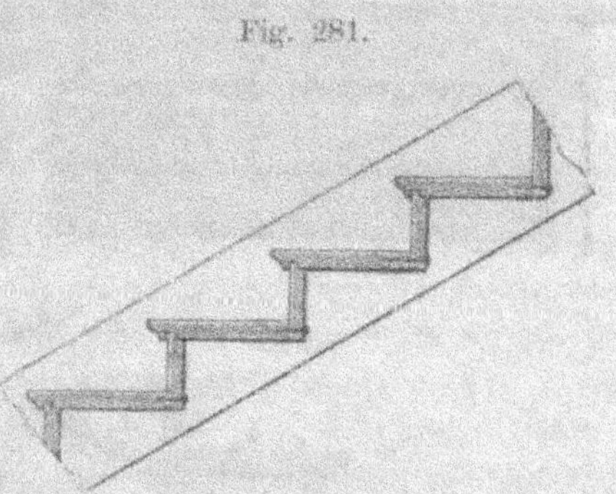

La contre-marche a pour but, d'une part, de combler le vide entre deux marches successives, et d'autre part, de supporter la marche qui, n'ayant ordinairement que 4 cm d'épaisseur, fléchirait sans cet appui. Il faut donc que la marche pose bien dans toute sa longueur sur la contre-marche. Quand cela n'a pas lieu, c'est-à-dire, quand la marche porte à faux en son milieu, elle fléchit et tend à faire jouer ses extrémités dans les feuillures des limons. Le frottement développé en ces

points fait alors crier les bois de l'escalier. On évite ce bruit en donnant à la contre-marche un peu de flèche en son milieu, ce qui a pour effet de cintrer légèrement la marche et d'amener un contact parfait.

Le cri des bois d'un escalier indique presque toujours un assemblage défectueux des marches et contre-marches. La manière la plus simple d'assembler celles-ci, consiste à les réunir par rainure et languette à la partie supérieure, et à clouer la contre-marche contre la marche à la partie inférieure, fig. 281. Ce mode d'assemblage

Fig. 282.

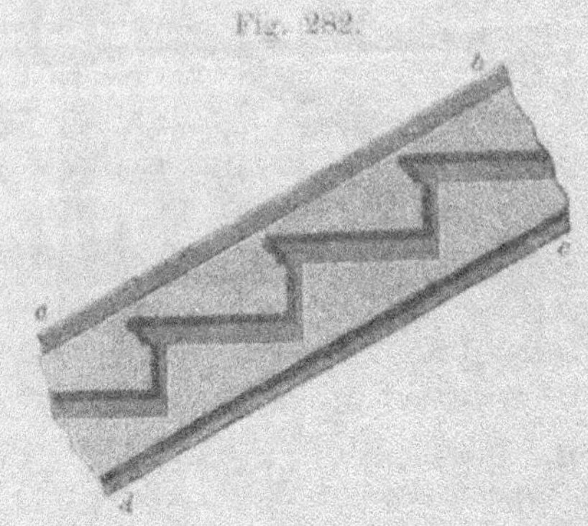

Fig. 283.

Fig. 284.

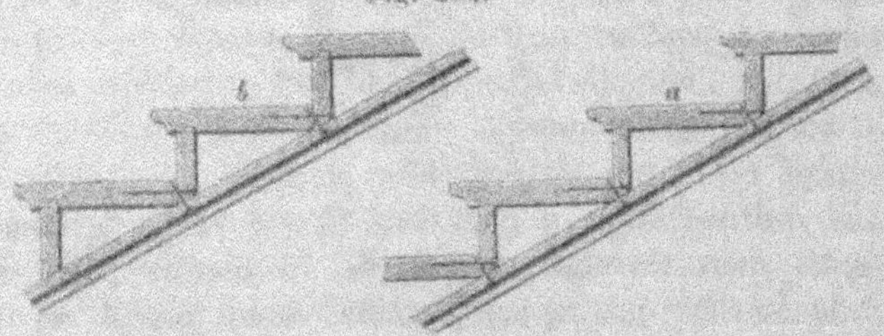

est celui de tous les escaliers dans lesquels la surface inférieure se trouve recouverte d'un plafonnage. Quand le dessous de l'escalier reste apparent, on rabote soigneusement les parements intérieurs des marches et contre-marches, et l'on fait saillir l'une d'elles par rapport à l'autre, en terminant celle qui fait saillie par une petite moulure, fig. 285, B et C. La marche et

Fig. 285.

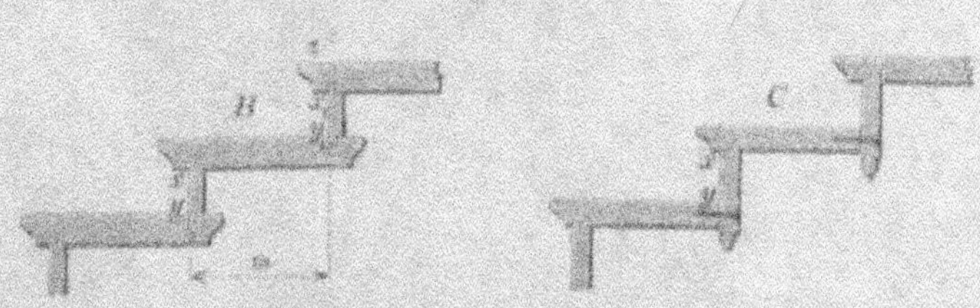

la contre-marche s'assemblent alors dans l'un des cas par un joint à feuillure, et dans l'autre par quelques vis.

On peut aussi se contenter d'appuyer simplement la marche sur la partie supérieure de la contre-marche, en supprimant toute rainure ou languette, et en donnant un peu de cintre-bord supérieur de la contre-marche fig. 284 (a). Pour cacher le joint, on cloue alors dans l'angle, sous la saillie de la marche, une petite moulure en bois de 2 cm de largeur, fig. 288, F. Cette disposition est plus facile à exécuter que celle avec joint à rainure et languette et est tout aussi bonne qu'elle. La distance (m), fig. 288, B représente la largeur de la marche à proprement parler. Mais la marche fait toujours saillie de 2 à 4 cm par rapport à la contre-marche, et cette saillie est à ajouter à la largeur fournie par la formule $l = 63 - 2 h$. On la termine toujours par une partie arrondie sur le devant, comme dans l'un des profils indiqués à la fig. 286. Pour les escaliers de construction simple, on adoptera un profil tel que (1) ou (4). Pour les escaliers comportant de la décoration, et dans lesquels les marches sont plus épaisses, on choisira parmi les profils (2), (3) et (5).

L'ouverture qui donne passage à l'escalier dans le plancher doit être faite de telle façon qu'on ne risque pas, en montant ou en descendant, de toucher avec la tête aux solives ou chevêtres qui l'encadrent. Quoique les tailles ordinaires ne dépassent pas 1.90 m de hauteur; on donne généralement de 2.20 à 2.50 m dans œuvre.

Fig. 286.

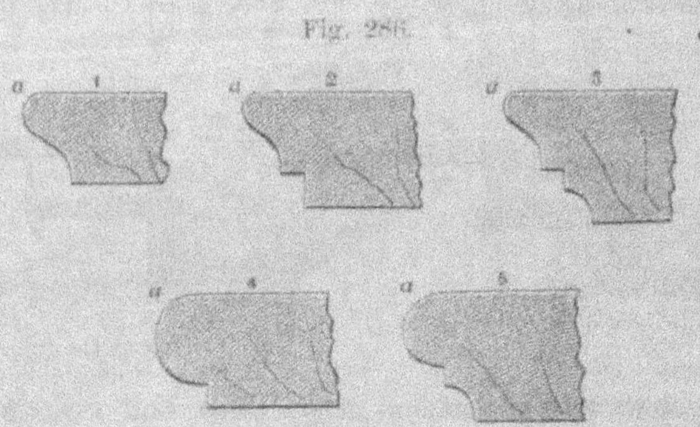

Si le plancher, par exemple, à 34 cm d'épaisseur (solives, plafond et parquet compris), il faudra que la marche qui se trouve à l'aplomb du chevêtre bordant l'ouverture, soit de 2,54 à 2,84 m au-dessous du parquet du plancher supérieur.

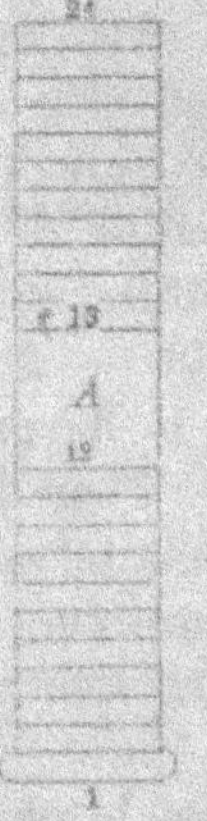

Fig. 287.

Les escaliers principaux des maisons d'habitation se font rarement en seule volée droite. Ils occuperaient trop de place sous cette forme, et seraient fatigants à monter. On facilite grandement la montée en établissant un palier de loin en loin, fig. 287, A.

La marche de départ de l'escalier est généralement formée d'une pièce de bois massive que l'on relie solidement au plancher de l'étage inférieur, fig. 288, C. Les extrémités sont arrondies et en saillie sur les limons; ils reçoivent le pied du pilastre de la rampe.

Les marches se font en sapin ou en chêne; on leur donne de 5 à 6 cm d'épaisseur. Les contremarches n'ont qu'une épaisseur de 2 à 2,5 cm.

Dans les escaliers de grandeur moyenne, les limons n'ont que 9 cm d'épaisseur. Leur largeur doit être telle qu'il reste au moins 5 cm de bois en-dessous, et de 2 à 3 cm en-dessus,

Fig. 288.

des points de l'emmarchement les plus rapprochés des bords supérieurs et inférieurs du limon, ces dimensions étant mesurées normalement à la pente de l'escalier, fig. 288, D. Ces bords sont généralement ornés de moulures, fig. 282, ab—cd.

Le pied du limon pénètre de 3 cm dans la marche de départ et y est retenu par une patte en fer. Dans le haut le limon s'appuie contre la charpente du plancher. La marche palière étant continuée par le palier, ne se fait que de 16 cm de largeur (voir la marche n° 20, fig. 288, A).

Dans les maisons d'habitation d'importance secondaire, on établit souvent l'escalier dans l'angle de deux murs; il présente alors un coude formant l'angle droit.

La fig. 288, A—G, fournit un exemple détaillé d'un escalier de cette espèce. La hauteur de l'étage y est supposée de 3,20 m et la hauteur des marches de 16 cm, l'escalier aura donc 20 marches de 31 cm de giron. En plan, il couvre 5,69 m de longueur sur 1,10 m de largeur.

Si la hauteur dépassait un peu 3,20 m, on reporterait la différence uniformément sur toutes les 20 marches; si elle était par exemple, de 3,30 m, la hauteur de chaque marche serait de $\left(16 + \dfrac{10}{20}\right) = 16,5$ cm.

Dans la partie tournante, les marches ne conservent la largeur uniforme des parties droites que sur la ligne moyenne. L'emplacement de l'escalier et le nombre des marches étant donnés, la largeur des marches se déterminera au moyen de cette ligne moyenne, appelée aussi, ligne d'emmarchement.

Pour venir en aide à la courbe rampante, on a dévié un peu, dans l'exemple ci-dessus, les marches du quartier tournant, de façon à ce qu'il tombe une contre-marche au droit du joint du limon et de la courbe rampante. A l'autre extrémité, ces contre-marches sont scellées aux murs de cage. Comme le limon forme support de l'escalier, les joints de ses différentes parties doivent être faits avec le plus grand soin. Le plan de l'escalier, fig. 288, B, (représenté ici à une échelle moitié moindre que celle des coupes et élévations) et la hauteur des marches, suffisent pour déterminer la forme des différentes parties du limon. On laisse au moins 5 cm de bois en-dessous et 2.5 cm en-dessus des feuillures des marches. La forme de la rampe est déterminée par celle du limon. La fig. 288, C. représente la portion inférieure du faux limon.

Dans l'exemple fig. 288, la courbe rampante est formée d'un montant cintrée qui constitue en même temps le montant d'angle de la rampe de l'escalier, fig. 288, A et E.

La fig. 288, A, représente l'élévation principale de l'escalier. Elle donne le mode de construction des marches. On remarquera que la marche palière (n° 20) n'a que 16 cm de largeur; elle se raccorde au parquet du plancher par un joint à feuillure. Les dessous de l'escalier est généralement recouvert d'un lattis sur lequel on applique un enduit. Quand l'entrée des caves se trouve placée sous l'escalier, on cache l'escalier des caves au moyen d'un lambris appliqué contre le limon de l'escalier supérieur.

### Escaliers à quartiers tournants.

Souvent la place dont on dispose pour la cage d'escalier est tellement limitée, qu'on est forcé de composer l'escalier de deux parties droites contiguës, raccordées par un quartier tournant décrivant un arc de 180 degrés. Un exemple de ce genre est donné aux fig. 289-291.

Pour rendre ces escaliers aussi compacts que possible, on remplace la courbe rampante par un poteau sur lequel les marches gironnées s'appuient comme sur un noyau. Il reçoit les abouts des limons, assemblées avec lui à tenon et mortaise, et aussi ceux des contre-marches de la partie tournante.

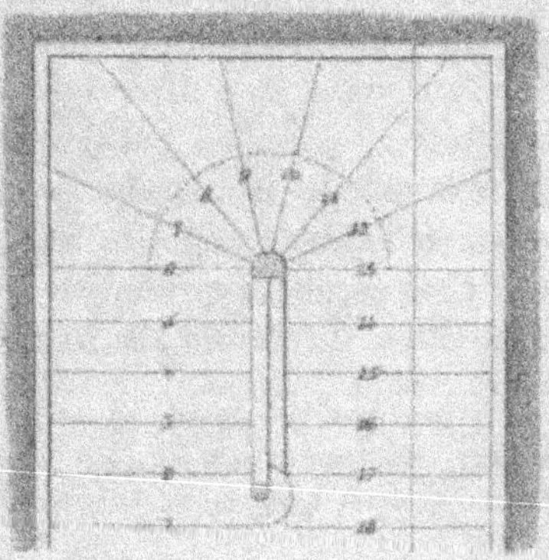

Ces escaliers sont incommodes; on ne s'en sert que pour

Fig. 289.

des usages secondaires, ou dans les constructions économiques
où l'on est forcé de regarder à la place. Les faux-limons

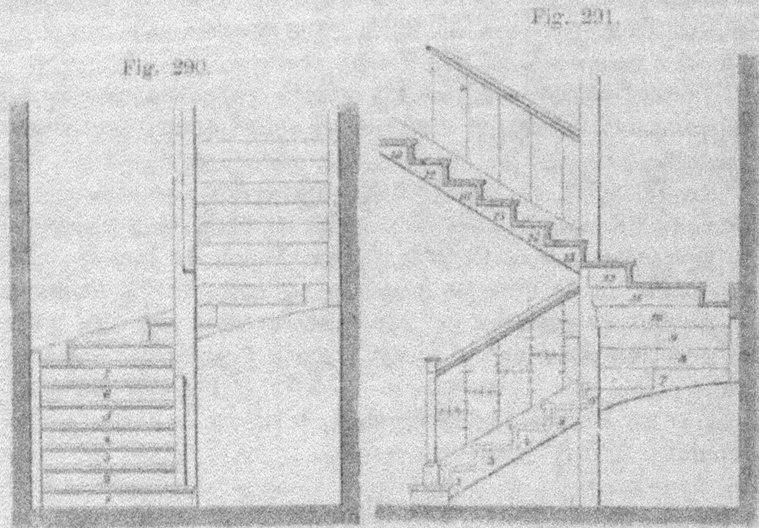

Fig. 290.

Fig. 291.

s'appliquent contre la maçonnerie et sont maintenus en place
par des ferrements à scellement[1]; leur différentes parties
s'assemblent entre elles à queue d'hironde.

## Escaliers rompus en paliers.

Ces escaliers sont généralement composés de parties droites,
s'élevant dans des directions différentes, et séparées les unes
des autres par des paliers ou repos. La partie de l'escalier
qui s'étend de la marche de départ au premier palier, ou d'un
palier à l'autre, s'appelle une rampe ou volée d'escalier.

Ces escaliers prennent des formes très-diverses suivant la
disposition intérieure du bâtiment.

[1] Quelques constructeurs encastrent les faux-limons dans les murs de
la cage, mais cette pratique est mauvaise, parceque les parties de bois engagées dans la maçonnerie pourrissent plus vite que celles qui sont exposées
à l'air.

Ainsi les fig. 292 et 293 représentent deux dispositions dans lesquelles l'escalier est formé de deux rampes à angle droit. Le palier est placé à mi-hauteur, c'est-à-dire au niveau de la 12me marche, si l'escalier a 24 marches. Ces deux dispositions prennent beaucoup de place, surtout quand le bâtiment a plusieurs étages et qu'un escalier de même forme doit se répéter à chacun d'eux. Pour cette raison, on ne les rencontre guère

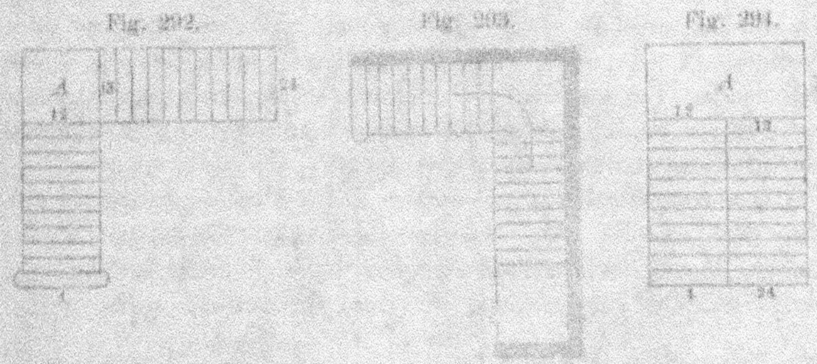

Fig. 292.     Fig. 293.     Fig. 294.

que dans les constructions à un étage. Quand on veut établir un escalier commode et peu encombrant, on adopte la disposition représentée en plan à la fig. 294. C'est également un escalier rompu, composé de deux rampes, mais ici, elles sont contiguës l'une à l'autre, et sont raccordées par un large palier.

Enfin les fig. 295 et 296 donnent des exemples d'escaliers rompus, avec trois et quatre volées.

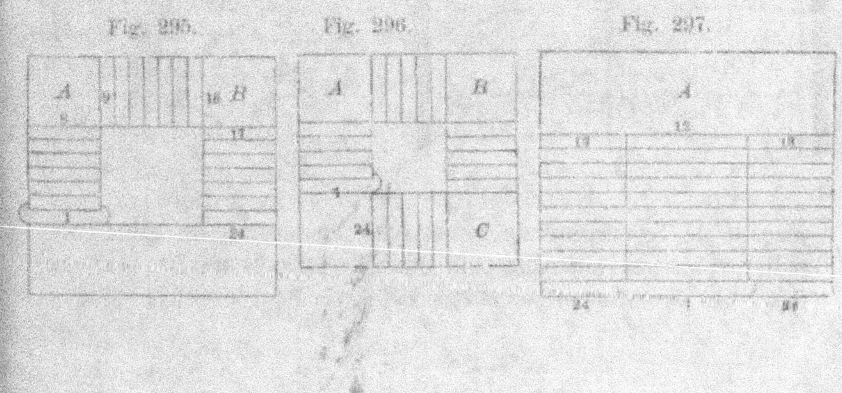

Fig. 295.     Fig. 296.     Fig. 297.

Il est clair que les dispositions des fig. 295 et 296 exigent plus de place que celle de la fig. 294; aussi ne s'emploient-elles que dans les bâtiments ou édifices, où l'escalier se trouve placé au centre de la construction et où l'éclairage se fait par en haut. La partie milieu de l'escalier, c'est-à-dire son jour, doit alors être assez grande, pour que les rayons de lumière pénètrent en nombre suffisant jusqu'à l'étage inférieur.

Dans la disposition de la fig. 297, l'escalier ne se compose en réalité que de deux volées, mais celle du haut est dédoublée, et ses deux moitiés embrassent entre elles la volée inférieure. Les escaliers de ce genre s'emploient surtout dans les édifices publics; ils se prêtent bien aux effets architecturaux lorsqu'ils n'ont qu'un étage de hauteur.

La construction d'un escalier à deux volées contiguës est des plus simples. On commence par poser la charpente du palier, lequel se fait d'une largeur égale à celle de l'escalier, fig. 298. On fixe d'abord les deux solives A et B, en les

Fig. 298.      Fig. 299.

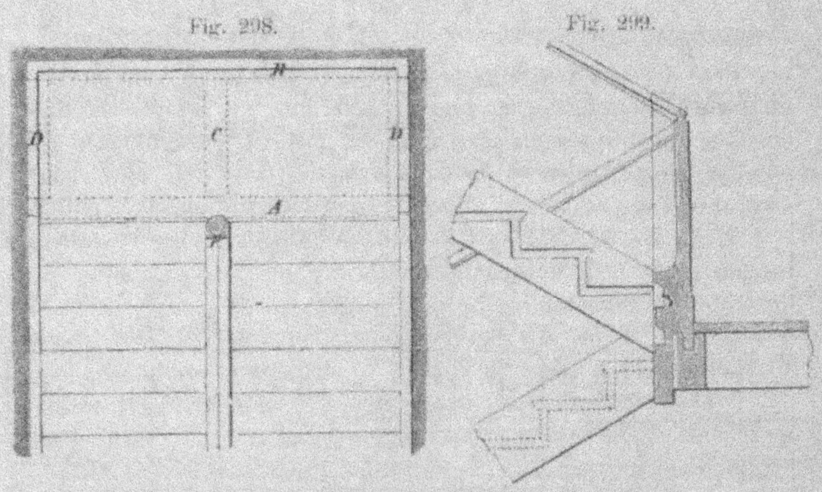

plaçant de l'épaisseur de la marche en-dessous du niveau du palier, puis on assemble sur elles les chevêtres (D), (D) et (C). Les faux-limons viennent s'appuyer sur la solive A et y sont retenus par des équerres en fer. Les limons et le montant d'angle de la rampe s'assemblent directement sur la solive à tenon et mortaise. C'est la disposition indiquée aux fig. 298 et 299.

Un autre exemple d'escalier rompu, composé de deux rampes, est représenté, en plan et en coupe transversale, à la fig. 300. Ici, les rampes sont écartées d'environ 0,40 m et les limons sont supportés par des poteaux en bois qui montent jusqu'au dernier étage de la construction. Les marches de départ des deux volées sont (B) et (D); (C) est donc le palier intermédiaire. Ce dernier est formé de planches assemblées à rainure et languette, reposant sur des traverses (H) dont la face inférieure reste apparente et est ornée de moulures en rapport avec le caractère gothique de l'ensemble. La pontre (G) supporte la marche palière de la volée inférieure, et la marche de départ de la volée supérieure. Les angles formés par les poteaux et les limons sont décorés de consoles de forme gothique.

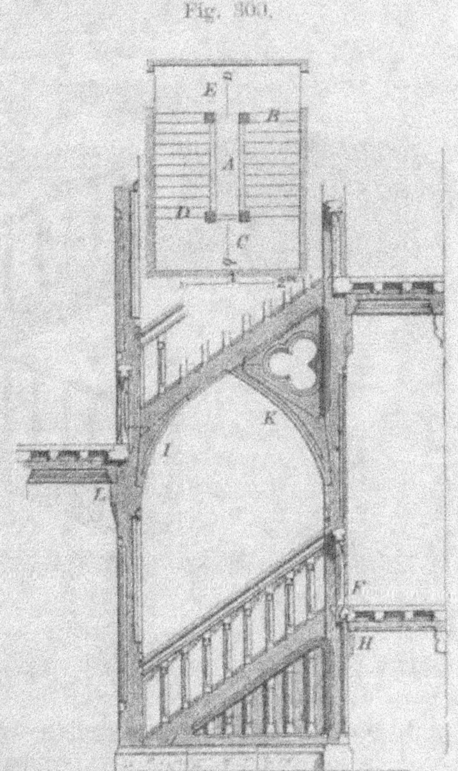

Fig. 300.

Les fig. 301 et 302 donnent le plan et l'élévation d'un escalier à 4 volées. Les escaliers de ce genre, à trois ou à

quatre volées, ne présentent une grande solidité que lorsqu'ils
s'appuient, à chaque angle, sur des montants verticaux. Lorsque
cela n'a pas lieu, comme dans l'exemple présent, la pression se
transmet à l'appui inférieur par l'intermédiaire des limons et
des courbes rampantes, et la solidité est alors beaucoup moindre.
Il est donc essentiel, en pareil cas, de donner le plus grand
soin à l'exécution des joints des différentes parties du limon.

Fig. 301.

Comme l'indique le plan, fig. 302, les parties droites se raccordent par de petites courbes rampantes, lesquelles forment
appuis des paliers. Les marches qui aboutissent aux courbes
rampantes sont légèrement arrondies du côté du limon, de façon
à ce que la contre-marche se termine normalement à la surface courbe. La fig. 303, B, indique en plan l'assemblage des
parties droites avec la courbe rampante (f g) dont la forme est
circulaire en plan. Pour obtenir la répartition des marches sur
la courbe, on divise l'arc en 8 parties égales, et l'on donne au
palier les 2 parties milieu, puis à la première marche ascendante,

et à la première marche descendante 2 parties, de part et d'autre
de celles du palier. Ces points se raccordent aux lignes de parement des contre-marches au moyen d'arcs de cercle, dont le tracé se
fait de la manière suivante. Pour la première marche ascendante,

Fig. 302.

par exemple, on prolonge le rayon (c a) jusqu'au point de rencontre
(b) avec le parement de la contre-marche.   On fait (b d) = (a b),
puis par les points (d) et (a), on mène des normales à (d b) et
à (a b); ces normales se coupent en (o), centre du cercle de
raccordement cherché.   Les fig. 303 A, C, D, donnent la projection de la courbe rampante sur trois plans différents.   Le
limon a pour largeur verticale la ligne (m n);   il s'assemble à

la courbe rampante à l'aide de tenons et mortaises (voir f et g).
Le joint est renforcé par un boulon traversant les bois nor-

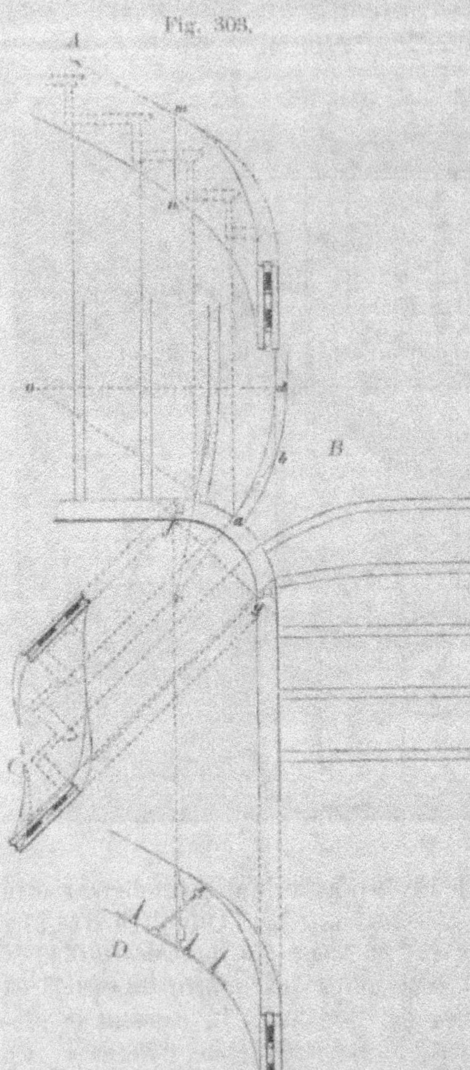

Fig. 303.



malement à la pente de l'escalier, et par une plate-bande en fer, fixée avec des vis sur la surface rampante inférieure, fig. 303, D. La manière de tracer les gabarits servant à la confection des courbes rampantes est donné dans les ouvrages de géométrie descriptive.

Dans l'exemple ci-dessus, la charpente des paliers est formée de trois traverses, dont la principale s'étend diagonalement de la courbe rampante à l'angle des murs de cage; elle supporte, près de cette courbe, les abouts des deux autres traverses qui portent sur la maçonnerie à l'autre extrémité. L'escalier est supposé de 1,50 m de largeur, avec des marches de 16 cm de hauteur et de 32 cm de giron.

Les fig. 304 et 305 représentent le plan et

l'élévation générale d'un escalier à trois volées. L'éclairage se fait par un jour ménagé à la partie supérieure. Il fallait donc choisir une forme qui laissât arriver la lumière jusqu'au bas de l'escalier.

Dans l'exemple indiqué, chaque étage est franchi par 24 marches, dont 9 forment la volée inférieure, 9 la volée supérieure et 6 la volée intermédiaire. La fig. 305 donne la coupe suivant la ligne a y. Le vitrage du haut couvre toute la surface de la cage d'escalier, et la corniche forme cadre sur son pourtour.

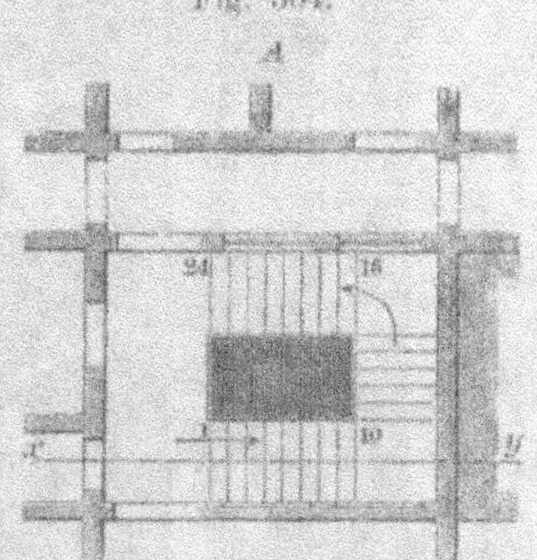
Fig. 304.


## Escaliers tournants.

Ils peuvent s'établir :
dans une cage quadrangulaire ou dans une cage circulaire, fig. 306.

Ils peuvent être formés :
d'un segment de cercle ou de parties droites et de parties circulaires, fig. 307.

Ils peuvent être :
elliptiques et logés dans une cage rectangulaire, ou avoir la forme elliptique et être logés dans une cage elliptique, fig. 312.

Enfin ils peuvent être :
à noyau plein, fig. 309, 310 et 311 ; ou à noyau évidé, fig. 312, 313 et 314.

D'une manière générale nous diviserons les escaliers tournants en :

Escaliers à noyau plein, et
Escaliers à noyau creux ou évidé.

Dans les premiers, le noyau porte soit la totalité des marches, soit un certain nombre d'elles, celles qui se trouvent

Fig. 305.

dans la partie tournante de l'escalier. Nous avons en un exemple de ce genre aux fig. 289, 290 et 291. Le noyau ne supporte directement que les marches comprises entre la 6^me et la 13^me. Pareille disposition est indiquée plus distinctement à la fig. 315. On trace, en plan, la position de la contre-marche et de la saillie de la marche, puis on en déduit, par projection sur le plan vertical, les feuillures d'emmarchement sur le noyau. La construction serait identique, si l'escalier faisait un tour

complet. Nous donnons aux fig. 316 et 317 l'exemple d'un
escalier circulaire à vis. Le faux-limon est supposé indépendant de la cage d'escalier. Il est formé de plusieurs parties,
assemblées à tenon et mortaise et réunies par des boulons,

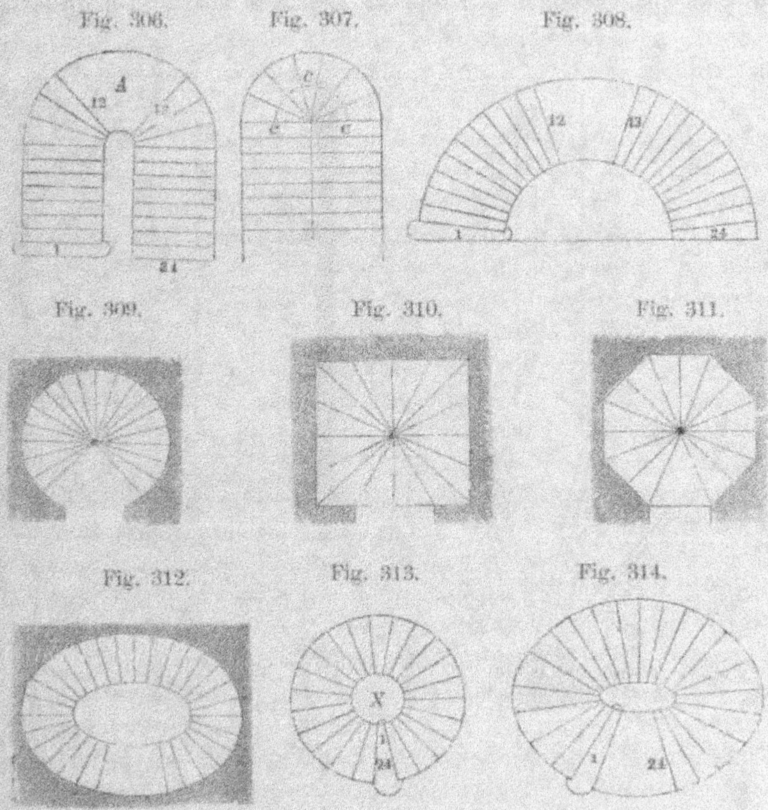

Fig. 306.     Fig. 307.        Fig. 308.

Fig. 309.        Fig. 310.        Fig. 311.

Fig. 312.        Fig. 313.        Fig. 314.

à la manière précédemment indiquée, fig. 303. En général, les
escaliers à vis se placent dans une tourelle. Les faux-limons
s'appliquent alors contre la maçonnerie et sont maintenus par
des fers à scellement. Les escaliers de ce genre peuvent cependant parfaitement se passer de l'appui du mur de cage,
surtout lorsque, de distance en distance, on relie le faux-limon

an noyau par des boulons en fer (voir fig. 283). Comme l'exécution du faux-limon à projection circulaire est assez difficile, on lui donne souvent une forme angulaire, soit quadrangulaire, soit octogonale, fig. 310 et 311. Il se compose alors de parties droites qui s'assemblent l'une sur l'autre à tenons et mortaises.

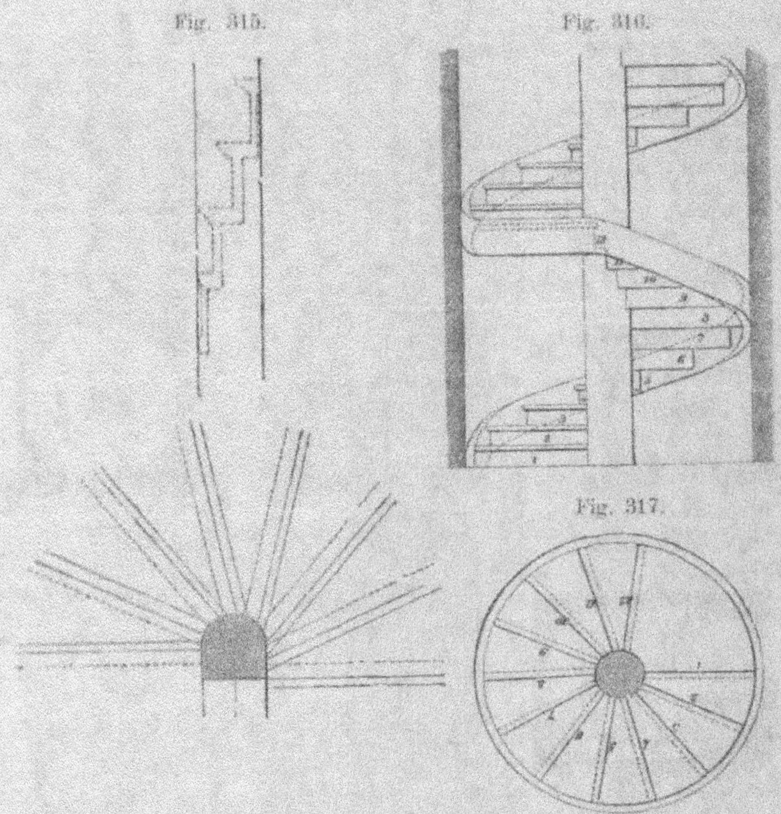

Fig. 315.

Fig. 316.

Fig. 317.

La forme des différentes pièces se détermine en laissant, comme toujours, au moins 5 cm de bois en-dessous et 2,5 cm en dessus des marches, ces dimensions mesurées normalement à la pente de l'escalier, aux points où les marches se rapprochent le plus du bord du limon. La forme de la cage de l'escalier correspond ordinairement à celle des faux-limons, qui s'appliquent alors contre les parements de la maçonnerie, formant de la sorte une construction des plus solides.

Les escaliers à noyau plein sont fatigants à monter, et on ne les emploie que lorsque la place manque pour une disposition plus commode. Comme escaliers secondaires, de cave, de grenier, etc., ils sont cependant d'un fréquent usage, surtout dans les maisons de campagne.

Les escaliers circulaires à noyau évidé, ou escaliers en hélice, fig. 313, sont beaucoup plus faciles, tout en prenant peu de place. Le jour (X) a généralement de 0,40 à 0,60 m de largeur; pour plus grande facilité de construction, l'escalier peut se loger dans une cage carrée ou polygonale. Le limon a la forme hélicoïdale et se compose de segments de courbes rampantes, de 0,80 à 1,00 m de longueur, lesquels sont formés de morceaux de madriers, placés verticalement à côté l'un de l'autre, et solidement assemblés et boulonnés. La construction de ces escaliers en hélice demande d'habiles ouvriers et coûte si cher, qu'il y a généralement avantage à les faire en fonte. Mais si les difficultés sont déjà grandes avec l'escalier à jour circulaire, elles le sont encore bien plus quand le jour a une forme elliptique. Il faut alors pour l'exécution du limon, un grand nombre de gabarits différents, au lieu d'un seul, comme dans l'escalier à jour circulaire.

Dans les maisons d'habitation d'une certaine importance, les escaliers en hélice ne sont à adopter que lorsque le jour atteint un diamètre de 1,50 m. En ce cas, le développement du limon est suffisant pour que, si l'escalier atteint 1,25 m de largeur, les marches aient encore de 10 à 15 cm de largeur le long de la courbe rampante. Dans ces conditions l'escalier est d'un usage commode. En se basant sur cette donnée d'un minimum de largeur de marche à l'emmarchement, on peut déterminer dans chaque cas particulier le diamètre qu'il convient de donner à la partie tournante de l'escalier. Soit, par exemple, à déterminer le diamètre d'un escalier hélicoïdal, semi-circulaire, occupant la hauteur d'un étage et composé de 24 marches.

dont la largeur minima contre le limon soit de 13 cm, la saillie de la marche non-comprise. Le limon doit présenter un développement de $13 \times 24 = 312$ cm $= 3,12$ m. La demi-circonférence du cercle de diamètre étant exprimée par $\dfrac{\pi\,d}{2}$, on a $\dfrac{\pi\,d}{2} = 3,12$ m, d'où $d = \dfrac{3,12 \times 2}{3,14} = 2,00$ m à peu de chose près. Le diamètre intérieur du limon devra donc

Fig. 418.

0     1     2<sup>m</sup>

être de 2,00 m, et si l'escalier a 1,50 de largeur, le diamètre de la cage semi-circulaire sera de

$$(2 \times 1,50) + 2,00 = 5,00 \text{ m}.$$

On établit quelquefois un palier à mi-hauteur dans ces escaliers semi-circulaires, mais c'est une disposition qu'il faut éviter, parcequ'elle est d'un mauvais effet, et qu'elle diminue beaucoup la résistance du limon qui transmet ici une bonne partie de la charge à l'appui inférieur. Le palier obligerait à donner une forme coudée à la partie médiane du limon.

En réduisant le diamètre du noyau évidé et en ajoutant deux parties droites à la suite du semi-cercle, on arrive aux formes indiquées aux fig. 318 et 319. L'introduction d'un palier à mi-hauteur serait admissible en ce cas, (voir fig. 306) parcequ'on pourrait le supporter facilement par la courbe rampante, et que l'escalier n'est pas, à proprement parler, un escalier suspendu comme celui de la fig. 308. Le palier simplifie même la construction, car il diminue le nombre des marches gironnées.

Dans l'escalier semi-circulaire toutes les marches sont disposées radialement, c'est-à-dire que leur prolongement passe par le centre du cercle. Dans l'exemple qui nous occupe, fig. 319, pareille chose n'a pas lieu; la largeur des marches n'est uniforme que sur la ligne médiane, appelée ligne

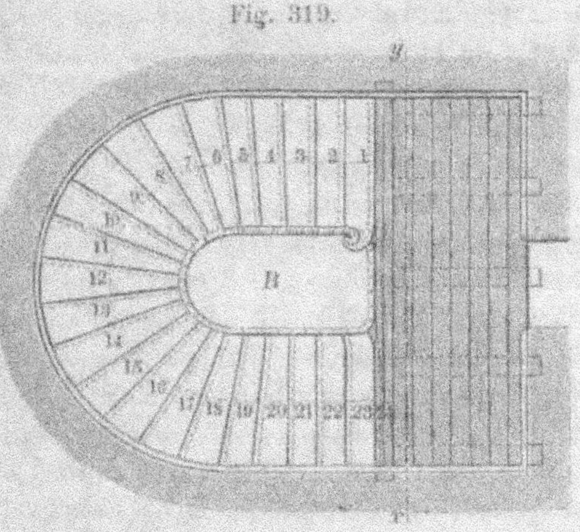

Fig. 319.

d'emmarchement. Pour rendre le passage des parties droites à la partie tournante moins sensible, on commence, la réduction de largeur des marches sur le limon avant d'atteindre le quartier tournant.[1]) Dans le présent exemple, l'escalier se compose de 24 marches et a une hauteur totale de 3,60 m. Sa largeur est de 1,40 et celle des marches de 30 cm. Le balancement commence à la 4ᵐᵉ marche et finit à la 20ᵐᵐᵉ; il n'y a donc que les marches 1, 2, 3 et 21, 22, 23 qui restent normales au limon. Quoiqu'en pratique le balancement se fasse ordinairement sans règle précise, il est préférable de le déterminer par un procédé géométrique. A l'aide de la méthode suivante, on obtient une diminution régulière et graduelle de la largeur des marches.

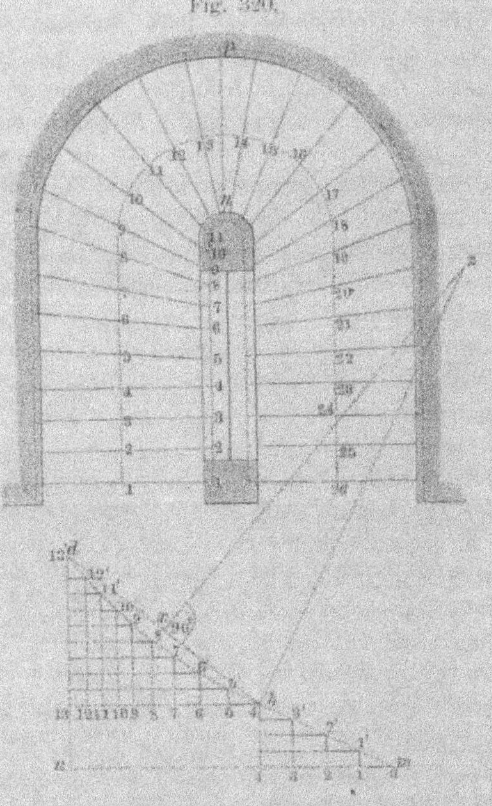


L'exemple auquel nous l'appliquons, fig. 320, représente un escalier en pierre, avec abouts de marches encastrés dans la maçonnerie de la cage et du noyau; mais le procédé s'applique aussi bien à toute autre espèce d'escalier.

Après avoir tracé la ligne d'emmarchement et l'avoir subdivisée en autant de parties égales qu'il y a de marches dans

---

1) Cette régularisation de largeur des marches giromnées au dépens des premières marches droites voisines, se nomme le balancement des marches.

l'escalier, fig. 320, de 1 à 26, on fixe le nombre de marches devant rester droites, c'est-à-dire, perpendiculaires au limon. On prend sur le plan la longueur du demi-développement du limon, et on la porte sur une horizontale m n. On mène en n, la perpendiculaire n d, et l'on porte sur elle autant de fois la hauteur des marches qu'il en correspond à la demi-longueur du limon, soit $13^{1}/_{2}$. A partir de m, on mesure une longueur (m 4) égale à la largeur des 4 marches droites et l'on figure ces 4 marches de (m) en (h). Le point h forme le point de passage des marches droites aux marches gironnées. Pour déterminer la largeur de l'emmarchement des autres marches, on joint (h d), et l'on élève une perpendiculaire en son milieu. En (h), on mène (h z) perpendiculaire à (h m); le point de rencontre de ces deux perpendiculaires est (z). Du point (z) comme centre, avec (h z) pour rayon, on décrit l'arc (h d); on raccorde de la sorte les points (h) et (d) par un arc de cercle qui est tangent à (h m) en (h). En menant les horizontales correspondant aux différentes marches, on obtient sur cet arc les points 5', 6', 7' etc. qui, projetés sur l'horizontale, donnent les largeurs de l'emmarchement sur le limon. La même ligne sert aussi à profiler les bords supérieurs et inférieurs du limon.

En terminant ce que nous avons à dire sur les escaliers en hélice, nous rapellerons, en quelques mots, le tracé de l'hélicoïde. Ce dernier est engendré par le mouvement d'une droite horizontale assujettie à s'appuyer constamment sur une hélice tracée à la surface d'un cylindre et sur l'axe vertical de ce cylindre.

Au lieu d'avoir pour seconde directrice une ligne droite, c'est-à-dire l'axe du cylindre, la génératrice peut aussi s'appuyer sur une deuxième hélice, concentrique à la première et de même pas qu'elle.

Exemple. — Soit à tracer un hélicoïde dont les directrices sont deux hélices.

Les directrices sont représentées en plan par les deux cercles concentriques A et B, fig. 321; leur pas est égal à (cm). Pour représenter l'hélicoïde en projection verticale, on divise la circonférence extérieure B, en un certain nombre de parties égales, 16 par exemple, et l'on mène les rayons correspondant à ces points de division. On divise en suite le pas de l'hélice en un même nombre de parties égales, et l'on mène des horizontales par ces points. Leur rencontre avec les verticales

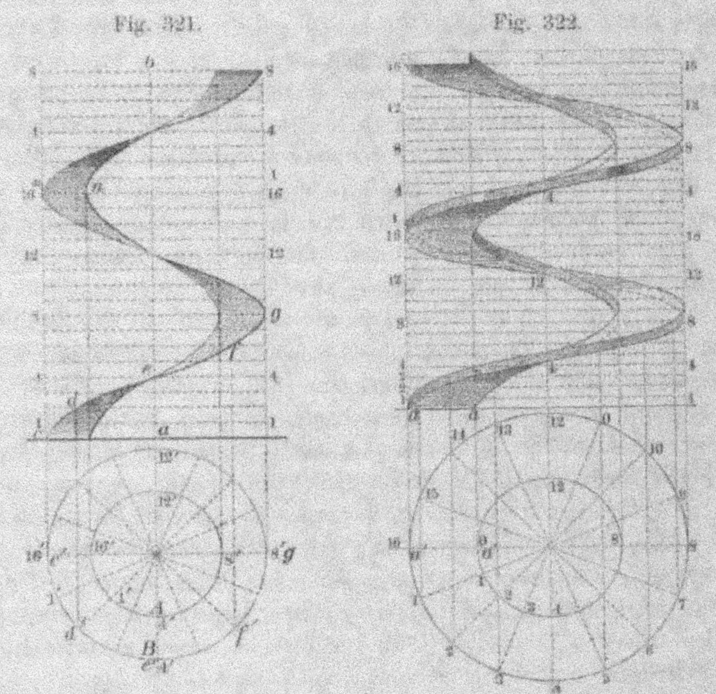

Fig. 321.

Fig. 322.

menées par les points (c', d', e', f', g') de la circonférence extérieure donne les points (c, d, e, f, g) de l'hélice extérieure. On obtient de la même manière les différents points de l'hélice intérieure.

Quand l'hélicoïde présente une certaine épaisseur, on peut le considérer comme engendré par un petit rectangle (1, a, a, 1) qui se meut en s'appuyant sur les deux hélices directrices, et en restant constamment dans un plan diamétral.

Le dessin comporte alors le tracé, en projection verticale, de 4 hélices superposées deux à deux, fig. 322. On commence par tracer l'hélice extérieure inférieure, puis l'hélice intérieure qui lui correspond. On porte en suite sur les lignes de projection, au-dessus des points que l'on vient de déterminer, la hauteur du petit rectangle, ce qui donne les points des deux hélices supérieures. Les parties cachées des hélices ont été indiquées en lignes pointillées dans la figure.

Lorsque le rayon du cerle intérieur est très petit, on obtient une hélice, qui correspond à la courbe que suivent les emmarchements dans un escalier à noyau plein.

### Escaliers avec limons en crémaillère.

Jusqu'à présent, nous ne nous sommes occupés que d'escaliers dans lesquels les marches venaient s'encastrer dans l'épaisseur des limons. Ceux-ci présentaient, à cet effet, une série d'entailles convenablement disposées. Ce mode de construction est le plus usuel parcequ'il est plus simple et moins coûteux que celui avec limon à redans; mais ce dernier donne à l'escalier plus d'élégance et de largeur, grâce à la saillie des marches par rapport au limon.

Les redans du limon doivent laisser à ce dernier au moins 12, et au plus 18 cm de bois, à sa partie la plus étroite. Avec moins de 12 cm, le limon n'offrirait plus assez de résistance, et avec plus de 18, on serait conduit à des pièces de bois dépassant les dimensions courantes.

La largeur (v w) fig. 323 ne doit pas avoir plus de 30 ou 32 cm. Si l'on ne donnait à (x y), fig. 325, que 8 cm de largeur, dans le but de rendre l'escalier plus léger d'apparence, il faudrait armer la surface rampante inférieure du limon d'une plate-bande en fer de 7 à

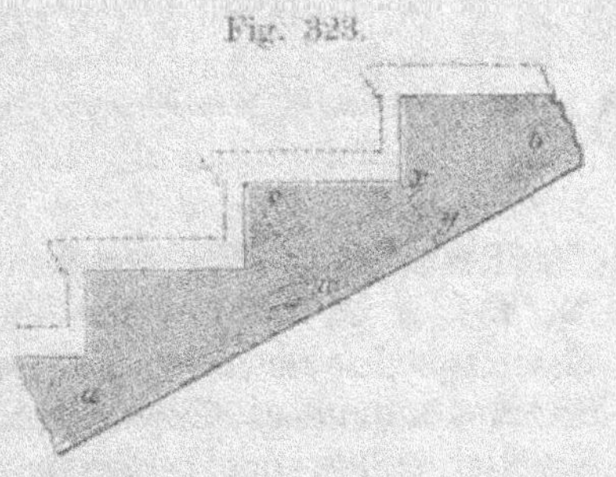

Fig. 323.

8 cm de largeur, sur 1 cm d'épaisseur. Les limons se font ordinairement avec des madriers de 8 à 10 cm d'épaisseur.

La disposition en crémaillère convient surtout aux escaliers à rampes droites; dans les escaliers tournants, la courbe rampante et son assemblage avec les parties droites sont sensiblement affaiblis par les redans de la crémaillère. Il convient alors d'établir des soutiens au droit des quartiers tournants.

Plus les escaliers sont larges et les volées longues, plus les limons doivent présenter de résistance; aussi les arme-t-on toujours, en cas de grandes portées, d'une plate-bande en fer que l'on visse sur leur parement intérieur.

Fig. 324.

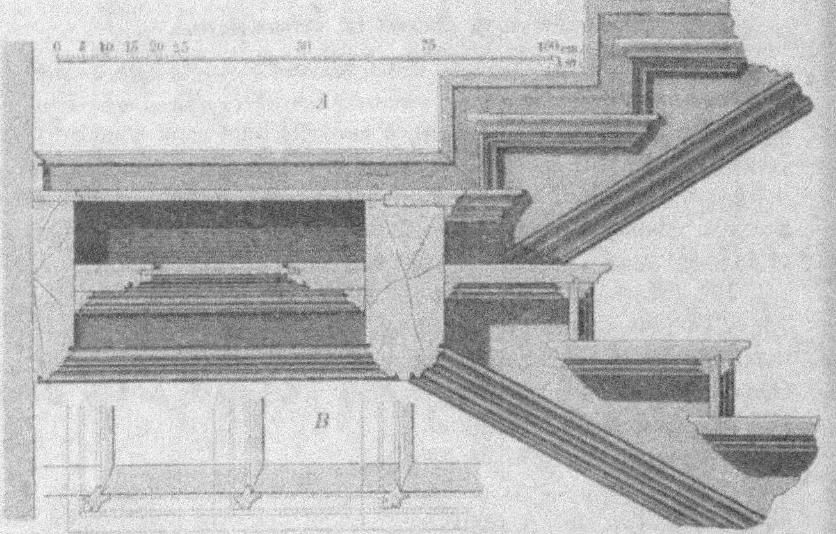

Les détails d'un escalier en crémaillère sont donnés à la fig. 324, A et B. Les limons sont assemblés à tenon et mortaise sur le chevêtre qui forme l'about de la volée. Les marches s'appuient directement sur les redans et sont fixées par des vis. Elles sont reliées aux contre-marches par un joint à rainure et languette. Les contre-marches se terminent à fleur du limon par un joint en sifflet qui est dissimulé à l'extérieur par une petite moulure en bois encadrant non-seulement le côté, mais aussi tout le devant de la marche. Outre les différents motifs d'ornementation auxquels se prêtent ces moulures, on peut décorer l'escalier d'ornements en fonte ou en zinc moulé, rapportés sur les contre-marches, ou bien encore orner celles-ci de dessins découpés.

La planche I donne dans son ensemble, en plan, coupe et élévation, un exemple d'escalier avec limons en crémaillère, à deux rampes droites. Dans la fig. 324 le dessous de l'escalier était apparent; ici, il est supposé plafonné.

## Escaliers en pierre.

Les escaliers incombustibles devraient s'employer dans toutes les maisons de plusieurs étages, car pendant un incendie, l'escalier forme la voie de sauvetage la plus facile et la plus sûre. Il permet aussi aux personnes occupées à l'extinction du feu d'approcher de plus près le foyer de l'incendie et, par conséquent, de travailler plus efficacement à son extinction. Dans des conditions semblables, un escalier en bois serait nuisible au lieu d'être utile, car il contribuerait à transmettre le feu d'un étage à l'autre.

La construction des escaliers en pierre est donc une question de première importance. L'objection qu'on soulève généralement contre ces escaliers, à savoir, l'augmentation de la dépense première, ne devrait pas entrer en ligne de compte puisqu'il s'agit d'ajouter à la sécurité de l'habitation. Nous pensons même que les escaliers en pierre devraient être imposés par ordonnance de police dans toute maison d'une certaine importance, ainsi qu'on le fait déjà dans quelques pays, en Autriche, par exemple.

Dans les contrées où l'on trouve de la pierre propre à la confection de dalles et de marches, ces escaliers peuvent s'établir très-facilement. C'est ainsi qu'en Autriche, où le grès de construction est très-commun, les escaliers se font en pierre même dans les maisons d'ordre secondaire. On emploie aussi le granit, mais il est plus coûteux; en revanche, il est aussi plus durable, en sorte qu'à la longue, il revient même meilleur marché que la pierre de taille. Là, où la pierre naturelle fait défaut, on peut la remplacer par une construction en briques ordinaires, faite avec du ciment à prise rapide. On obtient un escalier tout-à-fait comparable à ceux en pierre naturelle, tant au point de vue de l'élégance et de la durabilité, qu'à celui de la résistance au feu.

On peut diviser les escaliers incombustibles en:

Escaliers en pierres naturelles,

        „    „    „    artificielles,

        „    „    „    fer ou fonte, ou en matériaux pierreux combinés au fer et à la fonte.

Les pierres naturelles employées sont: la pierre de taille, comprenant les différentes espèces de grès et de calcaire de dureté suffisante; le granit et le marbre. Le granit ne sert ordinairement qu'à la construction des escaliers extérieurs, le marbre à celle des escaliers de luxe.

Nous diviserons les escaliers en pierre en escaliers extérieurs, et en escaliers intérieurs.

### Escaliers extérieurs et perrons.

Les escaliers extérieurs peuvent se trouver tout entiers en saillie sur le bâtiment ou être partiellement engagés dans celui-ci; ils servent à la sortie sur la rue, la cour ou le jardin. Leurs dimensions doivent être proportionées à celles de la façade sur laquelle ils se trouvent. On les fait de préférence en granit.

Nous parlerons d'abord des escaliers entièrement en saillie sur la façade.

Nous avons indiqué à la fig. 325 A—E, l'exemple le plus simple d'un escalier de ce genre. Les marches s'y profilent en degrés non-seulement sur le devant, mais aussi sur les côtés de l'escalier. Elles reposent sur une fondation dont l'importance dépend de la nature du sol. Dans les fig. 325, C et D, elle est supposée en briques dans un cas, et en moëllons dans l'autre. Les marches reposent l'une sur l'autre par une petite feuillure ou par un pan coupé dont le plan est dirigé perpendiculairement à la pente de l'escalier, fig. 326, A et B. On ne les fait reposer à plat, que lorsqu'elles s'appuient sur un massif

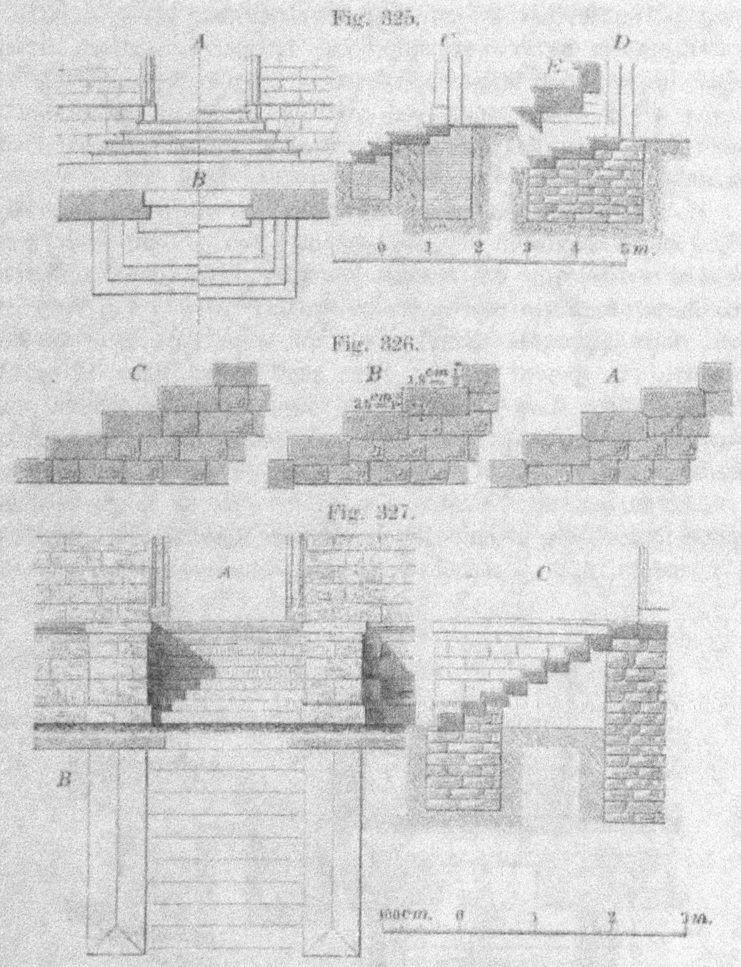

Fig. 325.

Fig. 326.

Fig. 327.

de maçonnerie ou quand l'escalier est compris entre deux murettes latérales, fig. 327, A. Dans ces conditions, la dislocation des marches n'est plus à craindre.

On forme quelquefois la marche de départ d'une maçonnerie en briques, recouverte d'un enduit de ciment, mais ce procédé n'a jamais donné de bons résultats; les briques se tassent inégalement et l'enduit finit toujours par se crevasser et par se détacher.

Dans le dernier exemple cité, la marche palière forme aussi le seuil de la porte d'entrée. Le plancher intérieur se trouve à 1 cm ou 1 cm $^1/_2$ en contrebas du seuil qui présente une pente vers l'extérieur pour assurer l'écoulement de l'eau au dehors.

Les escaliers du genre du précédent ne s'emploient que dans les bâtiments où le soubassement a peu de hauteur. Quand celui-ci est élevé, on établit l'escalier entre deux murettes latérales, comme le représente la fig. 327, A—C. Les marches sont alors engagées d'environ 16 cm dans l'épaisseur de ces murettes et posent à plat l'une sur l'autre dans la partie intermédiaire. Les fondations de l'escalier ne s'étendent que sous les murettes et sous les trois premières marches. Les jouées se recouvrent d'un couronnement en pierre de taille.

La largeur de l'escalier dépend de celle de la porte d'entrée. Quand elle atteint des dimensions telles que les marches ne peuvent plus porter avec sécurité librement d'une murette

Fig. 328.

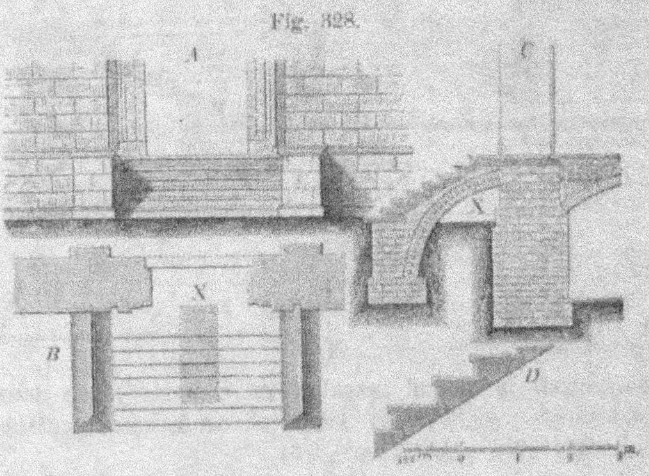

à l'autre, on les supporte soit par une voûte couvrant toute la
largeur de l'escalier, soit par un arc placé sous le milieu des
marches, fig. 328. On peut aussi substituer un mur à ce dernier. En employant le soutènement au moyen d'un arc ou même
d'une voûte, il n'est besoin d'avoir des fondations que sous les
premières marches, ce qui permet d'économiser quelque peu sur
la maçonnerie.

Dans la fig. 328 le seuil de la porte d'entrée se trouve
formé comme précédemment par la marche palière, mais sa largeur est beaucoup plus grande.

Les dispositions des fig. 327 et 328 ont l'inconvénient
quand le soubassement de la maison est élevé, de conduire à
des escaliers avançant notablement sur la façade. Ainsi, en supposant que ce dernier ait 1,25 m de hauteur, l'escalier ferait
saillie de 2,50 m environ.

Pour remédier à cet inconvénient, on a dirigé la pente
de l'escalier parallèlement au mur de façade. Les marches
sont alors encastrées d'une part dans le mur principal du bâtiment, et de l'autre dans une murette qui lui est parallèle, et
qui a une hauteur uniforme ou qui se profile en gradins.
L'escalier se termine, en ce cas, à sa partie supérieure par un
palier et forme perron.

Pareille disposition est représentée à la fig. 329, A. Elle

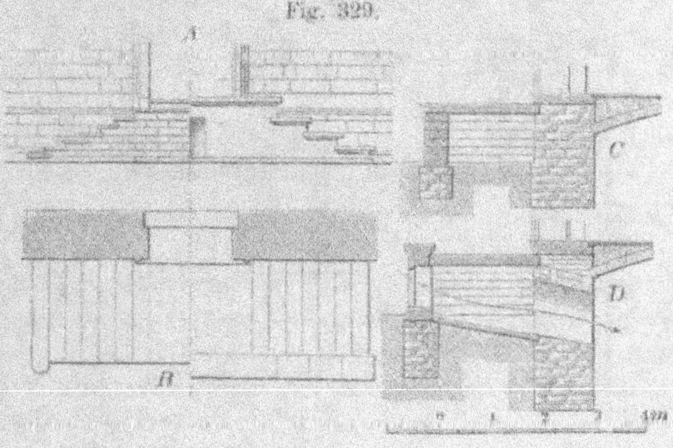

Fig. 329.

donne la facilité d'éclairer et d'aérer les caves par une ouverture placée sous le perron. Quand le soubassement est élevé, on peut même se servir de celle-ci pour y établir une entrée directe aux caves.

Fig. 330 A.

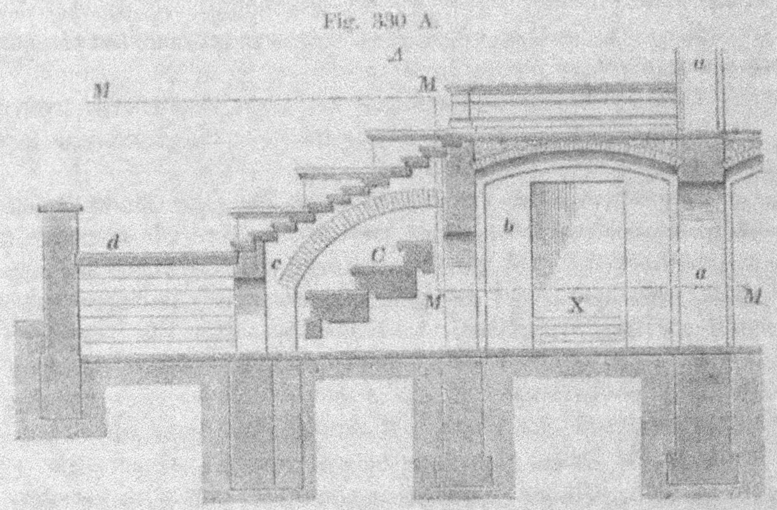

Fig. 330 B.

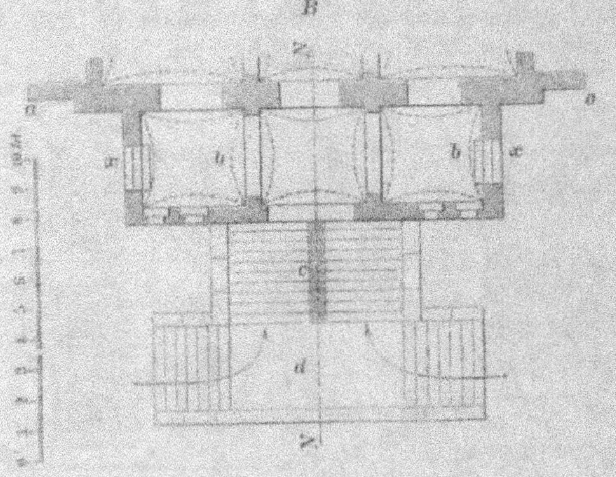

Dans les maisons de campagne, construites sur sous-sol élevé, le perron est souvent composé de deux ou trois volées. Ainsi, dans l'exemple donné aux fig. 330, A et B, le perron comprend une rampe supérieure principale, placée dans l'axe de la construction, et deux petites rampes secondaires situées de chaque côté du palier (d). Les marches de la rampe principale sont soutenues en leur milieu par un arc en maçonnerie (c). Cette rampe aboutit à une terrasse dont l'aire est supportée par des voûtes en berceau. La porte (X) livre directement passage de la cave au jardin.

Tous les escaliers précédents font saillie sur la façade du bâtiment. Dans les villes, ils ne pourraient s'appliquer car ils gêneraient la circulation dans les rues. On adopte alors une solution intermédiaire, qui consiste à loger une partie des marches de l'escalier dans l'entrée ou dans le vestibule, et à n'en laisser projeter au dehors qu'un petit nombre.

Un exemple de ce genre est donné à la fig. 331 A—D. L'escalier présente la particularité de suppléer à l'éclairage

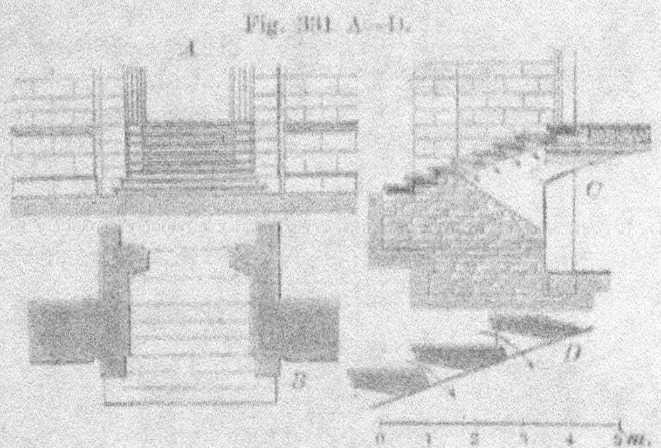

Fig. 331 A—D.

des caves par des prises de jour faites sous ses marches. A cet effet, les contre-marches sont percées d'ouvertures qui s'étendent jusqu'à 0,30 m des points d'encastrement. Ces ouvertures, étroites à l'extérieur, vont en s'évasant vers l'intérieur, et aboutissent dans le soupirail de la cave.

Une disposition analogue, applicable à de plus grandes largeurs d'escaliers, est représentée à la fig. 332. Dans cet exemple, la porte d'entrée se trouve placée au droit du mur de façade, et pour permettre à ses vantaux de se rabattre en arrière, elle est suivie d'un palier d'environ 1,50 m de largeur. Les marches de l'escalier et l'aire du palier sont supportées par des voûtes d'une brique ou d'une demi-brique d'épaisseur, selon l'écartement des pieds-droits.

Un autre exemple, différant seulement du précédent par le nombre de ses marches et par la prise de jour sous les marches extérieures,

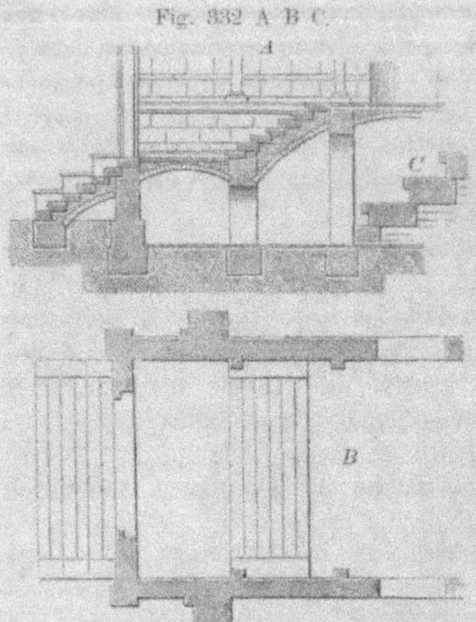

Fig. 332 A B C.

est représenté à la fig. 333 A—D.

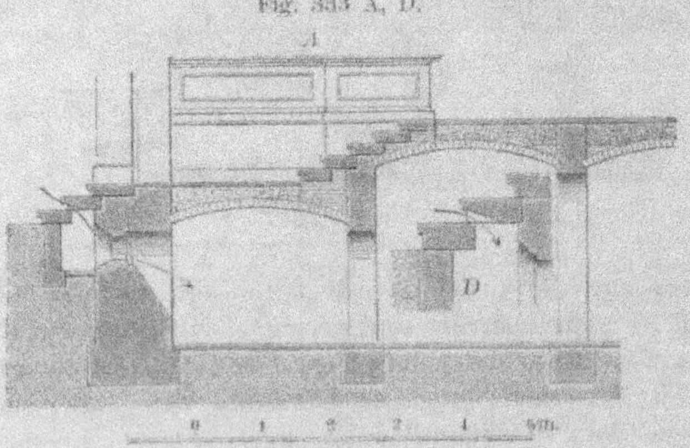

Fig. 333 A, D.

Il arrive fréquemment que l'aire du vestibule ne doit se trouver qu'à une ou deux marches au-dessus du sol. Tel est le cas, lorsque le vestibule sert d'entrée à des magasins installés au rez-de-chaussée de la construction. On pourra alors adopter une disposition du genre de celle représentée à la fig. 334. Le seuil de l'entrée s'y trouve seulement à 16 cm du sol. S'il est nécessaire de prendre du jour pour éclairer la cave, on le fait au moyen d'une ouverture pratiquée dans la marche extérieure et recouverte d'une épaisse plaque de verre. Le vestibule est relié aux appartements du rez-de-chaussée par un

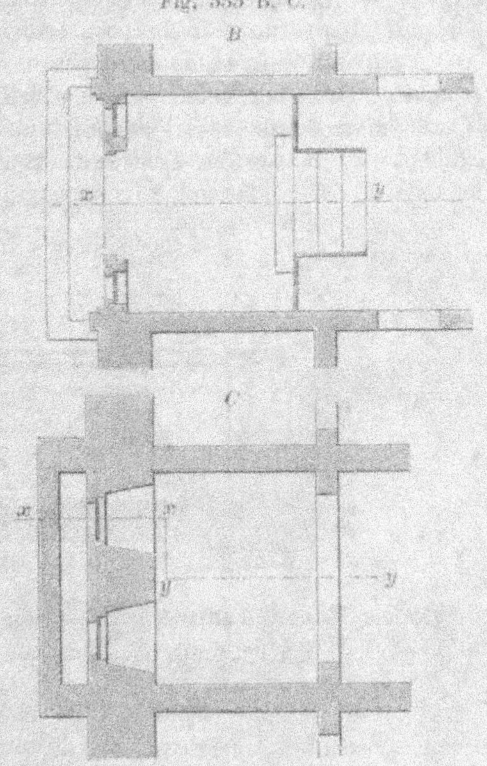

Fig. 333 B, C.

Fig. 334.

escalier de quelques marches, reposant sur voûte rampante en berceau. L'aire du palier repose également sur voûte.

Au point de vue de la dépense, il y aurait avantage à remplacer l'aire sur voûte par un plancher sur solives, fig. 335. Il suffit alors de composer l'escalier intérieur de simples marches en bois. Si la marche d'entrée ne projette pas au dehors, le jour de la cave se prend directement à l'extérieur, fig. 335.

Fig 335.

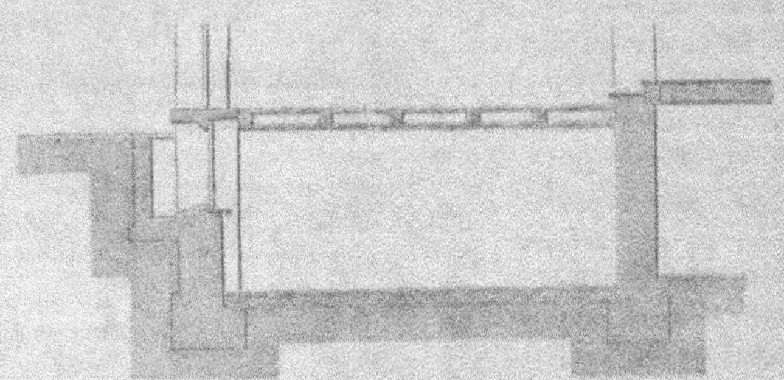

Il est donné d'autres exemples de perrons, d'escaliers de terrasse et de vestibule au vol. II de cet ouvrage.

### Escaliers intérieurs.

Les escaliers intérieurs en pierre prennent en plan les mêmes formes que les escaliers en bois; les proportions des marches et la largeur des paliers se déterminent au moyen des mêmes règles.

Nous diviserons ces escaliers en:

a. Escaliers dont le collet des marches repose sur un mur ou massif intérieur.

b. Escaliers dont les marches sont supportées par des limons.

c. Escaliers dont les marches reposent sur des voûtes s'appuyant contre les limons.

d. Escaliers dont les marches reposent sur des voûtes s'appuyant contre les paliers.

c. Escaliers dont les marches sont encastrées dans le mur
de cage à l'une de leurs extrémités, tandis qu'elles restent
libres à l'autre, en d'autres termes, escaliers suspendus.

### a. Escaliers dont le collet des marches repose sur un mur ou massif intérieur.

Dans ce premier groupe viennent se ranger tous les escaliers à noyau plein ou à noyau creux ou évidé.

La fig. 336 représente le plan d'un escalier à vis avec noyau plein. L'entrée de la cage se trouve en A et la marche de départ en B. La coupe verticale, fig. 337 est prise suivant la ligne (a b). Le noyau a un diamètre de 0,25 m. Il est formé par la superposition de tronçons cylindriques attenant au collet des marches. Le bord de la marche peut être dirigé radialement, ou il peut être disposé tangentiellement au noyau. Dans le premier cas la marche a la forme indiquée à la fig. 338, A. Sa longueur doit être telle qu'il y ait encastrement de 8 à 10 cm dans le mur de cage. La répartition des marches se fait comme d'ordinaire sur la ligne médiane pointillée (t). Toute la partie destinée à être encastrée est simplement

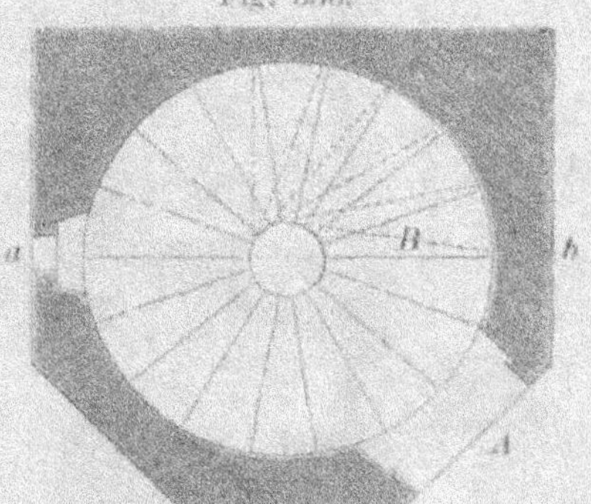
Fig. 336.

Fig. 337.

dégrossie et conserve sa forme brute rectangulaire, dans le but de se mieux relier au reste de la maçonnerie du mur de cage. La partie inférieure apparente est taillée suivant une surface hélicoïdale afin de réduire le poids des marches. Celles-ci se

Fig. 338 A—D.

Fig. 339.

recouvrent d'environ 2 cm. L'escalier étant tracé en plan, et la hauteur des marches donnée, on détermine leur section transversale extrême au moyen des règles de la géométrie descriptive. La construction a été indiquée à petite échelle aux fig. 338 C et D.

Quand les marches sont dirigées tangentiellement au noyau, elles ont la forme de la fig. 339 A. Dans le cas particulier elles ont été supposées de section rectangulaire, ce qu'indique la figure B.

L'escalier circulaire à noyau plein ne s'emploie plus aujourd'hui que dans les tours et tourelles. Dans les applications

usuelles, l'escalier à noyau prend une des formes de la fig. 340
A—D. En A et B, le noyau est allongé, et évidé au centre,
en sorte qu'il forme comme deux piliers (m) et (s). En C, il
est creux et quand les dimensions du vide intérieur sont suffisantes, on y établit quelquefois les cabinets d'aisances.

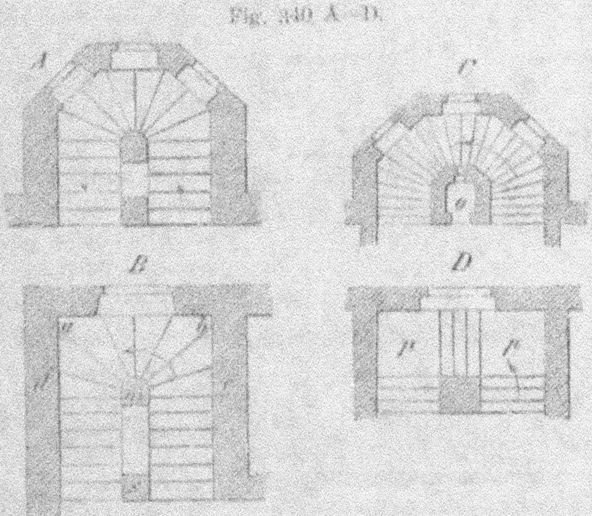

Fig. 340 A—D.

    Ces escaliers ont généralement des marches gironnées dans
la partie tournante; on peut cependant aussi les construire avec
paliers, fig. 340 D.

    Les escaliers en pierre de construction la plus simple
sont ceux qui se composent de rampes droites et qui n'ont
qu'un étage de hauteur. Leur face inférieure peut alors rester
cachée et la pierre y conserver la surface brute qu'on lui donne
au chantier. Si l'escalier ne se compose que de deux volées,
le mur intérieur ou mur-limon se termine à sa partie supérieure par des gradins, correspondant en forme et dimension
aux degrés de l'escalier, en sorte que les marches de la rampe
supérieure s'appuient directement sur ces gradins. Dans la
rampe inférieure, les extrémités des marches sont encastrées

d'une part dans le mur de cage et de l'autre dans le mur-limon. Le palier est formé d'une ou plusieurs dalles, se raccordant par des joints à feuillure fig. 341, A, ou bien il est établi sur voûte, recouverte d'une aire en carrelage, fig. 341 B.

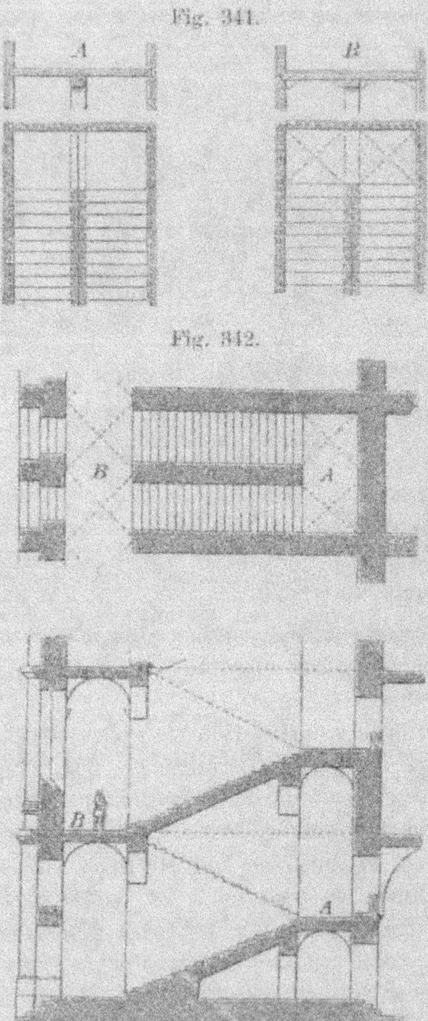

Fig. 341.

Fig. 342.

Une disposition solide et rationnelle au point de vue de l'incendie, s'obtient en continuant le mur-limon jusqu'à l'étage des combles. Il y a alors séparation complète entre les diverses rampes superposées, et si quelques débris enflammés tombaient dans la cage de l'escalier, ils se trouveraient arrêtés presque immédiatement, sans risquer de communiquer le feu aux parties inférieures du bâtiment.

Un exemple d'une pareille disposition se trouve indiqué à la fig. 342. Le palier B correspond au premier étage et s'appuie contre le mur de façade. Le palier A est placé à mi-hauteur. Ces deux paliers reposent sur des voûtes d'arête qui sont séparées des volées par des arcs-doubleaux. L'épaisseur du mur-limon varie suivant la résistance de la pierre dont il est formé.

Fig. 343 A—C.

Fig. 344 A—C.

La fig. 343 A—C, représente un escalier à deux rampes exécuté dans le style roman. Les paliers sont supportés par des arcs en pierre d'appareil, de même que les marches palières et les marches de départ. Le mur-limon est percé d'ouvertures destinées à favoriser l'éclairage de la cage d'escalier et à donner plus de caractère à l'ensemble de la construction. En C, est indiquée la coupe des arcs plein-cintre, faite dans le voisinage de leurs naissances.

On pourrait adopter le même genre de construction avec trois ou même quatre volées. Ainsi, à la fig. 344 A—C, nous avons l'exemple d'un escalier à trois volées. Elles entourent un noyau quadrangulaire creux, dont les faces sont percées de larges baies pour laisser librement passer la lumière.

Comme on le voit par le plan B et l'élévation A, cette construction se rapproche beaucoup de l'exemple précédent.

Dans les deux cas le dessous des marches est supposée apparent.

En pareil cas on termine ordinairement la marche par un pan coupé ou par quelques moulures, fig. 345. — Lorsque la surface rampante inférieure doit se recouvrir d'un enduit, on laisse naturellement le parement de la pierre à l'état brut.

Fig. 345.

### b. Escaliers dont les marches sont supportées par des arcs-limons.

Ces arcs se font presque exclusivement en pierre de taille. Cette dernière se prête bien au travail des voussoirs et présente généralement assez de résistance pour que l'on puisse éviter les grandes épaisseurs et les formes massives. Les marches reposent généralement dans des feuillures pratiquées dans l'épaisseur de l'arc-limon, fig. 346.

Fig. 346.                              Fig. 347.

Lorsque la pierre est un grès dur ou un calcaire compact, il suffira de donner au limon de 0,15 à 0,20 m d'épaisseur. La forme arquée contribue d'ailleurs à sa stabilité, fig. 347.

Généralement ces arcs-limons sont composés d'un assez grand nombre de voussoirs afin de diminuer le prix de revient de la construction. Les marches reposent l'une sur l'autre par une feuillure, ce qui prévient tout danger de glissement.

Les fig. 348 et 349 donnent l'élévation et le plan d'un

escalier de style gothique, à trois volées, avec limons en pierre.
Dans cet exemple, les marches ne sont point encastrées dans
l'épaisseur de l'arc, mais reposent sur le limon qui se profile

Fig. 348.

en crémaillère à la partie supérieure. Le plafond de la cage
d'escalier est formé de voûtes d'arête s'appuyant sur les murs
de cage et sur les piliers du noyau. Ces mêmes piliers soutiennent les limons sur lesquels portent non-seulement les marches, mais aussi la rampe formée d'une balustrade en pierre.
Les fig. 350 et 351 donnent les détails des différentes parties
de la construction.

Fig. 349.

Fig. 350.

En A, fig. 350, sont indiqués le raccordement du limon avec les
piliers et l'élévation de la balustrade. La fig. 351 B, donne la
coupe horizontale des piliers; C, l'élévation de leur base; E et
F, le plan et l'élévation d'un balustre de la rampe; D, le profil
des marches; elles conservent la forme rectangulaire aux extrémités; enfin G, le profil des moulures du limon.

Fig. 351.

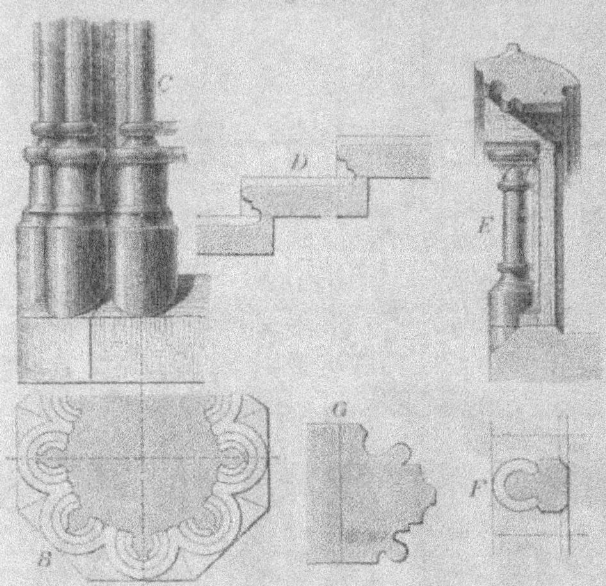

Comme on le voit, la disposition en crémaillère conduit à
des limons plus profonds, à cause de l'addition des redans et
des épaisseurs de marches.

c. Escaliers dont les marches reposent sur des voûtes
s'appuyant contre le limon et le mur de cage.

Ce genre d'escalier se rencontre principalement dans les
édifices publics. Il convient surtout dans le cas d'une rampe
unique, avec surface inférieure non-apparente.

Dans les maisons d'habitation, on ne l'emploie pas parcequ'il oblige à donner de grandes épaisseurs aux murs de cage.

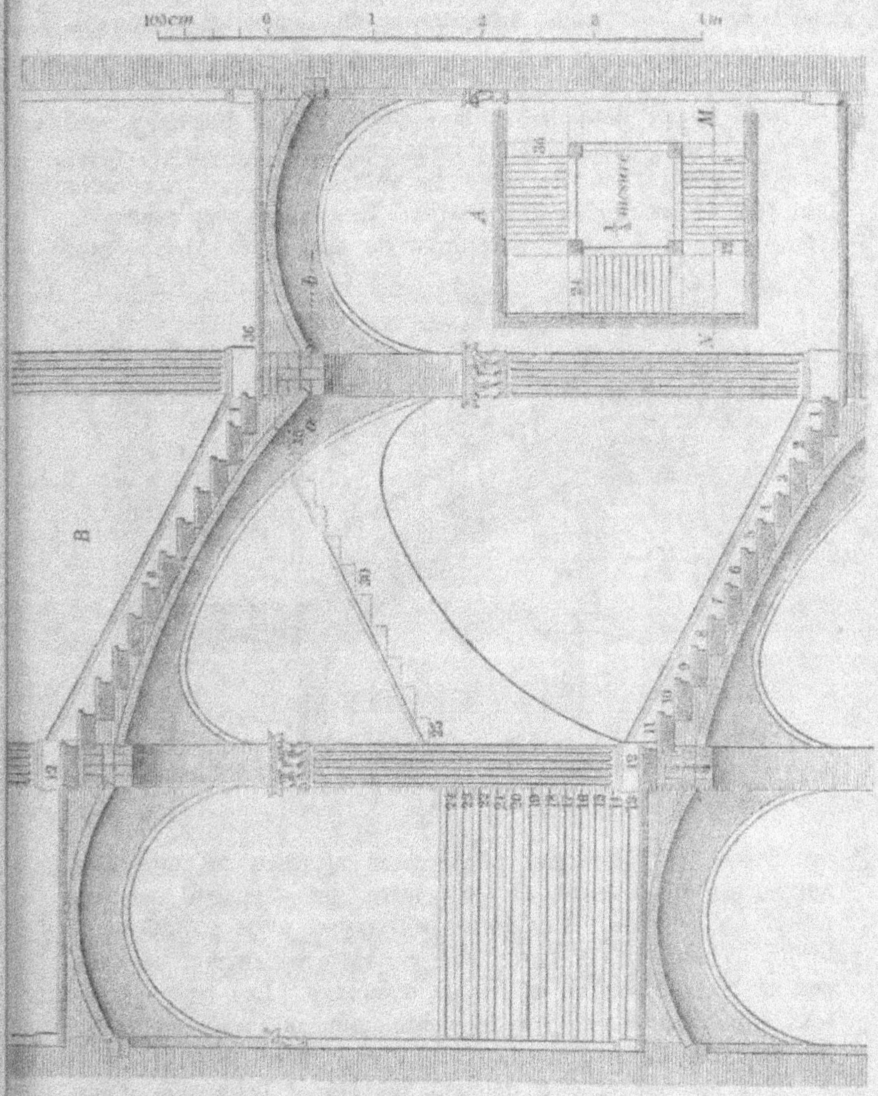

Il peut s'exécuter avec l'une quelconque des diverses espèces de voûtes. Nous nous contenterons d'indiquer ici les formes les plus usuelles.

Le mode de construction représenté à la fig. 352 est d'un fréquent usage dans les édifices publics. Les limons y sont formés d'arcs rampants d'une brique et demie d'épaisseur. Ces arcs supportent l'un des côtés des voûtes elliptiques rampantes qui portent les degrés de l'escalier. Les paliers sont également établis sur des voûtes elliptiques ou sphériques. Les voûtes

Fig. 353.
Coupe suivant X Y.



des volées et celles des paliers sont séparées les unes des autres par des arceaux en plein-cintre, qui s'appuient sur des piliers ou colonnes. Les voûtes elliptiques n'ont qu'une demi-brique d'épaisseur, et l'arc-limon est rattaché au mur de cage par un certain nombre de tirants d'ancrage. Les marches posent soit directement sur la voûte, soit sur un remplissage intermédiaire en maçonnerie.

Les fig. 353 et 354 donnent le plan et l'élévation d'une disposition se rapprochant beaucoup de la précédente. L'escalier

se compose ici de quatre volées et les voûtes elliptiques sont
remplacées par des voûtes annulaires. Ces dernières exercent
une poussée plus considérable que la voûte elliptique; il faut
donc relier solidement l'arc-limon au mur de cage. Outre les
deux espèces de voûtes indiquées, on emploie encore la voûte
d'arête, surtout dans les constructions de style gothique. Elle

Fig. 351.

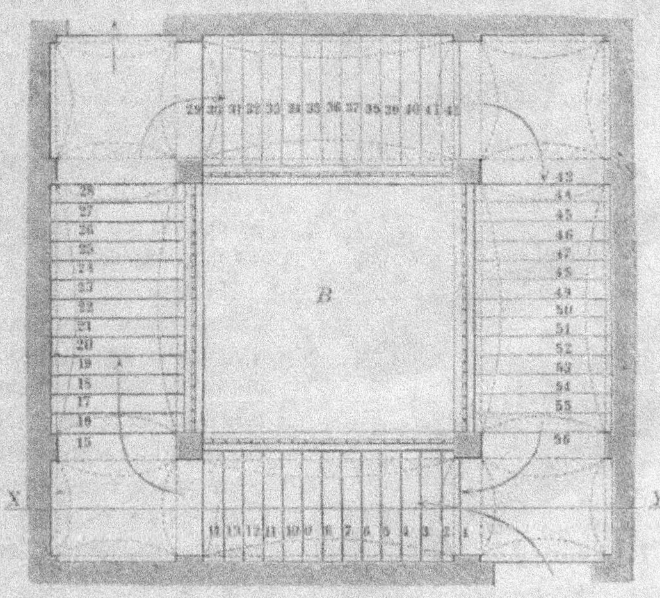


présente l'avantage de transmettre la poussée directement aux
piliers d'appui, au moyen des arêtes diagonales. On peut du
reste réduire la poussée de la voûte elliptique, en l'appareillant
en queue d'hironde.

Il est très-important de placer les naissances des voûtes
qui aboutissent à un même pilier dans le même plan horizontal
(a b) fig. 352, afin d'opposer directement l'une à l'autre les
poussées agissant en sens inverse.

Les dispositions que nous venons de décrire sont très-solides, mais ne conviennent qu'aux escaliers spacieux, renfermant un large jour en leur milieu, fig. 354 B. Aujourd'hui, on remplace ordinairement dans leur construction les voûtes des genres précités, par la voûte rampante en berceau. Les fig. 355 A B et C représentent trois manières différentes de former les degrés de l'escalier sur la voûte.

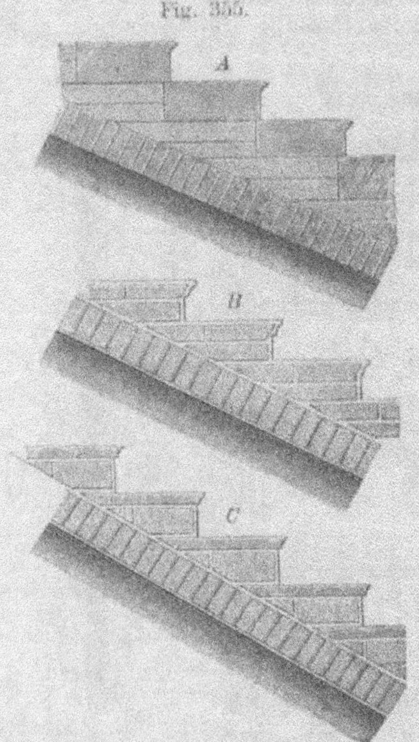

Fig. 355.

En A, les marches sont en pierre de taille et se recouvrent seulement d'environ 0,02 m; elles s'appuient sur un remplissage en maçonnerie.

La figure B indique une disposition où il n'est fait usage que de briques ordinaires. Elles se recouvrent d'un enduit de ciment. Ce mode de construction n'est pas à recommander, car l'enduit se polit par l'usage et se détruit assez rapidement. Mieux vaut recouvrir les briques d'une marche en bois; celle-ci fournit une meilleure surface d'appui et peut se renouveler très-facilement. On fixe ces marches par l'un des moyens indiqués aux fig. 356 et 357. Des petits tasseaux sont scellés à 0,40 m ou 0,60 m l'un de l'autre dans la pierre ou dans la brique, et reçoivent les vis qui fixent le revêtement en bois.

Lorsqe les marches sont recouvertes d'un enduit de ciment, on garnit les bords de bandes de fer que l'on fixe au moyen de petites pattes et qui ont pour but de protéger le nez de la marche.

Dans les constructions précédentes, on peut remplacer l'arc-limon par un mur d'échiffre ou par un noyau creux. On est ainsi conduit à différentes dispositions dont nous donnerons des exemples au vol. II de cet ouvrage.

Fig. 356.    Fig. 357.

Les proportions usuelles des voûtes d'escalier sont:

dans le cas de voûtes elliptiques ou annulaires;

flèche $= \frac{1}{12}$ de la portée au minimum, plus générale-ment $\frac{1}{8}$.

épaisseur $=$ une demi-brique au sommet jusqu'à 1,75 m d'ouverture; au delà, une brique d'épaisseur.

Dans le cas de voûtes d'arête:

épaisseur $=$ une demi-brique, sauf aux arêtes où elle doit être d'une brique jusqu'à la portée de 1,75 m, et d'une brique et demie au delà de cette portée.

On peut exprimer le tassement, c'est-à-dire la quantité dont s'abaissera le sommet de la voûte après enlèvement du cintre, par la relation:

$$s = \text{de } 0,01 \ (w - h) \text{ à } 0,02 \ (w - h)$$

lorsque le cintre est retroussé, et

$$s = \text{de } 0,005 \ (w - h) \text{ à } 0,01 \ (w - h)$$

lorsqu'il repose sur le sol.

Dans ces relations, (s) désigne l'abaissement du sommet de la voûte; (w), l'ouverture et (h), la flèche.

### d. Escaliers dont les marches sont soutenues par des voûtes s'appuyant contre les paliers.

Dans les exemples que nous venons de passer en revue, les limons et les murs de cage ont besoin d'une assez grande épaisseur pour résister à la poussée que les voûtes rampantes exercent contre eux. Les escaliers du genre précédent sont donc forcément d'une construction massive et coûteuse, et ne conviennent pas aux maisons bourgeoises ordinaires.

Pour ces dernières, on a cherché des constructions plus légères, pouvant s'exécuter entièrement en briques. Chaque volée de l'escalier est alors supportée par une voûte rampante en berceau dont les naissances s'appuient contre les paliers qui terminent la volée. Cette disposition est peu dispendieuse et facile à exécuter. On en trouve de nombreux exemples dans les constructions nouvelles de Berlin.

La fig. 358 A, B donne une des formes les plus usuelles. Elle s'applique ici à un escalier comprenant deux volées par étage, mais on pourrait aussi l'adopter, si le nombre des volées était plus grand. La voûte du palier se trouve séparée de celles des deux rampes par des arcs surbaissés qui reposent d'un côté sur le mur de cage et de l'autre sur un pilier central en briques. Il est important de placer les naissances des voûtes au même niveau (a b), afin d'opposer les poussées directement l'une à l'autre. La voûte peut n'avoir qu'une demi-brique d'épaisseur, mais alors il est bon de placer des arcs-doubleaux d'une brique d'épaisseur en son milieu et sur chacun de ses côtés. Le vide compris entre la voûte et l'aire du palier est rempli de sable sec sur lequel repose un dallage ou un carrelage. Les marches sont faites en dalles de grès ou en briques.

Plus récemment, on a presque toujours supprimé le pilier central et les arceaux d'appui pour les remplacer par une voûte unique, allant d'un mur de cage à l'autre et formant directement l'appui des deux voûtes rampantes. On donne à cette voûte de palier une épaisseur d'une brique et demie.

Cette disposition est indiquée en plan et élévation à la fig. 359 A, B. Elle a sur la précédente les avantages suivants:

Fig. 358.

Fig. 359.

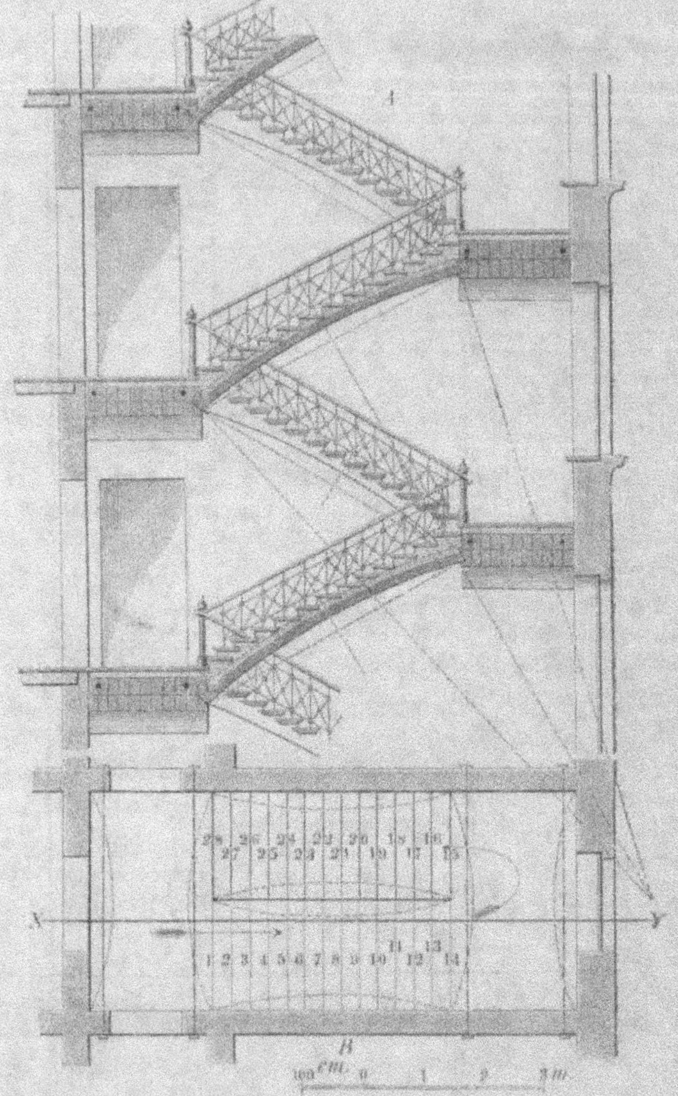

elle est plus économique, laisse le passage plus libre et permet un meilleur éclairage de la cage d'escalier. En revanche, elle donne lieu à de plus fortes poussées contre les murs de buttée, ce qui oblige à augmenter l'épaisseur de ces derniers ou tout au moins à les rattacher l'un à l'autre par des tirants d'ancrage.

L'appui des voûtes rampantes contre la voûte de palier n'est pas facile à établir à cause de la forme curviligne des raccordements. Pour ce motif, on supporte quelquefois directement les extrémités des voûtes rampantes par un fer à double T, ou par une poutre en tôle et cornières, comme l'indique la fig. 360.

Fig. 360.

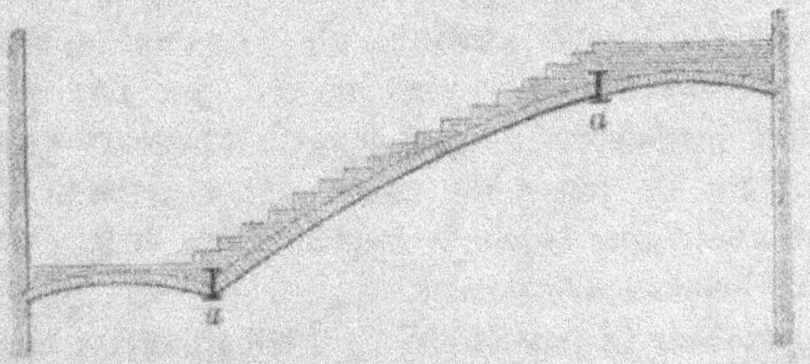

Dans toutes ces constructions l'épaisseur de la voûte rampante n'est que d'une demi-brique, mais on ajoute des arcs-doubleaux au milieu et sur les côtés. Il est bon aussi d'augmenter l'épaisseur des naissances, soit une brique entière, pour obtenir un meilleur appui sur la poutre. Les rails ne peuvent servir dans le cas particulier, car l'appui des naissances serait tout à fait insuffisant et il pourrait se produire des glissements.

Ces voûtes se font toujours au mortier de ciment et le décintrage ne s'effectue que trois ou quatre semaines après leur exécution.

### e. Escaliers suspendus.

Dans les escaliers en pierre que nous avons décrits jusqu'à présent, les marches reposaient sur un soutènement en maçonnerie, soit dans toute la longueur, soit aux deux extrémités seulement. On fait aussi des escaliers dans lesquels les marches ne sont soutenues, c'est-à-dire, encastrées qu'à une de leurs extrémités, tandis qu'elles restent libres à l'autre. Ce sont ces escaliers qu'on désigne sous le nom d'escaliers suspendus. Lorsque la pierre est résistante, on obtient une construction présentant toute la solidité désirable.

Les marches de ces escaliers se font presque toujours en pierre de taille ou en granit. Leur encastrement dans le mur de cage doit être fait avec le plus grand soin, car l'escalier ne se soutient que par cet encastrement et par l'appui réciproque que les marches se prêtent entre elles. La charge se transmet de l'une à l'autre jusqu'à l'appui inférieur.

La profondeur de l'encastrement varie de 16 à 30 cm suivant le nombre d'étages du bâtiment. On se contente d'un encastrement de 16 cm lorsqu'il n'y a qu'un ou deux étages; quand la construction est plus élevée, on fait pénétrer les marches plus profondément aux étages inférieurs qu'aux étages supérieurs. Si les murs de cage sont construits en briques, ils devront avoir, sur toute la hauteur, une brique et demie ou mieux deux briques d'épaisseur.

Pour prévenir la possibilité du glissement des marches l'une sur l'autre, elles sont réunies par un joint à feuillure. On donne à cette feuillure environ 2 cm de largeur sur 3 cm de hauteur. Son côté droit doit être dirigé perpendiculairement à la ligne de pente de l'escalier, afin de transmettre dans de bonnes conditions la pression que les marches exercent l'une sur l'autre. Le poids des marches entre pour une grande part dans la poussée produite; il faut donc le réduire autant que possible. C'est pour cette raison que le dessous d'un escalier suspendu est presque toujours formé d'une surface continue.

Fig. 361.

Ces escaliers sont d'un aspect agréable et hardi; en Autriche, on en fait un très-fréquent usage. Généralement la pierre est simplement dégrossie sur le côté inférieur et recouverte d'un enduit de mortier ou de plâtre.

La fig. 361 donne la coupe transversale des marches d'un escalier suspendu.

La forme la plus simple de ces escaliers est celle dans laquelle chaque étage comprend deux rampes droites contiguës,

Fig. 362.

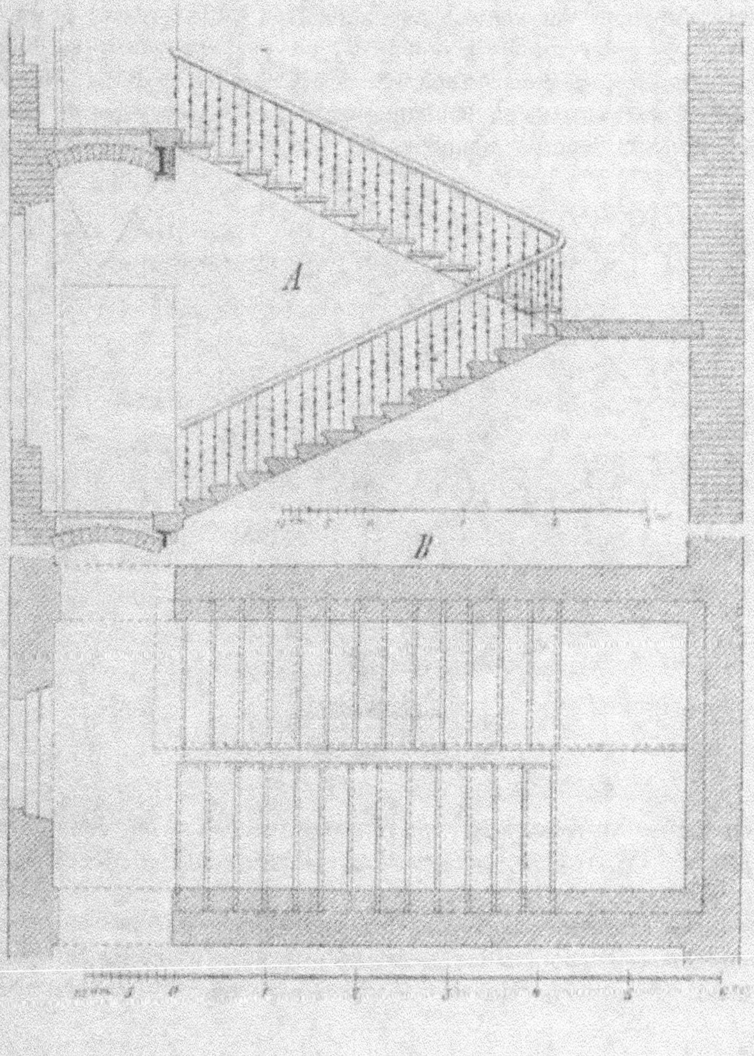

aboutissant à un palier commun, fig. 362. Les paliers peuvent se composer soit d'une seule dalle, portant directement sur les murs de cage, soit de plusieurs dalles, réunies par des joints à feuillure et portant d'un côté sur une poutre transversale et de l'autre sur la maçonnerie de pourtour. Le palier peut encore s'appuyer sur voûte légère supportée également par le mur de cage et par un fer à double T, ou par une poutre en tôle et cornières, placée à l'aplomb de la marche palière. Pour cacher ces poutres, on boulonne sur l'âme des fourrures en bois (b), fig. 363, contre lesquelles on vient clouer un revêtement

Fig. 363.

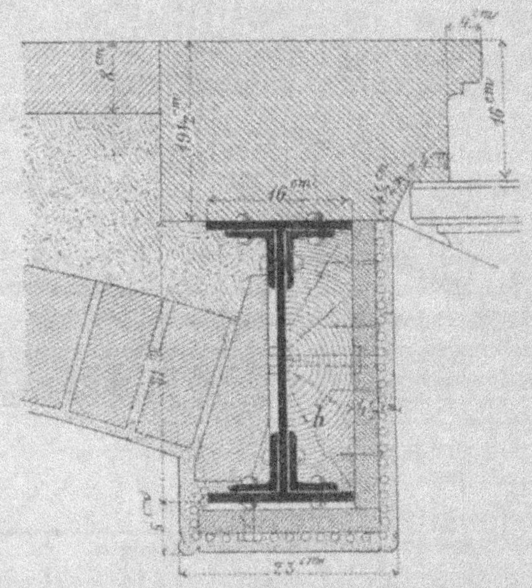

en lattes ou planches; on recouvre celui-ci d'un enduit en plâtre. Ce mode de construction est représenté en détail à la fig. 363.

La fig. 364 donne la vue d'ensemble d'un escalier de ce genre.

La construction des escaliers suspendus en hélice est tout à fait analogue à celle des escaliers à rampes droites. La surface inférieure forme alors un helicoïde qui n'atteindra la hauteur d'un pas que lorsque la cage est entièrement circulaire. L'escalier peut se faire avec ou sans paliers, mais l'introduction de paliers complique notablement la construction.

Fig. 364.

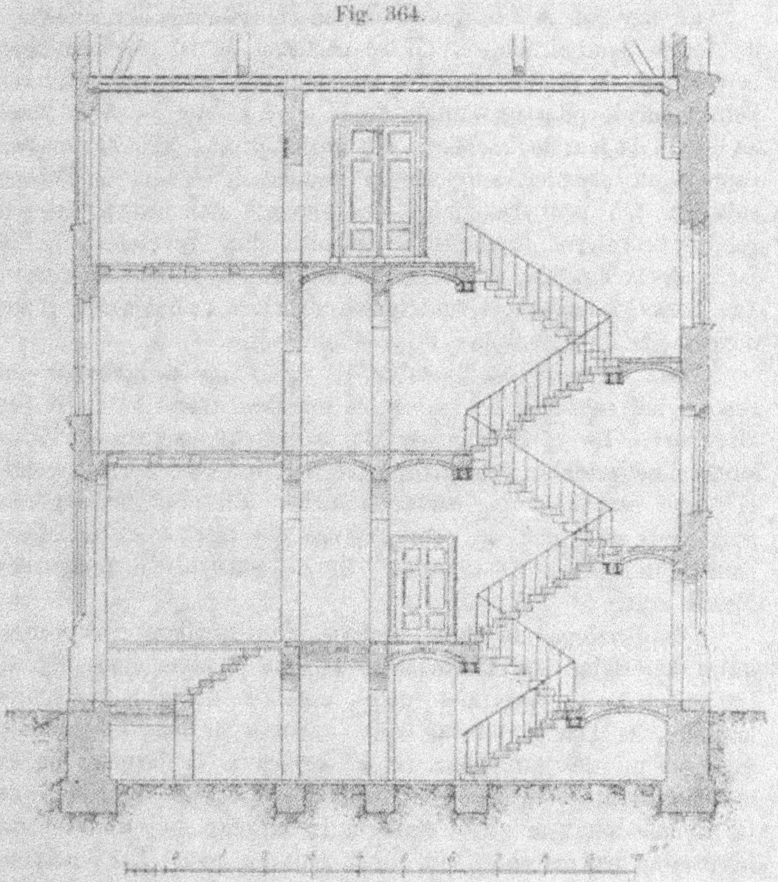

La longueur des marches ne doit pas dépasser le tiers du diamètre de la cage, sans quoi on serait conduit à un escalier incommode, vu le peu de largeur des marches au collet.

Pour construire l'élévation d'un escalier en hélice, il faut toujours commencer par tracer le plan de l'escalier; on détermine en suite, au moyen de ce plan et de la hauteur connue des marches, la projection verticale des différents points des hélices de contour et des redans des marches.

La fig. 365 A à D donne les détails d'un escalier en hélice de forme semi-circulaire. Il se compose de 16 marches dont la dernière, la marche palière, est supportée par un arceau reposant sur le pilastre d'angle de la cage et sur un pilier situé au centre du jour de l'escalier. Un second arceau, symétrique par rapport au premier, supporte la marche de départ de l'étage suivant. On peut remplacer ces arceaux par une poutre en tôle et cornières, laquelle se garnira d'un revêtement à la façon de la fig. 363, et formera soffite sous le plafond du palier. Les bords des marches sont toujours dirigés radialement; il est donc facile de déterminer le profil des têtes.

Dans le travail de la taille, on fait usage de gabarits qui restent les mêmes pour toutes les marches quand l'escalier est circulaire. Le côté inférieur de la marche se compose d'une surface hélicoïdale; comme le joint doit lui être normal, celui-ci forme également une surface gauche. En pratique, on emploie trois gabarits; un pour chacune des têtes et le troisième pour le milieu de la marche. Ils se construisent facilement comme suit:

On développe la ligne médiane de l'escalier, c'est-à-dire, qu'on détermine son inclinaison; soit (m p) cette ligne fig. C. On mène les horizontales (m n), espacées de la hauteur des marches, et l'on prend sur elles, à partir de leur intersection avec (m p), des longueurs (m a) égales à la largeur de la marche mesurée sur la ligne médiane. On porte à la suite de (m a) une longueur (a b) égale à la largeur du recouvrement horizontal des marches, soit 2 cm, puis on mène (b c') perpendiculairement à (m p) et l'on fait sur cette ligne b c' = 3 cm. La parallèle (c' c') représente alors la développée de l'hélice médiane de la surface inférieure de l'escalier, et termine le contour du profil du milieu de la marche. On procède de même

Fig. 365.

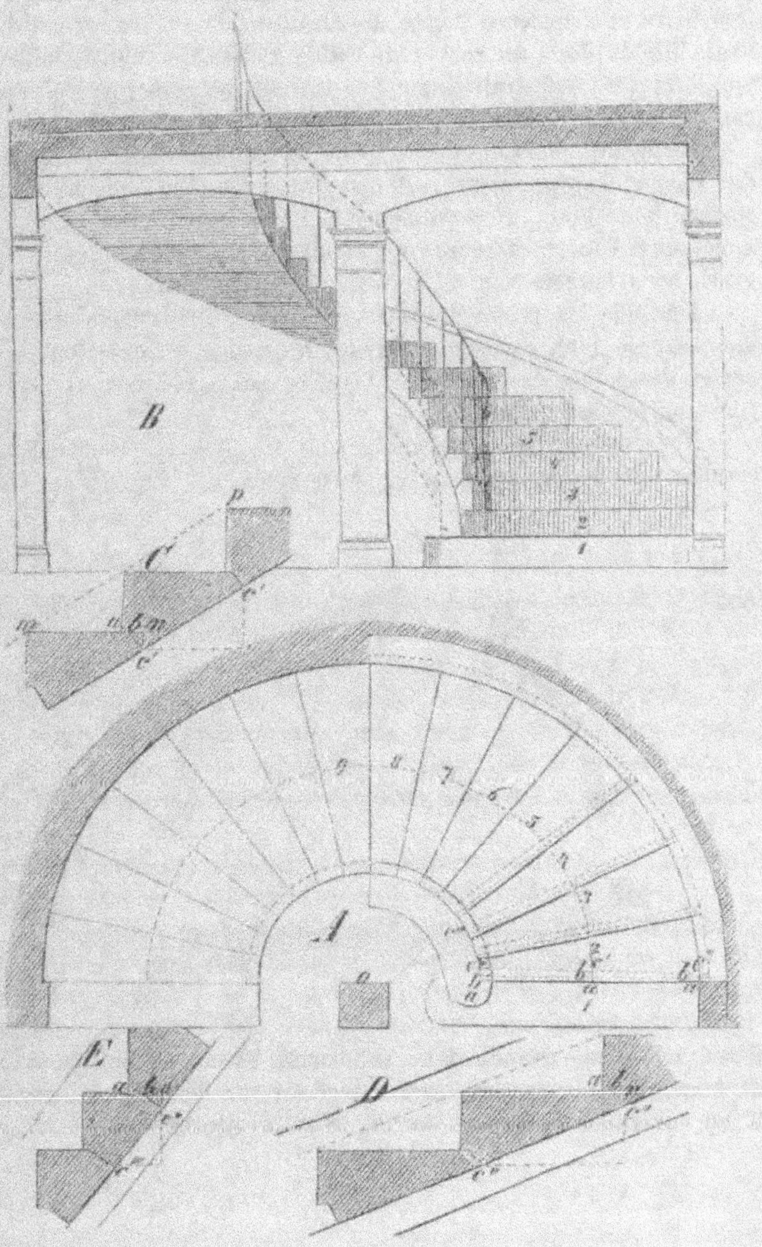

pour les deux profils de tête. Le développement des hélices
intérieure et extérieure donne des droites (c''' c''') et (c'' c'') de
pente rapide dans un cas et de faible inclinaison dans l'autre,
fig. E et D. Ces droites une fois tracées, on construit les profils (E) et (D), comme il a été fait pour la section milieu C.

La facette horizontale (a b) de la feuillure a partout 2 cm
de largeur; l'autre facette est dirigée perpendiculairement à la
surface hélicoïdale, et sera moins inclinée dans le voisinage du
collet qu'à l'autre extrémité de la marche. Dans les figures D
et E, les triangles b n c'' doivent donc être inégaux.

Une fois les profils D et E déterminés, il est facile d'indiquer sur le plan les lignes suivant lesquelles se projettent les
arêtes des joints des marches. C'est ce qui a été fait en pointillé sur le plan A.

Nous donnons pour terminer à la fig. 366 le croquis d'un
escalier en hélice avec palier intermédiaire. Ce palier est

Fig. 366.

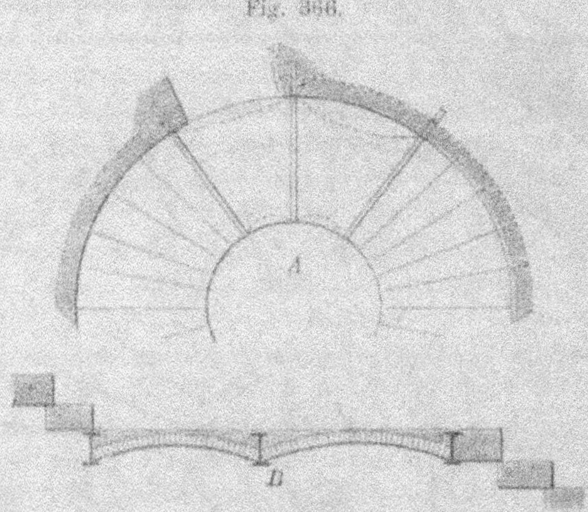


formé soit d'une grande dalle solidement encastrée dans le mur
de cage, soit de voûtes légères portant sur des fers à double
T ou sur rails, également scellés dans la maçonnerie.

### Escaliers avec marches factices.

Il y a déjà un assez grand nombre d'années qu'on emploie avec succès dans la construction des escaliers incombustibles des marches factices en béton ou en briques et mortier de ciment. Ces marches se font de différentes manières, mais le ciment dont on se sert dans leur fabrication est toujours du ciment à prise rapide, tel que le Portland anglais, par exemple. Elles peuvent se confectionner à l'avance dans des moules, ou se construire en place, sur échafaudage ou sur voûte de soutènement.

Le mode d'exécution des escaliers avec marches moulées est tout à fait analogue à celui des escaliers en pierre de taille. Les différentes parties sont préparées à l'avance au chantier, et l'on effectue leur pose comme s'il s'agissait de pierres appareillées. Quant aux marches, elles se font en tuiles plates ou en briques et mortier, ou simplement en béton.

a. **Marches en tuiles plates ou en briques et mortier.**

Elles se font sur des tables horizontales en sapin, de surface bien unie et d'environ 0,36 m de largeur. A défaut de ces tables, on peut se servir de tout plancher dont la surface est bien plane et lisse. On commence par recouvrir le bois de quelques feuilles de papier, puis on maçonne dessus un petit massif en briques et mortier de ciment, dont la forme est celle de la marche et dont les côtés sont dressés soigneusement à la règle. Les briques se placent sur champ, avec joints croisés. Quand le mortier des joints a suffisamment durci, on recouvre les parements du massif d'un enduit de ciment.

Pour les marches qui ne portent qu'aux deux extrémités et dont la longueur entre appuis est de 1,20 m environ, le mortier est formé de 1 partie de ciment pour 1 partie de sable; le revêtement est fait avec un mortier plus maigre, contenant 2 de sable pour 1 de ciment. Pour rendre les marches aussi légères que possible, on emploie ordinairement des briques creuses, au lieu de briques pleines.

On peut aussi substituer aux briques des tuiles plates ordinaires. Ce procédé conduit à des marches d'une plus grande solidité, mais il absorbe aussi plus de mortier que le précédent. Il se pratique dans des formes en bois, sans fond, ni couvercle. On pose cette forme sur le plancher, préalablement recouvert de papier, puis on étend une couche de mortier de 2,5 cm d'épaisseur au fond du moule. On la recouvre d'une assise de tuiles plates, laissant 2 cm de jeu entre les tuiles et les côtés du moule et l'on étend sur les tuiles une seconde couche de mortier. On fait ainsi alterner les couches de mortier et les assises de tuiles jusqu'à compléter la hauteur de la marche. En posant les tuiles, on a soin de croiser les joints des différentes assises, fig. 367.

Quand le mortier des parements a acquis de la dureté, c'est-à-dire, au bout de quelques heures, on polit les surfaces supérieure et antérieure de la marche au moyen d'une plaque de verre ou d'acier; mais au préalable, on badigeonne ces surfaces avec du ciment gâché très-clair. En été, il faut de trois à quatre semaines pour que les marches acquièrent toute leur dureté.

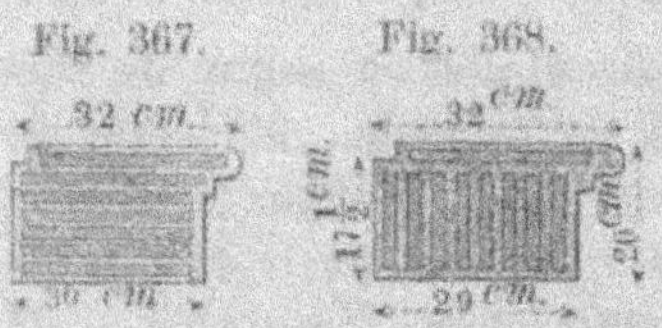

Fig. 367.          Fig. 368.


Au lieu de placer les tuiles à plat, on peut les poser de champ, en prenant soin, comme toujours, de croiser les joints, fig. 368.

## b. Marches moulées en béton.

Depuis qu'il se fabrique des ciments de bonne qualité à des prix modérés, on se sert de ciment non-seulement dans les constructions hydrauliques et travaux de fondation, mais aussi pour la confection de parties secondaires telles que les marches et paliers d'escaliers, les bordures de trottoirs, tuyaux de conduite, carrelages, etc.

Le béton dont on se sert en France pour confectionner les marches est formé de 1 partie de ciment de Pouilly ou de Vassy, pour 1 partie de sable fin et 1 partie de cailloux.

En Angleterre, on prend un mélange de 2 parties de ciment de Portland pour 1 partie de sable fin et de briques cassées.

On mélange ces matériaux à sec jusqu'à ce que la masse prenne une couleur uniforme, puis on ajoute l'eau nécessaire et l'on gâche bien avant d'introduire le béton dans le moule. Il y est répandu par couches de 5 à 7,5 cm que l'on pilonne légèrement à la surface. La dernière est arrêtée à 2,5 cm du dessus de la marche et l'épaisseur qui reste est formée d'une couche de mortier composé de parties égales de sable et de ciment. Après un intervalle de quelques heures, on démonte le moule, et l'on procède au dressage des surfaces, en égalisant les irrégularités au moyen d'un mortier de ciment fin. La fig. 368 donne la coupe transversale d'une marche en béton.

Fig. 368.

On peut remplacer les cailloux par des pierres cassées, de grosseur égale à celle des pierres à macadam, ou par des fragments de briques; mais ces derniers ne peuvent servir que lorsqu'ils proviennent de briques dures et bien cuites.

Une autre méthode de fabrication de ces marches consiste à ne compléter le mélange des éléments constitutifs du béton que dans le moule même de la marche. On commence par étendre une couche de mortier de ciment au fond du moule, puis on la recouvre de couches alternatives de pierres cassées et de mortier, en faisant bien pénétrer ce dernier dans les interstices des fragments de pierre. On continue de la sorte jusqu'à compléter la hauteur de la marche, fig. 369.

Fig. 369.

### c. Marches de forme évidée.

On donne quelquefois aux marches une section évidée dans le but d'économiser de la matière et d'alléger la construction. Ces marches sont naturellement moins résistantes que les marches pleines, aussi les munit-on généralement, par en-dessous, de consoles ou parois transversales, espacées de 0,50 m environ. Elles se font en terre cuite, en ciment de Portland, en béton ou en briques creuses et ciment. La forme que nous représentons à la fig. 370 s'applique à un escalier à noyau plein; elle se fait au moule, en ciment et tuiles plates.

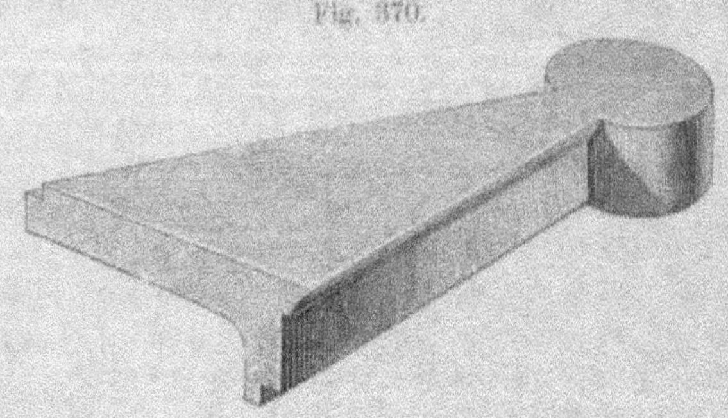

Fig. 370.

### d. Escaliers moulés.

Dans ces derniers temps il s'est fait des escaliers en ciment ou en béton, moulés sur place tout d'une pièce. Nous renvoyons le lecteur à leur égard au vol. II de cet ouvrage, où ce genre de construction est décrit en détail.

### e. Paliers en dalles artificielles.

Dans les dalles de palier comme dans les marches, la pierre naturelle peut se remplacer par une maçonnerie en briques ou en tuiles plates et mortier de ciment. Ces dalles factices ont généralement de 0,50 à 1,00 m de largeur.

Quand leur épaisseur est inférieure à 0,16 m, on dispose les briques ou tuiles par assises horizontales. Lorsque la dalle a de 0,16 à 0,22 m d'épaisseur, on les place de champ.

### Escaliers de construction particulière.

On rencontre enfin des escaliers construits en briques et ciment, sur échafaudage, dont les marches ne doivent leur résistance qu'à la grande adhérence du ciment. Dans ces escaliers les marches forment des arcs presque plats dont les naissances s'appuient contre les murs de cage et d'échiffre. Dans les cas ordinaires, c'est-à-dire jusqu'à 1,25 m de largeur, l'arc est composé de briques posées de champ.

L'échafaudage et les cintres ne sont mis en place qu'après tassement complet des murs de cage et d'échiffre. On commence la construction à la partie inférieure, et les degrés de l'escalier, sont recouverts après achèvement de toute la maçonnerie d'un revêtement en bois, en ciment ou d'une tablette en pierre. La petite flèche de 2 à 4 centimètres que présente l'arc est ratrappée au-dessus des reins, par un remplissage en fragments de briques et ciment, et en-dessous de l'arc, par une plus grande épaisseur d'enduit.

On se contente ordinairement d'appuyer les naissances contre les parements verticaux des maçonneries latérales, en interposant simplement une couche de mortier de ciment. Quelquefois cependant, on dispose sur les côtés des briques formant coussinets.

L'arc peut aussi se faire en plate-bande et présenter diverses dispositions.

La meilleure paraît être celle représentée à la fig. 371 B. Les marches ont tout au plus de 1,00 à 1,20 m de longueur; d'une part, elles s'appuient contre le mur de cage et de l'autre, contre un arc-limon, un mur d'échiffre, ou contre un noyau plein ou évidé. Sur les parements des murs, on dispose une série de briques (c), formant corbeau et servant d'appui aux traverses en bois (s) qui font fonction de cintre pendant la construction des marches. La disposition des plates-bandes des contre-marches est analogue à celle d'un arc-linteau de fenêtre. Le maçonnage se fait en mortier de ciment composé de 1 partie de ciment pour 2 parties de sable. La plate-bande des contre-marches supporte une assise horizontale de briques, posées à-plat, sur laquelle reposent des madriers (h), de 6 à 9 cm d'épaisseur. Les extrémités de ces madriers sont encastrées dans les maçonneries latérales, pour ajouter à la solidité de la construction. Toute la partie apparente de la maçonnerie se recouvre d'un enduit de mortier de ciment. Les traverses d'appui ne sont enlevées que trois semaines après l'achèvement du travail. On fait aussi disparaître alors les briques saillantes qui leur servaient d'appui. Il est indispensable que les murs

de cage et d'échiffre aient complétement cessé de tasser au
moment de la construction des marches.

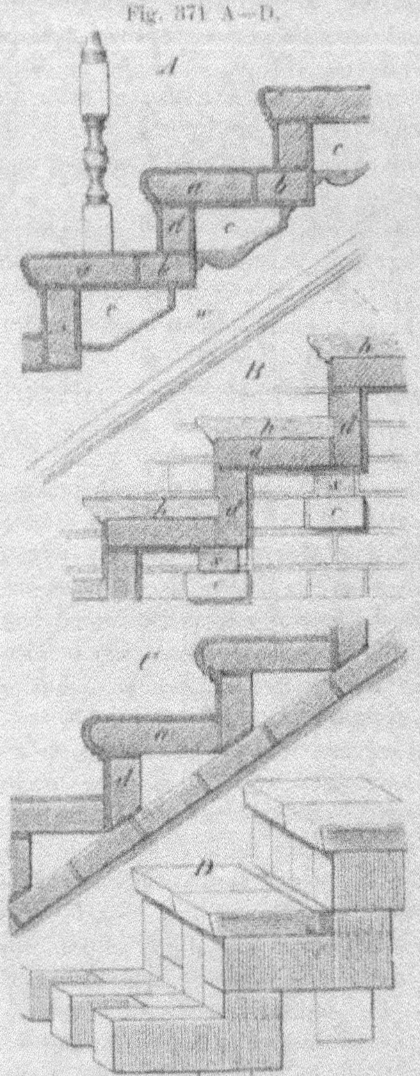

Fig. 371 A—D.

On a encore simplifié la
disposition de la fig. 371 B
en supprimant le madrier
qui forme le dessus de
la marche. Celle-ci ne
se compose alors que de
briques reliées entre elles
par du mortier et formant
comme une poutre de 1,00
à 1,20 m de portée. Pour
renforcer cette poutre on
peut disposer en-dessous,
en son milieu et aux ex-
trémités, de petites consoles
en pierre. fig. 371 A. Les
marches de cette nature
n'exercent qu'une poussée
verticale sur les maçonneries
latérales; elles pourraient
donc, comme cela a été fait
du reste, s'appuyer sur des
arcs-limons et même ces
derniers, se construire en
tuiles plates. Mais c'est
toucher aux limites du possible et pareille construction
ne peut être regardée que
comme un essai plus ou
moins risqué. Elle est in-
téressante cependant parcequ'elle montre ce qu'on
peut faire avec du ciment
de bonne qualité et une
exécution soignée.

Les paliers de ces escaliers s'établissent sur voûtes en berceau, ou d'arête, d'une demi-brique d'épaisseur; ou bien encore se composent de dalles artificielles ou de deux assises de briques superposées, disposées horizontalement et maçonnées au mortier de ciment avec joints croisés.

Nous donnons à la fig. 371 D un mode de construction qui présente plus de solidité que les précédents. Il diffère de ces derniers par la plus grande surface de contact des briques qui se trouvent ainsi mieux reliées par le mortier des joints.

La fig. 371 C, représente une autre disposition qui est également à préférer aux précédentes. Les contre-marches (d) y reposent sur une voûte rampante très-aplatie, et supportent directement les briques de giron. Si l'on recouvrait celles-ci d'un revêtement en bois, on obtiendrait une construction offrant toute sécurité. La fig. 372 donne la vue de face de cette

Fig. 372.

disposition. (On n'y a représenté que 3 marches.) La voûte rampante n'a qu'un quart de brique d'épaisseur; sa flèche varie du $\frac{1}{10}$ au $\frac{1}{12}$ de la portée. Ce mode de construction conduit nécessairement à des maçonneries latérales fort massives; aussi quand celles-ci manquent d'épaisseur on dispose la voûte dans le sens de l'inclinaison de l'escalier, en plaçant les naissances aux points de raccordement de la volée avec les paliers. Nous rentrons alors dans un genre d'escaliers dont nous avons déjà parlé plus haut. Nous en donnons encore un exemple à la fig. 373. Il diffère des précédents par sa plus grande légèreté et par le mode de construction de ses marches. Les appuis de la voûte rampante sont formés de poutres en fer, placées sur le bord des paliers; sa flèche varie du $\frac{1}{18}$ au $\frac{1}{24}$ de la longueur de la cage d'escalier.

Fig. 373.

Lorsque les paliers s'appuient sur des arceaux en briques, on ne donne à ces derniers que de 2,00 à 2,50 m de portée. Au delà de ces limites, on réduit la portée soit au moyen de pilastres ou de consoles, soit à l'aide d'une colonne intermédiaire.

Dans l'exemple ci-dessus, les marches s'appuient directement sur la voûte et se font pleines ou creuses. Les contre-marches sont appareillées avec joints radiaux, fig. 372, ou normaux, fig. 373. La marche proprement dite est formée d'une tablette en pierre naturelle, granit, grès, ardoise, marbre, ou en pierre artificielle, terre cuite, ciment ou béton. Quand le giron de la marche est construit en briques, on le recouvre d'un enduit de ciment ou d'asphalte. Pour éviter l'usure rapide du bord de la marche, on noie en ce point une bande de fer dans l'épaisseur de l'enduit.

## Escaliers en fer.

La grande résistance et l'incombustibilité presque absolue du fer ont conduit à faire également usage de ce métal dans la construction des escaliers incombustibles.

Les escaliers en fer ou en fonte ont le plus souvent la forme de l'escalier en crémaillère. Quand le limon est en fonte,

on donne à sa section la forme du double T. L'aile supérieure
suit alors les contours du limon et forme en même temps moulure d'encadrement. Les limons en fer peuvent se faire de
diverses manières. Dans la fig. 377, ils sont composés d'un
fer plat sur lequel sont rivées des équerres en fer formant les
degrés de l'escalier. Ces équerres portent dans l'angle des
petits bouts de cornière servant à l'assemblage de la marche
en bois.

Les figures 374, 375 et 376 représentent des dispositions
de limon en fonte. Dans la fig. 375, on a ménagé des jours
triangulaires dans les redans, à l'effet de réduire le poids du
limon; on les dissimule au moyen d'ornements rapportés en zinc.

La fonte présente l'avantage de s'adapter facilement aux
diverses formes, et par conséquent de se prêter aisément à la
décoration. Le limon en fer, au contraire, ne peut être rendu
décoratif qu'au moyen d'ornements rapportés. Sur ces limons
en fer ou en fonte, on peut faire reposer des marches en pierre,
naturelle ou artificielle, en bois, ou en fonte.

Fig. 378.

Les marches en pierre ou en bois ne diffèrent en rien de
celles des escaliers entièrement composés de ces matériaux.
Quant aux marches en fonte, on les fait évidées ou striées.

La fig. 378 représente un escalier avec marches et contre-marches en fonte. Les limons sont formés de deux fers plats contigus (a a), embrassant entre eux les montants (b b) de la rampe d'escalier.

Les contre-marches se composent de simples cadres ou de plaques évidées.

Les paliers des escaliers en fer se font également en fer. Une poutre transversale reçoit les abouts des limons et supporte l'ossature métallique du palier.

La disposition la plus rationelle des escaliers à limons en fer ou en fonte est celle qui se compose d'une ou plusieurs rampes droites. — Les limons jouent alors le rôle de poutres et se

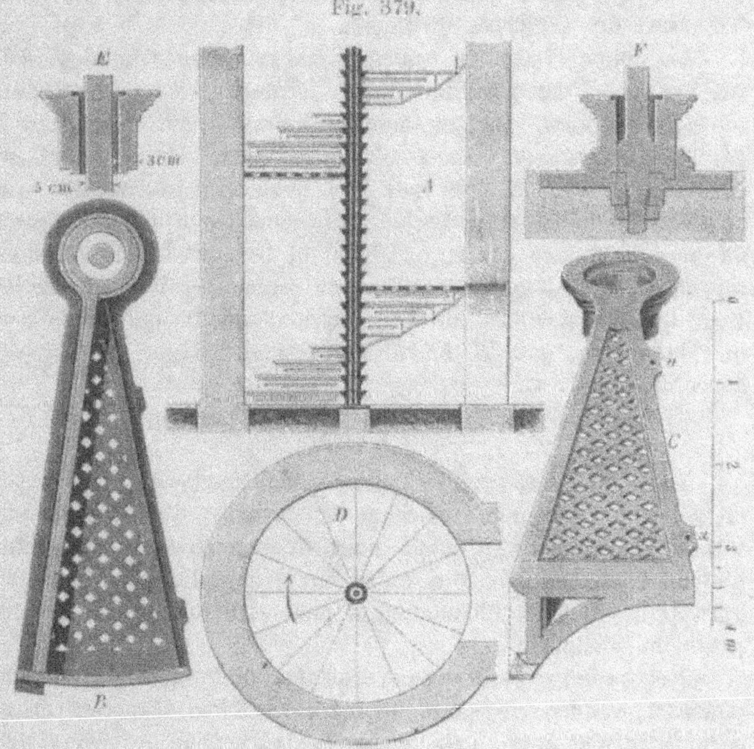

Fig. 379.

calculent par les règles ordinaires de la résistance des matériaux. On évite les volées trop longues; elles causeraient de la fatigue pendant la montée et conduiraient à des limons de section trop massive.

Dans les escaliers en fonte de forme hélicoïdale, chaque marche constitue généralement une pièce séparée et porte un tronçon du noyau. Pareille disposition est représentée à la fig. 379 A—F. La fig. A donne la coupe verticale par l'axe de l'escalier; B, le plan d'une marche, vue par en-dessous; C, la marche en perspective et enfin D, le plan général de l'escalier. L'assemblage des marches se fait, d'une part, au moyen d'oreilles (a), fig. C, venues de fonte sur la marche et sur la contre-marche, et boulonnées ensemble; d'autre part, par l'emboîtement des segments de noyau.

La coupe E montre comment ces tronçons s'appuient l'un sur l'autre. Pour plus de solidité, le noyau est traversé, dans toute sa hauteur, par un mat en fer rond qui s'appuie à la partie inférieure sur une fondation en pierre de taille, et qui est retenu dans le haut par des ferrements d'ancrage. Les escaliers en hélice sont toujours incommodes à monter, quelle que soit la nature des matériaux dont ils sont faits. Aussi ne servent-ils que dans les tourelles, ou comme escaliers de service. Pour leur construction, le fer convient mieux que le bois et que la pierre, car il fournit un escalier léger et d'aspect agréable.

## Cages d'escaliers.

Dans quelques grandes villes d'Allemagne les règlements de police obligent non-seulement à construire l'escalier en matériaux incombustibles, mais aussi à recouvrir sa cage d'un plafond incombustible, afin qu'en cas d'incendie, l'escalier soit garanti des débris enflammés qui pourraient tomber de la charpente du comble.

Nous allons passer en revue les différentes formes que peuvent prendre ces plafonds incombustibles. En général, ils se construisent à peu près comme les planchers incombustibles;

il faut seulement tenir compte de ce que les murs de cage ne peuvent supporter que de faibles poussées horizontales.

On évite autant que possible de placer de grosses pièces de charpente au-dessus de la cage d'escalier. On va même quelquefois jusqu'à surélever la cage au-dessus de la toiture et à la recouvrir d'un petit comble spécial, dans le but de la mettre tout-à-fait à l'abri de la chute de pièces lourdes.

La manière la plus simple de former le plafond consiste à recouvrir la cage dans le sens transversal de poutres en fer, espacées de 0,80 m à 1,00 m, et à remplir les intervalles de dalles en pierre, de feuilles d'ardoise ou de plaques de fonte. — La surface inférieure se garnit d'un enduit en plâtre ou d'ornements en stuc ou en zinc. Ce mode de construction est relativement bon marché et a l'avantage de ne point faire naître de poussées horizontales aux appuis.

On pourrait adopter aussi la disposition dite à „agrafes" que nous avons décrite à la page 125 de ce volume.

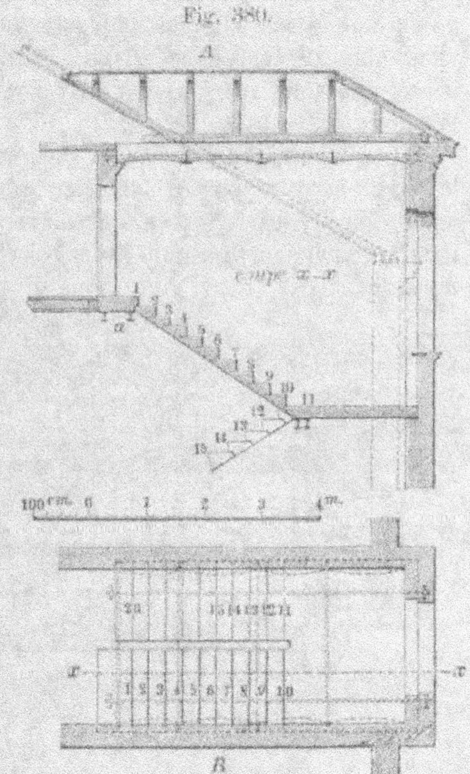

Fig. 380.

En général ces plafonds incombustibles sont formés de voûtes légères en briques, ayant l'une quelconque des formes usuelles des voûtes. Dans le moyen-âge, on employait princi-

palement la voûte d'arête ogivale; c'est encore celle qui s'adopte
aujourd'hui dans les constructions de style gothique. Son emploi est du reste très-rationnel, car les arêtes transmettent
directement la pression aux piliers d'angle qui sont alors les
seuls points des murs de cage, ayant besoin d'une grande stabilité. Un exemple de plafond à voûtes d'arête ogivales a été
donné à la fig. 347, A.

On peut également faire usage de voûtes sphériques ou de
voûtes en coupole, mais à condition que la cage ait en plan la
forme d'un cercle ou d'un polygone régulier. La coupole convient plus particulièrement aux édifices publics; elle permet
mieux que tout autre genre de voûte de ménager un jour dans
la partie centrale.

Les voûtes en berceau, d'ouverture égale à la largeur de
la cage, ne sont pas à conseiller parce qu'elles exercent aux
appuis des poussées trop considérables et qu'elles conduisent
par conséquent à des murs de cage très-épais ou à de nombreux
ancrages.

Fig. 381.

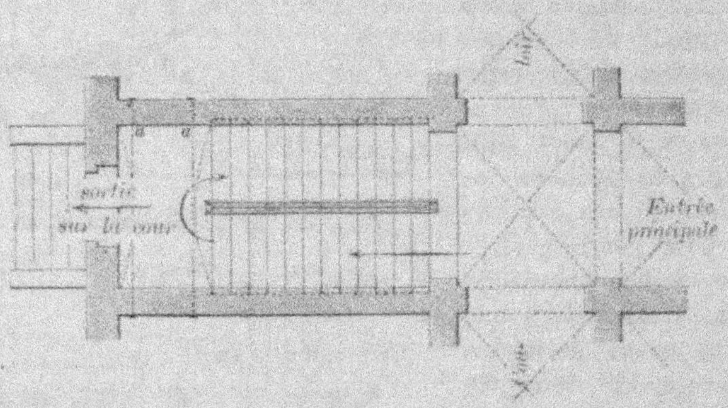


Les plus souvent ces plafonds sont formés de petites voûtes
surbaissées, portant sur des fers à T que l'on dispose soit
horizontalement, soit parallèlement à la pente de l'escalier.

Nous donnons quelques exemples à l'appui.

Fig. 382.

La fig. 380, A, B, représente un escalier recouvert d'un plafond incombustible du dernier genre. La cage s'élève au-dessus du toit, ce qui pouvait se faire d'autant plus facilement dans le cas particulier qu'elle est en saillie sur le mur de

Fig. 380.

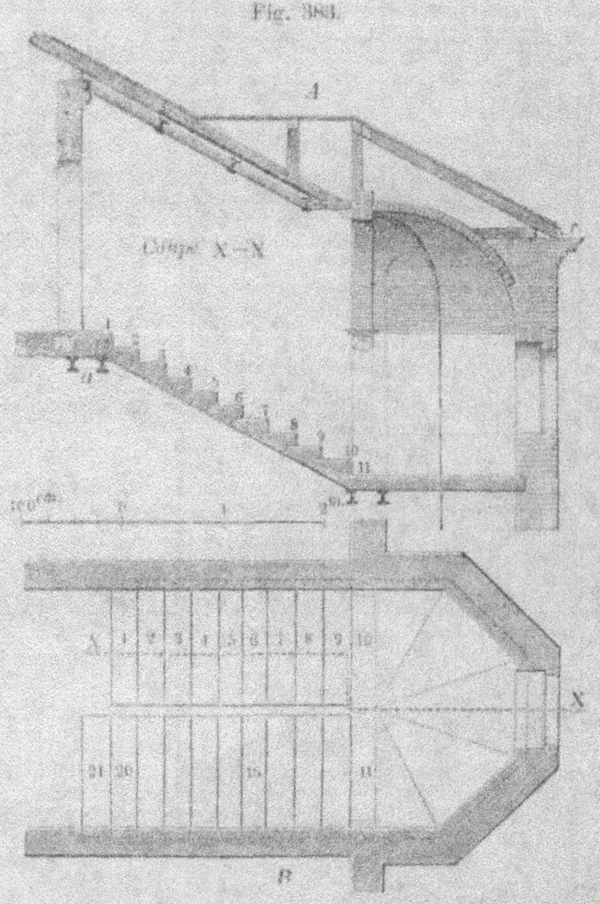


façade. Elle est traversée dans sa largeur par des fers à T sur lesquels reposent des voûtes légères n'ayant qu'un quart de brique d'épaisseur. La poussée que ces voûtes exercent latéralement est supporté par des tirants en fer qui rattachent les deux murs de buttée. Les marches de l'escalier qui est du type des escaliers suspendus sont en pierre de taille. La marche palière est soutenue par des fers à T (a) et la marche de départ par la dalle du palier.

Un exemple de plafond formé d'une voûte unique en berceau est donné aux fig. 381 et 382. Il va s'en dire que la liaison des murs de buttée par des tirants en fer (b) devient indispensable en ce cas. La fig. 382 représente la vue d'ensemble de la cage d'escalier. Les marches sont en pierre et les paliers reposent

Fig. 384.

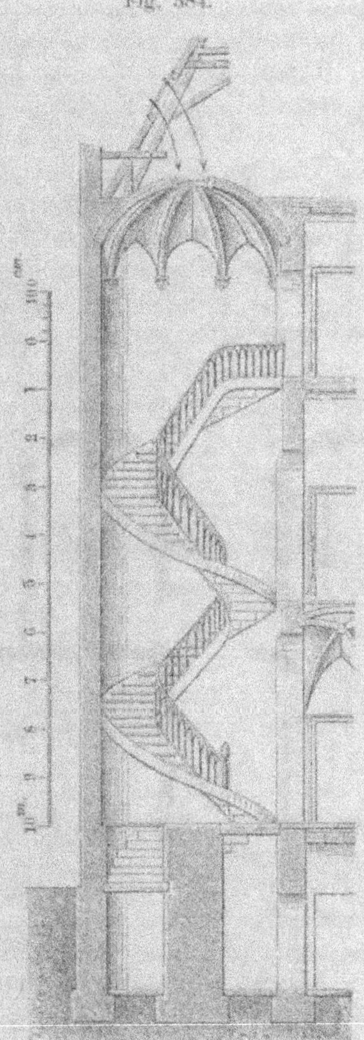

Fig. 385.

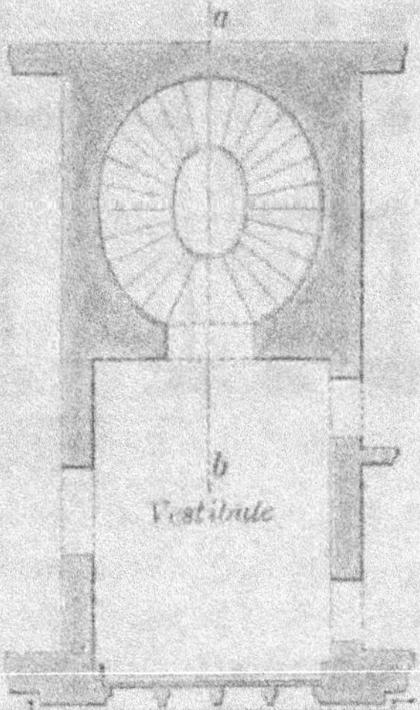

sur des voûtes en briques. Les buttées de ces voûtes sont
également reliées par des tirants, voir (a) fig. 382. Dans
les étages supérieurs, les paliers sont établis sur des voûtes
d'arête surbaissées que des arceaux séparent des naissances des
volées d'escalier. Dans le cas particulier la cage ne s'élève
pas jusqu'à l'étage des combles; il faut alors avoir soin que
les solives du plancher de cet étage ne s'appuient pas sur la
voûte du plafond.

Une disposition avec plafond rampant est représentée à la
fig. 383, A, B. Les solives en fer sont dirigées transversalement à la cage et sont disposées parallèlement à la volée
d'escalier. Sur ces solives portent des voûtes en plate-bande
d'un quart de brique d'épaisseur. — La pression qui agit au
bas de la surface rampante est contre-buttée par une voûte à
cinq pans, en cul de four.

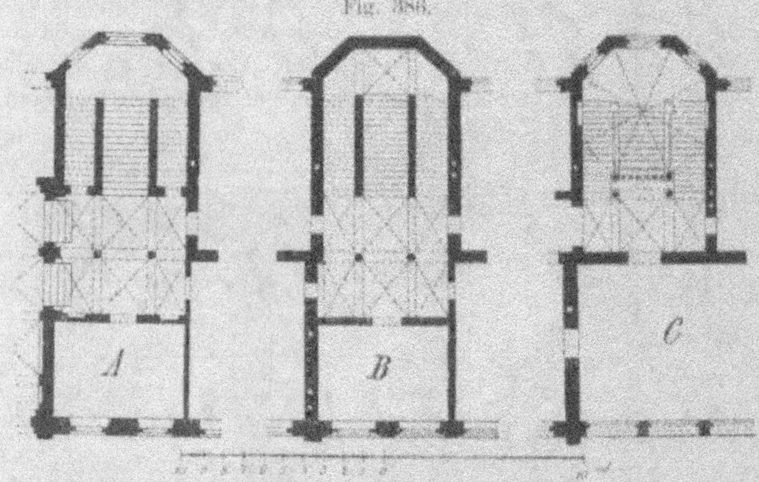

Fig. 386.

Les fig. 384 et 385 représentent un escalier en hélice, à
cage elliptique. Cette dernière est recouverte d'une voûte d'arête
ogivale, à 8 pans. Elle est percée à sa partie centrale d'une
ouverture au moyen de laquelle se fait l'éclairage de la cage
d'escalier.

Nous donnons comme dernier exemple, fig. 386 et 387,
l'ensemble de l'escalier de l'École supérieure de Cologne.  Le
bâtiment a trois étages.  A, B et C, fig. 386, sont les parties

Fig. 387.

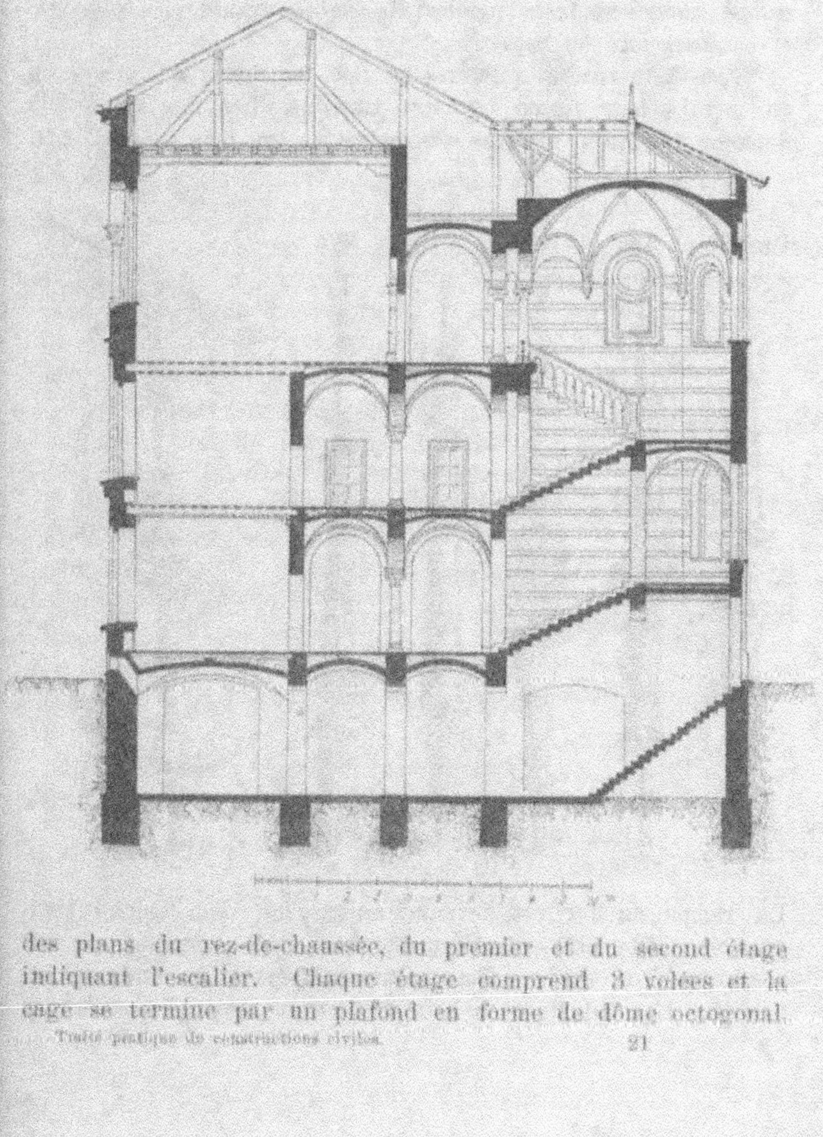

des plans du rez-de-chaussée, du premier et du second étage
indiquant l'escalier.  Chaque étage comprend 3 volées et la
cage se termine par un plafond en forme de dôme octogonal.

## Rampes d'escaliers.

Presque tous les escaliers doivent être munies du côté du limon d'une rampe, dont le but est non-seulement de servir de garde-corps, mais aussi de faciliter la montée de l'escalier. La rampe comprend trois parties: la main-courante, les pilastres et les barreaux ou balustres.

Les balustres et pilastres se font en bois, en pierre ou en métal; leur forme est très variable. Les fig. 388 à 393 donnent quelques modèles de balustres en bois ou en fonte.

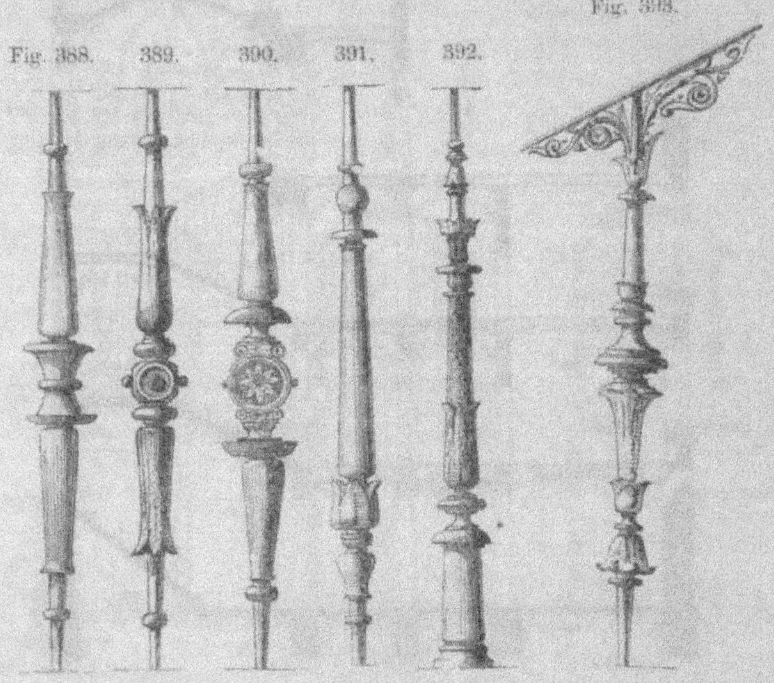


La rampe en fer est devenue aujourd'hui d'un emploi très-général. Elle est ordinairement formée de barreaux en fer rond que l'on décore d'ornements rapportés, en fonte ou en bronze. Les balustres en bois se font au tour. La main-courante est toujours en bois; le plus souvent, en acajou ou en poirier.[1]) La fig. 396 en donne diverses formes. La main-courante doit avoir un profil tel que la main la saisisse bien et que les balustres, quand ils sont en bois, puissent s'assembler facilement avec elle. Ces motifs feront donner la préférence aux sections (b), (c) et (d) sur la section (a). Dans les rampes en fer ou en fonte,

Fig. 394.


on réunit d'abord les têtes des balustres par une bandelette en fer, sur laquelle on vient fixer en suite la main-courante.[2])

Les pilastres se font principalement en bois, quelquefois aussi en fonte ou en zinc moulé. — Ils portent un tenon taraudé à la partie inférieure et se vissent sur le palier ou sur la marche palière. Ordinairement on ajoute d'un côté, pour plus de solidité une équerre en fer (b) fig. 395.

Quand les abouts des marches sont encastrés dans le limon, les balustres ou barreaux se fixent directement sur le champ du limon, fig. 397. Quand ce dernier est en crémaillère, les balustres se fixent soit sur l'extrémité des marches fig. 396, et 398, soit sur le côté du limon.[3])

Les barreaux des rampes ne doivent pas être à plus de 15 ou 18 cm l'un de l'autre, afin que de petits enfants ne puissent passer par l'intervalle entre deux barreaux.

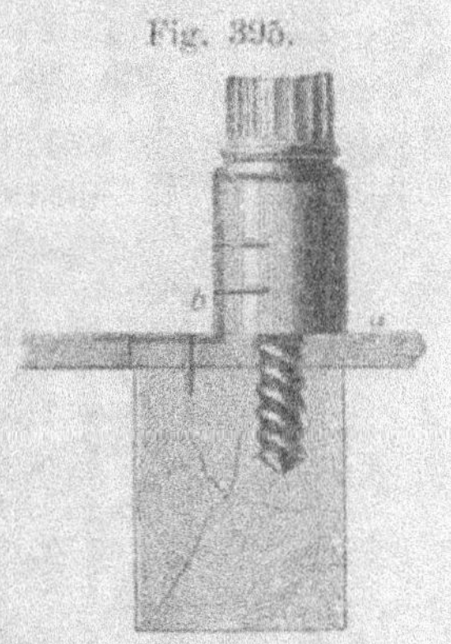
Fig. 395.

_______________



[1]) Le chêne et le noyer sont également très-employés.

[2]) Cette bandelette porte le nom de plate-bande. Elle s'engage dans une rainure ménagée sous la main-courante et est reliée avec celle-ci par des vis posées par en-dessous.

[3]) Dans ce dernier cas, les barreaux se vissent, dans le bas sur de petites pièces auxiliaires, appelées pitons, ou se terminent en col de cygne, et se fixent directement sur le limon.

En terminant ce que nous avons à dire sur les escaliers, nous ferons observer que les murs de cage sont moins bien

Fig. 396.

Fig. 397.

rattachés entre eux que ne le sont les autres murailles de la construction, car la liaison que fournissent les solives des planchers leur fait défaut. On les fait en conséquence un peu plus forts. Si, par exemple, un mur est construit avec retraites et s'il soutient un escalier dans une partie de sa longueur, on lui donnera en ce point une épaisseur uniforme sur toute la hauteur.

Lorsqu'un mur de cage présente néanmoins des retraites, on s'arrange de façon à ce qu'elles soient dissimulées par les paliers.

Fig. 398.

# CHAPITRE IV.

## Menuiserie et Serrurerie.

Un bâtiment qui ne serait composé que des murs, de la toiture et du poutrage ne serait ni habitable, ni propre à un autre usage quelconque. Il faut, pour le compléter, y faire une série de travaux intérieurs. Ceux-ci comprennent: la fermeture des baies au moyen de portes et de croisées; le recouvrement du poutrage par une aire ou un parquet; le parachèvement des murs par un revêtement décoratif. Ces divers travaux sont du ressort de la menuiserie, de la serrurerie, de la peinture et de la vitrerie. Ils comprennent principalement:

1. Les portes et leurs ferrures;
2. Les croissées et leurs ferrures;
3. Les parquets, les lambris, plafonds, etc.

Nous commencerons par l'étude des portes.

### Portes et leurs ferrures.

Les portes ont pour objet d'interrompre ou d'établir à volonté la communication entre deux pièces ou lieux contigus. Elles peuvent aussi n'avoir pour but que d'abriter contre les intempéries de l'air extérieur.

Suivant leur forme et selon la position qu'elles occupent, les portes prennent des appellations différentes. C'est ainsi qu'on distingue les portes charretières, les portes cochères; à l'intéreur des maisons, les portes de salon, de cuisine, de cave, etc.

D'une manière générale, on peut diviser les portes en:

Portes extérieures, et

Portes intérieures.

Dans la première catégorie se rangent toutes les portes qui sont placées sur un mur extérieur et qui servent à la sortie sur la rue, la cour ou le jardin. Telles sont les portes cochères et les portes d'entrée en général. La seconde comprend les portes qui se trouvent à l'intérieur des édifices et qui ne sont donc pas exposées à l'action directe des agents atmosphériques.

Les dimensions et le mode de construction des portes varient avec leur destination. Quand on parle des dimensions d'une porte, on comprend par là la hauteur et la largeur de l'ouverture formée par l'encadrement, c'est-à-dire, le chambranle de la porte. Ces dimensions dépendent de la nature et de la grandeur des pièces. Il est évident, par exemple, que des salles de réception devront communiquer ensemble par des baies plus larges que des pièces de rang secondaire.

Nous indiquons ci-dessous les largeurs données ordinairement à chaque espèce de porte.

Portes charretières de 3,00 à 4,50 m.[1]

Portes de remise 2,50 m.

Portes d'écurie de 1,25 à 2,00 m.

Portes cochères 2,30 à 3,20 m.

Portes de salles de fêtes 1,50 à 2,00 m.

Portes de salon 1,25 à 1,50 m.

Portes de chambre à coucher 0,90 à 1,25 m.

Portes masquées de 0,60 à 0,90 m.

Ces dimensions sont comptées dans œuvre, c'est-à-dire qu'elles s'appliquent au vide réel de la baie. En exécutant la maçonnerie l'ouvrier doit donc retrancher de la largeur donnée le double de l'épaisseur du châssis dormant de la porte, soit de 8 à 10 cm.

---

[1] La largeur des portes charretières dépasse rarement 3,50 m. Les portes intérieures de plus de 1,25 m de largeur ont toujours deux vantaux.

La hauteur de l'ouverture se détermine d'après la largeur et celle-ci dépend, comme nous l'avons vu, de la nature et de la grandeur des pièces.

En général, on donne à la hauteur un peu plus du double de la largeur. Une proportion assez usuelle est le rapport entre le petit côté et la diagonale d'un rectangle dont les côtés seraient dans le rapport de 1 : 2. Quand on fait entrer le chambranle en ligne de compte, on peut se contenter du rapport de 1 : 2. Ainsi une bonne hauteur pour une porte de 1,25 m de largeur, est 2,60 m; pour une porte de 1,10 m, on pourrait prendre 2,30 m.

Par rapport au mode d'ouverture, on peut grouper les portes en deux classes différentes. Celles qui s'ouvrent en tournant autour d'un axe vertical et qu'on nomme portes à battants; et celles qui s'ouvrent en se déplaçant latéralement, c'est-à-dire les portes roulantes et à coulisse.

La première espèce est d'un emploi presque général dans les bâtiments civils; la seconde ne trouve que des applications isolées.

### Portes à battants.

Le premier point à décider quand on établit une porte battante, est le sens dans lequel la porte doit s'ouvrir. On peut dire qu'en général toutes les portes-cochères, les portes d'entrée ou les portes intérieures donnant sur un escalier ou sur un couloir, doivent s'ouvrir vers l'intérieur du bâtiment ou des pièces; les premières, pour être moins exposées aux agents atmosphériques, et les secondes pour ne pas gêner le passage. Cependant, quand les pièces sont petites, on fait quelquefois ouvrir en sens contraire les portes qui donnent sur un couloir ou sur l'escalier dans le but de gagner de la place. Pareille chose a lieu, et pour le même motif, pour les portes de salles de danse ou de salles à manger.[1]

---

[1] Lorsque les portes sont à deux battants, celui que l'on pousse devant soi, en entrant, et que l'on ouvre habituellement est toujours placé sur la droite.

Les portes intérieures se font ordinairement en bois de sapin; on les recouvre de peinture à l'huile imitant un bois de choix ou simplement de couleur blanche. Pour les portes d'entrée et pour les portes-cochères, on emploie le chêne, parcequ'il résiste beaucoup mieux que le sapin à l'action de l'humidité. Les portes intérieures des maisons bourgeoises ne se font que rarement en chêne, mais quelquefois on les recouvre d'un placage de ce bois. Dans les constructions de luxe les portes sont souvent en bois de prix, tels que l'érable, l'acajou, le cèdre etc.; elles reçoivent alors une décoration plus ou moins ouvragée.

D'une manière générale, il ne faut faire usage pour la menuiserie des portes que de bois parfaitement sec, exempt de défauts et droit de fil. Il faut éviter l'emploi de pièces de trop grandes dimensions lesquelles pourraient nuire à la solidité de la porte en se déjetant. Les pièces qui sont forcément de grande largeur, telles que les panneaux, doivent conserver un certain jeu dans les assemblages, afin qu'elles puissent se dilater librement, surtout dans le sens perpendiculaire aux fibres du bois.[1]

Le mode de construction des portes varie selon leur destination. Il est évident, par exemple, que les portes extérieures doivent être plus solidement construites que les portes intérieures, et qu'il ne faut point faire usage de colle-forte dans l'assemblage de leurs parties.

Par rapport à la forme et au mode de construction, on peut diviser les portes en:

      1. Portes à claire-voie,
      2. Portes pleines sur barres ou châssis,
      3. Portes-persiennes, et
      4. Portes à panneaux.

C'est cette classification que nous adopterons, mais avant de passer en revue ces différentes portes, nous dirons quelques

---

[1] La dimension d'un panneau varie peu par la dilatation dans le sens des fibres du bois, mais elle varie beaucoup dans le sens perpendiculaire.

mots de l'embrasure, c'est-à-dire du revêtement en menuiserie qui recouvre les parois de la baie.

## Embrasure.

Les portes les plus simples de construction se logent directement dans une feuillure pratiquée dans la maçonnerie même de la baie. Cette feuillure se dégrade facilement, aussi borde-t-on la baie, dans toute porte un peu soignée, d'un cadre en bois fixé dans la maçonnerie. Ce cadre se nomme l'huisserie de la porte. La fig. 399 montre le mode de fixation de l'huisserie;

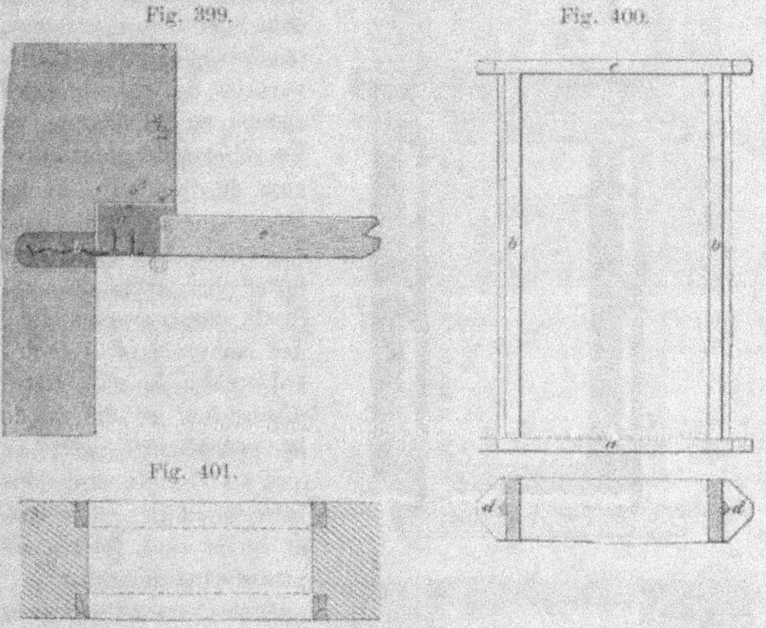

Fig. 399.

Fig. 400.

Fig. 401.

il se fait au moyen de pattes à scellement (b) ou mieux au moyen de boulons à clavette serrant le bâti contre la muraille.

Dans les portes intérieures le bâti se compose le plus souvent de madriers de 5 à 6 cm d'épaisseur, mis en place pendant l'exécution de la maçonnerie. Si le mur dans lequel se trouve la porte n'a qu'une brique d'épaisseur, les madriers ont une largeur égale à l'épaisseur de la maçonnerie, et ils sont assemblés, aux points de rencontre des montants et des traverses de manière à former châssis, fig. 400. Les traverses font un peu saillie latéralement et pénètrent d'autant dans la muraille. Deux tringles triangulaires, clouées sur les côtés des montants servent également à assujettir le bâti dans la maçonnerie. Quand l'épaisseur du mur est grande, ce procédé conduirait à des pièces de bois de trop grande largeur. On peut alors, comme en Autriche, former l'embrasure de deux châssis dormants indépendants, placés sur chacun des parements du mur et reliés,

Fig. 402.

dans le sens de l'épaisseur, par quelques pièces transversales, fig. 401 ; ou, faire comme en Allemagne, et les relier solidement entre eux de manière à ne former qu'un seul bâti, fig. 402. Ce bâti est formé des pièces de seuil (d d), des traverses (f f), des montants (e e) et des entretoises (g g). Cette disposition ne diffère de la précédente qu'en ce que les châssis sont plus intimement liés entre eux, et qu'ils sont formés de pièces plus massives.

Dans ces murs de grande épaisseur, les traverses du haut n'ont pas toujours une section suffisante pour pouvoir supporter le poids qui pèse sur elles. On les soulage alors par un arc de décharge établi au-dessus de la baie.

Tous ces bâtis ont simplement pour but de permettre la fixation de la porte et du chambranle. Ce but peut également s'atteindre d'une manière plus simple et plus économique, en scellant pendant l'exécution des maçonneries quelques blochets de bois de sapin dans le tableau de la baie. Ces pièces de bois fournissent les points d'attache à l'encadrement de la porte. La fig. 403 en donne un exemple; (a a) représentent les blochets de sapin; (c) est l'arc linteau; ses naissances sont un peu en retraite sur les parois de la baie, de manière à ce que les traverses (b b) puissent s'appuyer convenablement sur la maçonnerie.

Fig. 403.

## 1. Portes à claire-voie.

Ces portes sont les plus faciles à construire. Elles ne s'emploient que dans les parties secondaires des bâtiments, dans les caves, greniers etc.; ou à l'extérieur, dans les cours, jardins etc.

Elles sont formées d'un lattis vertical appliqué à claire-voie contre un châssis composé de montants, de traverses et de contre-fiches fig. 404. Pour empêcher toute déformation, les vantaux sont consolidés par des tirants en fer liant le châssis suivant la diagonale.

Dans la partie droite de la fig. 404, on s'est contenté de ces tirants, sans addition de contre-fiche.

Fig. 404.

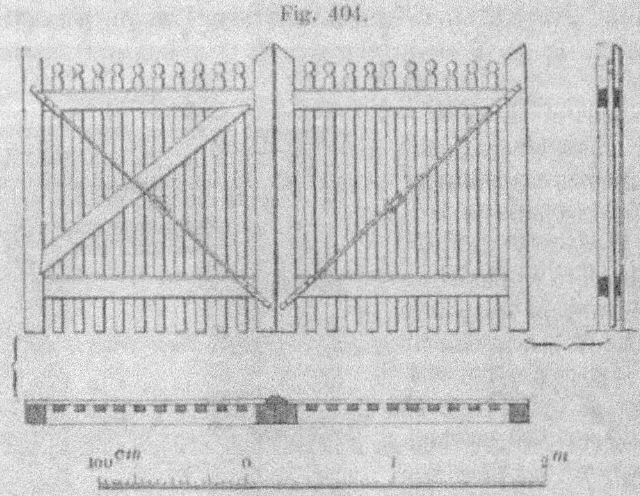

## 2. Portes pleines sur barres ou sur châssis.

Les portes sur barres se composent d'un revêtement en planches ou en madriers, assemblés à rainure et languette, et fixés sur des barres horizontales, reliées entre elles le plus souvent par des contre-fiches ou écharpes.

Quand les portes sont petites, on se borne souvent à joindre les planches à plat, et à les clouer directement sur les traverses. Les joints se peuvent alors cacher au moyen de petites baguettes couvre-joints, mais l'assemblage à rainure et languette est préférable.

Fig. 405.

La fig. 405, A, B et C, indique trois manières différentes de former les joints du revêtement.

Un exemple de porte sur barres est donné à la fig. 406. Il représente l'un des vantaux d'une porte de remise. Le revêtement est cloué sur trois traverses horizontales que relient deux écharpes fixées à embrèvement sur les premières. [1])

Fig. 406.

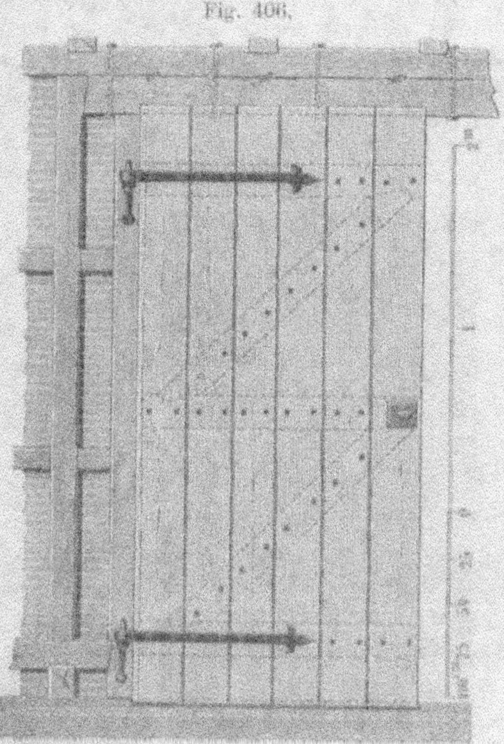

On peut au besoin supprimer la traverse-milieu et n'avoir qu'une seule écharpe, fig. 407.

Quand les planches du revêtement sont posées à plat-joint, on doit dresser leurs tranches avec soin, afin qu'il y ait contact

---

[1]) Le revêtement peut aussi se cheviller au lieu de se clouer sur les barres. Lorsqu'il est cloué, on enfonce quelquefois les têtes au chasse-clous et l'on remplit les vides avec de petits tampons en bois.

Généralement les barres sont chanfreinées sur le pourtour. Cela leur donne meilleur aspect et diminue les chances de dégradation. Leurs dimensions sont ordinairement de 0,10 à 0,12 m sur 0,04 m ou de 0,12 à 0,15 m sur 0,05 m pour planches de 0,03 à 0,05 m d'épaisseur.

sur toute la hauteur. En pareil cas, on pourra les réunir à la
colle-forte avant de les clouer sur les barres, à moins cependant
que la porte ne soit exposée à recevoir de l'humidité.

La solidité de ces portes est beaucoup augmentée lorsqu'on dispose obliquement les planches du revêtement et que
ce dernier est formé d'une double épaisseur d'inclinaison inverse.

Fig. 407.

Pour rendre moins apparentes les fentes que la sécheresse
fait naître au droit des joints dans le revêtement, on abat par
un chanfrein ou par une petite moulure l'une des deux arêtes
du joint. Ces mouvements dans les bois sont inévitables,
aussi dissimule-t-on quelquefois les joints au moyen de petits
couvre-joints, appliqués tant à l'extérieur qu'à l'intérieur de
la porte.

Il est donné à la fig. 408 un exemple de ce mode de construction; le revêtement y est appliqué sur châssis.

### 3. Portes-persiennes.

La solidité de ces portes de même que celle des portes à panneaux que nous allons décrire tout-à-l'heure, dépend surtout de la solidité du bâti d'encadrement. Leur construction est tout-à-fait analogue à celle des persiennes de fenêtres, sauf qu'elles sont composées de pièces de plus fort équarrissage. La fig. 409 donne l'élévation d'une porte de ce genre. Elle est faite de la façon suivante: les traverses (b) et (c) sont assemblées à tenon et mortaise sur les montants principaux, et

Fig. 408.

portent dans leur partie milieu un montant secondaire (d). Les compartiments formés par les barres sont garnis de lames de persiennes qui se fixent dans des feuillures ménagées sur le derrière des montants.

Les pièces (a) et (b) du bâti ont de 18 à 20 cm et le montant (d) 16 cm de largeur. Les arêtes des barres sont toutes chanfreinées. Les lames de persienne ont environ 10 cm de hauteur et se recouvrent de 1 ou 2 cm en projection verticale. Toutes les pièces du bâti ont de 7 à 8 cm d'épaisseur, et les planchettes des lames, 3 cm environ.

Fig. 409.

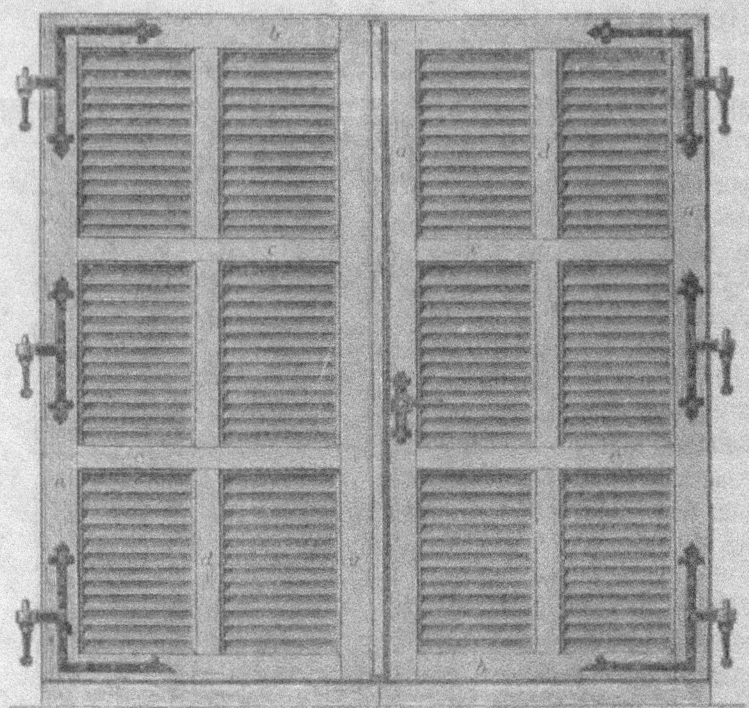

### 4. Portes à panneaux.

Toutes les portes que nous avons vues jusqu'à présent ne
peuvent s'employer que dans les cours et jardins ou dans les
parties secondaires des bâtiments. A l'intérieur et à l'entrée
des maisons, on emploie toujours la porte à panneaux. Elle se
compose, fig. 411, des montants principaux (a a) des traverses
inférieure et supérieure, de traverses intermédiaires (c d)[1],
d'un montant milieu (e h), le tout formant l'encadrement d'un
plus ou moins grand nombre de panneaux. Le montant milieu
n'existe souvent pas. On l'omet toujours dans les vantaux des

[1] Ces traverses prennent des noms différents, tels que: barre de loquet,
barre de frise, suivant la position qu'elles occupent dans le vantail.

portes à deux battants. Dans les portes à un vantail, il devient nécessaire dès que la largeur de la porte dépasse 0,90 m.

Fig. 410.  Fig. 411.  Fig. 412.

Fig. 413.  Fig. 414.  Fig. 415.  Fig. 416.  Fig. 417.

Les dispositions figurées aux exemples 410 à 412 et 420 à 422 s'appliquent donc à des portes à un vantail ayant plus de 0,90 m de largeur; celles des fig. 413 à 417 et 423 à 424 aux portes à deux ou plusieurs vantaux. Le mode de division représenté aux fig. 418 et 419, convient aux portes étroites, c'est-à-dire de largeur inférieure à 0,90 m. Ainsi la porte fig. 418 s'appliquerait bien à une baie de 0,80 m de largeur sur 1,80 m de hauteur. Les arêtes des barres sont abattues par une moulure et les panneaux sont disposés en table saillante. La fig. 419 donne une porte à un battant, de 0,80 m sur 2,00 m, subdivisée en trois panneaux. Enfin le modèle de

la fig. 420 conviendrait à une porte de 1,00 m de largeur sur 2,20 m de hauteur. Lorsque la hauteur est très-grande, on peut adopter une subdivision du genre de celles des fig. 421 et 422. Les fig. 423 et 424 représentent des portes à deux battants; dans la seconde les vantaux ont des largeurs inégales, particularité qui ne se présente que rarement.

Souvent on figure une plinthe, d'environ 1 cm de saillie, au bas du vantail. Les traverses milieu du bâti ont de 8 à 10 cm de largeur, non-compris celle des moulures. La largeur des

traverses supérieure et inférieure et des montants principaux
est de 12 à 15 cm. Les moulures d'encadrement sont à ajouter;
elles entrent pour une largeur de 15 à 25 mm. Les pièces des
châssis s'assemblent à tenon et mortaise; elles sont jointes à
la colle-forte et l'assemblage est renforcé de quelques chevilles
en bois. L'épaisseur du tenon se fait égale au tiers de celle
des barres.

La fig. 425 représente l'assemblage d'angle des pièces du
châssis. Le tenon (y) porte une entaille venant s'embrever dans

Fig. 425.

la partie restante de bois (z) laquelle maintient le tenon dans le sens
vertical. La fig. 426 montre l'assemblage de la traverse-milieu
avec les montants du châssis. L'assemblage des panneaux avec
les barres se fait à rainure et languette, les bords des panneaux
étant suffisamment amincis pour se loger directement dans les
rainures. Pour donner à la porte plus d'élégance, on garnit
de moulures l'arête qui forme le pourtour des panneaux. Ces
moulures sont tantôt tirées sur le bois même de la barre et
tantôt rapportées et fixées à la colle-forte. La première disposition convient aux portes simples, la seconde, aux portes
ouvragées.

22*

Fig. 426.

Fig. 427.

Fig. 428.

Fig. 429.

Fig. 430.

Fig. 431.

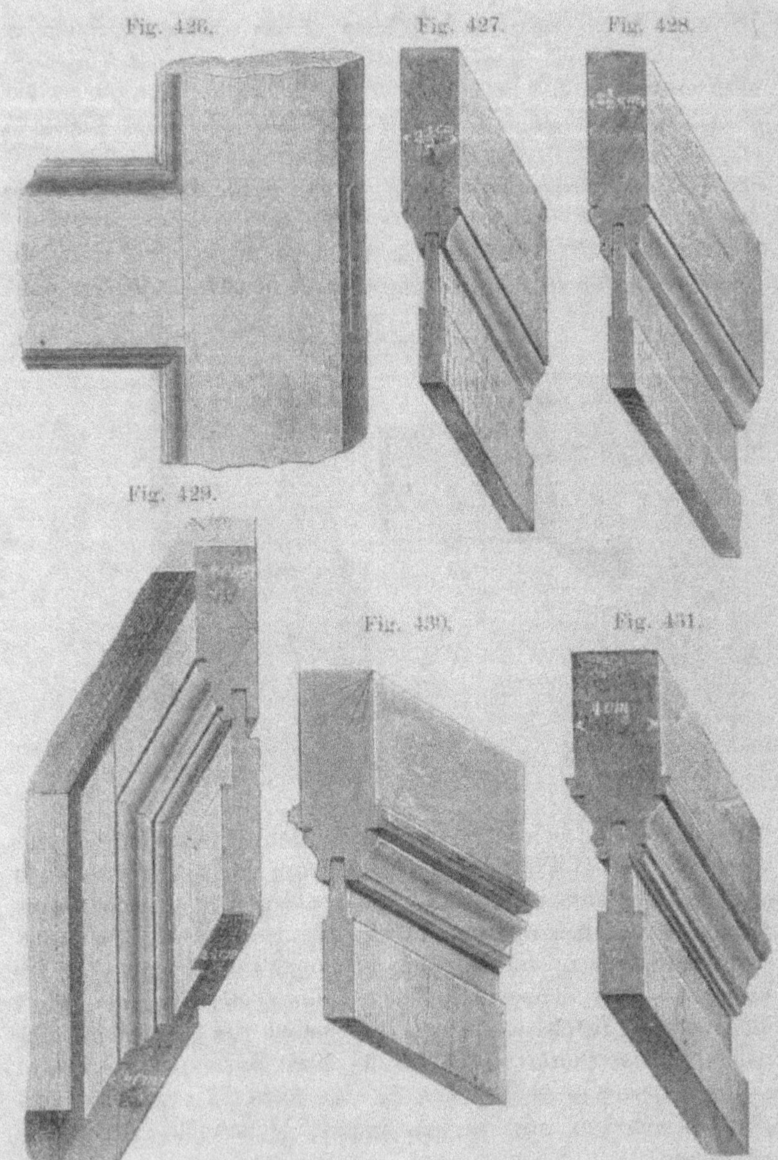

Les fig. 427 et 428, donnent deux exemples du premier genre. Ils s'appliquent au cas où les deux côtés de la porte doivent être apparents. Quand cela n'a pas lieu, comme dans les portes de cave ou de grenier, on se contente ordinairement de ne figurer des moulures que d'un côté. L'équarrissage des bois du bâti peut alors légèrement se réduire, fig. 429.

Dans les fig. 430 et 431, les moulures sont en partie sur bois, et en partie rapportées. Ces dernières sont fixées à la colle; il faut éviter leur emploi dans les portes extérieures parceque celles-ci sont toujours plus ou moins exposées à l'action de l'humidité.

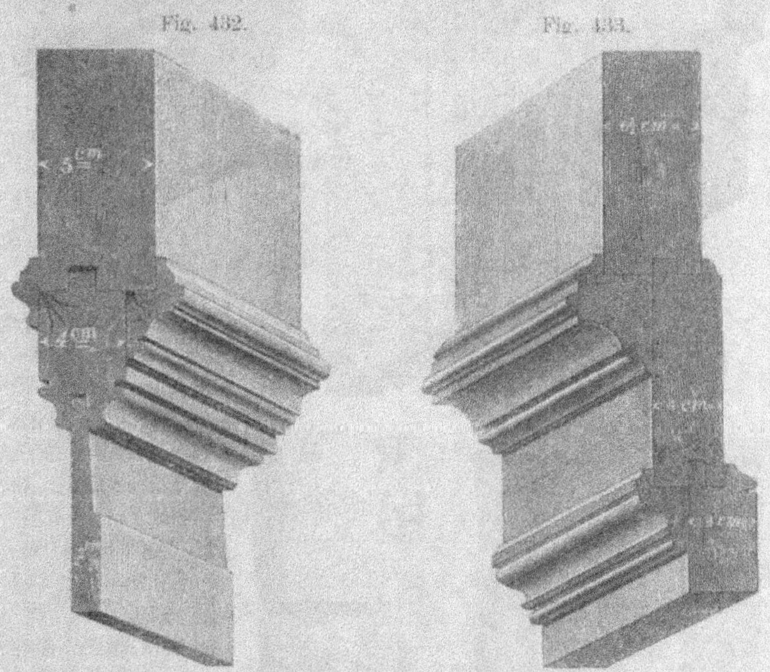

Fig. 432.

Fig. 433.

Pour les portes richement décorées, il convient de laisser les pièces du bâti unies et de rapporter toutes les moulures. Celles-ci sont alors tirées sur une pièce indépendante qui, d'une

part s'assemble sur les barres du châssis et qui, de l'autre
reçoit la table des panneaux. Le joint de cette pièce avec

Fig. 434.

Fig. 435.

Fig. 436.

les bois du bâti
est dissimulé par
d'autres moulures
rapportées, fig. 432
et 433. — Dans
les portes exposées
à l'humidité, on
évite l'emploi de
ces moulures se-
condaires fig. 434
et 435.

Les quatre der-
niers modes de con-
struction fig. 433
à 435, font pa-
raître la porte plus

massive et par conséquent plus solide. On pourrait appliquer
également aux portes extérieures, les dispositions des fig. 433
et 434, mais à condition de fixer les pièces rapportées par des
vis à bois, et de bien boucher les joints au mastic à l'huile.
Pour la décoration de ces portes, on se sert aussi de moulures
en fonte ou en zinc moulé.

Les panneaux s'assemblent sur le châssis à rainure et
languette, fig. 436. Quand ils sont de très-petites dimensions,
on remplace quelquefois la rainure par une simple feuillure.

Les épaisseurs que l'on adopte ordinairement pour les différentes parties sont:

Pour les barres de châssis des petites portes, 4 cm.

Pour celles des grandes portes, de 5 à 6 cm.

Pour les panneaux

        des petites portes   2 cm,

        des grandes portes  2,5 cm.[1])

Dans les portes à deux battants, les vantaux se recouvrent par un joint oblique et portent une moulure sur l'arête
saillante, à l'effet de cacher ce joint, fig. 437. Ces couvre-joints

Fig. 437.

servent en même temps d'arrêt aux vantaux. Ils se font de
profils très-divers. Ainsi à la fig. 438, on leur a donné la
forme de montants cannelés; ordinairement ils ont 2 cm d'épaisseur sur 5 cm de largeur.

En général, les deux vantaux ont même largeur. Il peut
arriver cependant qu'on soit conduit à les faire inégaux, comme,
par exemple, quand la largeur de la porte est trop petite pour
que l'ouverture d'un seul battant suffise à livrer commodément

---

[1]) En France, les épaisseurs usuelles des portes intérieures sont 0,020 m,
0,027 et 0,034 m; quant aux panneaux, ils ont de 0,014 à 0,027 m. Le
joint des vantaux se fait généralement en feuillure.

passage. On donne alors les mêmes dimensions aux panneaux des vantaux, et l'on rattrape l'excès de largeur de l'un d'eux par une fausse moulure, correspon-

Fig. 438.

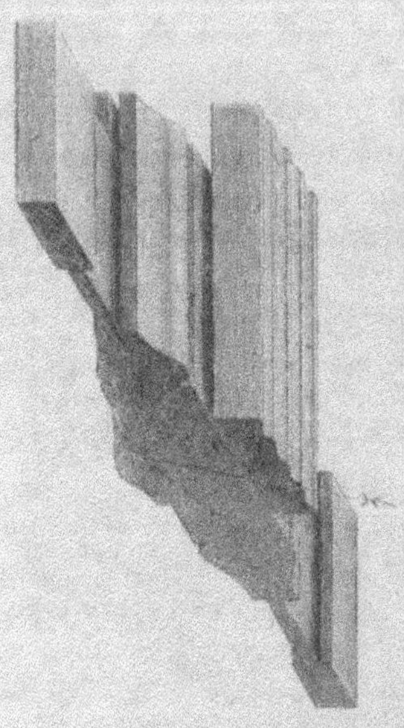

dant à la moulure couvre-joint. La porte conserve ainsi son aspect symétrique, et la serrure et la poignée trouvent aisément leur place entre les deux moulures, fig. 439, 445 et 446.

Dans les portes simples, l'huisserie peut servir directement de chambranle; on rabote alors les parties apparentes du bois. Quand les portes sont plus soignées, on les entoure d'un chambranle, et l'on garnit les parois intérieures de la baie d'un lambris d'embrasure.[1]) Si le mur n'a qu'une brique d'épaisseur, le revêtement du tableau peut se composer d'une seule planche, fig. 440. Dans un mur plus épais, il sera formé d'une menuiserie tout-à-fait semblable à celle d'un vantail de porte, sauf qu'elle aura une moindre largeur, fig. 441 et 442 I à IV. L'embrasure porte d'un côté une feuillure (x), dans laquelle se vient loger la porte.

Fig. 439.

[1]) La menuiserie semblable au chambranle, qui se place de l'autre côté du mur et qui ne reçoit pas de porte, se nomme le contre-chambranle.

En Allemagne, on donne habituellement 2 cm de largeur à cette feuillure; sa profondeur, se fait égale à l'épaisseur de la porte; elle sera donc, d'après ce que nous avons vu précédemment, d'environ 4 cm.

En Autriche, la feuillure ne se place pas dans le lambris du tableau, mais sur le montant d'huisserie. Le chambranle est alors fixé un peu en retraite, et la largeur de la feuillure se trouve augmentée de toute l'épaisseur du lambris d'embrasure. Dans les deux cas, le chambranle vient jusqu'au bord de la feuillure, fig. 446. Son mode de fixation est représenté aux fig. 440 et 441. De petites lattes (z), fixées sur des coins en bois scellés dans la maçonnerie, bordent l'enduit sur le pourtour de la baie. Le chambranle s'applique sur ces lattes, en les dépassant d'une petite quantité de façon à recouvrir un peu l'enduit.

Fig. 440.   Fig. 441.

Fig. 442.

La fig. 443 A C donne quelques profils de chambranles. Le joint des angles se fait par un assemblage d'onglet avec embrèvement, les pièces étant de plus réunies à la colle. La fig. 444 représente l'about de l'un des montants.

Quant à la largeur du chambranle, elle se fait généralement

égale au $\frac{1}{6}$ de la largeur de la baie, proportion qui lui donnèrent déjà les Grecs. Le chambranle d'une porte de 1.20 m, aura, par exemple, 0,20 m de largeur. Souvent, cependant, par raison d'économie, on réduit cette largeur au $\frac{1}{7}$ et même au $\frac{1}{8}$ de l'ouverture.

Fig. 443.　　　　　　　　　　　　　　Fig. 444.

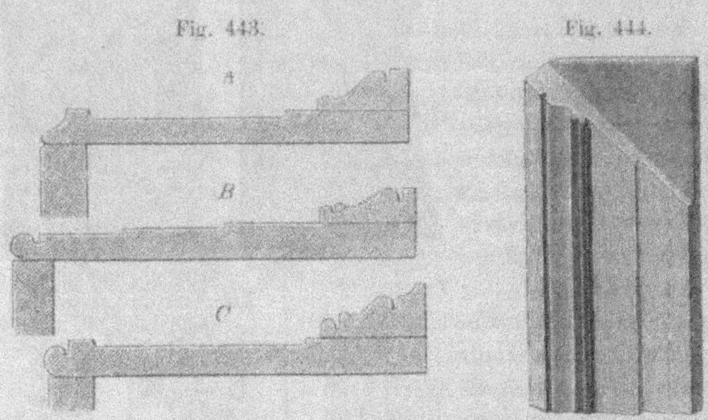

Nous donnons aux planches 2, 3 et 4 différents modèles de portes usitées en Allemagne.

Sur la planche 2 sont figurées l'élévation et la coupe de deux portes à 1 battant. La porte de la fig. 1, a 0,86 m de largeur sur 1,96 m de hauteur; les cotes inscrites sur la figure indiquent les largeurs des différentes pièces du châssis et des panneaux. Cette porte ne convient qu'aux pièces secondaires à cause de sa faible largeur. Le modèle de la fig. 2 est applicable aux portes d'appartement.

La fig. 1 de la planche 3, représente une porte de grande largeur, à un seul battant. L'embrasure y est divisée en deux parties de largeurs différentes, ce qui peut être motivé par la grande épaisseur de la muraille; par le désir d'éviter un revêtement d'embrasure avec cadre et panneaux, ou enfin par la nécessité de donner à la baie de plus grandes dimensions d'un côté que de l'autre.

Fig. 445.

Fig. 446.

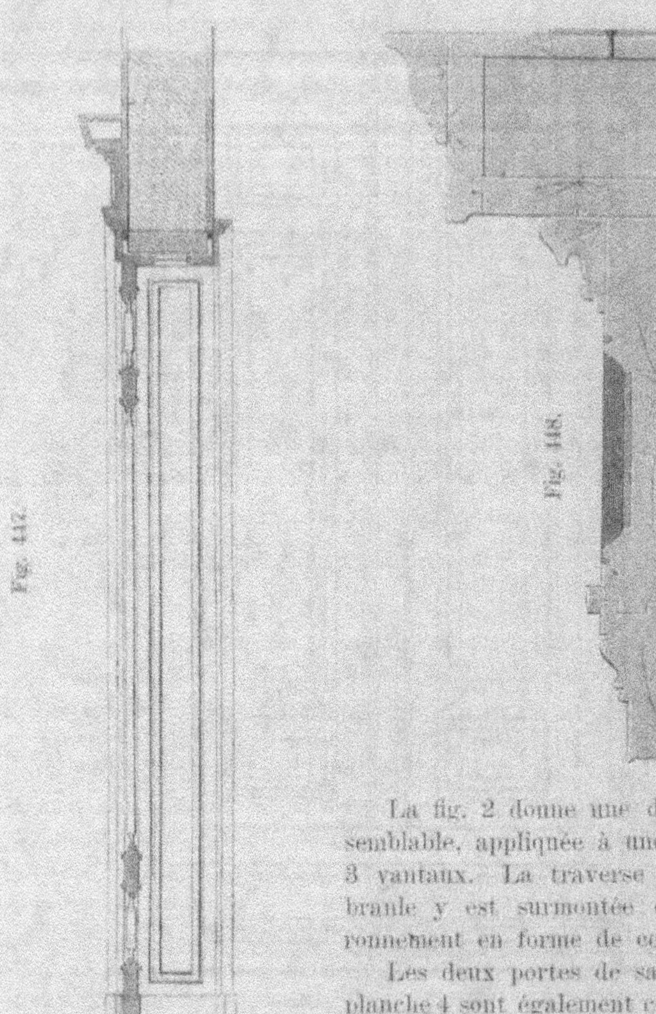



La fig. 2 donne une disposition semblable, appliquée à une porte à 3 vantaux. La traverse du chambranle y est surmontée d'un couronnement en forme de corniche.

Les deux portes de salon de la planche 4 sont également couronnées d'une corniche (v), mais celle-ci repose sur une frise, au lieu de porter directement sur le chambranle. Les barres du bâti ayant une grande largeur, on les a décorées au milieu d'un filet rapporté ou simplement figuré.

Les portes des maisons bourgeoises se peignent en blanc ou en imitation de bois, de couleur claire ou foncée. A Berlin, on entoure souvent les portes foncées d'un chambranle blanc. La peinture se fait à l'huile ou à l'encaustique.

Les fig. 445 à 447 représentent une porte à six panneaux et à deux battants, en plan, coupe et élévation. Ses dimensions dans œuvre sont 1,25 sur 2,65 m. Les hauteurs qu'il faut donner à la frise et à la corniche dépendent de la largeur du chambranle. Elles se font généralement égales à cette largeur. Si donc cette dernière mesure le $^1/_7$ de l'ouverture, soit environ 0,18 m pour une baie de 1,25 m, la hauteur totale de l'architrave, de la frise et de la corniche sera de 0,54 m, correspondant à peu près au $^1/_5$ de la hauteur de la baie. On remarquera dans la coupe, fig. 447, que le bas de la porte s'appuie contre une pièce de seuil qui fait saillie de 1,5 à 2 cm sur le parquet, et qui présente d'un côté une légère feuillure pour recevoir la porte. Cette disposition n'est pas à suivre quand la communication entre les deux pièces adjacentes est fréquente. La saillie du seuil forme un obstacle qui peut causer des chutes; il vaut donc mieux la supprimer.

## Portes vitrées.

Dans certains cas la porte doit non-seulement servir à séparer deux pièces contiguës, mais aussi à éclairer l'une d'elles.

Fig. 449.  Fig. 450.  Fig. 451.

On substitue alors des vitrages en verre coloré, dépoli, etc. aux panneaux en bois de la partie supérieure des vantaux. La

feuillure dans laquelle les vitres viennent se loger, peut être
tirée directement sur les barres du bâti, et, si les panneaux
sont subdivisés par des petits-bois, ceux-ci être fixés sur les
barres, comme dans les croisées ordinaires; ou bien les vitres
peuvent être montées sur un châssis que l'on rapporte tout
d'une pièce sur le bâti. La fig. 450 donne l'élévation d'une porte
d'appartement vitrée; la fig. 449, le détail des petits bois. Dans
les portes d'entrée vitrées on protège les vitres par un grillage
en fonte, en fer forgé ou en tôle découpée (voir planche 8).

Fig. 452.

La fig. 451 représente une
porte vitrée à deux battants.

Souvent les couloirs, vesti-
bules, verandas, etc., ne sont
séparées des portes adjacentes de
l'habitation que par une cloison
vitrée. La construction de ces
cloisons est tout-à-fait analogue
à celle des portes à panneaux.
Les châssis sont garnis de
panneaux pleins, à la partie
inférieure, et de vitrages, avec
ou sans petits bois, à la partie
supérieure fig. 452. La cloison s'élève généralement jusqu'au
plafond. Dans le cas particulier représenté à la fig. 452, elle
porte à la hauteur de 2,50 m une imposte moulurée. S'il est
nécessaire, l'une des baies peut être rendue ouvrante et former
porte.

### Portes à coulisse et portes roulantes.

Dans les grandes salles de réception les portes battantes
ont l'inconvénient de prendre beaucoup de place par l'ouverture
des battants et d'abîmer les portières, lorsque les baies sont
garnies de tapisseries.

Pour ces raisons, on leur substitue quelquefois des portes
roulantes ou à coulisse, surtout quand les deux pièces attenantes
doivent être en communication fréquente.

Le vantail d'une porte à coulisse se construit comme les vantaux des portes d'appartement ordinaires; ces portes ne diffèrent donc que par leur mode de suspension et d'ouverture. Les portes roulantes s'ouvrent transversalement et pénètrent généralement dans une fente pratiquée dans l'épaisseur de la muraille. Elles sont pourvues de galets qui se trouvent placés soit à la partie inférieure, soit à la partie supérieure des battants. Quand ces galets sont fixés dans le haut, ils suspendent la porte à une barre de fer qui leur sert de rail. Cette disposition est préférable à celle avec galets à la partie inférieure. Le vantail ne doit pas porter de parties saillantes sur ses parements, c'est-à-dire, de moulures rapportées, afin qu'il remplisse bien toute l'ouverture de la fente. Quel que soit le soin apporté à la construction de ces portes roulantes, elles ne ferment jamais aussi bien que les portes battantes, car il faut toujours laisser au vantail un peu de jeu pour qu'il ne soit pas exposé à frotter contre les côtés de la fente. On se dispense souvent de ménager une fente dans l'épaisseur du mur et l'on applique la porte simplement contre l'un de ses parements (voir planche 5, fig. 2).

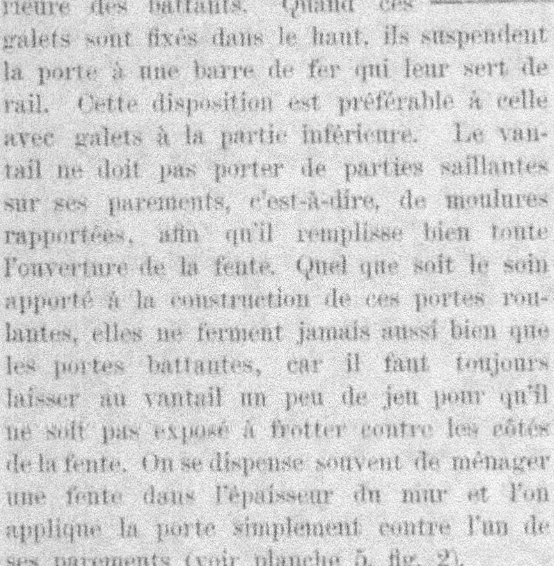

Fig. 454.

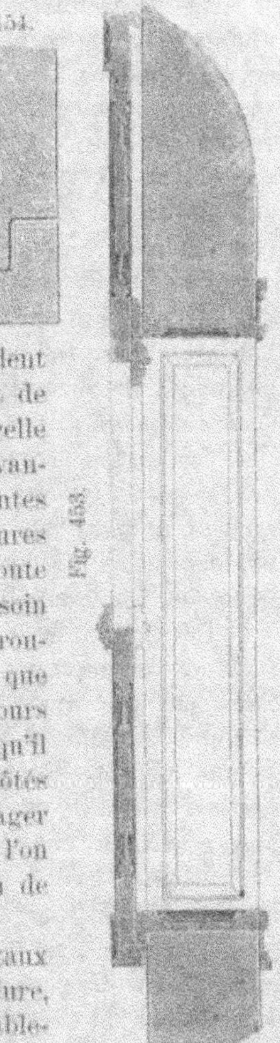


Quand la porte est à coulisse, les vantaux sont terminés haut et bas par une feuillure, et s'engagent dans des coulisses convenablement disposées pour les recevoir, fig. 454. Les vantaux sont limités dans leur course par une latte saillante

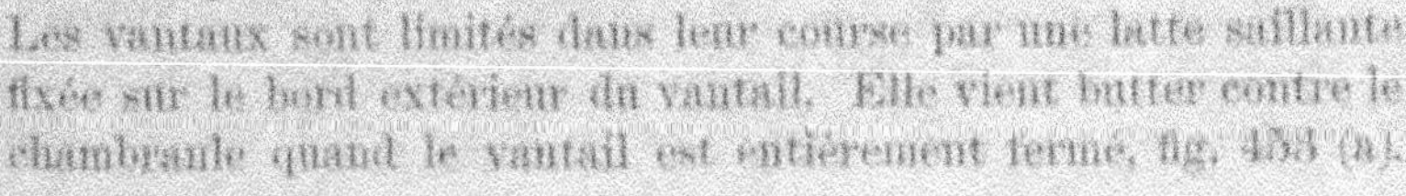

fixée sur le bord extérieur du vantail. Elle vient butter contre le chambranle quand le vantail est entièrement fermé, fig. 453 (a).

L'embrasure et le chambranle d'une porte à coulisse ne présentent rien de particulier.

La disposition avec coulisse n'est pas à recommander. Les angles diagonalement opposés de la porte finissent toujours par se coincer dans les coulisses, même quand les parties frottantes sont convenablement graissées ou sont formées de matériaux à frottement doux. Cet effet se produit d'autant plus facilement que l'on saisit le vantail en un point plus éloigné du milieu de sa hauteur. Il sera donc toujours préférable d'adopter une disposition avec galets.

Ces galets peuvent être en bois, en fer ou en laiton; le bois ne convient qu'aux portes très-légères; le fer, aux portes lourdes. Pour les portes soignées les galets en laiton sont les meilleurs; ils se meuvent facilement sur un guide en fer, même sans graissage.

Ces galets se fixent ordinairement aux angles supérieurs de la porte qui se trouve donc suspendue à la barre de fer servant de guide aux galets. Dans ces conditions, le mécanisme de suspension est moins exposé à la poussière que placé sur le sol, et, par conséquent, moins sujet à se déranger.

Les figures de la planche 5 donnent les détails d'une porte roulante d'appartement. Les galets en laiton (a, a) sont soutenus par des étriers en fer méplat (b, b) fixés à la barre supérieure du châssis de la porte. Ils sont disposés de façon à ce que le centre de gravité du vantail soit placé dans le plan vertical passant par le milieu des galets. Une barre de fer plat, placée de champ et soutenue, de distance en distance, par de petites consoles en fonte, forme le guide des galets. Le lambris d'embrasure ne se pose que lorsque la porte a été mise en place. On rend l'un des côtés du lambris mobile sur charnières, afin de pouvoir arriver au mécanisme de suspension, dans le cas de réparations, sans être obligé de défaire la menuiserie de revêtement. Quand la porte est à deux vantaux, on fixe un arrêt au milieu de l'ouverture, pour que les vantaux ne puissent dépasser les limites de leurs courses respectives. La partie inférieure de la porte est maintenue par une coulisse fixée dans le sol. Cette coulisse est entièrement engagée dans le seuil, afin d'éviter les saillies sur le plancher. On la supprime quelquefois tout-à-fait dans la largeur de la baie et on ne guide la porte que dans l'intérieur des fentes. La forme du guide peut alors être quelconque. Lorsqu'il fait saillie, il peut se composer d'une petite cornière ou d'un fer à simple T; l'une des branches de la cornière ou l'âme du T est disposée verticalement et s'engage dans une rainure pratiquée dans la traverse inférieure des vantaux. Il faut faire cette rainure assez profonde pour que le fer ne touche pas au fond, et ne soit guidé que par les côtés. Pour éviter le ballottement de la partie inférieure de la porte, on munit l'un de ses angles d'un verrou vertical à coulisse.

Quand le guide est formé d'une rainure, le vantail porte une cheville en bois ou en fer qui s'y engage d'une petite quantité, fig. 5, planche 5. Il faut faire la rainure assez profonde pour qu'elle ne se remplisse pas trop vite de poussière. La dernière disposition peut s'adopter même dans le cas de parquets ouvragés, car la rainure n'est que peu apparente dans le seuil.

### Portes d'entrée et portes cochères.

Les portes d'entrée doivent être naturellement de construction plus solide que les portes d'appartement. Elles se font toujours à battants et s'ouvrent vers l'intérieur du bâtiment. Dans les constructions en briques, on donne à la feuillure une demie brique ou une brique de largeur, et l'on place la porte d'au moins une brique en retraite sur la façade, afin qu'elle soit moins exposée à la pluie. En général, on ménage un jour, audessus de la porte, pour éclairer l'entrée quand la porte est fermée. La menuiserie dormante ou l'imposte est séparée de la porte par une membrure munie de feuillures haut et bas. D'un côté vient se placer le châssis vitré de l'imposte et de l'autre, le bord supérieur des vantaux.

La largeur des portes cochères varie, comme nous l'avons vu, de 2,30 à 3,20 m. L'ouverture de vantaux d'aussi grandes dimensions a pour effet de laisser entrer la poussière, le froid ou la chaleur dans l'intérieur de la construction. Pour éviter cet inconvénient, on adopte généralement une disposition qui permet de laisser passer les piétons sans être forcé d'ouvrir les battants de la porte. On établit dans l'un de ces vantaux une petite porte secondaire, à un seul battant[1], planche 7, fig. L. Les vantaux principaux n'ont alors besoin d'être ouverts que pour le passage des voitures.

Fig. 455.

Les bords de la baie sont toujours protégés à la partie inférieure par des bornes en pierre ou par des chasse-roues en fonte.

La fig. 455 représente une des formes les plus simples de porte-cochère. Elle est composée d'un fort châssis, formé de montants et de traverses,[2] encadrant des panneaux à table saillante. La partie inférieure est garnie d'une plinthe et la partie supérieure se termine en arc de cercle.

Les portes d'entrée ordinaires n'ont que de 1,50 à 2,00 m de largeur; nous en donnons trois exemples aux fig. 456, 457 et 458. Dans la première, les moulures sont en partie rapportées et en partie tirées sur les bois mêmes du bâti; les panneaux sont embrevés à table saillante. Le couvre-joint a la forme d'une colonnette unie que termine un socle dans le bas et chapiteau dans le haut.

Dans la fig. 457, toutes les moulures sont tirées sur des pièces intermédiaires venant s'embrever sur les barres du châssis,

[1] Ce petit battant doit se figurer aussi sur l'autre vantail, mais il ne s'ouvre pas.

[2] L'épaisseur des pièces du bâti d'une porte-cochère se proportionne à la hauteur des battants; on leur donne ordinairement 0,025 m à raison de chaque mètre de hauteur.

Les deux vantaux se joignent par une feuillure ou par une „fermeture à noix". Dans cette dernière, l'un des vantaux présente une gorge et l'autre un demi-cylindre de même rayon. Elle est préférable à la fermeture à feuillure.

Le couvre-joint est cannelé et est disposé en pilastre. Une membrure horizontale traverse la porte à la hauteur de la cymaise. Elle peut se décorer comme le couvre-joint au moyen d'ornements rapportés. Quand la porte est en sapin, ces ornements sont en zinc moulé, et quand elle est en chêne plaqué, ils sont en bois découpé.

La porte représentée à la fig. 458 est d'un modèle plus riche. Ses panneaux sont encadrés d'un grand nombre de moulures auxquelles peuvent encore s'ajouter des ornements en zinc moulé ou en bois découpé. Les panneaux du milieu se profilent en demi-rond haut et bas, avec raccordement à angle saillant sur les côtés. Le couvre-joint est formé d'un pilastre cannelé couronné d'un chapiteau. Entre les panneaux inférieurs et la membrure horizontale sont fixés des ornements en zinc moulé. Les panneaux du milieu peuvent se remplacer par des châssis vitrés, quand la porte doit fournir du jour à l'entrée.

Nous donnons en détail aux planches 6, 7, 8 et 9 diverses dispositions de portes d'entrée.

Dans la fig. 1, planche 6, la baie est recouverte par un linteau droit et les panneaux principaux des battants sont remplacés par des vitrages (a. a). La porte fig. 2 est cintrée dans le haut, les panneaux sont en bois, et l'ensemble est d'un caractère plus massif que dans l'exemple précédent.

Les portes de la planche 7 rentrent déjà dans les modèles de portes-cochères. Elles ont 2,70 m de largeur. L'une est à trois, l'autre, à deux vantaux. On n'ouvre les trois vantaux que lorsqu'il faut donner passage à une voiture; la sortie ou l'entrée des piétons se fait par le vantail du milieu. Pour garantir les arêtes de la maçonnerie et des battants on dispose de petites bornes (p) de chaque côté de la baie.

La planche 8 donne un exemple de porte d'entrée de maison particulière. Elle est d'un modèle beaucoup plus riche que les précédentes. La fig. 1 représente l'élévation extérieure, et la fig. 2, l'élévation intérieure. Les fig. 3 et 4 donnent deux coupes horizontales et enfin la fig. 5, la coupe verticale par l'axe d'un des vantaux.

La porte est fixée aux montants d'huisserie (a) qui ont 0,125 m sur 0,07 m. Ils portent la feuillure dans laquelle se viennent loger les battants; leur parement est dissimulé par le chambranle. Le bâti des vantaux est formé de barres (b) de 0,05 m d'épaisseur. Les panneaux du haut sont évidés pour l'éclairage de l'entrée. Une moulure rapportée (d), fixée à l'aide de vis à bois, cache le joint des barres et des panneaux. Les ouvertures dans ces derniers sont fermées par des châssis vitrés qu'un grillage en fonte protège à l'extérieur. Le couvre-joint a la forme d'une colonnette d'un côté, et d'une simple latte cannelée, de l'autre.

La membrure d'imposte est fixée sur le cadre d'huisserie. Elle est munie de feuillures pour recevoir le châssis vitré de l'imposte et les vantaux de la porte. Cette membrure projette principalement sur le devant de la porte, où elle forme comme un entablement que vient couronner une cymaise en zinc moulé. Les détails de construction ressortent des différentes figures.

Un dernier exemple de porte d'entrée est donné à la planche 9. Cette porte a 2,20 m de largeur. Elle est très-ouvragée et son ornementation est faite exclusivement au moyen de pièces rapportées.

### Ferrures des portes.

Les mécanismes qui servent à la fermeture et à la suspension des portes sont des ouvrages de serrurerie que l'on désigne d'une manière générale sous le nom de ferrures ou de ferrements. Ils comprennent, d'une part, les pentures, fiches et gonds et d'autre part, les verrous et les serrures.

Les ferrements doivent relier les vantaux au chambranle ou aux montants d'huisserie de telle manière, qu'on puisse ouvrir ou fermer la porte facilement et doivent fournir en même temps le moyen de la maintenir fermée.

On fait des portes dans lesquelles les parements sont entièrement recouverts d'une tôle plus ou moins épaisse. Ce revêtement a pour but de garantir la porte contre le feu et d'en rendre l'effraction plus difficile. Ces portes se rencontrent dans les bâtiments militaires, dans les magasins, bureaux, caisses etc., et comme portes de combles, lorsque l'escalier est construit en matériaux incombustibles.

La construction de pareilles portes est des plus simples. Les châssis et les panneaux ont la même épaisseur et sont embrevés de manière à ce que les parements affleurent des deux côtés. On recouvre en suite l'un des parements, ou même les deux, avec de la tôle mince, et l'on garnit l'extérieur d'ornements en zinc si la construction exige de la décoration.

Les attaches des vantaux au chambranle ou à l'huisserie se composent de pentures et de gonds ou de fiches.

Les pentures se font de formes très-variées.

Fig. 459.
Fig. 460.

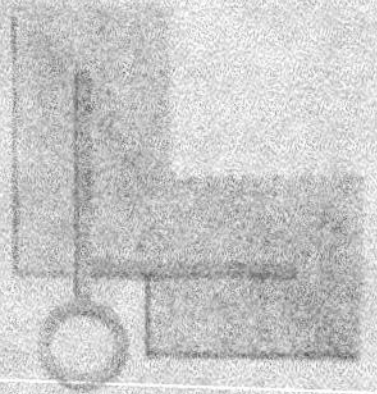

Les portes lourdes, ordinaires, telles que les portes de granges, se ferrent avec des pentures à pivot. Au lieu d'être munie d'un nœud, comme à l'ordinaire, la penture porte un pivot, fig. 461, qui s'engage, à la partie supérieure de la porte, dans un collier à deux branches, scellé dans l'angle de la feuillure, fig. 459, et à la partie inférieure, dans une crapaudine fixée dans le seuil, fig. 460. Il est clair que le centre du collier doit se trouver sur la même ligne verticale que le milieu de la crapaudine, pour que la rotation du vantail ait lieu bien horizontalement.

Fig. 461.     Fig. 462.

Avec ces ferrures, l'axe de rotation est situé dans le plan milieu de la porte. Il pourrait être utile de le placer en dehors; on donnerait alors à la penture une forme coudée, comme l'indique la fig. 462.

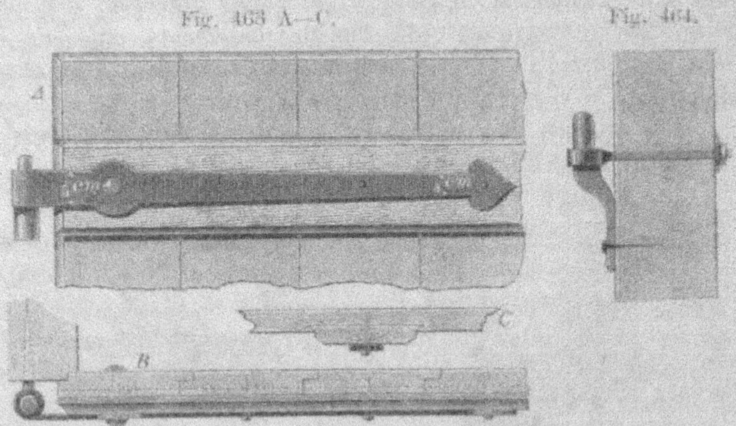

Fig. 463 A—C.     Fig. 464.

Les portes communes, telles que les portes de cave, de grenier, de jardin, etc., construites sur barres, se ferrent avec des pentures et des gonds, de forme analogue à celle représentée

à la fig. 463. Ces pentures sont formées d'un fer méplat, re-
courbé en œillet à l'une de ses extrémités et ayant de 0,03 m
à 0,05 m de longueur. On les fixe sur les barres de la porte
au moyen de quelques clous, fig. 463. A—C. L'ensemble d'une
porte sur barre, ferrée avec des pentures de ce genre, a été
donné aux fig. 406 et 407.

Les gonds se font
à pointe ou à scelle-
ment; quelquefois on
leur donne des dis-
positions spéciales,
fig. 464. Les gonds
à pointe ne convien-
nent qu'aux portes
légères.

Les portes sur
châssis et les portes
communes à pan-
neaux reçoivent des
pentures ayant la
forme d'un simple T,
fig. 465.[1]) Ces pen-
tures ou pannelles
s'emploient surtout

Fig. 465.

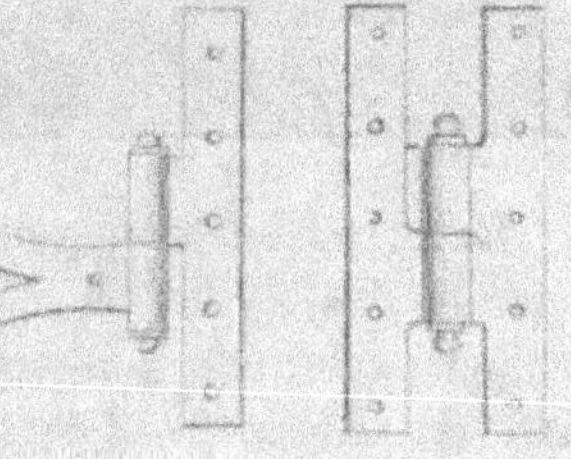

pour les portes sur châssis. Elles se posent sur le parement

---

[1]) La penture en forme de T prend plus particulièrement le nom de
pannelle. On en distingue de différentes sortes, dont les principales sont:
    la pannelle simple à T;
    la pannelle simple à équerre, toutes
      deux se complétant par un gond,
      à pointe ou à scellement;
    la pannelle double à T, et
    la pannelle double à équerre.
Toutes ces pannelles prennent le nom
de pannelles à boules, lorsque les nœuds
sont terminés par des boutons, comme sur
les deux figures ci-contre.

des bois ou sont entaillées dans leur épaisseur, et se fixent à
l'aide de vis à bois ou de petits boulons.

Une autre espèce de penture dont il a été fait grand
usage au moyen âge, et qui sert encore aujourd'hui dans les
édifices construits dans le style de cette époque, est représentée
à la fig. 466. La branche de la penture s'y développe en
arabesques couvrant une partie du vantail et contribuant à lui
donner plus de solidité et un meilleur aspect, tout en n'ajoutant que peu à la dépense. On fixe ces pentures au moyen de
boulons et de clous à large tête.

Fig. 466.                                           Fig. 467.

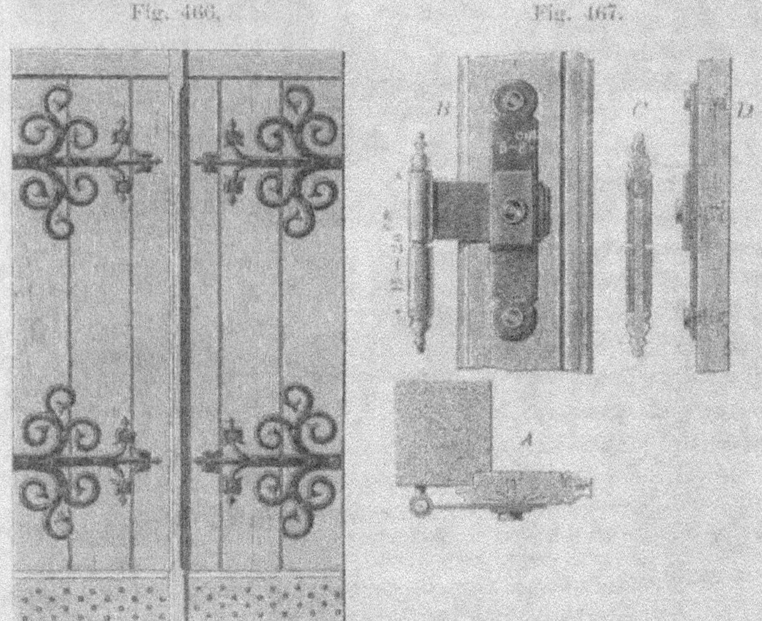

Enfin on se sert encore pour les portes de grande largeur
de paumelles ayant la forme représentée à la fig. 467. Elles
se fixent avec des boulons et s'accrochent sur des gonds auxquels on donne la forme d'une fiche à mamelon. Ces gonds
sont fixés sur l'encadrement de la baie, fig. 467, A—D.

Les portes d'armoires, de caisses, et d'une manière générale, toutes les portes de petites dimensions dont les attaches doivent rester cachées, se ferrent avec des charnières, fig. 468.

Elles se composent de deux lames rectangulaires, réunies par un nombre impair de nœuds que traverse une petite broche fixe ou amovible.

Les portes d'entrée et d'appartement se ferrent avec des fiches. Celles-ci sont formées d'ailerons en fer dont les nœuds

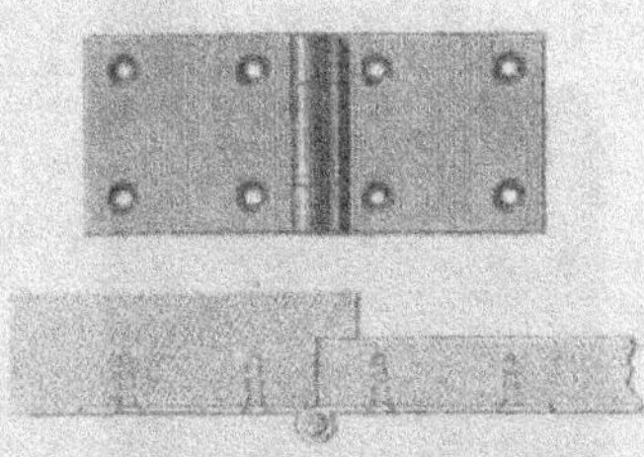
Fig. 468.

(m n) et (n c) sont traversés par une broche commune. Cette broche est fixée dans le nœud inférieur par deux petites goupilles (x).

L'aileron inférieur de la fiche se visse sur l'encadrement de la baie, et l'aileron supérieur sur le montant du bâti de la porte.

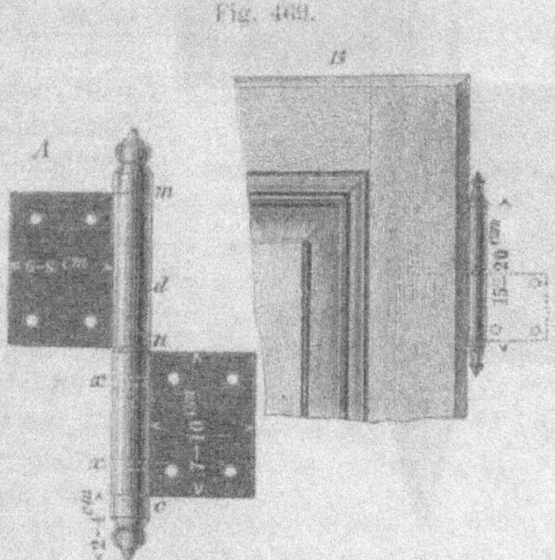
Fig. 469.

Chaque vantail se garnit ordinairement de deux fiches; lorsque ses dimensions sont grandes, on en ajoute une troisième.

Fig. 470.

Les fiches sont généralement en fer, quelquefois en laiton. Ces dernières ne s'emploient que dans les constructions soignées.

Pour les grandes portes, on se sert aussi de fiches à trois ailerons, fig. 470, a, b, c; leur longueur totale, sans les boutons, varie entre 15 et 20 cm. [1])

Pour que les portes se referment d'elles-mêmes, quand on les laisse ouvertes, on emploie différents expédients et mécanismes. Nous en citerons un petit nombre se recommandant par leur simplicité.

Quand il s'agit de portes lourdes, portes-cochères ou autres, on pourra recourir à la disposition suivante.

Sur le montant du bâti, près de l'angle inférieur de la porte, on fixe, à une distance de 0,30 m à 0,50 m

[1]) On distingue diverses espèces de fiches. Telles la fiche à broche, la fiche à vase, la fiche à siffler, la fiche à chapelets etc. La fig. 469 représente une fiche à vase. Dans la fiche à siffler, les nœuds se touchent par

du sol et à 0,07 m de la feuillure, un petit collier tarraudé (b), fig. 471. Il est traversé par une vis (a) dont l'extrémité inférieure est arrondie et s'engage dans un évidement pratiqué à l'extrémité supérieure d'une barre de fer (d). Celle-ci repose à sa partie inférieure dans une crapaudine (c), solidement fixée dans le sol. Lorsqu'on ouvre la porte, le vantail se trouve légèrement soulevé dans ses gonds par la barre de fer; son propre poids le ramène dans la feuillure, dès qu'on lâche la poignée.

Fig. 471.

Fig. 472.

Il faut que la barre de fer ne prenne sa position verticale que lorsque le battant est ouvert à un angle de 90 degrés. Cette condition est facilement remplie au moyen de la vis de réglage. On peut également appliquer le mécanisme à mi-hauteur de la porte, mais il faut alors naturellement remplacer la crapaudine par un autre genre d'appui.

Un autre dispositif de fermeture automatique est représenté à la fig. 472. Un levier en fer est relié à un fort ressort en spirale logé dans une boîte en laiton. On fixe cette boîte sur le chambranle de la porte, en appuyant le levier contre le vantail. L'ouverture de la porte produit la tension du ressort

des plans inclinés de 45 degrés, de sorte qu'en ouvrant la porte, les deux plans glissent l'un sur l'autre et la porte se soulève et passe aisément par dessus un tapis.

La flèche à chapelets ne diffère de la flèche à vase que par le nombre plus grand des ailerons.

qui tend à la ramener constamment dans sa feuillure. On donne ordinairement au levier une longueur égale au quart de la largeur de la porte.

Fig. 473.

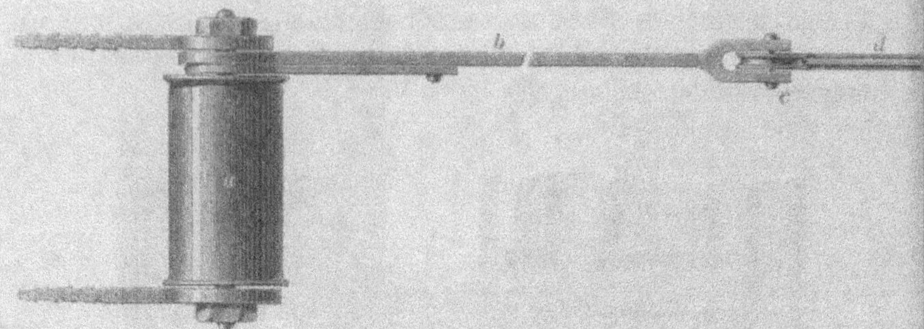

Fig. 474.

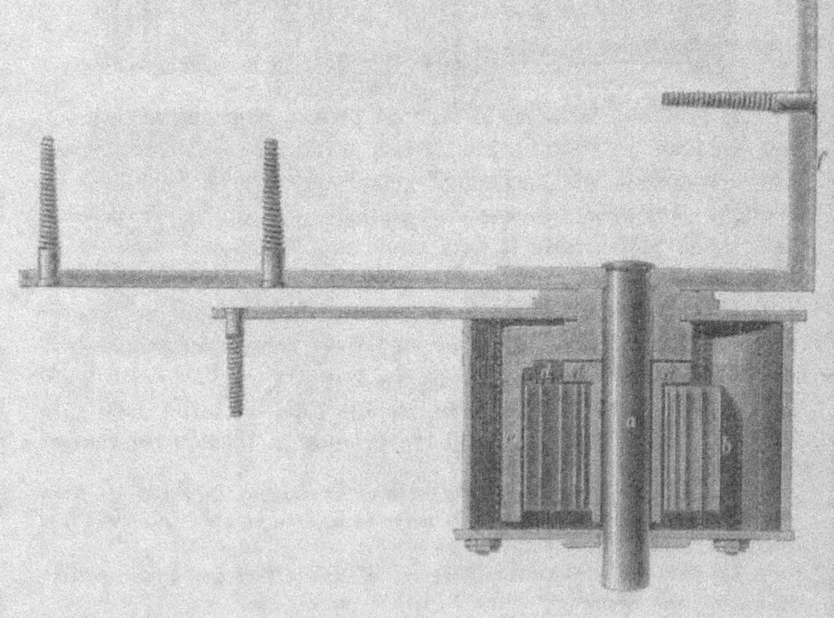

Une disposition très analogue à la précédente est donnée à la fig. 473. Le ressort en spirale est contenu dans un petit tambour vertical que l'on fixe sur l'encadrement de la porte dans le voisinage des gonds. Ce ressort est relié d'une manière invariable avec le levier (b) qui porte à son extrémité un petit galet roulant sur un guide en fer. L'ouverture de la porte produit la tension du ressort. — Dès qu'on lâche celle-ci, le ressort en opère la fermeture sans le secours de la main.

Dans certains cas, il est utile de pouvoir ouvrir la porte dans les deux sens, tout en ayant un mécanisme en assurant la fermeture. La fig. 474 représente une forme de ressort qui satisfait à cette condition. La porte est garnie d'une penture à pivot et ce pivot (a) et le levier (e) sont liés d'une façon invariable avec la penture et par suite avec le vantail de la porte. En ouvrant la porte dans l'un des sens, le levier (e) vient presser contre l'extrémité extérieure du ressort et en opère la tension. En l'ouvrant dans l'autre sens, le même levier fait tourner la douille (d) qui est liée avec l'extrémité intérieure du ressort et qui en produit donc aussi le serrage. Dans l'un et l'autre cas le ressort se trouve tendu par le fait de l'ouverture, et opère donc la fermeture de la porte, dès qu'elle est abandonnée à elle-même.

Une autre disposition, remplissant le même but, est représentée aux fig. 475 à 477, à l'échelle du tiers de grandeur naturelle. Une boîte en fonte (B) est traversée par une cheville (C) sur laquelle sont montées deux équerres (E) superposées l'une à l'autre. Ces équerres s'appuient contre un ressort (F) qui les maintient pressées contre l'arrêt (k) sur les parois de la boîte. Le pivot (D) de la porte passe entre les branches voisines des deux équerres et porte vis-à-vis des cames qui poussent soit l'une soit l'autre devant elles, suivant le sens de la rotation. La boîte est logée dans le plancher, sous le parquet (G). La ferrure qui relie le pivot au vantail est composée d'une forte équerre laquelle est encore renforcée d'une fourrure au droit de l'appui du pivot.

Quand on ouvre la porte, les cames du pivot appuient sur

l'une des équerres (E) et la font tourner autour de la cheville (C), en la pressant contre le ressort (F). Dès qu'on lâche la poignée, celui-ci réagit et ramène la porte dans sa position initiale. Il est clair que l'effet est le même dans les deux sens, puisque tout est symétrique; le ressort tend donc toujours à maintenir la porte fermée.

Fig. 475.

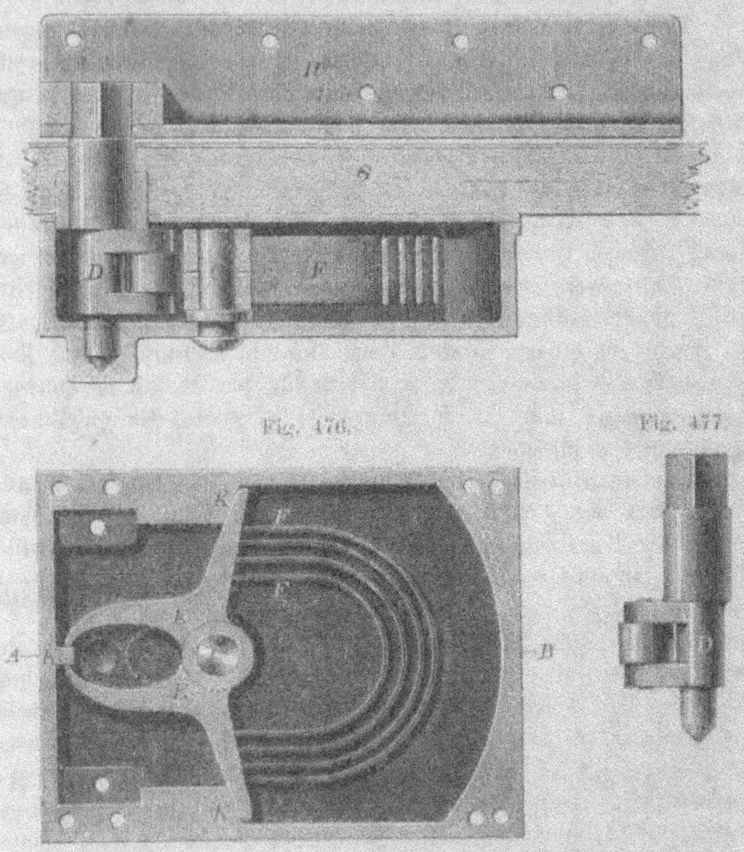

Fig. 476.                                         Fig. 477.

La fig. 476 représente l'intérieur de l'appareil, le couvercle étant supposé enlevé. Il se fixe sur les solives ou lambourdes

Fig. 478.

Fig. 480.

Fig. 479.



du plancher au moyen de vis à bois et
est recouvert par les frises du parquet.
La fig. 475 donne la coupe suivant la
ligne A B.

Nous ne nous sommes occupés jusqu'à présent que des ferrures servant à
suspendre les vantaux au chambranle ou
à l'huisserie, tout en leur permettant un
mouvement de va et vient; nous allons
dire quelques mots maintenant des mécanismes employés pour assurer la fermeture
des portes. Ces mécanismes sont les verrous et les serrures.

Les verrous usités sur les portes ordinaires se composent d'une simple tige ou barre de fer, glissant dans des cramponnets fixés sur le montant ou sur la traverse du bâti, fig. 478. Dans les portes à deux ou à plusieurs battants, on place un verrou tant dans le haut, que dans le bas du vantail demi-fixe, car celui-ci a besoin d'être solidement maintenu pour servir d'appui au vantail mobile.[1] Dans les portes d'appartement, on fixe souvent le verrou sur la tranche même du vantail. Il se fait alors vertical et à coulisse, fig. 479 et est entaillé dans l'épaisseur du bois de la quantité nécessaire pour que sa platine affleure avec la tranche.

Ces verrous se font en fer, et le petit tenon au moyen duquel on les manœuvre, se loge dans une cavité ménagée dans la platine. La tige du verrou doit recevoir une longueur telle que son tenon ou bouton soit facilement atteint par une personne de taille ordinaire. Si la porte a, par exemple, 2,50 m de hauteur, le verrou aura environ 0,70 m de longueur, car 1,80 m peut facilement s'atteindre en levant le bras.

Lorsque le joint des battants est oblique, le verrou devient spécial, car le retour d'équerre doit être fait à l'angle du joint, comme le montre la fig. 480.

Dans sa forme la plus complète une serrure comprend:

1. Un pêne demi-tour, mu par une poignée ou pomme.
2. Un pêne dormant, mu par la clef.
3. Un verrou de sûreté, mu par un bouton.

La serrure peut être fixée sur le parement du vantail ou être encastrée dans l'épaisseur du bois. Le premier genre ne s'emploie que sur les portes simples, de peu d'épaisseur, où

---

[1] Les verrous un peu soignés s'engagent toujours dans une gâche et portent des épaulements qui limitent leur course en venant frapper les cramponnets.

Les petits verrous horizontaux que l'on emploie sur les portes d'appartement, et qui se composent d'un petit pêne mu par un bouton et glissant entre cramponnets sur une platine, se nomment targettes. On en distingue de diverses espèces: telles, la targette à panache, avec platine découpée; la targette à valet, etc.

l'entaille affaiblirait par trop le bâti de la porte.[1]) L'autre s'applique à toutes les portes soignées dans lesquelles l'épaisseur du châssis atteint au moins 4 centimètres.

La poignée ou la pomme fait mouvoir un pêne qui n'a pour but que d'établir la fermeture momentanée de la porte. Nous expliquerons tout-à-l'heure son mode de fonctionnement. Dans les portes ordinaires, de modèle simple, la pomme se fait en fonte, en bois, en corne ou en laiton; dans les constructions plus soignées, elle est en fonte broncée, en verre, en bronce, etc. Sa forme est des plus variées.

Le pêne dormant ne peut se fermer ou s'ouvrir qu'à l'aide de la clef. Suivant la forme de cette dernière, on distingue en Allemagne deux espèces de serrures:

la serrure allemande, et

la serrure française.

Dans la première, la clef a un tige forée; dans la seconde, la tige est pleine. Le premier genre est le plus ancien et le moins employé aujourd'hui.[2])

Toute serrure se compose d'une boîte en tôle dans laquelle se trouve renfermé le mécanisme qui opère la fermeture de la porte. La forme de cette boîte est toujours parallélipipédique; on n'a adopté des formes arrondies ou triangulaires que pour les serrures mobiles, c'est-à-dire, les cadenas. La boîte est traversée par la tige des boutons et porte sur le palastre[3]) et sur la couverture des ouvertures de forme correspondante à celle

[1]) En France, on emploie ce mode de fixation même sur les portes ouvragées, mais la boîte de la serrure est alors relevée par des dorures ou par quelque autre ornementation.

[2]) Il existe une variété considérable de serrures différentes. Les deux types principaux sont désignés par les noms de bec-de-cane et de serrure bénarde.

Le bec-de-cane est une serrure qui n'a qu'un pêne demi-tour, taillé en chanfrein; elle n'a pas de clef et le pêne s'ouvre avec un bouton simple ou double.

La serrure bénarde s'ouvre et se ferme à clef des deux côtés, mais n'a pas de poignées. Elle peut être à demi-tour, à tour et demi ou à double tour.

[3]) On appelle palastre la face principale de la boîte de la serrure.

Fig. 481.

de la clef. L'encadrement de la porte reçoit, vis-à-vis la serrure, une pièce spéciale dans laquelle viennent s'engager les
pènes et verrous. Cette pièce, appelée gâche, forme l'arrêt de
la porte.

La fermeture ordinaire s'opère au moyen d'un pène demi-
tour ou d'un pène dormant actionné par la poignée. Dans le
premier cas, qui est de beaucoup le plus général, la tête du
pène est taillée en biseau pour que la porte se puisse refermer
d'elle-même, lorsqu'elle retombe dans sa feuillure. Un ressort agit
sur la queue du pène et le maintient constamment pressé en dehors;
son mouvement de recul est produit par le demi-tour de la poignée.

Dans la seconde disposition, la broche de la poignée agit
sur le pène dormant comme le ferait une clef, et le fait avancer
ou reculer suivant le sens de la rotation. Dans beaucoup de
portes secondaires le mécanisme de fermeture se borne à une
simple serrure de ce genre. Mais, en général, on lui ajoute un
second pène auquel le mouvement ne peut être donné que par
une clef. C'est ce pène qu'on désigne, à proprement parler,
sous le nom de pène dormant.

Ordinairement la serrure est faite de façon à ce que la
clef puisse ouvrir des deux côtés.

La fig. 481 représente l'intérieur d'une serrure française,
entaillée dans le bois et comprenant bec-de-cane, pène dormant
et verrou de sûreté. On a supposé le pène dormant enlevé, afin de
mieux montrer le mécanisme des autres parties, et on l'a représenté
à part à la fig. 482. Le rebord de la boîte est oblique, la serrure
étant destinée à une porte à deux vantaux avec joint oblique.
Le bec-de-cane est actionné par le levier (c) qui reçoit son
mouvement de la broche de la poignée. Pour que le pène (a)
ne décrive pas un arc de cercle, comme le levier (c), on a fixé
sous lui une petite goupille (s). Il est alors guidé dans son
mouvement et par cette goupille, et par l'ouverture rectangulaire
du rebord de la boîte. Ce pène ressort toujours de lui-même
quand on lâche la poignée, afin que la porte se referme seule,
en retombant dans sa feuillure; ce mouvement est produit par
un ressort (d) qui presse contre sa partie postérieure. Un

autre ressort (e) vient en aide au premier en agissant directement sur la broche de la poignée.

Le mode de fonctionnement du verrou de sûreté est le suivant.

Fig. 482.

Le foliot du bouton porte un taquet (q) qui s'engage dans
une encoche du pène (o). Celui-ci est guidé dans son mouvement par l'ouverture rectangulaire du rebord de la boîte et
par le tenon à coulisse (p). Le mouvement giratoire du bouton
produit l'avance ou le recul du pène (o) dont la course est
limitée par la longueur de la coulisse.

Le pène dormant (f) est mu par la clef (n) fig. 482. Ce
pène porte sur l'arête inférieure deux entailles, appelées barbes,
dans lesquelles la clef vient s'engager pendant son mouvement
giratoire. En deux revolutions elle produit soit la sortie, soit
la rentrée complète du pène dormant. La serrure est dite à
double tour. Afin que le pène ne puisse rentrer sous l'effet
d'une pression extérieure, il est tenu en position par un ressort
(h) qui s'engage dans des encoches (i), faites sur le dos du
pène. Ces encoches se trouvent en des points correspondant
aux trois différentes positions d'arrêt.

Les clefs reçoivent des formes très-variées, fig. 483. Les
figures a, b et c représensent des profils s'appliquant aux clefs

avec tige à bouton; les figures d et e, des profils de clefs avec tige forée. Cette dernière forme de clef ne convient naturellement qu'aux serrures ne s'ouvrant que d'un seul côté.[1]

Fig. 483.

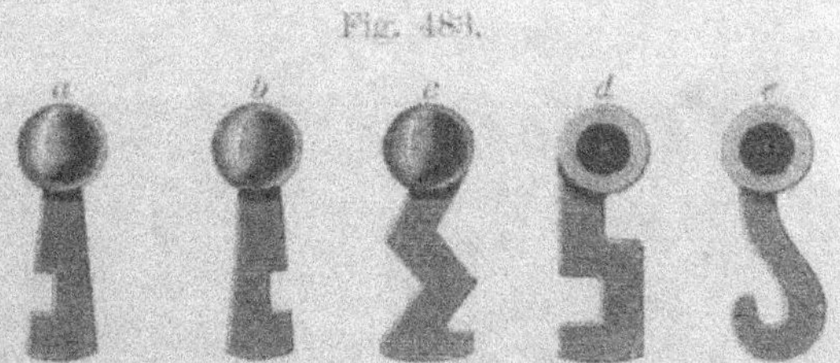

La diversité de forme du panneton des clefs n'est pas, en elle-même, une garantie sérieuse de la sécurité des serrures; l'ouverture peut se faire aisément au moyen de fausses clefs de forme à peu près semblable.

Pour éviter ce grave inconvénient, on interpose dans la course du panneton des diaphragmes (m), fig. 484 qui empêchent son mouvement giratoire, quand il n'est pas muni d'entailles ayant exactement la forme de ces diaphragmes. On augmente encore la sécurité, en

Fig. 484.

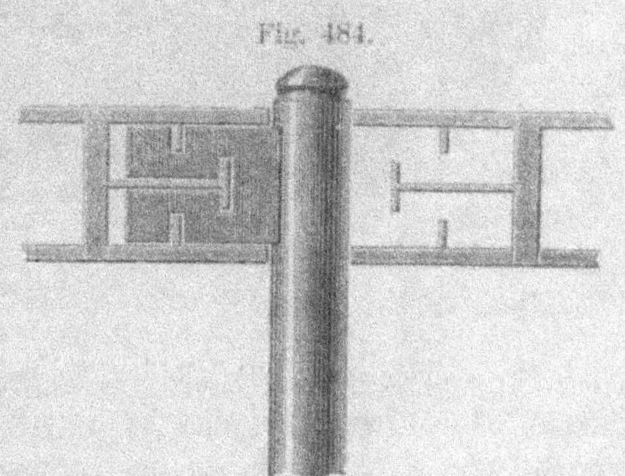

multipliant le nombre de ces diaphragmes au moyen de cloisons intérieures fig. 484.

Les serrures des portes à coulisse sont ordinairement d'un type un peu différent. La fig. 485 en donne un exemple. Le pène dormant est muni à sa tête de deux dents qui rentrent dans le corps du pène quand la serrure est ouverte, et qui en sortent pour saisir la paroi de la gâche, quand la serrure est fermée.

[1] On peut aussi l'employer dans les serrures bénardes, à condition de ne pas placer les trous vis-à-vis l'un de l'autre.

Fig. 485.

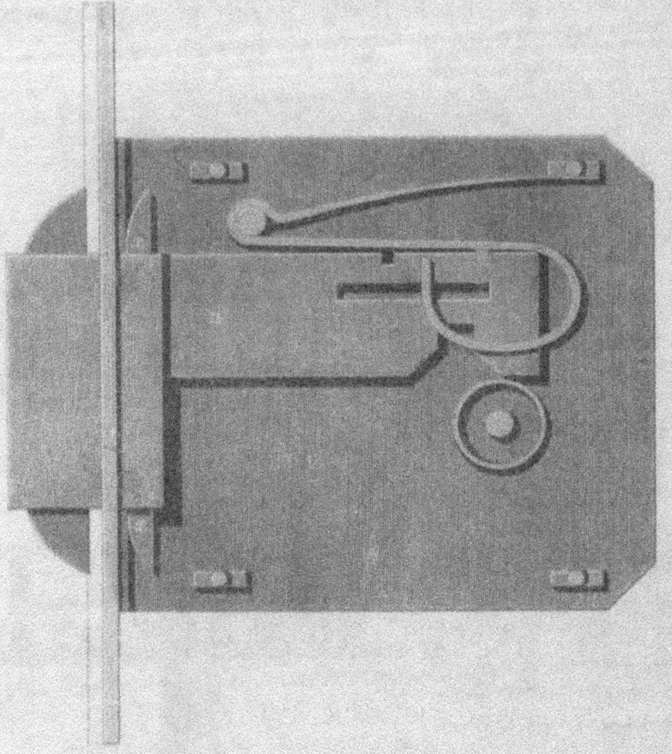

## Les croisées et leurs ferrures.

Dans tout bâtiment, même d'un rang inférieur, les croisées demandent à être construites avec le plus grand soin.

Elles ont un double but à remplir; d'une part, clore les ouvertures ménagées dans les murs extérieurs de manière à garantir l'intérieur de la pluie et du vent, tout en laissant librement pénétrer la lumière; d'autre part, fournir le moyen de renouveler l'air intérieur quand la nécessité s'en présente.

Les dispositions des fenêtres sont très-variables. Elles dépendent: de l'usage auquel la fenêtre est destinée; telles, par exemple, les croisées d'appartement, les fenêtres mansardes, les soupiraux etc.; de la forme de la baie qu'elles doivent clore, d'où des fenêtres carrées, rectangulaires, des fenêtres cintrées, en arc-de-cercle, en plein-cintre, de forme ogivale etc. Elles peuvent être attenantes, accouplées ou séparées les unes des autres. Enfin, elles peuvent se distinguer par le mode même de leur construction qui dépendra principalement de leurs dimensions. La grandeur des baies est habituellement déterminée par les dimensions générales de la façade et par la hauteur des étages.

Dans les maisons bourgeoises les dimensions des croisées varient peu. Leur hauteur est subordonnée à celle de l'étage, la baie ne devant pas trop s'approcher ni du plancher, ni du plafond. On laisse au moins de 0,3 à 0,5 m de plein jusqu'au plafond, afin que le linteau conserve une profondeur suffisante pour supporter avec sécurité les charges qui agissent sur lui.

Plus la hauteur des croisées est grande, mieux les pièces sont éclairées. On peut aussi, dans ce but, augmenter la largeur des fenêtres, mais celle-ci dépend plus directement des proportions générales de la façade.

Les fenêtres des maisons d'habitation doivent pouvoir admettre au moins deux personnes en même temps. Leur largeur varie de 1,00 m à 1,30 m et leur hauteur de 2,00 m à 2,75 m.[1] La banquette d'appui se trouve habituellement de 0,70 m à 0,95 m au-dessus du plancher[2].

Il faut éviter de faire affleurer les dormants avec le parement extérieur du mur, non-seulement parceque cela fait mauvais effet dans la façade, mais aussi parceque cela diminue la durée des menuiseries qui sont alors plus exposées à l'humidité et, en conséquence, plus sujettes à se déjeter. Cette disposition est encore assez usuelle en Autriche, surtout du côté de la cour, mais on commence à en reconnaître les inconvénients.

[1] Les limites des dimensions ordinaires des fenêtres à deux battants dans les maisons bourgeoises françaises sont: largeur de 0,80 à 1,25 m, hauteur de 1,50 à 2,50 m.

[2] En France, l'allège n'a souvent que 0,40 ou 0,50; la baie est alors garnie d'une balustrade ou tout au moins d'une barre d'appui.

On place donc les croisées en retraite sur le parement du mur et cela d'une quantité au moins égale à une demi-brique, lorsque les murs sont en briques. La feuillure dans laquelle on loge la menuiserie dormante a une largeur de $^1/_4$ ou de $^1/_2$ brique.

Les croisées se font ordinairement en bois de chêne, celui-ci résistant mieux que le sapin à l'humidité et aux changements de température. Lorsque la fenêtre est double, on adopte le sapin pour la croisée intérieure, ce qui réduit un peu la dépense.

Les fenêtres d'usines, d'écuries etc., se font souvent en fer. Ce mode de construction ne convient pas au maisons d'habitation parceque les châssis sont exposés à se rouiller et que leurs barres principales sont trop grêles d'apparence.

Toute fenêtre se compose de deux parties: le dormant et les châssis vitrés. Suivant la grandeur des croisées, on adopte un, deux ou plusieurs châssis. Les petites croisées étroites dont on se sert dans les combles n'ont qu'un seul battant; celles des fenêtres d'appartement presque toujours deux battants. Quand le châssis vitré atteint une certaine hauteur, on le subdivise en carreaux par des traverses légères, appelées croisillons ou petits-bois.

La fig. 486 représente une forme de croisée de plus simples. Elle se compose du dormant (a a) et du battant (b b); ce dernier n'a que 0,90 m de hauteur dans œuvre et est divisé en deux parties par un croisillon réduisant la hauteur de chaque vitre à 0,44 m. Dans les maisons bourgeoises les carreaux ont généralement de 38 à 48 cm de largeur sur 40 à 50 cm de hauteur.[1])

Les battants peuvent s'ouvrir soit en dehors, soit en dedans. Le premier mode d'ouverture ne se rencontre guère que dans les petites villes. Lorsque la maison donne sur la rue,

---

[1]) Les croisées d'hôtels particuliers et d'édifices importants se font souvent sans croisillons; tout l'espace rectangulaire compris entre les pièces du châssis est alors occupé par une glace.

cette disposition peut gêner la circulation, aussi est-elle prohibée par ordonnance de police pour les fenêtres des rez-de-chaussée dans un certain nombre de grandes villes. Elle a du reste

Fig. 186.

l'inconvénient d'exposer beaucoup plus les battants aux agents atmosphériques (pluie, vent, soleil), qui ne tardent pas à faire travailler les bois des châssis. Pour cette raison on ne l'adopte presque plus.

La construction de la croisée n'est pas affectée par le sens de l'ouverture, sauf en ce qui concerne les feuillures. Les exemples donnés dans la suite feront ressortir ce point.

Reportons-nous encore à la fig. 486, A—B. Comme on le voit, les deux battants sont indépendants l'un de l'autre. Chacun des dormants et des châssis mobiles est muni d'une feuillure

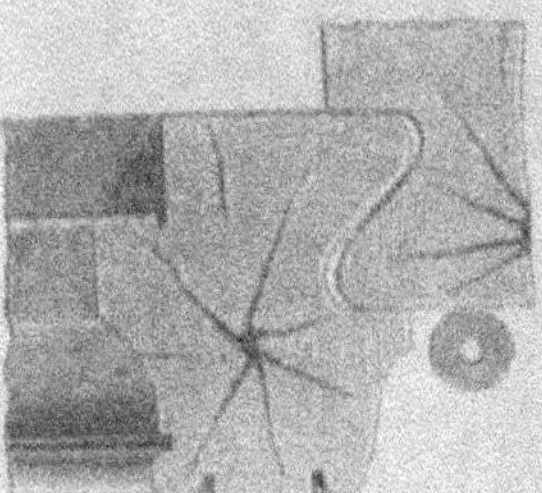

Fig. 487.

sur trois de ses côtés. Sur le quatrième, celui autour duquel se fait la rotation, ils portent une moulure de forme particulière, laquelle a pour but de former le joint et d'empêcher le passage de l'eau pluviale chassée par le vent. Une simple feuillure serait inefficace. Ce détail est représenté à plus grande échelle à la fig. 491.[1])   On a essayé d'autres moyens pour assurer l'imperméabilité des joints. Ainsi, au lieu de faire correspondre exactement les dimensions du châssis au vide entre les feuillures, on a laissé un certain jeu le long de ses bords, de manière à ce que le mouvement des bois pût se faire librement. Les joints étaient alors calfeutrés au moyen de bandelettes de zinc, vissées contre les bords intérieurs du châssis et s'appliquant sur des bourrelets en feutre, fixés dans la

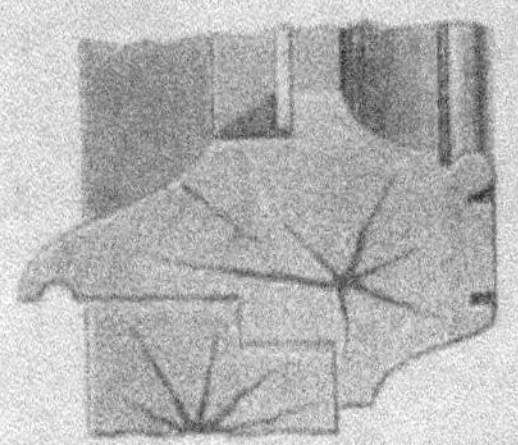

Fig. 488.

feuillure du dormant. Mais cette disposition et ses analogues n'ont pas donné de bons résultats.

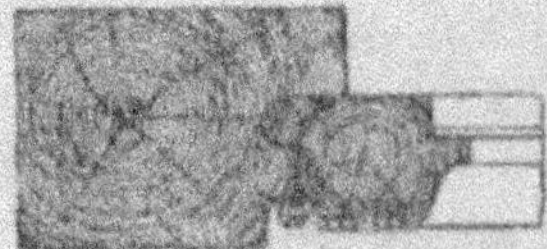

[1]) La disposition habituellement employée en France est un peu différente. Elle se compose d'une feuillure ordinaire à laquelle on ajoute, du côté du dormant, une gorge semi-circulaire, appelée noix, et du côté du châssis mobile, une saillie cylindrique, de même grandeur, appelée languette circulaire. Les arêtes vives des deux montants sont abattues par des congés du côté vers lequel se fait l'ouverture.

La traverse inférieure du châssis mobile se fait toujours plus forte que les autres pièces du bâti. Elle fait saillie en dehors, et reçoit une forme arrondie pour que l'eau qui coule

Fig. 489.

le long du châssis ne séjourne pas sur elle et ne tombe pas sur la traverse sous-jacente du dormant, fig. 488.[1]

<hr>

[1] Cette traverse inférieure du châssis mobile porte le nom de jet d'eau, et la traverse du dormant qu'elle recouvre, celui de pièce d'appui. En général cette dernière présente aussi une forme arrondie vers l'extérieur.

Les battants reçoivent un peu de jeu dans leurs feuillures, pour que le travail du bois n'empêche pas l'ouverture de la fenêtre.

Un exemple analogue à celui de la fig. 488 est donné à la fig. 489, A—B. Ici la fenêtre a trois châssis dont un seul est ouvrant, celui du milieu. Le dormant de ce battant est formé par les montant et traverses des châssis fixes. La figure indique suffisamment les détails de cette disposition.

Lorsque la hauteur des croisées dépasse 1,50 m, on les divise en deux parties par une membrure horizontale, l'imposte. Une pareille construction est indiquée, à petite échelle, à la fig. 490 et, plus en détail, à la fig. 491, A—B.

Cette dernière représente deux croisées accouplées, c'est-à-dire, séparées seulement par un pilier ou montant en maçonnerie. Le montant médian du dormant (n n) est logé derrière ce pilier, et est maintenu, aux deux tiers de sa hauteur environ, par la traverse d'imposte. Celle-ci est munie de feuillures haut et bas pour recevoir les châssis des croisées. Elle est garantie de la pluie par le jet d'eau (o) des châssis supérieurs. La banquette d'appui repose directement sur l'allège de la fenêtre, et est formée d'une simple planche assemblée à languette sur la traverse inférieure du dormant (n). Les élévations extérieure et intérieure de cette fenêtre sont représentées à la planche 10.

La planche 11 donne un exemple de fenêtre à trois battants dans laquelle deux seulement, ceux des côtés, sont ouvrants. La fig. 1 montre l'élévation extérieure; la fig. 2, l'élévation intérieure avec les battants mobiles enlevés; la fig. 3, la même élévation avec les battants remis en place; la fig. 4, la coupe verticale et la fig. 5 la coupe horizontale. Les battants s'ouvrent dans le sens des flèches.

Les croisées à deux battants se font suivant deux types distincts, à savoir:

1. Croisées avec montant fixe intermédiaire; et

2. Croisées avec montant mobile ou couvre-joint.

Le premier genre est représenté à la fig. 492; le deuxième, à la fig. 493. Dans les deux cas la hauteur des battants est

Fig. 491.

Fig. 490.

Fig. 492.

Fig. 493.

généralement réduite au moyen d'une imposte. La partie supérieure peut encore se subdiviser par une traverse verticale en
deux châssis distincts, fixes ou mobiles. Le montant et l'imposte forment alors une croix complète, ce qui ajoute beaucoup
à la solidité du châssis dormant, et qui permet de diminuer
dans une certaine mesure l'équarrissage des bois. Il en résulte
une construction plus économique, et cela d'autant mieux que
la fermeture des battants peut également se simplifier.

La forme la plus simple d'une fenêtre avec montant fixe
intermédiaire est donnée à la fig. 494, A—B. (a) désigne le
châssis dormant, fixé dans la feuillure au moyen de pattes;
(b b), le montant qui s'élève dans l'axe de la baie et qui s'assemble haut et bas, à tenon et mortaise, sur les traverses du
dormant; (r r) est la tablette d'appui avec pente vers l'extérieur
et (d), la banquette de l'allège. Cette croisée ne convient qu'à
des pièces secondaires vu son peu de hauteur. La coupe du
jet d'eau et celle du croisillon sont figurées en (C) et (D).

Le montant fixe à l'inconvénient d'augmenter la largeur
de la menuiserie dans l'axe de la baie, ce qui donne à la
croisée une apparence massive. Pour rendre cet effet moins
sensible, on dirige le petit côté du montant parallèlement au
mur de façade, comme l'indique la fig. 495.

Cette figure représente, avec tous ses détails, un type de
croisée très usité dans le nord de l'Allemagne. Les châssis,
le dormant et le montant affleurent au dehors, tandis qu'à
l'intérieur les deux derniers forment encadrement saillant.
(F) est la coupe suivant la ligne (a a) et (A), une partie de
cette coupe reproduite à plus grande échelle. Les détails (B),
(C), (D) et (E) sont les coupes suivant les lignes (bb), (cc), (dd)
et (ee). Comme il ressort de la figure, les battants s'ouvrent
en dehors.

Nous donnons à la planche 12 un autre exemple de croisée
avec montant fixe. Ici le dormant est divisé en trois châssis
par deux de ces montants. La fenêtre est double, mais nous
ne nous occuperons pour le moment que de la croisée extérieure. Elle est divisée dans sa hauteur par une imposte qui

Fig. 494.

forme à la partie supérieure trois petits châssis mobiles.
Les croisillons divisent les battants inférieurs en carreaux
de grandeur correspondante. L'effet plus ou moins agréable

Fig. 495.

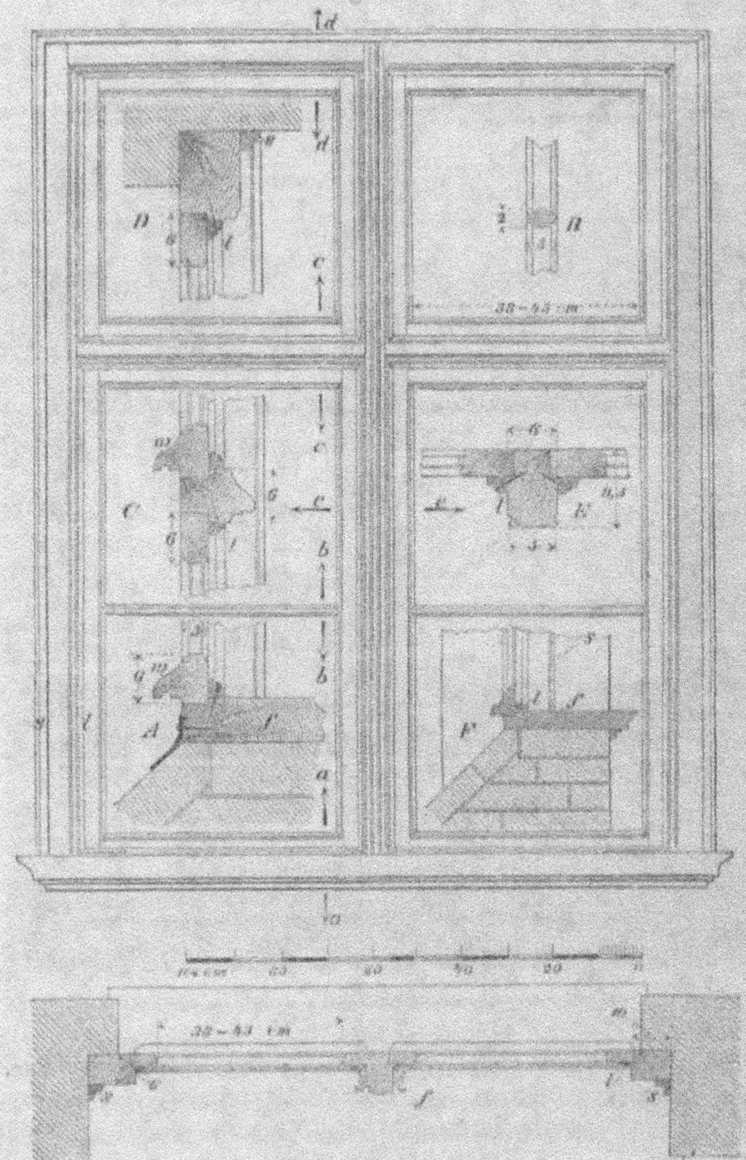

que produit la croisée dépend en partie de la hauteur à laquelle se trouve placée l'imposte. En Autriche, elle est souvent fixée à mi-hauteur, mais cette disposition n'est pas à suivre, et les châssis inférieurs doivent se faire deux ou trois fois plus grand que ceux de l'imposte.

Il faut également toujours faire les carreaux plus hauts que larges; quant au rapport entre les deux dimensions, il n'a rien de fixe.

Dans le plan, fig. 1, pl. 12 on remarquera que le dormant de la croisée extérieure ne s'applique pas directement contre le fond de la feuillure de la baie, mais qu'un autre châssis fixe se trouve intercalé entre les deux. Ce dormant secondaire porte la rainure dans laquelle vient se loger la fermeture métallique.

Fig. 496.

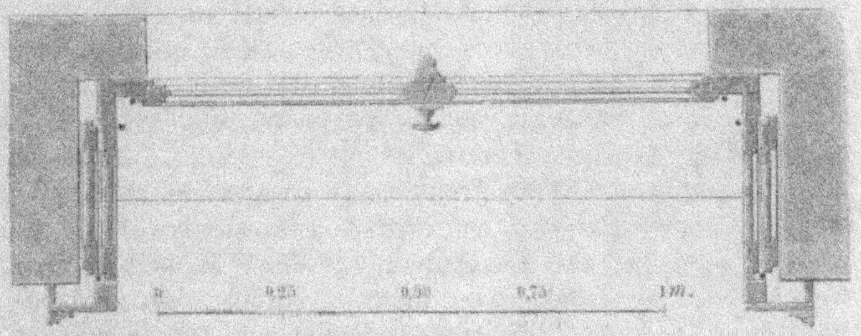

Bien que les croisées avec montant fixe intermédiaire soient solides et peu dispendieuses, on ne les emploie pas beaucoup parceque le montant forme obstacle dans la fenêtre. On adopte à leur place les croisées avec montant mobile, c'est-à-dire, avec couvre-joint. Celui-ci est fixé sur le battant de droite dans les fenêtres s'ouvrant en dehors, et sur le battant de gauche, dans celles s'ouvrant en dedans. Pareille disposition est représentée à la fig. 496. Le montant est fixé à l'extérieur du battant de gauche, en sorte que l'ouverture de la croisée a lieu vers l'intérieur.

La construction du dormant reste la même que précédemment.[1]

Le couvre-joint peut recevoir des formes très variées. Il peut se composer d'une simple latte moulurée; simuler une colonnette supportant l'imposte, etc. Lorsque les châssis supérieurs sont mobiles, ils reçoivent également un montant couvre-joint. Ordinairement le joint des battants est formé d'une

Fig. 497.

feuillure oblique, fig. 497.[2] Cette disposition a l'avantage sur la fermeture à noix de permettre d'ouvrir l'un des battants sans faire mouvoir l'autre.

La planche 13 donne en détail un exemple de fenêtre à battants avec couvre-joint. Elle est double et est munie de volets brisés se repliant de chaque côté dans le tableau.

Les doubles fenêtres ont l'avantage de garantir bien mieux que les fenêtres simples du froid, de la chaleur, des courants d'air, du bruit, de la poussière, etc. grâce à la couche d'air renfermée entre les deux croisées. Aussi en fait-on maintenant un très-grand usage en Autriche et en Allemagne. Dans le temps, on rendait généralement l'une des croisées amovible afin de l'enlever pendant la belle saison. Mais cette disposition, qui est du reste encore assez employée, ne remplit pas aussi parfaitement le but, que l'on se propose.

La fig. 498 représente la coupe horizontale d'une double-fenêtre; les deux croisées sont espacées de 0,10 m. Dans ces

---

[1] Dans les fenêtres à deux battants de grandeur ordinaire, les montants des dormants ont 0,054 m d'épaisseur sur 0,081 et 0,108 m de largeur. Leur feuillure a de 0,011 à 0,014 m de profondeur sur 0,014 à 0,016 m de largeur.

Lorsque la fenêtre reçoit à l'intérieur des volets brisés, les montants doivent être disposés de telle façon que l'épaisseur de ces volets, lorsqu'ils sont repliés, n'empêche pas l'ouverture de la fenêtre, fig. 496.

[2] Tel n'est pas le cas en France, où la fermeture à noix est au contraire la plus répandue.

doubles fenêtres les croisées peuvent s'ouvrir soit en sens contraire, soit dans le même sens. Dans le premier cas la construction est des plus simples; le battant extérieur s'ouvre en dehors, et le battant intérieur en dedans, et la seule précaution à prendre, consiste à disposer les feuillures dans le sens convenable.

Mais le plus souvent les croisées s'ouvrent toutes deux vers l'intérieur de l'appartement. Il faut alors faire les châssis extérieurs et intérieurs de grandeur différente pour que l'ouverture de la fenêtre soit possible; c'est ce que montrent les lignes pointillées dans les fig. 498 et 499.

Dans les fenêtres simples la feuillure a une profondeur d'un quart de brique. Quand la fenêtre est double, on la fait au moins égale à une demi-brique, afin de pouvoir loger les deux dormants dont l'un se trouve un peu en retraite sur à l'autre.

La croisée extérieure ne présente rien de particulier et se construit comme une croisée simple.

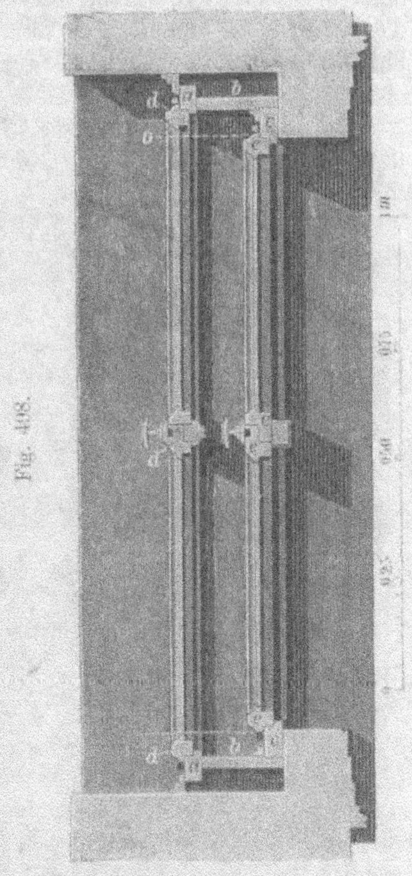

Fig. 498.

La distance entre les deux dormants varie de 7 à 10 cm. Le tableau est garni dans la partie intermédiaire d'un revêtement en menuiserie fixé à une petite distance du mur. Ce lambris (b) se pose soit d'équerre, fig. 498, soit obliquement, fig. 499, par rapport à la face du mur, d'où deux modes de

25*

construction différents. Dans le premier, les dormants s'appliquent à plat-joint contre la planche d'embrasure qui s'appuie contre des tasseaux scellés dans la maçonnerie du tableau; dans le second, le dormant intérieur fait retraite sur la planche d'embrasure, de manière à former avec elle la feuillure du châssis intérieur, fig. 499. La deuxième disposition est la moins coûteuse et celle qui convient le mieux aux croisées amovibles.

Le jeu entre le dormant intérieur et le parement du mur, dans l'exemple fig. 498, se cache au moyen d'une baguette moulurée.

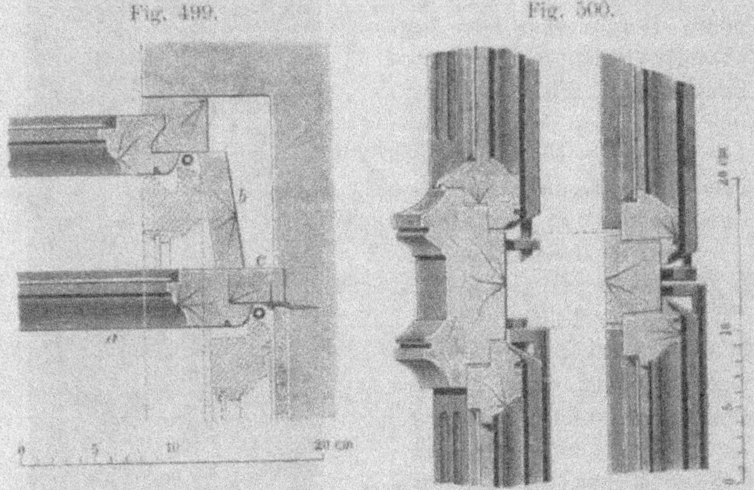

Fig. 499.         Fig. 500.

Comme la largeur, la hauteur du châssis intérieur a besoin d'être augmentée pour laisser passer librement les battants extérieurs. Cela oblige à baisser un peu la banquette d'appui, à réduire la largeur de l'imposte intérieure, et à exhausser la traverse supérieure du dormant intérieur.

La réduction qu'il faut faire subir à l'imposte se détermine très-simplement comme l'indique la fig. 500. L'imposte principale doit avoir assez de largeur, pour que l'imposte intérieure conserve des dimensions suffisantes. Quand il n'en est pas ainsi, la disposition devient toute différente. On fixe alors sur l'imposte extérieure, fig. 501, un certain nombre de tiges (a) contre lesquelles vient butter le couvre-joint (c) des battants

intérieurs. Quelquefois ces tiges se terminent par des crochets s'engageant dans des pitons fixés sur le couvre-joint. Cette construction est d'un fréquent usage. Elle est solide, peu coûteuse et convient particulièrement aux doubles fenêtres à croisée intérieure amovible.

L'abaissement de la banquette peut se faire comme indiqué à la fig. 502. (a) est la pièce d'appui du dormant extérieur, (b) celle du dormant intérieur. L'intervalle

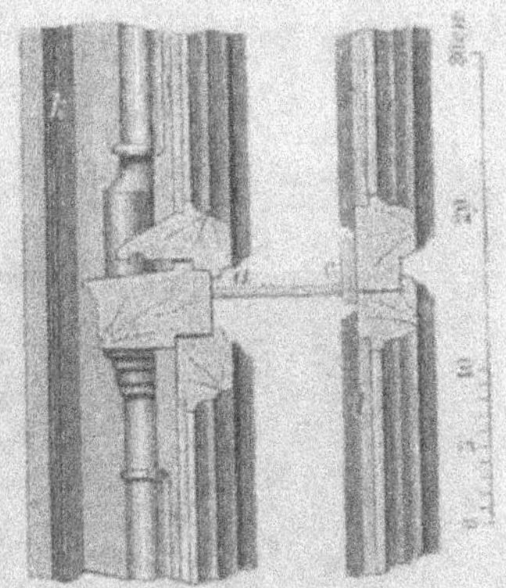
Fig. 501.

entre les deux est comblé par une planche dont la surface est évidée pour recueillir l'eau qui se condense sur les vitres ou qui se trouve chassée à l'intérieur par le vent.

Fig. 502.

L'exhaussement de la traverse supérieure est représenté en détail à la fig. 503.

Nous compléterons l'étude des doubles-fenêtres par quelques exemples détaillés, donnés aux planches 12, 13, 14 et 15. Le premier exemple, planche 12, a déjà été mentionné à l'occasion des fenêtres à battants avec montant fixe intermédiaire.

Fig. 503.

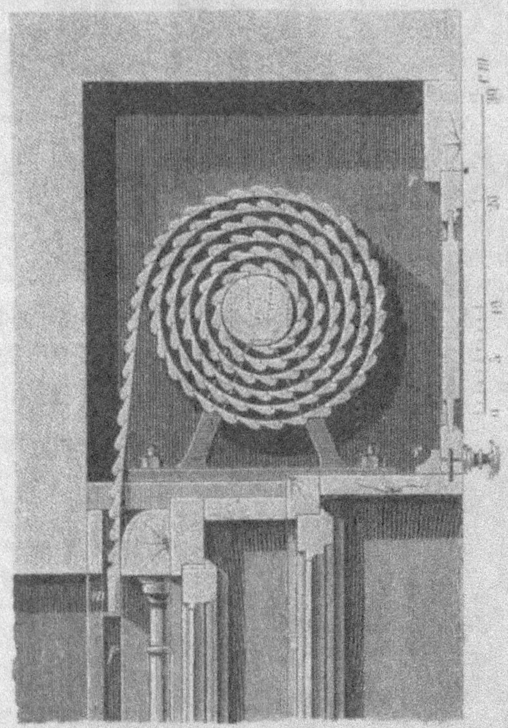

On voit par le plan, fig. 1 que la croisée intérieure est également à montants fixes; ceux-ci ont nécessairement une section plus faible que les montants extérieurs. On retrouve dans la coupe, fig. 3 les différentes particularités que nous avons signalé plus haut, à savoir: l'exhaussement de la traverse supérieure, l'abaissement de la pièce d'appui et la diminution de largeur de l'imposte du dormant intérieur. On y voit aussi la disposition spéciale pour recueillir dans une boîte en zinc (o) les eaux de condensation et d'infiltration.

En général les doubles-fenêtres se font sans montants fixes, mais avec couvre-joints, comme l'indique l'exemple de la planche 13. La fig. 1 représente la coupe horizontale de la croisée, la fig. 2 la coupe verticale, les fig. 3 et 4 les élévations intérieure et extérieure, enfin les fig. 5 et 6 les détails de l'imposte et de la banquette. Les battants se recouvrent par une double feuillure et le couvre-joint (b) a la forme d'une colonnette engagée. Le dormant intérieur (d) affleure avec la planche d'embrasure (e) qui est fixée d'équerre sur la face du mur.

La planche 14 donne les élévations extérieure et intérieure de la fenêtre représentée en plan à la fig. 498.

### Fenêtres à coulisse.

Dans toutes les dispositions que nous avons décrites jusqu'à présent, les croisées s'ouvraient en tournant autour d'un axe vertical, coïncidant à peu près avec l'une des arêtes des battants. Dans les fenêtres soulevantes ou à guillotine la croisée s'ouvre par un mouvement de translation vertical. Ces fenêtres sont encore d'un fréquent usage en Angleterre, en Amérique, dans certains parties de l'Allemagne du Nord etc. Elles ont le grave inconvénient de ne fermer qu'imparfaitement, car pour qu'elles puissent se manœuvrer facilement, on est obligé de leur laisser un certain jeu dans les coulisses.

La planche 16 donne les élévations et coupes d'une fenêtre à guillotine. La fig. 1 représente l'élévation extérieure, la fig. 2 la coupe horizontale suivant A B, la fig. 3 la coupe verticale, la fig. 4 la coupe horizontale suivant (C D), enfin la fig. 5 l'élévation intérieure.

La fenêtre à guillotine se compose de deux châssis, dont le supérieur est fixe et l'inférieur mobile. Ces châssis ont même grandeur, afin de se recouvrir l'un l'autre quand la fenêtre est ouverte. Le châssis supérieur est fixé dans le dormant (a) et porte à sa partie inférieure sur l'imposte (b). La coulisse s'appuie directement contre le dormant; elle est composée d'une barre bien dressée et bien lisse et d'une planchette formant rebord. Elle s'étend sur toute la hauteur de la croisée et porte, à la partie supérieure, une petite poulie sur laquelle s'enroule une corde supportant un contre-poids. On donne aux deux contre-poids de la croisée un poids un peu supérieur à celui du châssis mobile, de manière à ce que le soulèvement se produise presque de lui-même. La course du châssis est limitée dans le haut par des arrêts, et dans le bas par l'appui de la fenêtre; des boutons (k) servent à la manœuvre du châssis. Pour pouvoir l'arrêter en un point quelconque de sa course, on le munit quelquefois sur les côtés d'un ressort ou d'un verrou.

La construction du dormant et des châssis ne présente rien de particulier.

On rencontre encore une autre espèce de fenêtre à coulisse dans laquelle le châssis mobile s'ouvre par un mouvement descendant au lieu de s'ouvrir par un mouvement ascendant. Il

Fig. 504.

pénètre alors dans une fente ménagée dans l'allège de la fenêtre. On donne à cette fente une profondeur telle que le châssis s'arrête à fleur de la banquette d'appui. Cette disposition est d'une construction plus compliquée que la précédente et ne s'emploie qu'exceptionnellement.

Enfin, il existe un troisième genre de fenêtres à coulisse dans lequel la croisée s'ouvre par une translation dans le sens transversal. Les châssis s'engagent alors soit dans des fentes ménagées sur les côtés de la baie, soit l'un derrière l'autre. La dernière disposition convient plus particulièrement aux croisées à châssis multiples. Ces fenêtres sont peu employées, car leur construction est compliquée et les réparations en sont difficiles.

## Fenêtres basculantes.

L'ouverture de ces fenêtres comme le montre la fig. 504, s'opère par un mouvement de bascule autour d'un axe horizontal.

Les châssis basculants s'emploient soit seuls, soit comme parties d'une fenêtre à plusieurs châssis. Sous la première forme, ils ne servent que dans les bâtiments secondaires, tels que remises, écuries, etc.; sous la seconde, dans les lieux de réunion, comme châssis de ventilation.

L'exemple représenté à la fig. 504 convient à une étable ou à des cabinets. (a) représente l'encadrement en pierre contre lequel vient s'appliquer le dormant (b); ce dernier est placé dans la verticale, tandis que le châssis mobile (c) est légèrement incliné, sa traverse supérieure s'appuyant contre l'arête intérieure, et sa traverse inférieure contre l'arête extérieure du dormant. La manœuvre de la fenêtre se fait au moyen d'une tringle ou d'un fil de fer.

Lorsque ces châssis basculants font partie d'une fenêtre plus grande, ils sont toujours placés à la partie supérieure, étant alors spécialement destinés à servir à la ventilation. Cette disposition est assez usuelle dans les écoles et dans les salles de réunion.

### Revêtement de l'embrasure des fenêtres.

Nous avons déjà dit que la croisée doit se placer en retraite sur le parement du mur et que la feuillure peut avoir diverses profondeurs. Dans un mur en briques, on lui donnera $\frac{1}{4}$ ou $\frac{1}{2}$ brique, et quand la fenêtre est double et munie de volets à l'intérieur, elle aura même la profondeur d'une brique entière. Les parois de l'embrasure peuvent être d'équerre ou inclinées par rapport à la face du mur; l'évasement qu'elles présentent dans ce dernier cas favorise l'éclairage de la pièce. Les tableaux se recouvrent de papier, comme les autres parties des murs intérieurs, ou d'un revêtement en menuiserie. Le premier mode de décoration ne s'emploie que dans les constructions simples et économiques.

Les croisées figurées aux planches 10, 11 et 14 ont des embrasures crépies et recouvertes de papier ou blanchies à la chaux. La fig. 505, au contraire, donne un exemple d'embrasure de fenêtre avec revêtement en menuiserie. La fenêtre est à

deux battants, sans montant intermédiaire, et l'embrasure a une
forme évasée. Le revêtement se compose d'un bâti avec panneaux et est bordé sur le pourtour de la baie d'un encadrement mouluré (c). Un autre exemple de lambris d'embrasure
est donné à la planche 12. Dans le cas particulier, la menuiserie descend jusqu'au parquet, où elle se termine par une
plinthe semblable à celle de la pièce. Le lambris ayant une

Fig. 505.

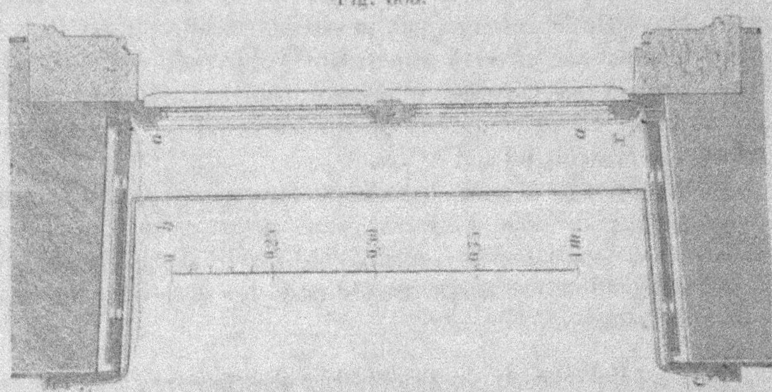

faible largeur, ses panneaux ne sont point rapportés, mais simplement taillés dans l'épaisseur du bois. L'encadrement (c)
s'applique à plat contre le lambris d'embrasure. Souvent il est
surmonté, au-dessus de la baie, d'un couronnement formant corniche. L'appui de la fenêtre est recouvert d'une banquette
assemblée à languette sur le lambris d'embrasure.

### Ferrures des croisées.

Les différentes ferrures dont on fait usage dans les fenêtres
ont pour but:

1. de renforcer la menuiserie du châssis;
2. de fixer le dormant dans la feuillure;
3. de suspendre le châssis mobile au dormant;
4. de maintenir la fenêtre fermée;
5. de servir à manœuvrer les battants (boutons,
pommes etc.).

### Fixation du dormant dans la feuillure.

En fixant le dormant dans la feuillure, il faut prendre soin de rendre le joint entre la maçonnerie et la boiserie imperméable à l'air.

Lorsqu'il s'agit d'une construction mixte, cela est facile à faire. On s'arrange alors pour que l'encadrement de la fenêtre vienne s'appuyer contre deux des montants principaux de la construction. Ceux-ci sont munis de feuillures dans lesquelles se loge le dormant. Quand ces feuillures ne sont pas praticables, on fixe le dormant au moyen de deux tasseaux, vissés de chaque côté de son montant, et l'on recouvre le joint extérieur d'une latte moulurée.

Fig. 506.

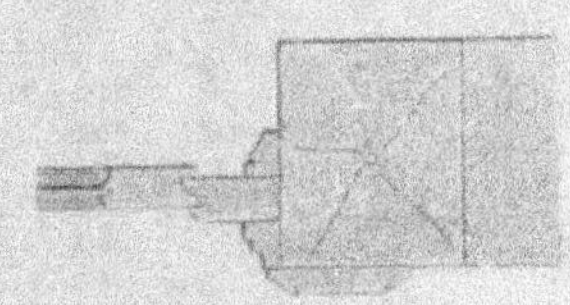

L'attache est plus difficile quand la feuillure est en maçonnerie. Pour les petites fenêtres, on se sert de pattes à pointe ou à scellement. On enfonce les premières dans les joints de la maçonnerie en les appuyant bien contre la face du dormant. Celui-ci est ensuite calé dans le sens transversal au moyen de coins en bois.

Fig. 507.

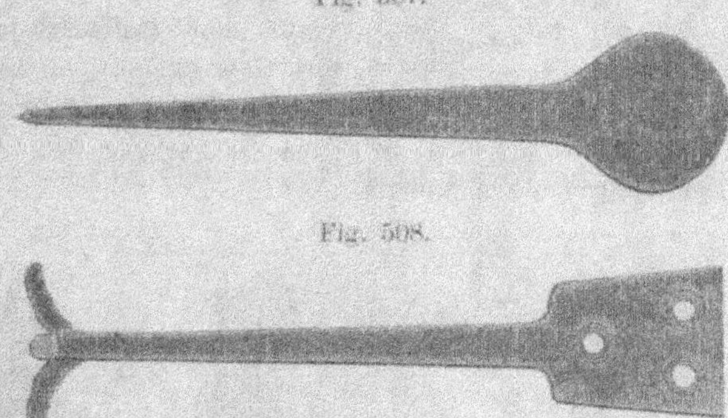

Fig. 508.

Les pattes peuvent simplement presser contre la surface des montants, ou être entaillées dans l'épaisseur du bois et y être fixées par des vis, fig. 507 et 508. La fig. 509 représente l'attache au moyen d'une patte à scellement.

Les pattes s'ébranlent assez facilement et sont insuffisantes lorsque les croisées sont grandes et lourdes et qu'il s'agit de doubles-fenêtres. En pareil cas, il est préférable d'adopter une disposition semblable à celle représentée à la fig. 510. Des boulons à scellement sont fixés dans la feuillure et retiennent le dormant au moyen d'écrous aplatis, noyés dans le bois. Une latte moulurée forme encadrement et cache le joint du châssis dormant et de la maçonnerie.

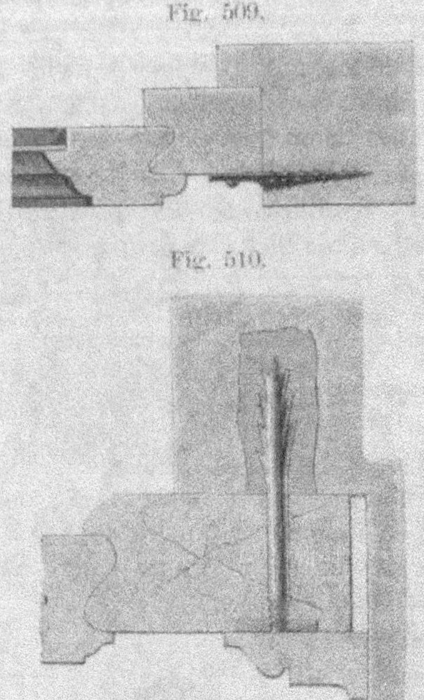

Fig. 509.

Fig. 510.

### Consolidation des battants.

Bien que les pièces des châssis s'assemblent à tenon et mortaise et que l'assemblage soit renforcé par des chevilles en bois, on consolide les angles des battants de grandes dimensions par des équerres en fer que l'on fixe au moyen de quelques vis à bois, fig. 511.

Fig. 511.

Fig. 512.

Ces équerres ont de 1,5 à 3 millimètres d'épaisseur, de 3 à 5 centimètres de largeur et de 10 à 13 centimètres de longueur de branche. Dans les fenêtres de pièces peu importantes, ces équerres forment quelquefois penture; elles portent alors, sur l'une de leurs branches, un nœud qui s'emboîte directement sur la broche du gond, fig. 512, A et B.

### Suspension des battants.

Les ferrures servant à cet usage comprennent:

    les pentures à équerre;

    les fiches, et

    les paumelles.

Les premières viennent d'être citées. Nous en donnons un exemple à plus grande échelle à la fig. 513.

Fig. 513.

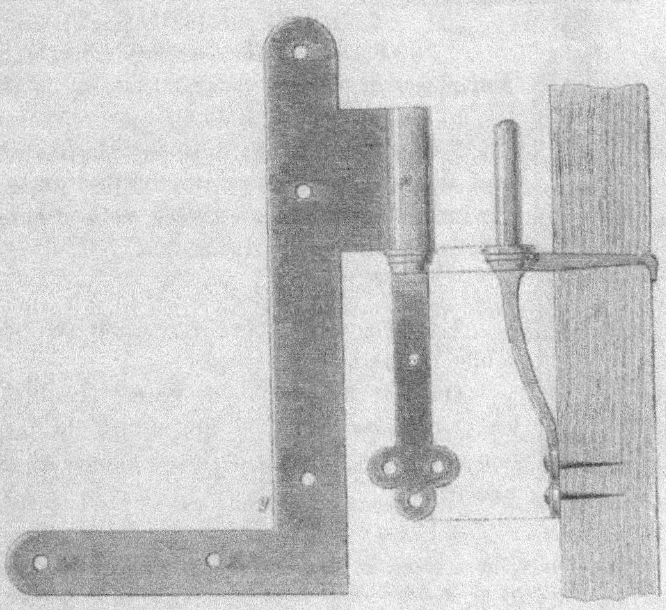

Les croisées se ferrent le plus souvent avec des fiches. Il en a déjà été question à l'occasion des ferrements de portes;

nous n'y reviendrons donc pas, mais remarquerons seulement que les fiches des croisées diffèrent de celles des portes par des dimensions moindres. Elles n'ont que de 10 à 12 centimètres de longueur sans les boutons, et 1 centimètre de diamètre au droit du nœud.

Les battants de dimensions ordinaires reçoivent deux fiches, placées à 8 ou 10 cm des angles du châssis. Quand ils sont grands, et particulièrement quand ils sont garnis de glaces, on les ferre avec trois fiches, plaçant la troisième à mi-hauteur du montant.

Fig. 514.

Les ailerons se fixent comme indiqué à la fig. 514. On fait une mortaise (n) dans le montant du dormant et une autre, à même hauteur, dans le montant du battant. On introduit les ailerons des fiches dans ces mortaises, et on les fixe au moyen de pointes (m m), enfoncées par côté.[1]

Les paumelles ont déjà été décrites en parlant des ferrures de portes. Elles ne servent que rarement pour les croisées, seulement quand celles-ci sont hautes et lourdes.

### Fermeture des croisées.

La fermeture d'une croisée doit être simple, solide et facile à manœuvrer.

On fait usage de fermetures très-diverses; les principales sont: le tourniquet, la targette tournante, les verrous et les crémones et espagnolettes.

[1] En France, la mortaise du dormant est dirigée dans le même sens que celle du battant et le nœud de la fiche est placé dans la rainure semi-circulaire, que les châssis dormant et mobile forment au droit du joint, du côté de l'ouverture. Les mortaises se font de grandeur juste, de manière à ce que les ailerons des fiches ne puissent y entrer qu'à l'aide du marteau.

Les tourniquets ne s'emploient que sur les fenêtres de petites dimensions et de construction peu soignée. Ils se composent d'un petit fléau, relevée à ses extrémités et tournant autour d'une cheville, vissée sur le montant du dormant de la fenêtre. Quand celle-ci est à montant intermédiaire, on le fixe sur ce dernier, et il ferme alors du même coup les deux battants de la croisée, fig. 515, A et B. Afin que le frottement du tourniquet n'use pas le bois des montants, on fait glisser ses branches sur de petites plaques en fer (b). Souvent on remplace ces plaques par des bouts de fil de fer dont les extremités sont recourbées et enfoncées dans l'épaisseur du bois. Les tourniquets ne peuvent s'appliquer aux fenêtres à battants avec couvre-joint.[1])

Fig. 515.

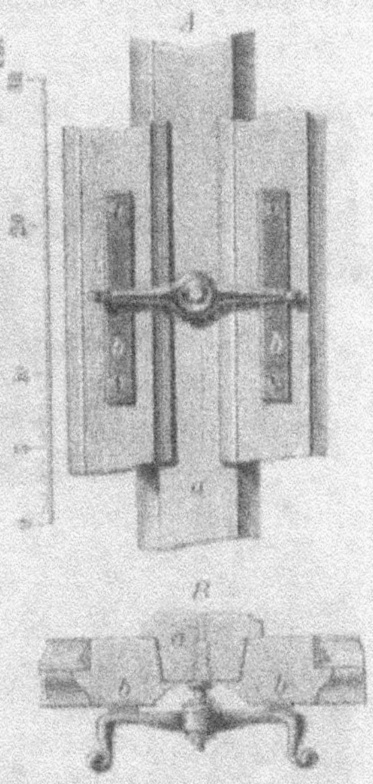


Les fig. 515, 516 et 517 représentent une targette tournante et sa gâchette. La targette (d) se manoeuvre par le bouton (c) qui lui fait décrire un quart de tour sur l'axe horizontal.

Une fermeture préférable est celle de la fig. 518. Elle peut s'appliquer aux fenêtres à montant intermédiaire, aussi bien qu'à celles avec couvre-joint. Elle se compose d'un petit loquet à bouton, venant s'engager dans un mentonnet (d), vissé sur le montant fixe, fig. 519. Ce loquet glisse, comme dans l'exemple fig. 514, sur une petite plaque en tôle (e), de manière à éviter l'usure du montant. Quand les battants se joignent directement, la pièce (a) ne fait qu'un avec le montant (c) du chassis.

[1]) Les tourniquets sont surtout employés pour retenir ouverts les volets extérieurs.

La fermeture se compose quelquefois simplement de verrous ou de targettes, plus particulièrement quand la fenêtre n'a pas de montant intermédiaire. On les fixe aux extrémités du couvre-joint. Celui du haut doit avoir son bouton à hauteur

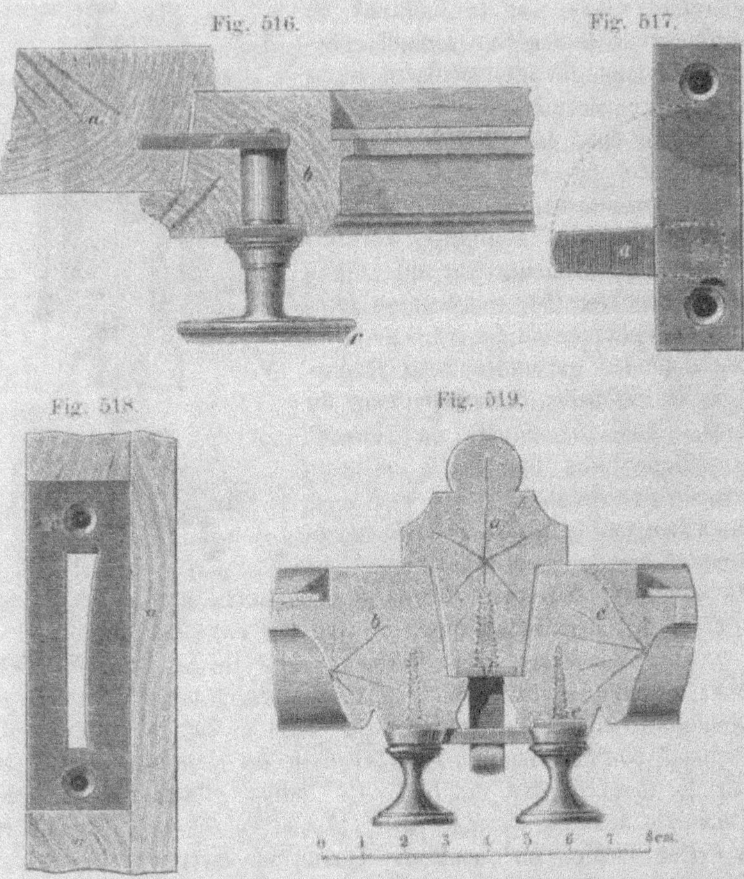

Fig. 516.                                      Fig. 517.

Fig. 518.                    Fig. 519.

telle, qu'on y puisse atteindre facilement. Son picolet ou sa gâche se fixe sur l'imposte, quand il y en a une, et sur la traverse supérieure du dormant, quand la fenêtre en est dépourvue. Bien que les verrous donnent une fermeture solide et économique, ils ne s'emploient que peu sur les croisées, d'abord parce qu'ils font mauvais effet et en suite parce qu'ils ne facilitent pas la manœuvre des battants. Ce dernier inconvénient est, du reste, commun à toutes les fermetures que nous avons

Fig. 520.

étudiées jusqu'à présent, et il faut, en conséquence, toujours leurs adjoindre des boutons ou poignées pour que la main puisse facilement saisir les battants.

Ces motifs ont conduit à chercher d'autres espèces de fermetures. On s'est arrêté aux crémones et espagnolettes qui ont donné les meilleurs résultats; aussi sont-elles devenues aujourd'hui d'un usage presque général.

On distingue les crémones à tige apparente, et celles à tige cachée; leur construction reste, à peu de chose près, la même dans les deux cas.

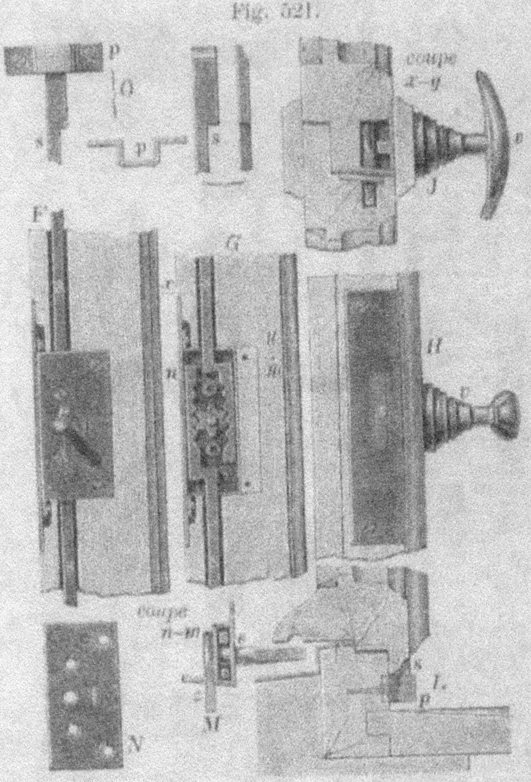

Fig. 521.

La fig. 520 A-E, représente une crémone du premier genre. Les deux tiges qui la forment sont disposées de façon à recevoir de la poignée, l'une, un mouvement ascendant, l'autre, un mouvement descendant. Leurs extrémités pénètrent dans des crampons ou arrêts (d), fig. D et E, fixés sur les traverses du châssis dormant ou sur l'imposte. Elles se terminent dans la boîte de la poignée par une petite crémaillère s'engrenant avec un pignon monté sur l'axe de la poignée.

Pour mieux maintenir les deux battants, la tige inférieure porte un pêne qui s'engage, lors de la fermeture, dans un arrêt (e), vissé sur l'autre battant de la croisée. La crémone peut être fixée sur le couvre-joint même, ou se trouver noyée dans l'épaisseur du montant. La fig. 521 donne les différentes parties d'une crémone à tige cachée. La croisée se ferme par un demi-tour de la poignée et la fermeture se fait simultanément en trois points: en haut, en bas et à mi-hauteur, fig. M, H et J. Comme le montrent ces figures, les tiges (s) s'engagent en haut et en bas, dans des crampons en fer (p), fig. O et L, fixés sur les traverses du châssis dormant. La poignée (v) est montée sur une broche (e), commandant le pêne (z). Le mouvement giratoire de la poignée rabat donc celui-ci dans l'arrêt de l'autre battant ou l'en fait sortir, suivant le sens de la rotation.

Les crémones du type précédent ont l'inconvénient d'être dures à manœuvrer, car la poignée n'est que petite et il faut faire un certain effort pour produire le mouvement des tiges. Elles sont néanmoins très-usitées en Allemagne et en Autriche.

Pour éviter l'inconvénient précité, on a donné à la poignée une forme permettant d'agir sur le pignon avec un plus grand bras de levier; c'est ce que fait voir immédiatement la fig. 522, A—C. Cette crémone a en outre l'avantage d'être plus simple et plus solide que les précédentes.

Son mécanisme comprend le pignon (e), faisant corps avec le levier (a), et la crémaillère de la tige, formée ici d'une seule pièce. En abaissant le levier, le pignon fait monter la tige (b) et son crochet supérieur se dégage de l'arrêt (c), tandis que son extrémité inférieure sort du cramponnet (f). Pour opérer la fermeture de la croisée, il suffit, au contraire, de relever le levier (a). Les fig. B et C donnent la vue latérale de l'ensemble de la crémone et de son mécanisme.

Malgré les avantages que nous avons signalés, cette crémone ne s'est pas répandue. Cela tient à ce que le levier est exposé à retomber de lui-même, et la fenêtre, par conséquent, à s'ouvrir d'elle seule, soit sous l'effet d'un choc, soit par suite d'un vice de construction.

L'espagnolette est très-usitée en France, en Angleterre, et dans le Holstein. Elle convient plus particulièrement aux grandes fenêtres et aux portes donnant sur un balcon. La fig. 523 représente en détail les différentes parties d'une espagnolette.

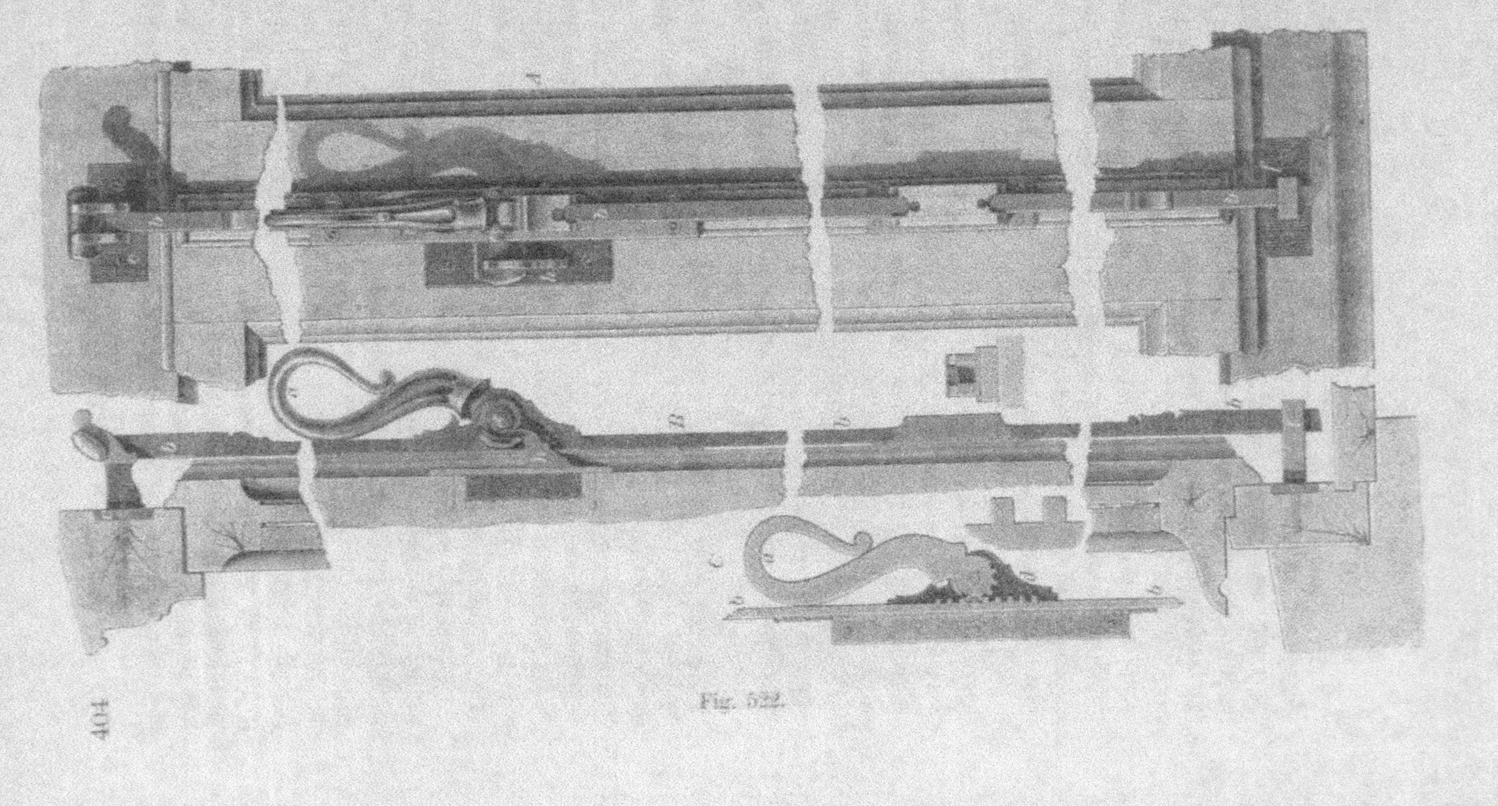

Fig. 522.

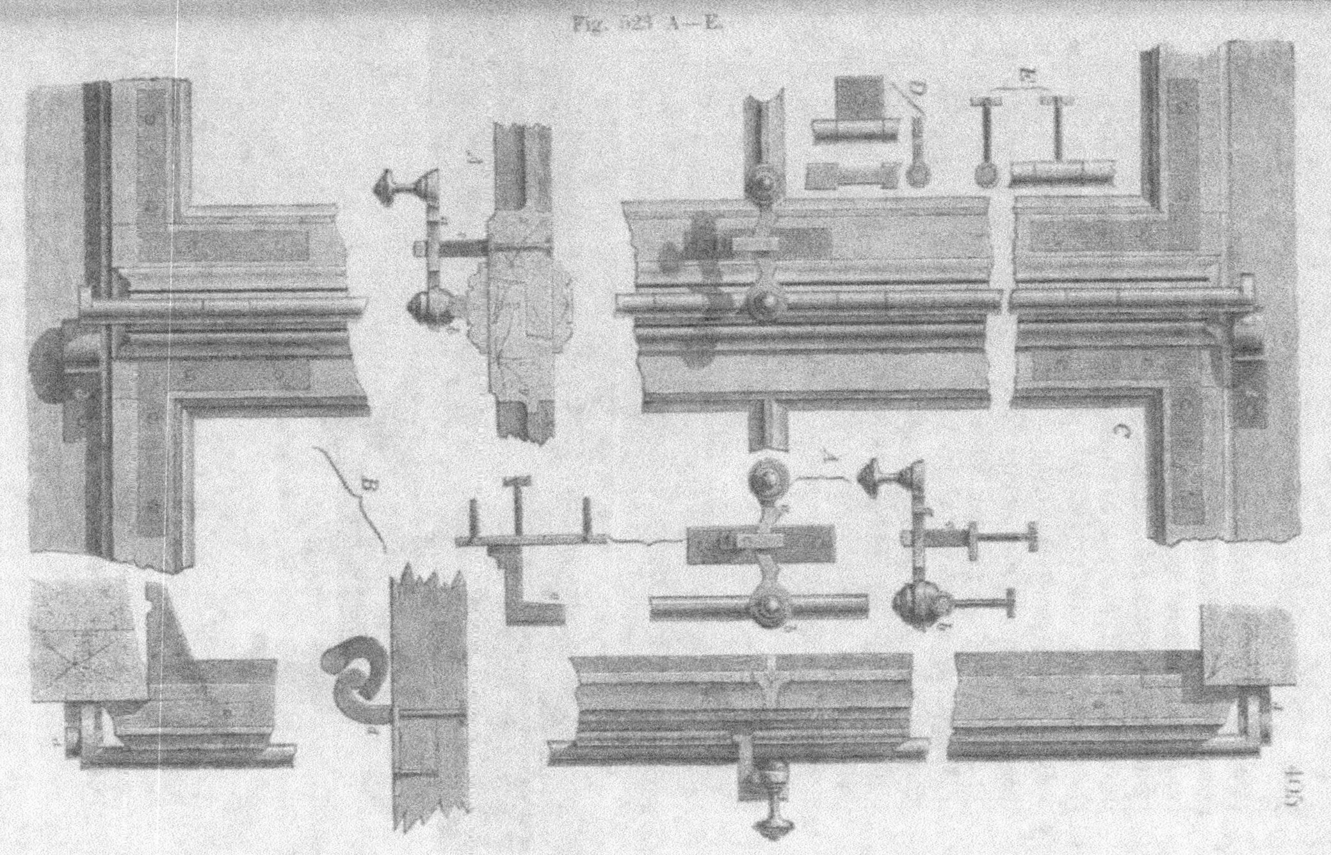
Fig. 523 A—E.
A
B
C
D
E
405

Une tige ronde, terminée à ses extrémités en forme de crochet, est retenue, de distance en distance, par des colliers ou lacets fixés sur le couvre-joint du battant fig. D et E. Elle peut tourner dans ces lacets, et son mouvement lui est donné par un levier articulé, placé à hauteur convenable et formant poignée. Les crochets des extrémités pénètrent soit dans des gâches soit dans des crampons. Sur le deuxième battant se trouve, à hauteur de la poignée, un crochet nommé support dans lequel le levier vient s'engager quand la fenêtre est fermée. Dans l'exemple représenté à la fig. 523, les bouts de la tige s'accrochent à des crampons (d) fig. B. Lorsqu'on veut se passer de ceux-ci, on fait une mortaise dans la traverse, et on la recouvre d'une petite platine évidée qui forme gâche, et qui retient le crochet de l'espagnolette quand la fenêtre est fermée.

Fig. 524.

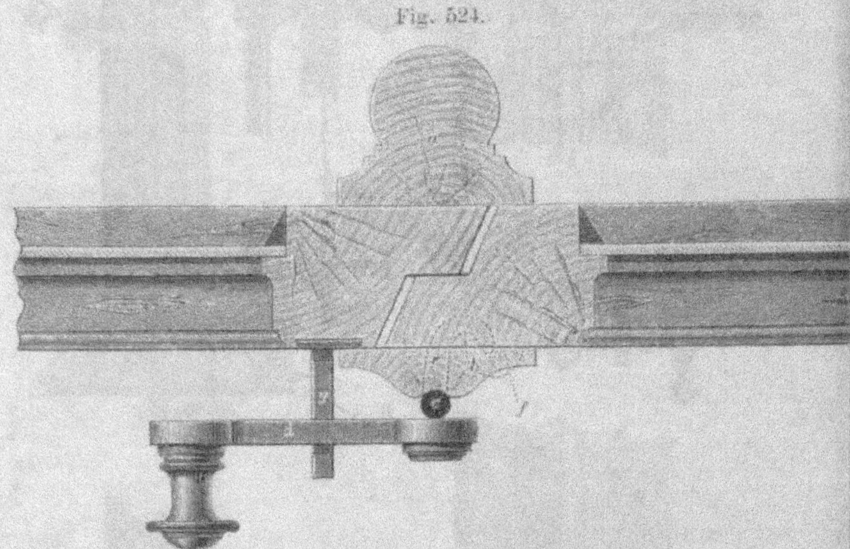

Les fig. D et E font voir le mode d'attache de l'espagnolette sur le battant.[1]) Sa tige est retenue en plusieurs points

[1]) Dans les modèles d'espagnolettes employés en France, on conserve à la tige le même diamètre dans toute la hauteur. Elle porte alors, de chaque

par des lacets formés soit de colliers complets, soit de lames repliées sur elles-mêmes, fig. D. La première disposition est la meilleure. Le détail A est reproduit à plus grande échelle à la fig. 524. La tige s'accroche encore ici à des crampons (f), indiqués en pointillé sur la figure.

### Planchers et Parquets.

Les planchers ordinaires se recouvrent de planches de 0,03 m à 0,04 m d'épaisseur,[1] en bois choisi, bien sec, exempt de nœuds, et droit de fil. Il ne doit pas avoir été gauchi par le séchage et ne doit renfermer qu'une petite quantité d'aubier; ce dernier ne peut cependant s'exclure entièrement parce que cela occasionnerait une trop grande perte de bois. (On peut exceptionnellement se servir de planches avec nœuds dans le cas particulier où les bois restent constamment exposés à l'humidité.)

La surface des planches est dressée et corroyée, ou reste brute, comme la produit le sciage. Ordinairement les planches sont munies sur les côtés d'une rainure et d'une languette, fig. 526.

Comme l'indique la fig. 525, l'assemblage peut aussi se faire à feuillure; c'est le mode de pose que l'on adopte quand les planches sont minces; mais dans les cas ordinaires, il est préférable de les assembler à rainure et languette. Enfin, elles peuvent encore se poser à plat l'une contre l'autre fig. 527. C'est la disposition adoptée dans les greniers et autres lieux de débarras, et les planches conservent alors leur surface à l'état brut.

Fig. 525.

Fig. 526.

Fig. 527.

côté des lacets, de petites embases qui empêchent son mouvement dans le sens vertical.

[1] Les épaisseurs marchandes françaises sont 0,027 m; 0,034 et 0,041 m. Dans la plupart des cas la première de ces épaisseurs est suffisante.

Les planches se fixent directement sur les solives du plancher et sur les entraits du comble, ou se posent sur des lambourdes jetées sur les solives. Au-dessus des voûtes de caves les lambourdes sont obligatoires. Les planches sont re-tenues par des clous dont la tête est complètement enfon-cée dans le bois.

Fig. 528.

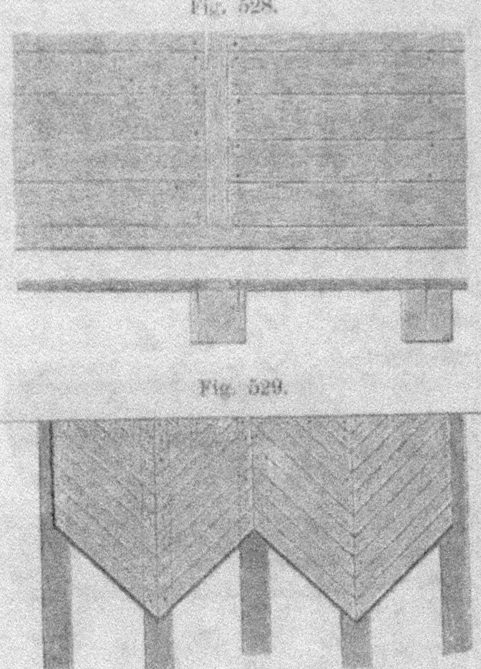

Fig. 529.

Dans les planchers plus soignés, les planches ont toutes même longueur, et au lieu de se toucher bout-à-bout, elles sont réunies par des pièces transversales. Ces traverses sont espa-cées de 3 à 5 mètres, selon la longueur des planches. Des pièces analogues, appelées frises courantes, for-ment cadre sur tout le pourtour de l'ap-partement, fig. 528.*)

Les parquets ne diffèrent des planchers que par la dimension et par le mode d'assemblage de leurs parties. Ordinairement les parquets sont

---

*) On nomme planchers à l'anglaise ceux dans lesquels toutes les planches sont parallèles à l'une des dimensions de la pièce. On les distingue en outre par les noms de planchers ordinaires et de planchers à frises selon que les planches ont plus ou moins de 0,11 m de largeur. Les frises ou alaises sont, en effet, des planches refendues de 0,08 m à 0,11 m de largeur, munies sur les côtés d'une rainure et d'une languette. Les planchers à frises occasionnent plus de main-d'œuvre que les planchers ordi-naires, mais ils sont à préférer parce que le bois y est moins sujet à tra-vailler.

composés de frises en sapin ou en chêne, posées sur les solives ou les lambourdes en formant un angle de 45 degrés avec elles. En changeant le sens de leur inclinaison, tant au milieu que sur les côtés, on peut former des dessins plus ou moins variés.

En Autriche, on se sert exclusivement de chêne pour la confection des parquets.

Dans les hôtels particuliers et dans les édifices importants, les parquets se font souvent en marqueterie. Il ne faut employer dans les ouvrages de ce genre que des bois parfaitement secs, ayant subi une dessication uniforme et lente, afin que le placage ne soit pas exposé à travailler et à se ganchir après la pose.

Ces parquets sont formés de cadres carrés, ordinairement en sapin, entourant des panneaux sur lesquels on vient appliquer la marquetterie. L'encadrement doit être assez solide pour que les bois rapportés ne puissent se déjeter sous l'effet de l'humidité et des changements de température. Le placage se fixe à la colle-forte, et se fait en chêne ou en bois de choix, le fil du bois se disposant en différentes directions, fig. 530. Les

Fig. 530.        Fig. 531.

tables ainsi formées sont posées sur un plancher dont la surface doit être bien de niveau et qui ne doit renfermer que des bois parfaitement secs. Elles se fixent à l'aide de clous ou de vis que l'on dissimule dans la rainure des joints. Elles sont assemblées entre elles à rainure et languette et sont même quelquefois jointes à la colle, mais c'est une pratique qui n'est pas à suivre.

La fig. 532 donne un exemple de parquet en marqueterie.[1]

<hr>

[1] Les parquets en marqueterie rentrent dans la classe des parquets d'assemblage. Ceux-ci sont ordinairement composés de pièces de bois

Les planchers à l'anglaise se recouvrent de trois couches
de peinture à l'huile à laquelle on donne ordinairement une

Fig. 532.

couleur grise ou brune. Les parquets en chêne ou en bois de
choix se passent simplement à l'encaustique.

### Plinthes et Lambris.

Sur le pourtour des pièces, les planches et les frises buttent
simplement contre la paroi du mur. Pour cacher alors le joint
le long de la maçonnerie, on applique contre le bas du mur
une pièce moulurée qui porte le nom de plinthe. Elle sert
en même temps à garantir le bas de la muraille des chocs qu'il
est exposé à recevoir des chaises, balais, etc.

La fig. 532 représente une plinthe de la forme la plus simple.
L'épaisseur de ces menuiseries varie de 3 à 4 cm et la hauteur
de 6,5 à 13 cm, suivant la destination de la pièce. Les
chambres à coucher reçoivent des plinthes moins élevées que

assemblées à tenon et mortaise, et formant des cases composées de bâtis
et de panneaux arasés. L'épaisseur des différentes pièces varie de 0,027 m
à 0,054 m. Le parquet à frises qui est représenté à la fig. 529 porte le
nom de parquet à point de Hongrie.

Fig. 534.

Fig. 536.

Fig. 533.

Fig. 535.

les salons et pièces de réception. La fig. 534 a—c, donne
comme exemples, trois profils différents.

Souvent les murs sont recouverts de menuiseries jusqu'à
hauteur des croisées et même plus haut. Ce revêtement porte
alors le nom de lambris, fig. 535.

Les lambris comprennent ordinairement une base, formant
plinthe, une partie moyenne, composée de cadres et de panneaux et enfin un couronnement, la cymaise. En général, ils
se font en sapin et sont peints couleur bois. Quand ils sont
en chêne ou en bois exotique, on les polit, ou on les enduit
d'une couche d'huile.

Quelquefois le lambris recouvre toute la hauteur du mur,
comme le montre la fig. 536. Cela ne change rien à son mode
de construction. Ses différentes parties se fixent toujours sur
des tasseaux qui se trouvent scellés dans la paroi de la maçonnerie. La fig. B représente la coupe transversale de l'une
des barres des châssis.[1])

[1]) On appelle lambris d'appui, les lambris dont la hauteur ne dépasse pas 0,80 m ou 0,90 m, c'est-à-dire, à peu près celle de l'appui des
croisées, et lambris de hauteur, ceux qui s'élèvent plus haut ou qui couvrent même toute la hauteur du mur.

# CHAPITRE V.

## Fondations.

La durée et la solidité d'un édifice dépendent en grande partie de la bonne exécution des fondations et du choix d'un mode de construction qui soit approprié à la nature du sol.

Tout édifice doit reposer sur une base suffisamment résistante, pour supporter le poids propre du bâtiment, la charge accidentelle qu'il peut recevoir, et les ébranlements passagers auxquels il est exposé. Si une base solide n'a pas été atteinte ou formée artificiellement, le terrain cédera sous l'effet du poids de l'édifice, et comme l'affaissement se produit d'une manière inégale dans les différents points de la fondation, il se manifestera des déchirements et ruptures qui mettront l'existence de la construction en danger. Un léger tassement se produit toujours dans toutes les natures de terrain, sauf dans le rocher, mais est sans inconvénient quand il s'opère uniformément.

Il faut donc, d'une manière générale, se préoccuper de répartir également la pression sur la base de l'édifice. Si le sol est de nature homogène, on donnera plus de largeur aux fondations des parties lourdes qu'à celles des parties légères, afin de rendre uniforme la pression par unité de surface. Si au contraire la résistance du sol est variable, on proportionnera les largeurs de base aux résistances des différents terrains. Il faut aussi veiller à ce que le terrain soit à l'abri de l'action de forces extérieures, parmi lesquelles il faut citer en première ligne les eaux souterraines.

Les modifications que subit le mode de construction des fondations dépendent de la profondeur plus ou moins grande à laquelle se trouve le terrain solide. Cette profondeur peut même être telle, qu'on renonce tout-à-fait à l'aller regagner.

Avant de parler des différents modes de fondation, nous passerons brièvement en revue les terrains principaux.

## Différentes natures de Terrain.

### 1. Terrain rocheux.

C'est celui qui donne les meilleures fondations, à condition cependant que le roc présente une certaine épaisseur, qu'il soit bien appuyé à la base et que le terrain sous-jacent ne puisse être affouillé par les eaux. Si l'une de ces circonstances se présentait, ou si la roche était décomposable à l'air, la solidité de la fondation deviendrait plus que douteuse. Lorsque le roc est recouvert d'une couche de terre, on commence par enlever cette dernière, puis on fait des entailles à sa surface pour que le mortier ou le béton fasse bien prise avec lui.

### 2. Terrains sablonneux.

Ces terrains comprennent:

Les cailloux roulés et graviers; et

les sables fins.

Les premiers fournissent de bonnes fondations lorsqu'ils se présentent sous la forme d'une couche épaisse, continue et de composition uniforme. Il suffit alors de descendre les fondations de 1 mètre environ dans le sol. Si les cailloux sont gros et s'ils sont mélangés de terrains d'autre nature; si de plus la couche est exposée aux infiltrations des crues d'une rivière voisine, il faudra descendre la fondation beaucoup plus bas et faire reposer les murs sur des embasements avec banquettes ou empatements.

Les sables fins peuvent porter de grandes charges lorsqu'ils forment une couche puissante et que les murs de fondation ne s'approchent pas trop du lit de la couche. On ne doit pas compter sur leur résistance quand le banc est peu épais ou quand il est exposé à être délavé accidentellement par les infiltrations de crues. En pareil cas les fondations deviennent coûteuses, car il faut soit descendre jusqu'au terrain solide, soit faire usage de pilotis et d'un grillage.

Les travaux d'excavation doivent se faire avec grande précaution dans les terrains sablonneux. La résistance de ces terrains résulte du frottement que les grains de sable exercent l'un contre l'autre. Les bancs les plus résistants sont donc ceux dans lesquels le sable est pur, compact et humide. Quand une charge agit sur un terrain peu compressible de cette nature, un affaissement ne se produit qu'autant que les grains de sable sous-jacents sont chassés, et, transmettant leur mouvement de proche en proche, soulèvent le terrain sur le pourtour de la fondation. La résistance du terrain est alors en raison directe de la surface couverte par les murs de fondation, et du frottement exercé par le sable contre leurs parois.

### 3. Terrains marneux et argileux.

Ces terrains se rencontrent ordinairement sous forme de couches de faible épaisseur alternant avec des terrains d'autre nature, parmi lesquels, le plus souvent, des sables plus ou moins imbibés d'eau. Dans ces conditions, il faudra toujours traverser les marnes et descendre avec les fondations jusqu'à un terrain solide.

### 4. Glaise et argile en bancs épais.

A l'état sec ou peu humectée, l'argile est dure et résistante et peut porter les plus grands édifices. Mais quand elle se trouve en contact avec l'eau, elle s'amollit et ne présente alors qu'une faible résistance. Battue ou en couche compacte, elle s'oppose au passage de l'eau.

Dans les glaises et autres terrains de même nature, il n'y a pas seulement frottement, mais aussi adhérence des molécules. Lorsque, sous l'action d'une force extérieure, il se produit un mouvement dans le terrain, ce sont des masses plus ou moins grandes qui se déplacent en entier; jusqu'au moment où l'inertie de ces masses est vaincue, la résistance opposée est relativement considérable.

Les mélanges de glaise et de sable se comportent d'une manière analogue à l'argile pure.

### 5. Terre végétale.

Ce terrain, ameubli par la culture et imprégné de matières salines, ne peut supporter les fondations même de constructions légères; il faut toujours le déblayer et descendre jusqu'au terrain cohérent.

### 6. Terrains marécageux et tourbeux.

Il faut éviter, autant que possible, de construire sur les terrains de cette nature, car les fondations y sont toujours coûteuses par suite des travaux spéciaux qu'elles nécessitent.

Au point de vue du mode de fondation, on peut diviser ces terrains en deux classes: limons de faible épaisseur et limons de grande épaisseur.

Dans les limons vaseux de 1,00 m à 2,00 m d'épaisseur, avec terrain solide à la base, il suffit de descendre la fondation jusqu'au bon sol. Ces travaux sont ordinairement coûteux, malgré le peu d'épaisseur du fond limonneux, parce qu'ils obligent à construire un batardeau et à installer des machines d'épuisement.

Quand le limon atteint des profondeurs de 5,00 et 7,00 m, on peut encore quelquefois construire un batardeau, enlever la vase au moyen de machines d'épuisement ou de dragues, et descendre la fondation jusqu'au terrain solide. Si l'étude des conditions locales faisait présumer que les infiltrations seraient par trop abondantes et que l'épuisement reviendrait cher, on renoncerait à l'appui direct sur le terrain solide et l'on aurait recours soit à des pilotis avec grillage, soit à des caissons en bois ou en fer, soit enfin à des piliers en maçonnerie, foncés sous l'action de leur poids propre et de charges additionnelles.

Dans toutes les fondations sur pilotis, avec ou sans grillage, les bois doivent s'arrêter à 0,30 m du niveau des plus basses eaux.

Le terrain tourbeux est formé des débris de substances végétales en décomposition, auxquels viennent s'ajouter ordinairement du sable, de l'argile, etc.[1]) Si la couche de tourbe n'a que 3 ou 4 mètres d'épaisseur et que le terrain sous-jacent soit solide, on peut se contenter d'excaver le sol jusqu'au-dessous des plus basses eaux, puis de construire un grillage et de le recouvrir d'un lit de sable ou de béton, afin de répartir la pression bien uniformément dans toute l'étendue de l'assiette de l'édifice. Mais cette disposition n'est applicable que lorsque les charges sont peu élevées et que le terrain présente cependant une certaine cohésion, comme dans le cas de la tourbe. Nous reviendrons sur ce point par la suite.

Lorsque le terrain tourbeux est formé d'éléments très-hétérogènes, il ne peut servir d'appui aux fondations. Il faut alors ou l'excaver dans toute sa profondeur, ou avoir recours à l'un des procédés indiqués pour les limons vaseux de grande profondeur.

Suivant le degré de cohésion de ces terrains, leurs propriétés se rapprochent plus ou moins de celles des terrains sablonneux ou des limons vaseux. Dans les terrains mouvants se sont même les principes d'hydrostatique qui régissent la résistance; l'enfoncement est tel que le poids du volume de terre déplacé, égale la charge supportée.

---

[1]) La tourbe change d'aspect avec l'état plus ou moins avancé de la décomposition de ses éléments. Elle est fibreuse et de couleur brune quand elle est de formation récente, noire et d'une texture homogène quand sa formation est relativement ancienne.

## 7. Terres rapportées.

Ces terrains se rencontrent parfois dans les villes à l'endroit de quartiers incendiés ou d'anciennes fortifications, les dépressions du sol ayant été comblées avec des terres rapportées ou des débris de démolitions. Ces terrains ne sont pas propres à bâtir, car même quand ils se trouvent en place depuis longues années, ils se tassent d'une manière très-inégale sous l'action des charges.

C'est tout au plus si l'on peut ériger sur eux des constructions légères en bois, n'ayant qu'une étage de hauteur, et cela après s'être assuré préalablement que les terres ont complètement cessé de tasser.

## Reconnaissance du terrain.

Avant de commencer la construction d'un édifice, il faut se rendre compte, avec le plus grand soin, de la nature du terrain sur lequel il doit reposer. Ce travail de reconnaissance peut se faire par quatre méthodes différentes, à savoir:

      Au moyen d'excavations;

      en enfonçant une barre de fer dans le sol;

      au moyen de sondages, et enfin;

      par le battage de pieux.

L'excavation de petits puits de sondage constitue un moyen simple et sûr de se renseigner sur la nature des terrains lorsque ceux-ci sont secs et cohérents. Cependant, quand les recherches doivent être poussées en profondeur, ce procédé devient coûteux, car les puits exigent une section assez grande pour que les ouvriers y puissent travailler à l'aise. Les parois ont alors besoin d'être boisées et l'on ne peut se dispenser de ce boisage, qu'en leur donnant une certaine inclinaison. Aussi ces puits de sondage se continuent-ils rarement au-delà de 5,00 m de profondeur. On les fonce aux points où se trouveront les plus grandes charges par la suite. Il est clair que ce mode d'investigation est inapplicable dans les terrains aquifères.

Les recherches au moyen de la sonde ordinaire ne peuvent

porter que sur de faibles profondeurs et n'éclairent que sur la
cohésion et sur la dureté du sol,[1]) sans renseigner sur sa nature.
On commence par creuser un trou de peu de profondeur, puis
on y enfonce la sonde à coups de masse. La sonde se compose simplement d'une barre de fer amincie en pointe à sa
partie inférieure.[2]) Quand elle refuse d'avancer, on lui donne
quelque coups dans les sens trans-
versal pour agrandir le trou et obtenir un nouvel enfoncement. On
juge de la cohésion et de la dureté
du terrain par la plus ou moins grande
facilité avec laquelle la barre pénètre
dans le sol. Ce mode d'investigation
n'a de valeur que lorsqu'on sait comment la barre se comporte dans un
terrain solide les indications qu'il
fournit sont tout-à-fait relatives.

Sondages. — Dans ces opérations
il faut approprier la forme de l'outil
à la nature des terrains que l'on doit
traverser.

Les sondes sont formées d'une
série de barres de fer, appelées allonges, assemblées les unes aux autres.
Les deux barres extrêmes ont une
forme spéciale tandis que les barres
intermédiaires sont toutes, à la longueur près, semblables entre elles.
L'assemblage des allonges se fait soit

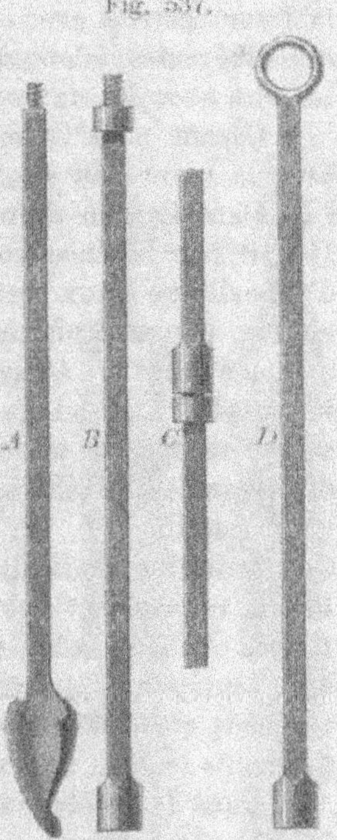



---

[1]) La résistance opposée à l'enfoncement de la sonde ordinaire n'est pas
un indice sûr de la cohésion du sol; certains terrains absorbent par leur
élasticité une partie de la force du choc, tout en étant peu cohérents.

[2]) Cette barre peut être ronde ou carrée. Elle porte ordinairement, en
divers points de sa longueur, des barbelures que l'on garnit de suif avant
d'enfoncer la sonde dans le sol. Ces barbelures ramènent de la terre à la
surface et donnent par là quelque idée de la nature des couches inférieures.

au moyen d'un pas de vis, soit au moyen d'un enfourchement. La première disposition est représentée en B, fig. 537, A—D. On voit que chaque allonge est munie d'un pas de vis dans le haut et d'un écrou de grandeur correspondante dans le bas.[1]

Pour les sondages peu profonds (jusqu'à 8 mètres), on se contente d'un assemblage à enfourchement et à clavette.

La forme qui convient le mieux aux barres d'allonge est la forme carrée avec arêtes abattues ou arrondies. Les axes des différentes allonges doivent, autant que possible, coïncider les uns avec les autres.

Comme nous l'avons déjà dit, la forme de la sonde varie avec la nature du sol à traverser.

Dans l'argile dure on se sert du trépan à deux taillants. Il agit par le choc comme le trépan ordinaire, et se compose d'un cylindre creux portant, à sa partie inférieure, deux taillants cintrés, perpendiculaires l'un à l'autre et aciérés pour mieux entamer l'argile. Celle-ci pénètre dans le cylindre et finit par le remplir. Quand l'argile est très-dure et compacte, on se sert d'un trépan ou ciseau ordinaire. Les détritus résultant du travail de l'outil sont retirés au moyen d'une tarière ou d'une curette.

Dans les argiles tendres on fait usage d'une tarière en hélice, ressemblant beaucoup à celle des charpentiers, mais plus fermée du bas, afin de mieux retenir l'argile coupée.[2] Elle agit tant par la pression due à son poids que par le mouvement tournant qu'on lui imprime. Comme dans le cas de la tarière ordinaire le trou de sonde n'a pas besoin de curages.

Dans les sables et graviers fins, on se sert de l'entonnoir à sable, fig. 538 A—B. Il se compose d'un cylindre creux, en tôle de 0.10 à 0.15 m de diamètre et de 0.30 à 0.80 m de longueur, portant à sa partie inférieure un taillant ou une hélice en acier, puis un diaphragme muni d'un clapet. On enfonce

---

[1] L'assemblage à vis, bien que très-simple et très-solide, offre l'inconvénient de ne pas permettre de tourner l'appareil en sens contraire au pas de vis sans risquer de dévisser les allonges.

[2] Ces tarières ont ordinairement de 5 à 6 centimètres de diamètre.

l'instrument dans le sable en le faisant tourner; le clapet s'ouvre et le cylindre se remplit de sable. Quand on le retire du trou de sonde, le clapet se referme, et l'outil ramène à la surface tout le sable qu'il contient. Cet instrument fonctionne le mieux dans les sables aquifères.

Quand les sables sont gros et mêlés de cailloux, il faut employer la sonde ordinaire.

Les sondages dans les terrains rocheux se font à l'aide des différentes espèces de trépans. Il arrive rarement que les travaux de reconnaissance conduisent à des sondages dans le roc parceque celui-ci s'accuse presque toujours en masses puissantes, capables de supporter directement la fondation.

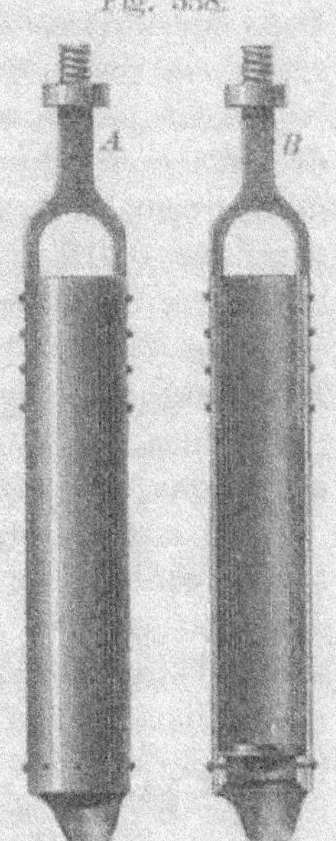


Lorsque le sondage doit descendre à d'assez grandes profondeurs, on manœuvre la sonde au moyen de leviers ou de treuils que l'on établit au-dessus du trou sur une plate-forme en charpente. Ces leviers mesurent 3,40 m de longueur totale et 1,00 m de longueur de petit bras. Pour guider la sonde et pour lui servir de point d'appui pendant l'attache d'une nouvelle allonge, on recouvre l'orifice du trou d'un bloc de chêne ayant 0,60 m sur 0,50 m sur 0,20 m d'épaisseur. Il est percé en son milieu d'un trou livrant tout juste passage à la sonde et ayant donc de 8 à 16 centimètres de diamètre. Le bord de ce trou est armé d'un anneau en fer. Une trappe permet d'enfermer l'ouverture afin que les corps étrangers ne puissent tomber à l'intérieur. Pour empêcher l'éboulement des parois, on le garnit d'un revêtement intérieur formé de cylindres en bois ou de tuyaux en fer ou en fonte. Ces tuyaux se font en longueurs plus ou moins grandes, suivant la profondeur du trou. Ordinairement, le revêtement est composé de plusieurs longueurs, en sorte qu'il est facile de faire

varier la longueur totale. On enfonce les tuyaux soit en les
chargeant de poids, soit à coups de masse ou de sonnette.

Anciennement, on n'employait que des cylindres en bois.
Mais la grande épaisseur de leurs parois conduit à des diamètres qui rendent quelquefois le fonçage difficile. C'est pourquoi
les tuyaux métalliques sont préférables. Souvent on place un
cylindre en bois à l'orifice du trou pour servir de guide aux
tuyaux de revêtement. Le fonçage des cylindres se fait au
moyen de la sonnette ordinaire et pour empêcher que leur partie
supérieure ne se brise sous l'effet du choc du mouton, on la
recouvre d'un gros bouchon en bois, entouré d'une frette.
Dans les terrains aquifères, les joints des cylindres sont calfeutrés et recouverts de toile goudronnée. Les revêtements en
bois n'ont pas la solidité de ceux en fer ou en fonte.[1]) Ces
derniers se composent ordinairement de tuyaux de 2,50 à 3,00 m
de longueur et de 0,18 m de diamètre, avec une épaisseur de
paroi de 0,012 m. Outre la plus grande résistance, ils ont
l'avantage de présenter moins de section, tout en ayant autant
ou même plus de poids, et par conséquent de s'enfoncer plus
facilement sous le choc du mouton. Celui-ci est quelquefois
guidé dans sa chute par une barre de fer traversant le bouchon
qui recouvre le tuyau. Le mouton peut peser jusqu'à 150 kg.

On a dans ces derniers temps également fait usage de
tuyaux en tôle; ils ne peuvent supporter le battage comme les
cylindres en bois et en fonte. En revanche ils ont encore
moins d'épaisseur que les tuyaux en fonte et peuvent se joindre
très-facilement l'un à l'autre. Leur propre poids les fait pénétrer d'une certaine quantité dans le sol, et pour compléter le
fonçage, il suffit de les charger de poids à la partie supérieure.

---

[1]) Lorsqu'on ne doit descendre qu'à de petites profondeurs, le revêtement
en bois est formé d'un simple pilot bien droit, percé d'un trou suivant son
axe. Il est armé d'un sabot en fer ou en fonte à sa partie inférieure.
Quand le trou de sonde doit être poussé en profondeur, le revêtement se
compose d'une caisse formée de 4 madriers, solidement cloués l'un sur l'autre,
et même renforcés de frettes entaillées dans le bois. Ces caisses sont armées
de sabots comme, dans le cas précédent.

Quelquefois on les arme d'une hélice dans le bas, mais cette disposition ne convient qu'aux terrains meubles. Ces tuyaux ont environ 3 millimètres d'épaisseur et de 1.00 à 1.50 m de longueur. La tôle est cintrée et ses bords sont rivés l'un sur l'autre, avec rivets à tête fraisée vers l'extérieur. Les tuyaux s'assemblent à l'aide d'anneaux ou de manchons soudés. On a proposé de remplacer l'anneau de ces joints annulaires par une seconde longueur de tuyau, en sorte que le revêtement se trouve alors formé de deux enveloppes concentriques dont les joints alternent en position. Lorsqu'un trou de sonde est garni de tuyaux multiples de ce genre, on n'en laisse qu'un seul en fin de compte. Pour couper les autres, on emploie un outil spécial muni d'une dent d'acier que l'on peut faire sortir ou rentrer à volonté.[1]

Le battage de pieux ne s'emploie comme moyen de recherche que dans les terrains marécageux. On juge de la résistance du fond par la plus ou moins grande facilité avec laquelle le pieu pénètre dans le sol, et aussi par la longueur de pieu qu'il est possible d'enfoncer. Comme ces terrains exigent d'ordinaire des fondations sur pilotis, on s'arrange de façon à ce que les pilots d'essai puissent servir par la suite comme pilots de la fondation.

Dans ces travaux de reconnaissance, il ne faut pas seulement chercher s'il y a un terrain résistant à plus ou moins de profondeur, mais aussi si ce terrain a assez d'épaisseur pour fournir à l'édifice une base suffisamment solide. On admet, en général, qu'un banc de terrain cohérent de 3 à 4 m d'ép. peut porter avec sécurité une construction de deux ou trois étages. Il faut aussi se rendre compte de l'étendue du terrain solide; car s'il s'arrêtait à proximité des fondations, il pourrait bien céder sous l'effet des charges.

---

[1] Les bouts de tuyaux sont retirés au moyen d'une vis conique en acier. Pour remonter les bouts de tiges qui se seraient brisées à l'intérieur du trou, on fait usage d'une cloche conique filetée en acier.

Dans les pays de plaines, on est quelquefois obligé de fonder dans une dépression du sol, exposée à recevoir des eaux de pluie ou des infiltrations des terrains avoisinants. Il ne faut pas manquer, en pareil cas, d'exhausser la fondation au moyen de massifs en maçonnerie au mortier de ciment.

Enfin on doit, avant de commencer les travaux, se rendre compte des conditions dans lesquelles le terrain se trouve placé par rapport au cours d'eau voisins. Si le terrain est situé à proximité d'une rivière, il faut rechercher jusqu'à quelle hauteur les crues peuvent s'élever. Dans un terrain résistant et imperméable, on peut au besoin protéger le pied des murs au moyen de banquettes en terre. Quand le sol est perméable, il faut prendre des dispositions particulières pour que l'humidité ne puisse pénétrer à l'intérieur des caves, car celles-ci une fois humides ne sèchent que très-difficilement. Il s'y forme dans ces conditions des moisissures qui finissent par envahir le bâtiment et par le rendre inhabitable, si l'on n'y remédie dès le début.

Dans les contrées bordées d'un côté par des montagnes et de l'autre par une rivière, l'exploration du terrain exige des soins particuliers. Il arrive alors souvent que les eaux de la montagne et les crues de la rivière, déposent dans les basfonds des amas de débris pierreux qu'un examen superficiel pourrait faire prendre, au premier abord, pour le terrain solide. Ces dépôts n'ont ordinairement que peu d'épaisseur et, par conséquent, pas de résistance.

## Machines d'épuisement.

Nous ne parlerons ici que d'une manière générale de ces machines qui sont décrites en détail dans tous les ouvrages traitant spécialement des fondations.

L'épuisement d'une fouille est accompagné quelquefois de grandes difficultés et peut alors occasionner une dépense considérable. Il faut donc, en choisissant le mode de fondation dans un terrain aquifère, faire entrer en ligne de compte la facilité plus ou moins grande avec laquelle se fera l'épuisement de la fouille. On renoncera aux fondations en excavations dès que des venues d'eau abondantes ont à craindre. On évitera également les épuisements lorsque la nature du terrain est telle que l'action continue des infiltrations puisse amener la désagrégation du sol de la fouille.

L'épuisement d'une fouille se fait autant que possible à l'époque où l'eau se trouve à son niveau le plus bas dans les étangs et cours d'eau voisins. On le continue d'une manière plus ou moins active pendant toute la durée des travaux de fondation, car même quand la fouille est entourée d'un batardeau, il se produit des infiltrations qui finiraient par remplir la fouille si l'on n'épuisait l'eau au fur et à mesure de sa venue.

Quand on rencontre une source on réussit quelquefois à la couper en battant des pieux à l'endroit où elle se fait jour, ou en la recouvrant de glaise sèche ou de béton.

On ménage toujours un petit puits, appelé puisard, au point le plus bas de la fouille, pour que les eaux s'y viennent recueillir et clarifier.

Le mode d'épuisement le plus simple est le baquetage à la main. Pour donner aux seaux et aux baquets plus de durée, on les fait quelquefois en cuir. L'épuisement au moyen de seaux est avantageux quand il ne faut élever l'eau que de 1,00 m ou 1,25 m. D'après Eitelwein un ouvrier peut baqueter en une minute un volume d'eau de 0,15 m. c. à une hauteur de 0,90 m à condition qu'après deux heures de travail, il puisse prendre un repos de durée égale. On peut élever l'eau à de plus grandes hauteurs par le même moyen[1], en échelonnant les hommes au-dessus les uns des autres, sur un échafaudage convenablement disposé. D'après Weisbach un homme élève au moyen du seau en 24 heures un volume d'eau de 146 m. c. à une hauteur de 0,30 m.

S'il s'agit de vider l'enceinte d'un batardeau dans lequel l'eau se trouve à un niveau élevé, on peut faire usage des

---

[1] On suspend alors quelquefois les baquets à une corde que l'on enroule autour d'un treuil. On les dispose par paires et de telle façon que l'un des seaux soit dans le puisard, pendant que l'autre déverse son eau dans la rigole d'évacuation.

écope de batelier. Ce sont de simples pelles en bois de
0.45 m de longueur, sur 0.25 de largeur, garnies d'un bord
élevé à l'arrière. On augmente quelquefois leurs dimensions
et alors on les suspend par une corde à deux perches à la
manière d'une escarpolette. Un ouvrier guide l'écope et deux
autres la tirent en avant à l'aide de cordes. Ces écopes sus-
pendues portent le nom de hollandaises. Elles ne doivent
immerger que d'une faible quantité. La partie arrière de la
hollandaise est recouverte d'une planchette pour mieux retenir
l'eau. Ses dimensions sont: largeur 0.30 m; hauteur 0.30 m et
longueur 0.45 m. Une bonne partie de l'eau puisée retombe
pendant le mouvement, en sorte que chaque oscillation ne donne
qu'un volume de 0.03 m c, ce qui fait par heure, en comptant
26 oscillations à la minute, un volume d'environ 45 m c. D'après
Weisbach un homme élève, en 24 heures, à la hauteur de 0.30 m,
170 m c. d'eau au moyen de l'écope et 360 m c., au moyen de
la hollandaise.

Quand les fouilles ont plus de 1.50 m ou 2.00 m de profondeur on a recours aux chapelets, à la vis d'Archimède ou
aux pompes.

Les chapelets se composent d'un tuyau, à section circulaire ou carée, à l'intérieur duquel monte l'un des brins d'une
chaîne sans fin, pendant que l'autre redescend le long de la paroi
extérieure. Cette chaîne porte, de distance en distance, des
rondelles de cuir de la grandeur du tuyau, soutenues par de
petits morceaux de bois.[1]) Elle s'enroule dans le haut sur un
treuil, dont le tambour présente des encoches pour loger les
disques de la chaîne et à la partie inférieure, sur un tambour
qui la maintient dans la verticale. Les rondelles en montant élèvent l'eau dans le tuyau et la déversent à la partie
supérieure sur une rigole en bois. Avec un chapelet vertical
de 0.16 m de diamètre et de 4.00 m de hauteur, quatre ouvriers
peuvent puiser 27 m c d'eau en une heure.

Les chapelets s'emploient peu parce que leur effet utile

---


[1]) Ces rondelles sont désignées sous le nom de patenôtres.

est moindre que celui des autres machines d'épuisement; on ne s'en sert guère que pour l'élévation d'eaux bourbeuses. On comprend d'ailleurs que le rendement ne puisse être élevé puisque d'une part il faut vaincre le frottement que les rondelles développent contre les parois du tuyau, et que, d'autre part, il retombe une partie de l'eau pendant le mouvement ascentionnel de la chaîne.[1]

Les **norias** et **roues élévatoires** élèvent l'eau dans des sortes de godets. La noria diffère du chapelet en ce que le tuyau est supprimé et que les patenôtres sont remplacées par des godets. Ces machines n'ont également qu'un emploi assez restreint; nous n'insisterons donc pas à leur égard. D'après Weisbach un homme peut élever en 24 heures 360 m c. d'eau avec le chapelet et 210 m c. avec la noria, à la hauteur de 0,30 m.

La **vis d'Archimède** se compose d'un cylindre creux de 0,45 à 0,60 m de diamètre et de 6 à 7 mètres de longueur, monté sur un axe et recevant à l'intérieur une paroi continue composée d'une série de petites planchettes disposées suivant un hélicoïde. L'axe du cylindre repose sur un châssis par des tourillons et porte une manivelle à son extrémité supérieure. La partie inférieure est ordinairement supportée par une chaîne qui s'enroule sur un treuil. De cette façon on peut élever ou abaisser le bas de la vis suivant le niveau auquel se trouve l'eau dans la fouille. Pour que la vis se remplisse quand on la fait tourner, il faut, que l'hélice ait un pas assez allongé. A cet effet, on augmente à deux ou trois le nombre des parois hélicoïdes sur l'axe. Ordinairement l'angle que la tangente à l'hélice sur le noyau fait avec la génératrice de ce noyau est compris entre 55° et 60°. On donne à la vis une inclinaison de 30°; elle se trouve alors dans les conditions les plus favorables; on peut cependant augmenter son inclinaison et aller jusqu'à 45°.

---

[1] Il se fait aussi des chapelets inclinés. Ils ne diffèrent des chapelets verticaux qu'en ce que les patenôtres sont plus rapprochées les unes des autres et que leur grandeur est moindre que la section du tuyau.

Les vis d'Archimède ne conviennent que pour des hauteurs élévatoires égales ou inférieures à 2,50 m. La manivelle inclinée n'étant pas commode à manœuvrer, on la fait tourner au moyen de bielles, appelées béquilles, auxquelles les hommes donnent simplement un mouvement de va et vient. D'après Weisbach un homme peut élever au moyen de la vis d'Archimède 330 m c. d'eau à la hauteur de 0,30 m en 24 heures.

Les meilleures machines d'épuisement sont les pompes. On en emploie de tous genres: pompes à piston, aspirantes ou foulantes, pompes centrifuges, etc.

La pompe la plus usitée dans les travaux de peu d'importance est la pompe ordinaire avec corps de pompe et piston en bois; elle s'installe et se répare très-facilement habituellement. Elle a de 4 à 7 mètres de hauteur et est formée de madriers de 5 à 7 centimètres d'épaisseur pour une section intérieure de 21 à 23 centimètres de côté. Les joints des madriers se calfentrent avec de l'étoupe et s'enduisent de goudron chaud, car il est essentiel que le tuyau soit parfaitement étanche. On joint les madriers à rainure et languette, et l'on consolide le tuyau par des frettes en fer espacées de 1 mètre environ.

Le piston se fait généralement en bois et est muni d'une garniture en cuir. Ses clapets sont en cuir épais préalablement trempé dans un mélange chaud de suif, d'huile et de goudron, et raidi d'un côté par un disque en bois. L'ouverture inférieure de la pompe est munie d'un clapet dormant et est garnie d'une toile métallique pour empêcher que les corps étrangers ne pénètrent dans le corps de pompe. Ces pompes se manœuvrent à bras. Quand le volume d'eau à puiser est considérable, le travail à bras devient très coûteux. Il faut employer alors une machine motrice qui sera, suivant les circonstances, un moteur hydraulique ou une machine à vapeur.

Dans les grands travaux de fondation tels que ceux des piles de ponts, on fait habituellement usage de pompes centrifuges.

En résumé, pour des hauteurs de 1 à 2 mètres et pour de petites quantités d'eau le baquetage est le mode d'épuisement le plus convenable. On dispose les ouvriers en une ou deux files suivant la hauteur élévatoire. Chaque homme élève par heure dans une journée de travail de 6 heures environ 6 m c. d'eau. Quand la hauteur est un peu plus grande et le volume d'eau considérable, on emploiera la vis d'Archimède. Par ce moyen un homme élève à l'heure 15 m c. d'eau, à 1 mètre de hauteur, la journée de travail étant de 6 heures.

Quand la hauteur élévatoire dépasse 2,50 m, on fera toujours usage de pompes.

### Déblai des terres.

Il faut compter comme temps nécessaire pour faire le déblai d'un mètre cube de terre dans les tranchées et fouilles n'ayant que jusqu'à 3 mètres de profondeur:

dans la terre végétale et le sable de 0,3 à 0,4 J

J représentant une journée de travail;

dans la glaise dure, les graviers et les

roches décomposées de 0,6 à 0,7 J

dans l'argile plastique de 0,8 à 0,9 J

dans le rocher de 0,9 à 1,5 J

Le temps nécessaire à la répartition des déblais sur le terrain adjacent et au régalage du fond de la fouille est compris dans les chiffres ci-dessus.

Lorsque la profondeur dépasse 3,00 m et atteint jusqu'à 5,00 m, ou bien quand les tranchées sont étroites, il faut augmenter les chiffres précédents du tiers ou de la moitié.

Pour l'enlèvement des déblais à distance, il faut compter par mètre cube

Par jet de pelle, jusqu'à 3 m de distance, 0,8 J

À la brouette, jusqu'à 60 m de distance de 0,17 à 0,3 J

Par wagonnet poussé à la main, jusqu'à

200 m de distance de 0,26 à 0,3 J

Quand la distance est plus grande, le transport doit se faire par tombereau ou par wagon de terrassement.

# Des diverses espèces de fondations.

D'une manière générale, on peut ranger les diverses espèces de fondations en deux groupes, à savoir:

Fondations sur terrain naturel; et

Fondations sur base artificielle.

### Fondations sur terrain naturel.

Elles comprennent en premier lieu les fondations sur le rocher. Il arrive rarement que l'on puisse faire reposer la construction directement sur la surface du sol. Ce n'est possible que sur certaines roches telles que le granit, la syénite, etc. qui ne subissent pas de décomposition sensible à l'air. On se contente alors de déblayer et de dresser convenablement la surface du roc. Ordinairement on doit enterrer la fondation d'une certaine quantité, afin de mettre la base à l'abri de l'action de l'air et des effets de la gelée. Il faut en outre s'assurer de ce qu'elle ne puisse être minée par des sources, et quand la roche est stratifiée, rechercher si celle-ci n'est pas traversée par des veines d'argile remontant jusqu'à fleur du sol.

Il faut, dans tous les cas, préparer la surface du roc avant d'y appuyer la fondation. On y forme des rugosités et on la taille en gradins lorsqu'elle est déclive fig. 539. On étend sur

Fig. 539.

cette base un lit de mortier ou une certaine épaisseur de béton sur lequel on fait la pose des assises de maçonnerie.

Lorsque le rocher présente des cavités, on les remplit de maçonnerie ou on les recouvre de voûtes. On évite de faire usage de la mine dans la préparation des surfaces. Quand la pente du roc est grande, on augmentera la hauteur et le nombre des gradins.

Nous avons en second lieu les fondations sur terrain résistant autre que le rocher. Dans ces terrains, il suffit encore de descendre la fondation jusqu'à une profondeur à laquelle la gelée ne peut atteindre, afin de garantir la base contre les désagrégations qui se produisent à sa suite et qui causeraient des tassements nuisibles. Dans nos contrées, on peut regarder comme suffisante une profondeur de 0,90 à 1,00 m.

Enfin, troisièmement, les fondations sur terrain comprimé. On peut quelquefois, par une compression artificielle, suffisamment affermir un terrain compressible pour pouvoir appuyer sur lui la fondation d'une édifice. Cette compression peut s'opérer de différentes manières. On peut disposer temporairement des charges à la surface du sol, mais ce moyen est peu efficace. Mieux vaut battre des pierres plates de champ dans le fond de la fouille, ou, quand le terrain reste toujours humide, les remplacer par des petits pilots qui auront une durée assurée dans ces conditions. Enfin, on peut encore pilonner plusieurs couches de débris pierreux dans le fond de la fouille, fig. 540.

Fig. 540.

Tous ces procédés affermissent le sol non-seulement sous la fondation même, mais aussi dans les parties avoisinantes; leur effet correspond presque à un élargissement de la base de la fondation.

### Fondations sur base artificielle.

Lorsque le terrain superficiel est compressible, les travaux de recherche indiqueront auquel des trois cas suivants l'on a à faire:

a) Le terrain résistant se trouve à peu de profondeur de la surface du sol, soit à moins de 3,00 m.

b) Le terrain solide se trouve à une plus grande profondeur, mais peut encore s'atteindre.

c) Les couches transversées par les sondages sont toutes compressibles.

A ces distinctions, il faut joindre la condition de savoir si le terrain est aquifère ou non et si, dans le premier cas, l'épuisement sera facile, difficile ou bien même impossible. De toutes ces conditions dépendra le choix du mode de fondation.

Dans le premier des trois cas, la fondation rentre en réalité dans la classe des fondations sur terrain naturel, car on procède alors au déblai des couches compressibles supérieures pour appuyer la fondation directement sur le terrain solide.

Dans les deux autres cas, il faut recourir à l'un des modes de fondation sur base artificielle, lesquels sont toujours plus ou moins difficiles et coûteux.

Les principales fondations artificielles sont:

1. Les fondations sur piliers,
2.   „     „     „ caissons foncées,
3.   „     „     „ lit de sable ou enrochements,
4.   „     „     „ massif de béton,
5.   „     „     „ pilotis,
6.   „     „     „ grillage, sans pilotis,
7.   „     „     „ pieux en fer,
8.   „     „     „ colonnes en fonte.

### 1. Fondations sur piliers.

Ce genre de fondations est employé principalement dans les villes, au points où des dépressions du sol ont été comblées avec des terres rapportées ou des débris de démolitions.

Nous avons déjà signalé le peu de résistance de ces terrains; il faudra donc toujours les traverser et appuyer la fondation sur le terrain solide à la base, ce qui se fait ordinairement au moyen de piliers en maçonnerie.

L'emploi de ces piliers n'est admissible qu'autant que le terrain remblayé présente assez de cohésion pour que l'on y puisse excaver des puits. Dans un sol de nature boulante ou fluide, ce mode de fondation n'est pas applicable.

Ces fondations se composent d'une série de piliers, descendant jusqu'au terrain solide, et reliés dans le haut par des arcs sur lesquels s'appuient les maçonneries supérieures.[1]

---

[1] Ces arcs sont quelquefois remplacés par des voûtes recourant toute la surface de la fondation.

L'épaisseur des piliers correspond à celle des murs qu'ils supportent, et leur largeur est déterminée par la condition que, d'une part, les matériaux dont ils sont formés ne doivent pas être comprimés au delà de leur cofficient maximum de résistance (dans le cas de la brique, par exemple, au delà de 6 kg par centimètre carré); et d'autre part, que le terrain à la base ne doit pas être chargé à plus de 2500 ou 3000 kg par mètre carré.

Au moyen de piliers, on évite, comme on le voit, le déblai intégral des terres rapportées, déblai qui entraînerait à une dépense considérable, tant par la grandeur du cube à mouvoir, que par le soutènement des côtés de la fouille. Dans les villes l'enlèvement de grandes masses de terre est même dangereux parce qu'il peut occasionner des mouvements dans les fondations des constructions voisines.

Pour établir ces piliers, on commence par descendre des puits jusqu'au terrain solide. Leur fonçage se fait de la manière ordinaire. Au fur et à mesure de l'approfondissement du puits, on étaye ses parois au moyen de traverses s'assemblant en forme de cadre. Quand le terrain solide est atteint, on commence l'exécution de la maçonnerie, les matériaux étant descendus dans des seaux, à l'aide d'un treuil. Le boisage s'enlève, à mesure que la maçonnerie s'élève, et l'on remblaie en même temps les vides autour du pilier, en prenant soin d'y bien pilonner la terre.

Nous faisons suivre, comme exemple, la description d'une fondation sur piliers exécutée dans l'un des faubourgs de Stettin.

Des sondages avaient indiqué à l'endroit de la construction projetée une épaisseur de terres rapportées variant de 7,80 m à 9,80 m, avec terrain solide à la base. Dans ces conditions on décida d'excaver le sol jusqu'à 6,25 m de profondeur, puis de traverser l'épaisseur restante de mauvais terrain au moyen de piliers.

Quand la fouille eût atteint toute sa profondeur, on procéda à de nouveaux sondages et l'on s'aperçut alors que le

terrain solide ne se trouvait à la profondeur supposée que sous
l'un des côtés du bâtiment projeté et que sous l'autre, il était
à 12,50 et même 13,80 m de profondeur, la construction se
trouvant rencontrer le talus du fossé des anciennes fortifications
de la ville.

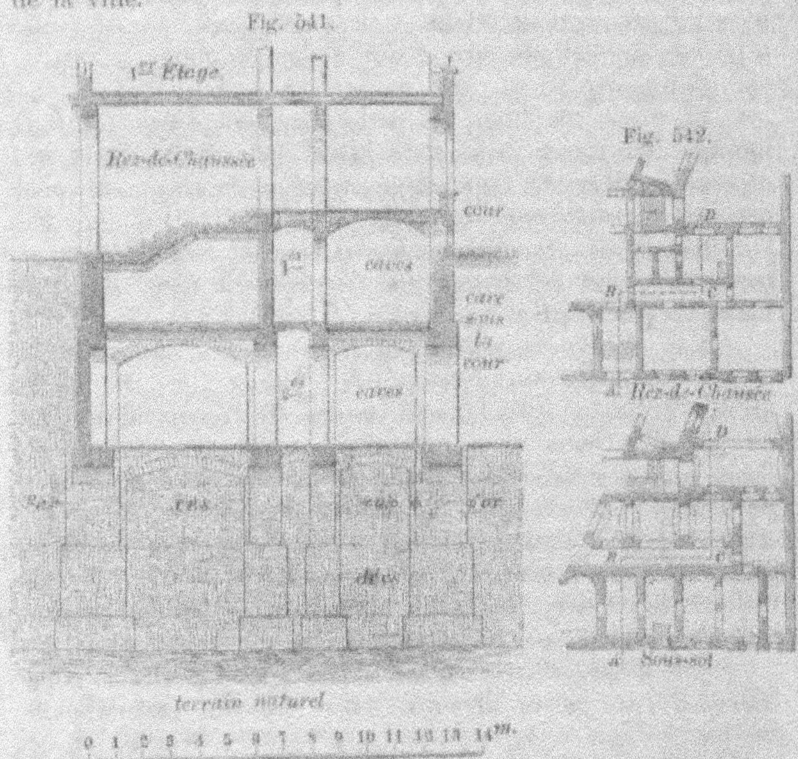

Fig. 541.



On ne pouvait songer à s'appuyer sur le terrain de remblai qui se composait d'un mélange hétérogène de sable, de terres
et de débris de toutes sortes; ni à excaver ce terrain dans
toute sa profondeur ce qui aurait mis en danger la rue et une
construction voisine; il ne restait donc qu'à augmenter la hauteur prévue des piliers et à les descendre jusqu'au bon terrain,
fig. 541.

Leur construction ne présenta rien de particulier. Quand ils furent presqu'à hauteur du fond de la fouille, on les réunit par des arcs en maçonnerie, disposés à l'aplomb des murs et armés d'ancrages aux points insuffisamment contre-buttés. A partir de ce moment, la construction se continua comme d'ordinaire.

Fig. 543.

Fig. 544.



La fig. 542 donne les plans partiels du rez-de-chaussée et du sous-sol. Pour utiliser toute la profondeur de la fouille, on établit une double série de caves sous le bâtiment, fig. 541. L'aire des caves supérieures repose sur les voûtes des caves inférieures. L'éclairage de ces caves secondaires ne peut se faire que très-imparfaitement, au moyen de jours pratiqués dans les voûtes recouvrant les caves sous la cour. Ces caves secondaires se prêtent bien à l'installation de glacières.

Nous donnons aux figures 543 à 547 un second exemple reproduisant également une construction existante.

Comme dans le cas précédent, l'édifice se trouve sur un terrain remblayé. Bien que dans le cas particulier les terres

Fig. 545.

cuves sous
la cour
cuisine
chauffage
chambre de bain
caves
Entrée sur la rue
caves

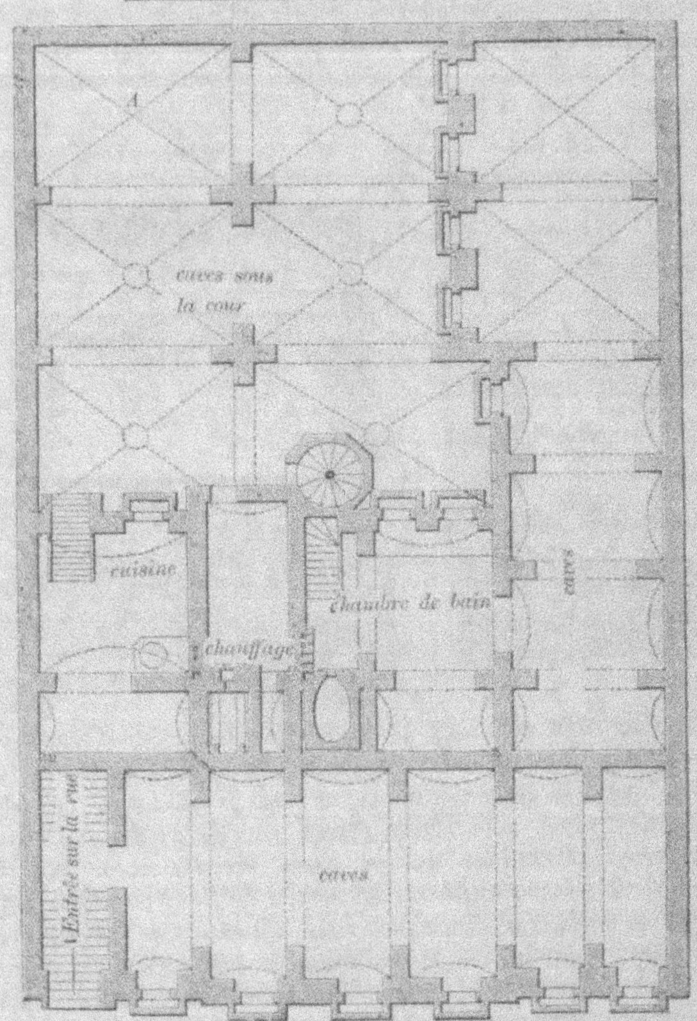

Fig. 546.

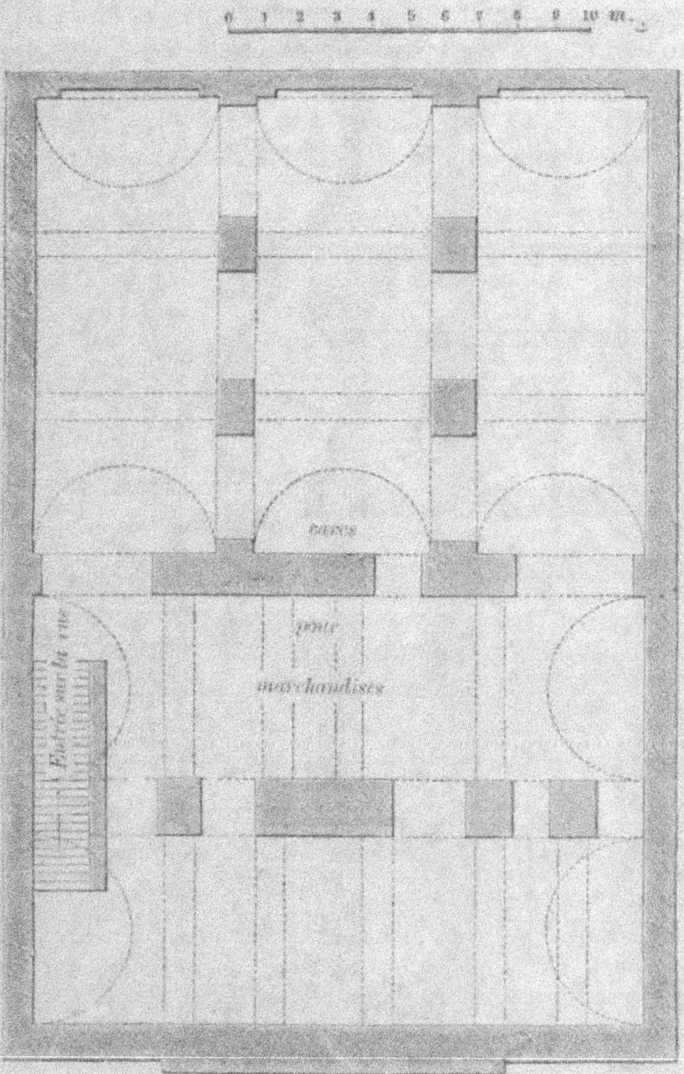

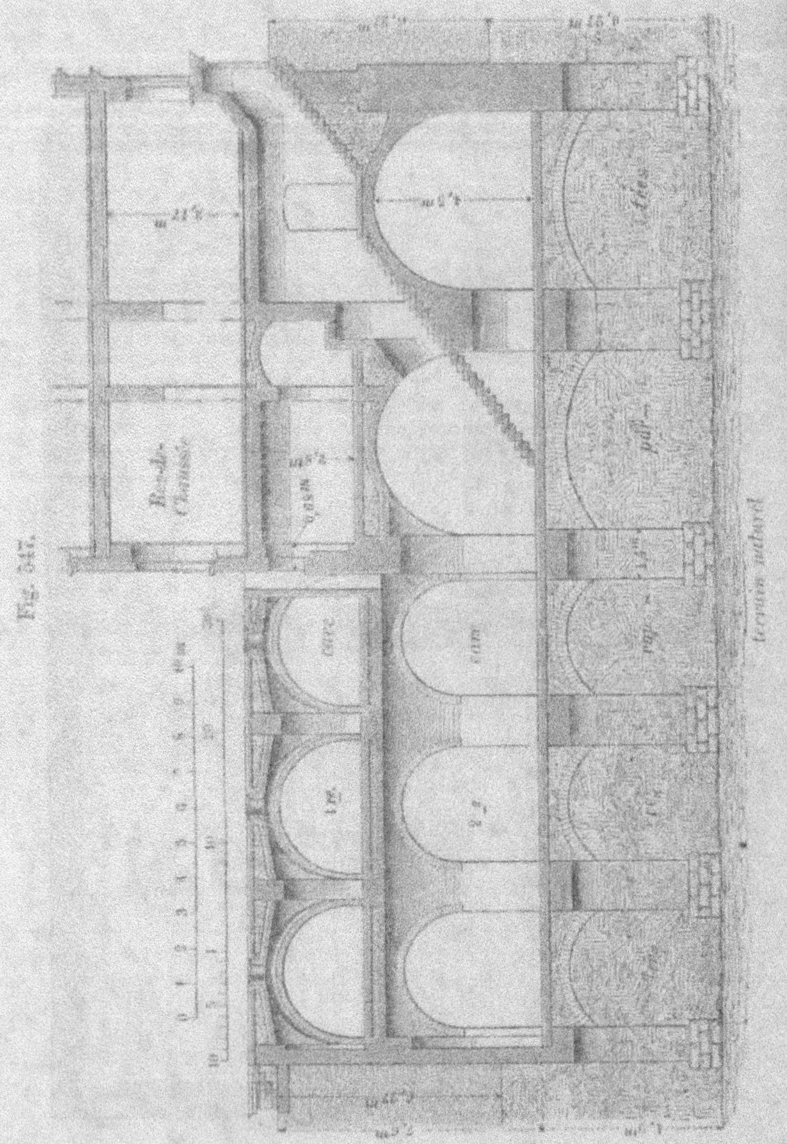

Fig. 347.

eussent été en place depuis plus de 100 ans, il fut jugé nécessaire de descendre les piliers jusqu'au bon terrain, soit à 12,54 m au-dessous du niveau de la rue. Comme celle-ci reposait elle-même sur un remblai de 6,27 m, récemment formé, l'épaisseur des terres anciennement rapportées n'était que de 6,27 m, fig. 546 et 547.

On excava le remblai ancien de 1,33 m, puis on traversa le reste de son épaisseur, soit 4,94 m, au moyen de puits.

Pour utiliser toute la profondeur de la fouille et pour éviter la dépense du remblai partiel, on a, ici aussi, superposé deux séries de caves. Les caves inférieures sont destinées à

Fig. 548.

servir de magasins de vins; il a donc fallu leur donner une sortie directe sur la rue. Elles sont éclairées et ventilées au moyen de galeries inclinées aboutissant à de larges soupiraux, à fleur du sol. La disposition des différentes voûtes ressort du plan et de la coupe, fig. 545 et 547.

Une autre espèce de fondations sur piliers est représentée à la fig. 548. Elle convient plus particulièrement aux édifices qui n'ont pas de caves, et dans lesquels les murs principaux sont percés de larges baies. Dans cette disposition, les murs

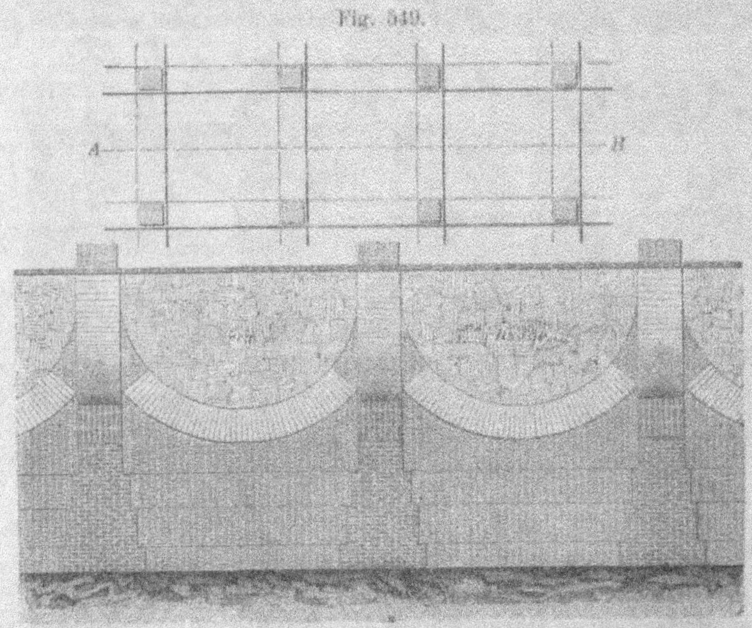

Fig. 549.



se continuent en profondeur jusqu'au terrain résistant et, pour réduire le cube de la maçonnerie, sont également percés d'ouvertures dans la partie souterraine. Dans la fig. 548, ils sont supposés reposer sur un grillage qui a pour but, comme il sera dit plus loin, de repartir la charge sur une plus grande surface.

Les ouvertures dans le sol sont limitées, haut et bas, par des arcs circulaires dont le rayon est égal à l'ouverture même de l'arc.

Lorsque le poids de la construction supportée par les piliers est considérable, et que la pression transmise au terrain s'approche des limites de sa résistance, on peut écarter le danger d'un affaissement en reliant les bases des piliers par des voûtes renversées, comme il est indiqué à la fig. 549. Ces voûtes répartissent uniformément la pression sur toute la surface de la fondation.

## 2. Fondations sur caissons et sur colonnes foncés.

Quand les couches compressibles recouvrant le terrain solide sont aquifères, on ne peut plus avoir recours aux fondations sur piliers, car les infiltrations entraveraient, ou empêcheraient même tout-à-fait, le foncage de puits. En ce cas, on peut substituer aux piliers des caissons en bois sans fond, ou des colonnes creuses en maçonnerie que l'on fonce jusqu'au terrain solide inférieur, en les chargeant de poids à la partie supérieure.

### Fondations sur caissons foncés.

Ce genre de fondation convient bien aux terrains marécageux dans lesquels le sol solide se trouve au plus à 5,00 m de profondeur. Les caissons ont en plan une forme carrée ou rectangulaire et leur largeur est égale à l'épaisseur du mur plus la largeur des empatements de l'embasement. Sous les murs secondaires leur forme est plus allongée et le rapport des côtés peut aller jusqu'à 1 : 2. L'écartement des caissons ne doit pas excéder 2,50 m.

La fig. 550 représente une partie du plan des fondations d'un édifice reposant sur caissons foncés.

Les caissons ont ordinairement de 1,0 à 1,5 m q de surface. Ils sont formés de pilots d'angle, de section carrée, et de 0,08 à 0,10 m d'équarrissage, et d'un revêtement en madriers

de 0,06 à 0,08 m d'épaisseur. Les bords inférieurs des parois
forment biseau de l'intérieur vers l'extérieur.

Après s'être assuré de la verticalité et de l'exactitude
de position du caisson, on commence le fonçage en enlevant à

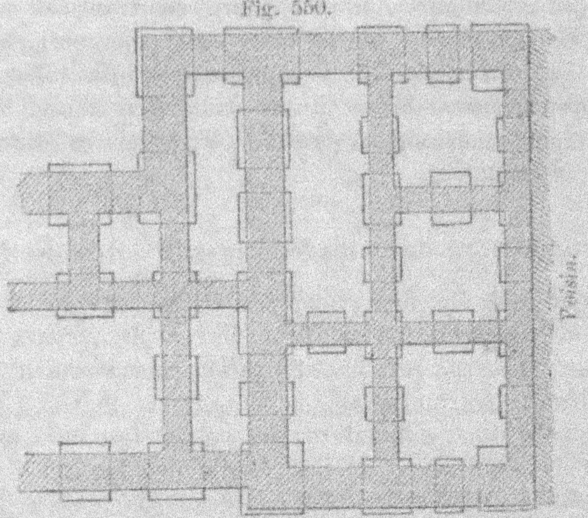

Fig. 550.



la pelle le sol à l'intérieur; puis, quand les venues d'eau empêchent de continuer de la sorte, on fait l'excavation au moyen
de tarières. L'enfoncement se produit sous l'effet du poids
propre et de poids additionels, tels que rails, grosses pierres, etc.
dont on charge le caisson à sa partie supérieure. Pendant le
fonçage on s'assure de temps en temps, de la verticalité de la
descente. Quand on a atteint le terrain solide, on coule au fond
du caisson une couche de béton de 0,90 à 1,25 m d'épaisseur.
Le mélange des éléments constitutifs du béton se fait à sec,
et l'on n'ajoute l'eau à la masse qu'au moment d'en faire
usage. Le béton est descendu à l'aide de baquets à fond
ouvrant; il est réparti bien uniformément, et on le laisse durcir
pendant deux ou trois jours. On procède en suite, après
épuisement de l'eau à remplir l'intérieur des caissons de maçonnerie, puis on les relie par des arcs en maçonnerie, comme dans
le cas de piliers, fig. 451.

Ces arcs ne s'appuient pas directement sur les caissons, mais reposent sur une assise en pierres appareillées qui fait saillie sur les bords du caisson, afin de fournir des points d'appui fixes aux cintres des arcs. Ceux-ci sont munis en leur milieu d'un piquet qui, une fois dans le sol, assujettit le cintre en sa position.

Les arcs ont généralement l'épaisseur de deux briques. Pour que l'épaisseur des joints ne soit pas trop grande à

Fig. 551.

l'extrados, on dispose les briques par anneaux concentriques, c'est-à-dire en rouleaux.

### Fondations sur colonnes foncées.

Ces colonnes, de forme cylindrique creuse, se font en maçonnerie et se foncent comme les caissons sans fond. Après le fonçage, on les remplit de béton ou de maçonnerie, et on les réunit suivant la ligne des murs, par des arcs en maçonnerie fig. 552 et 553.

La fig. 554 représente une colonne de ce genre pendant l'opération du fonçage.

On commence par établir un large puits, peu profond et convenablement boisé pour servir de chambre de travail; puis

Fig. 552.

on construit à l'intérieur sur un châssis en bois, armé d'un taillant en fer, la colonne creuse. Son poids propre et des charges additionnelles la font pénétrer dans le sol au fur et à mesure qu'on enlève la terre à l'intérieur au moyen d'une tarière. Celle-ci est attachée à une écoperche de 5 à 8 m de longueur. Les infiltrations désagrégeant le sol celui-ci se détache très-facilement. Si l'eau s'élevait au point de gêner le travail d'excavation, on installerait un jeu de pompes.

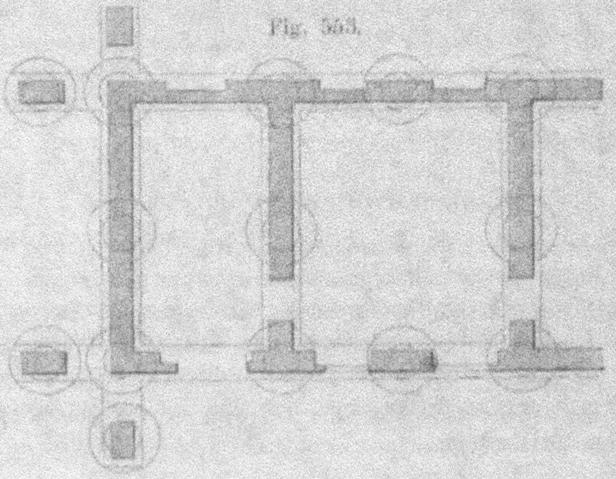

Fig. 553.

Quand on a atteint le terrain résistant, on procède au remplissage de l'intérieur de la colonne. Si ce remplissage se fait avec de la maçonnerie, il faut avoir soin, de ne pas la lier avec celle de l'enveloppe, surtout quand elle est faite au mortier de chaux. La colonne intérieure forme alors seule la partie supportante du pilier, et peut tasser sans inconvénients. On fera bien de faire ce remplissage au mortier de chaux hydraulique.

Les fondations sur colonnes foncées sont très usitées depuis longues années déjà à Berlin.

Nous faisons suivre un exemple représentant l'un des corps-de-garde de cette ville; il fut construit sur colonnes et sur caissons foncés.

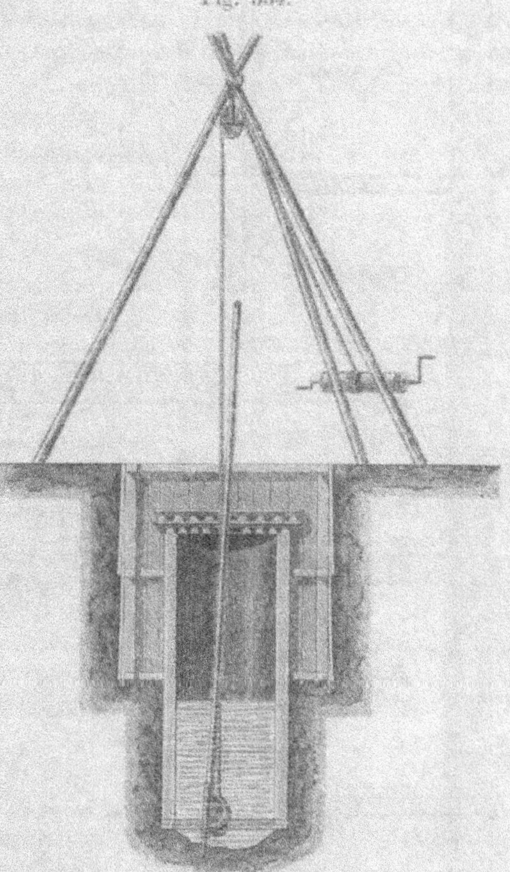

Fig. 554.

Les sondages indiquèrent un terrain de composition suivante: à la surface, terre végétale et tourbe; à 6,50 m de profondeur, sable fin de bonne résistance; à 8,50 m, sable mélangé de cailloux. La présence de ces derniers fut considéré comme un indice de continuité de la couche et l'on arrêta donc les sondages.

Fig. 555.

Chambre
Chambre
Pièce principale
Cuisine
1er et 2d Étage
Salle des officiers
Vestibule
Corps de garde.
Arrets
Vestibule
Rez-de-Chaussée

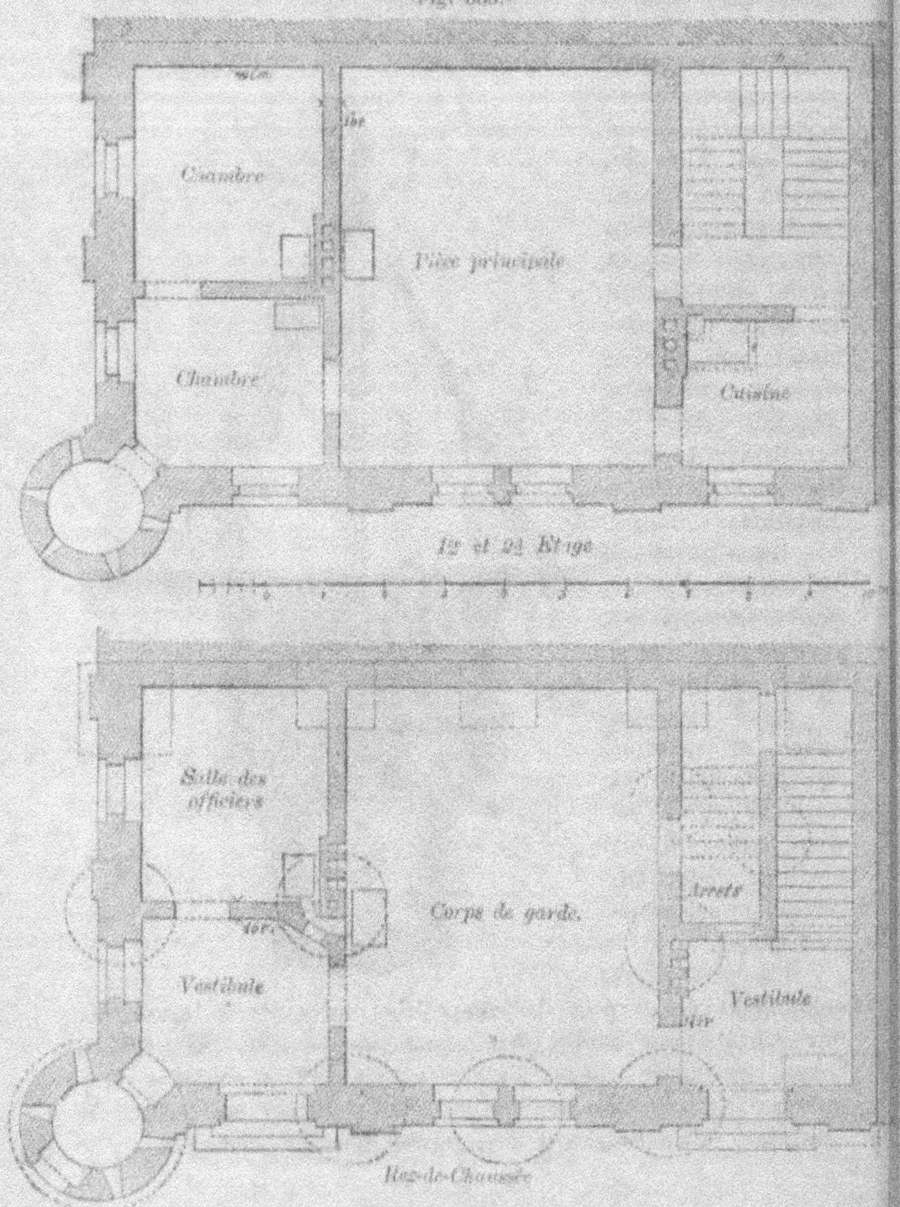

Sous le mur mitoyen, on appuya les fondations sur caissons. On en plaça cinq dans le sens transversal, fig. 555. Ils furent disposés de façon à ce qu'il s'en trouvât un sous l'attache de chaque mur de refend et reçurent des dimensions proportionnées aux charges qu'ils devaient supporter. Les colonnes furent disposées d'une manière analogue; leur position est indiqué en pointillé sur le plan. La colonne placée sous l'angle des deux façades supporte une tourelle; elle reçut pour cette raison un diamètre beaucoup plus grand (2,80 m), que celui qu'on donne d'ordinaire à ces colonnes.

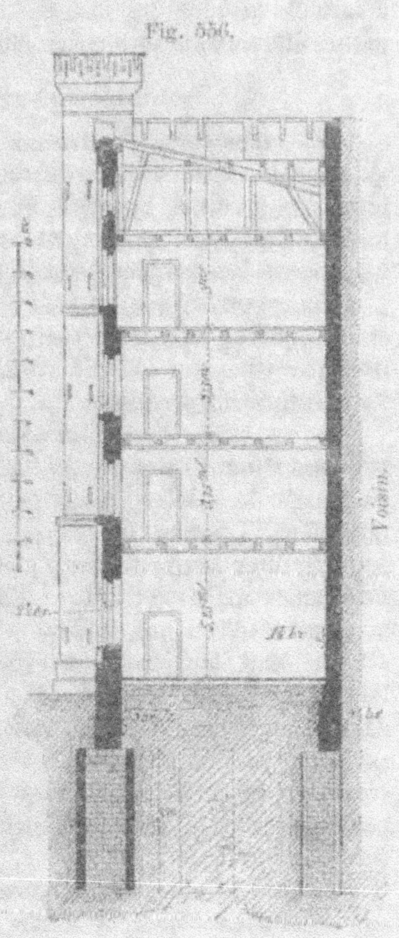

Fig. 556.

Le fonçage se fit de la manière décrite plus haut et ne présenta rien de particulier, mais le remplissage des colonnes s'effectua avec quelque difficulté, le fond se trouvant noyé. On descendit sous l'eau plusieurs assises de pierres appareillées entre lesquelles on coula du mortier hydraulique. Après la prise de ce dernier on put épuiser l'eau, et continuer le travail à la manière ordinaire.

La fig. 556 donne la coupe en travers du bâtiment.

Pendant la construction, on mesura à diverses reprises la hauteur de repères qu'on avait faits en plusieurs points du bâtiment. On trouva que le tassement des fondations s'opéra d'une manière uniforme à mesure que les maçonneries s'élevèrent. L'affaissement total fut de 3.5 cm.

Sous les murs principaux, on espace les colonnes de 2,50 à 3,50 m d'axe en axe, et on leur donne 1 mètre de diamètre au minimum. Lorsqu'elles sont faites en briques, l'enveloppe a au moins une brique d'épaisseur. On descend ces colonnes de 0,60 à 1,00 m dans le terrain cohérent. Leur diamètre se détermine d'après les charges qu'elles ont à supporter, et la nature du terrain sur lequel elles s'appuient.

### 3. Fondations sur massif de sable.

En énumérant les diverses espèces de terrains, nous avons expliqué la cause de la résistance des terrains sablonneux, et nous avons vu que lorsqu'ils ne sont pas exposés à des affouillements et qu'ils se présentent avec une certaine puissance, ils fournissent les meilleures fondations.

La propriété que possède le sable de répartir la pression était connue des constructeurs depuis longtemps, et a été utilisée par eux pour obtenir artificiellement une base solide, dans les terrains compressibles.

A cet effet, on déblaie ou on drague le terrain compressible dans toute l'étendue de la fondation et on le remplace par un massif de sable. Celui-ci est formé de couches successives, pilonnées. Lorsque la fouille est sèche, on arrose le sable pour faciliter son tassement, et on le soumet même à un battage. Ce dernier n'a d'effet utile que lorsque le sable contient juste la quantité d'eau que la capillarité peut retenir dans la masse; s'il en était autrement, s'il était trop sec ou trop humide, le battage ferait simplement mouvoir une partie de la masse d'un point à un autre. Il faut, en tous cas, n'employer que du sable pur et quartzeux, et, quand le travail se fait dans l'eau courante, avoir soin d'entourer le massif d'un encaissement en palplanches et même, au besoin, de garantir celui-ci par des enrochements.

Le cas le plus simple d'une fondation sur massif de sable est celui dans lequel la fouille se peut faire à sec. Il suffit alors de recouvrir le fond de plusieurs couches de sable, bien arrosées et pilonnées. C'est le cas représenté à la fig. 557.

La fig. 558 montre un exemple de fondation du même genre dans un terrain aquifère. Il représente la culée d'un pont métallique. Le sable est garanti des affouillements par un encaissement en palplanches.

Nous faisons suivre une description détaillée d'une fondation sur sable exécutée pour l'une des stations de Leipzic. Cet exemple est intéressant à cause des difficultés rencontrées pendant l'exécution et des divers artifices employés pour les surmonter.

Le terrain sur lequel devait se construire la station, était de nature marécageuse et était sillonné de sources.

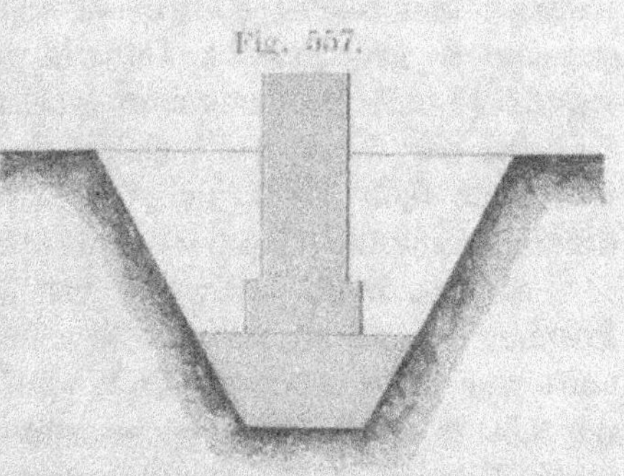

Fig. 557.

Fig. 558.

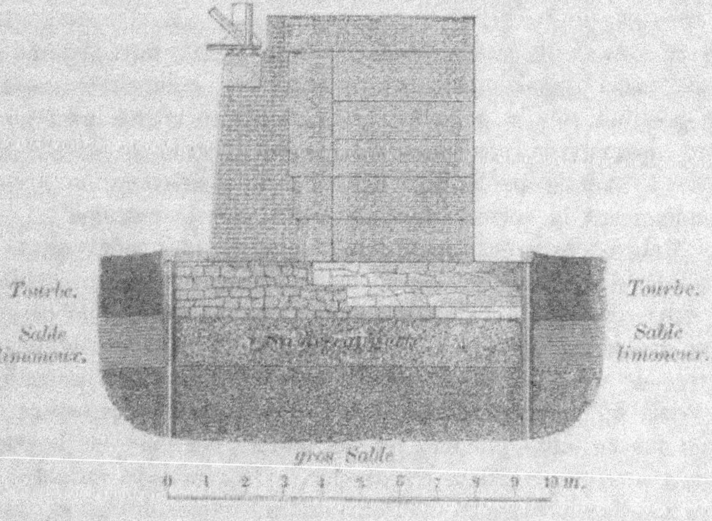

Les sondages indiquèrent dans la partie sud une épaisseur de tourbe variant de 0,94 à 1,25 m. au-dessous de laquelle se trouvait une couche d'argile de 0,30 m. reposant sur un banc puissant de gros gravier. Dans la partie nord le gravier se trouvait à 3,14 m de profondeur et était recouvert d'un banc de glaise traversé par de minces couches de sable, et d'une épaisseur de tourbe de 0,60 à 0,90 m. Cette variation de composition des différents points du sous-sol avait été causée par l'action des eaux.

Si l'on avait descendu les murs de fondation jusqu'au gravier, cela aurait nécessité des maçonneries profondes, et, par suite une forte dépense, car la station se trouve sur un remblai de 2,50 m de hauteur et les murs auraient donc dû traverser toute l'épaisseur du remblai et du terrain compressible. Un grillage n'aurait guère réduit la maçonnerie, car il aurait fallu le descendre au-dessous du niveau des plus basses eaux. Dans ces conditions, on adopta une fondation sur massif de sable.

On excava le terrain compressible supérieur jusqu'à 1,25 et 1,50 m de profondeur, en faisant la fouille de 3,15 m plus grande sur tout le pourtour que le bâtiment projeté. On en fit en suite l'épuisement, puis on y jeta du sable bien pur et de grosseur uniforme.

Si l'on avait jeté celui-ci dans la fouille noyée, il ne se serait tassé qu'incomplétement. Pour le comprimer autant que possible, on le soumit à un battage au moyen d'une sonnette manœuvrée par quatre hommes. Quand le massif fut arrivé à hauteur de la base des murs de fondation, on arrosa abondamment la surface, tout en continuant le battage.

Malgré ces précautions, il se manifeste des mouvements à la pose de la première assise de l'embasement. Pour arrêter cet effet, on adopta l'artifice suivant: Sur la surface du massif, bien dressée et pilonnée, on plaça des rangées contiguës de pierres de 8 à 13 cm de grosseur, dans les interstices desquelles on versa un mortier épais. Chaque couche de cette espèce de béton fut en suite pilonnée et le massif continué en hauteur jusqu'à atteindre 0,30 m d'épaisseur. On remblaya en suite le terrain adjacent jusqu'à hauteur de la couche de béton, puis on commença l'exécution des maçonneries. Celles-ci étaient faites au mortier hydraulique, et au fur et à mesure que les murs de fondation s'élevaient, on remblayait de part et d'autre.

Des expériences préalables, faites au moyen de piliers en maçonnerie, avaient indiqué les tassements probables que le sol subirait sous l'effet des charges. Ces tassements ne pouvaient être évités tout-à-fait, vu la nature du sous-sol et l'obligation dans laquelle on se trouvait de livrer de suite la station à l'exploitation; on ne pouvait donc s'attacher qu'à les rendre aussi réguliers que possible.

Pour hâter l'effet qui devait se produire, on interrompit au bout quelques jours la construction des maçonneries, et l'on arrosa jusqu'à saturation la surface du massif. Cette opération produisit un tassement général et à peu près uniforme, variant de 5 à 8 cm, dans toute l'étendue de la fondation.

Un second arrosage n'eût plus d'effet, sauf à l'angle sud-ouest du bâtiment où le sable tassa encore de 5 cm. On chargea alors cette partie de la fondation de poids égaux à ceux qu'elle était destinée à recevoir par la suite. Il se produisit un nouveau tassement, et en fin de compte, cet angle se trouva de 13 cm plus bas que le reste de la fondation. Ces tassements inégaux avaient eu naturellement pour effet de crevasser les parties de mur déjà construites. Aussi, lorsque tout mouvement du sol eût cessé fallut-il défaire la maçonnerie en ces points pour la construire à nouveau, après arasement de l'assiette de la fondation.

Quand les terrains adjacents furent remblayés, il se produisit un fait inattendu. Les fondations de l'un des murs de façade, dont la longueur totale était de 47 mètres, sortirent de leur alignement, et prirent au centre jusqu'à 13 cm de flèche, occasionnant le déversement de la partie supérieure du mur. Celui-ci prit en conséquence une forme gauche. Cet effet provenait de ce qu'on avait remplacé la tourbe par une masse de nature plus dense qui déprima l'assiette de la fondation suivant la ligne concave indiquée en pointillé sur la fig. 559.

Les extrémités des murs longitudinaux ne subirent point
de mouvement, ce qui s'explique par le fait de leurs attaches

Fig. 559.

aux murs de pignon, et par l'existence de contre-forts, faisant
saillie de 1.90 m en dehors et maintenant les angles en position
fig. 560.

On ne put remettre les choses en état que lorsque toute
trace de mouvement eût cessé. On reconstruisit alors le mur
sur une longueur de 22 mètres et,
pour plus de sûreté, on le ren-
força de trois contre-forts dans sa
longueur. De plus, au droit des
murs de pignon, on relia les murs
longitudinaux par des ancrages
et l'on rattacha les fermes aux
maçonneries au moyen de ferrures
à scellement.

Dans l'exécution ultérieure
des autres bâtiments de la même
gare, on modifia le mode de construction d'après l'expérience
acquise. On donna au sable le temps de se tasser, l'abandon-
nant pendant plusieurs jours à lui-même; on le recouvrit d'une
couche de béton et on soumit le tout à un battage avant de
commencer les maçonneries. Le béton dont on se servit, était
composé de:

0,6 m c chaux hydraulique,
0,15 „ débris de briques,
1,15 „ sable,
3,00 „ cailloux,

donnant ensemble un volume de béton de 4,4 m.c.  Le béton
était arrosé pendant le battage.

En résumé, l'exemple précédent montre qu'il faut donner
au sable le temps de se tasser; qu'il est bon d'introduire des
contre-forts et d'élargir la base lorsque les murs longitudinaux
sont longs et dépourvus de liaisons transversales; enfin, que la
résistance du massif de sable est notablement augmentée par
l'addition d'une couche de béton à la surface.

Lorsque le mur est percé de larges ouvertures et que la
pression se trouve reportée sur quelques points isolés, comme
dans le cas des pignons de l'exemple précédent, fig. 561, on
relie ces points par des contre-voûtes, afin de charger le sable
d'une manière plus uniforme.

Fig. 561.

Lorsque le bâtiment renferme des murs transversaux,
comme cela a lieu le plus souvent, on peut se contenter d'une
épaisseur de sable de 1,50 m à 2,50 m.

L'expérience a démontré que dans les conditions ordinaires
un massif de sable de 2,00 m d'épaisseur peut porter jusqu'à
30 000 kg par mètre carré.

Le sable sert encore d'une autre manière à la consolidation
de l'asiette de la fondation. En principe, le procédé est analogue
aux fondations sur piliers et ne peut, comme elles, s'adopter
que dans les terrains secs, soit en particulier dans les argiles.

On commence par foncer des puits jusqu'au sol résistant,
puis on les remplit de sable.  Sous l'effet de l'arrosage et du

battage ce sable se tasse au point de former de véritables piliers sur lesquels on peut appuyer des arcs en maçonnerie et des constructions légères de 1 ou 2 étage.[1]

### 4. Fondations sur massif de béton.

Un mode de fondation plus efficace, mais aussi plus coûteux que le précédent s'obtient en substituant du béton au sable. Ces fondations sur massif de béton s'appliquent aux mêmes terrains que les fondations sur sable ou sur grillage, et aussi aux terrains résistants lorsque le poids de l'édifice est considérable, et que l'on veut répartir la pression sur de plus grandes surfaces.

La composition des bétons employés dans les travaux de fondation est très variable. Au palais des Beaux-arts à Hambourg, on fit usage d'un béton composé de:

  80 parties, briques cassées,
  20  ,,  sable,
  12  ,,  chaux,
   3  ,,  ciment de Portland.

Le mélange se fit à bras d'homme, et 20 ouvriers fabriquèrent en 8 semaine 2220 m. c. de béton.

Si la fouille était noyée, on remplacerait la chaux par du ciment.

Dans les fondations des piles du pont de Custrin sur l'Oder, le béton fut coulé sous l'eau et avait les compositions suivantes:

  1. 1 partie ciment,
   4  ,,  sable,
   4  ,,  cailloux ou pierres cassées.
  2. 1 partie ciment,
   3  ,,  sable,
   6  ,,  cailloux.

---

[1] Le sable s'emploie encore d'une autre manière. On bat dans le sol des pilots bien tournés et bien lisses que l'on retire en suite au moyen d'un levier. Dans les alvéoles laissées, on introduit du sable. La consolidation résulte, en ce cas, d'une compression du sol et non de la répartition des charges. On ne donne que deux mètres de longueur à ces pilots de sable.

3.  1 partie ciment,
    1   „   chaux,
    4   „   sable,
    8   „   cailloux.

Quand le béton n'est pas coulé sous l'eau, on peut augmenter la proportion du sable et des cailloux.

Les massifs de béton ne doivent jamais avoir moins de 0,40 m d'épaisseur, même quand les constructions sont légères. On leur donne une largeur égale à deux ou trois fois l'embasement du mur. Si le sol est aquifère, il faut recouvrir toute l'asiette de la fondation d'une épaisseur le béton, et donner à cette couche au moins 0,50 m.

Dans un terrain compressible, on lui donne ordinairement de 1,00 m à 1,20 m; cependant, si l'édifice est grand et lourd, on augmente encore cette épaisseur.

La fondation sur béton n'est plus possible dans les terrains mouvants; il faut alors récourir à l'une des méthodes décrites plus loin.

Le béton est très employé de nos jours dans les fondations, soit sous forme de massifs, soit sous forme de simples empatements. Les fondations sur massif de béton possèdent les avantages des fondations sur sable et sur grillage sans en avoir les inconvénients, à savoir, pour les premières, le manque de cohésion du massif, et pour les secondes, l'obligation de descendre la fouille jusqu'au-dessous du niveau des plus basses eaux.

Comme dans le cas du sable, le béton peut aussi s'employer sous forme de piliers.

Les pierres servant à la confection du béton doivent être anguleuses, propres et de grosseurs différentes, afin que les vides entre les grandes soient partiellement remplis par les petites. Il ne faut fournir au béton que le mortier juste nécessaire pour remplir les interstices entre les pierres. Cette quantité correspond généralement au $^2/_5$ du cube total de la masse. Pour ralentir  prise du béton, on ajoute, quand la fondation se trouve en fouille sèche, de $\frac{1}{5}$ à $\frac{1}{4}$ de chaux grasse et l'on augmente un peu la proportion de sable.[1])

Dans les travaux de fondation, il y a presque toujours avantage à faire le béton à la machine.

### 5. Fondations sur pilotis.

Ce genre de fondation convient aux terrains submergés ou aux terrains tendres, de nature limoneuse.

Les pilots pénètrent ordinairement d'une certaine quantité dans le sol résistant, et portent à la partie supérieure la base de l'édifice. Le cadre de cet ouvrage ne comporte pas une étude détaillée de la construction des pilotis; nous nous bornerons à en indiquer les principes généraux et à en donner une description succincte.

Comme règle générale, il faut que les bois restent constamment immergés. Ce n'est qu'à cette condition qu'on peut compter sur leur conservation qui, lorsqu'il s'agit de bois de chêne, par exemple, peut s'étendre à plusieurs siècles. On place ordinairement le grillage du pilotis à 0,50 m au-dessous du niveau des plus basses eaux, afin de le mettre à l'abri d'un abaissement éventuel du niveau des eaux.

Les pilots se font en chêne, hêtre, sapin, aulne etc. Le bois doit être droit, sain et débarrassé de son écorce; on lui laisse son aubier et on l'emploie à l'état vert. Lorsqu'on fonde dans l'eau courante, il ne faut faire usage que de bois durs.

La longueur à donner aux pilots se détermine généralement au moyen d'essais préalables, faits avec des pilots d'épreuve. Leur diamètre est en rapport avec cette longueur et dépend en outre de la charge à supporter.

On a établi des formules théoriques pour calculer la résistance des pilots, connaissant leurs dimensions, le poids du mouton, la hauteur de sa chute et la grandeur de l'enfoncement des pilots. Mais ces formules ne donnent que des résultats

[1]) On peut quelquefois remplacer le béton ordinaire par un béton économique formé au moyen de sable pilonné par couches de 0,15 m à 0,20 m d'épaisseur, et mouillé constamment d'un lait de chaux hydraulique.

approchés. Le battage des pilots produit une compression du sol ayant pour effet d'en augmenter la résistance. Avec le temps cette compression se perd en se transmettant à distance, et les pilots, qui avaient atteint le refus dans le principe, peuvent alors s'enfoncer à nouveau d'une petite quantité. On ne peut regarder le premier refus comme absolu que lorsque la pointe des pilots s'appuie sur le roc même ou sur un sable compacte, et s'ils résistent par frottement seulement, quand ils se trouvent dans un terrain non-élastique. Cet effet d'égalisation subséquente de la compression se produit principalement dans les terrains argileux.

Perronnet donne les règles pratiques suivantes pour les diamètres de pilots:

Les pilots de 3 et 4 mètres de longueur doivent avoir un diamètre de 23 cm à la tête, ceux de 4,50 m à 5,50 m, un diamètre de 26 cm. Pour tout accroissement de longueur de 2,00 m, on augmente le diamètre de 5 cm, dans les terrains tendres et de 2,5 cm dans les terrains fermes.[1]) Le pilots de 20 à 23 cm de diamètre ne porteront pas plus de 25 000 kg et ceux de 30 cm, 50 000 kg au maximum. On ne considère le battage d'un pilot comme terminé que lorsque les dernières volées ne l'auront fait pénétrer que de 4 à 7 mm. Si la charge qu'il doit supporter est faible, on pourra s'arrêter quand l'avancement ne sera plus que de 13 à 25 mm.

Dans les terrains très-compressibles, où les pilots atteignent de grandes longueurs, on ne les charge que de 8 à 10 000 kg.

Le poids du mouton est ordinairement compris entre 300 et 600 kg; sa hauteur de chute varie avec le genre de sonnette employé.

Toutes ces données n'ont qu'un caractère relatif et ne fournissent que des indications générales. En pratique, on n'arrêtera

---

[1]) On se sert souvent de la formule empirique suivante qui traduit, à peu de chose près, les règles données par Perronnet.

$$D = 0.24 \text{ m} + (L - 4) \, 0.015,$$

dans laquelle (D) représente le diamètre du pilot et (L) sa longueur, exprimés tous deux en mètres.

les dispositions définitives du pilotis qu'après avoir fait des essais avec des pilots d'épreuve.

La résistance des pilots est augmentée du fait de l'accroissement de diamètre qu'ils présentent à la partie supérieure.

Hodgkinson a résumé dans les formules suivantes, les expériences qu'il a faites sur des pilots en chêne et en sapin.

Soit (S) le poids, en kilogrammes, que les pilots peuvent porter; (a) la plus petite et (b) la plus grande dimension de la section transversale, exprimées en centimètres; (l) la longueur du pilot en décimètres. En ne supposant le pilot chargé qu'au $\frac{1}{10}$ de son coefficient de rupture, on aura:

Fig. 562.

1. Pilots en chêne
   de section carrée,

$$S = 265,5 \; \frac{b^4}{l^2}$$

de section rectangulaire,

$$S = 265,5 \; \frac{ab^3}{l^2}$$

2. Pilots en sapin
   de section carrée,

$$S = 214,2 \; \frac{b^4}{l^2}$$

de section rectangulaire,

$$S = 214,2 \; \frac{ab^3}{l^2}$$

Les pilots sont généralement recouverts d'un grillage. Ce dernier se fait de préférence en bois dur. Il s'établit sur la tête des pieux, à 0,40 m ou 0,60 m du fond de la fouille et le vide entre les pilots est rempli avec de la glaise. Le grillage se compose de pièces longitudinales et de pièces transversales, appelées longuerines et traversines, sur lesquelles on pose un plancher en madriers. On remplit de maçonnerie ou de pierres sèches les vides entre les longuerines et les traversines. Les murs de fondation reposent directement sur le plancher, fig. 562.

La suppression des madriers (d) ou même du grillage tout

entier, n'est pas à conseiller, car la maçonnerie reposerait alors partie sur les pilots, et partie sur le terrain compressible, et les tassements qui pourraient se produire amèneraient des dislocations dans la maçonnerie fraîchement posée.

Lorsque le pilotis doit s'établir dans l'eau courante, on empêche l'affouillement du sol en entourant l'emplacement de la fondation d'un coffrage en palplanches, protégé au besoin par des enrochements extérieurs. Le coffrage se construit avant le battage des pilots et a donc aussi pour effet de comprimer le sol à l'endroit de la fondation.

Les pilots sont disposés par files, écartées de 0,80 m à 1,20 m l'une de l'autre, et sont espacés de 1,00 m à 1,50 m d'axe en axe. Ils sont placés de façon à se correspondre dans toutes les files, ou seulement de deux en deux files. Cette dernière disposition présente plus de facilités pour le battage, mais elle a l'inconvénient de donner de plus grandes portées aux traversines. La fig. 563 représente l'ensemble d'un grillage sur pilotis disposé pour recevoir des murs d'épaisseurs différentes, s'entrecroisant les uns les autres.

La petite grosseur du pilot est ordinairement tournée vers le bas[1], et l'on donne à l'extrémité la forme d'une pointe conique ou pyramidale, à 3 ou 4 faces. La forme conique a l'inconvénient de ne point s'opposer à la rotation du pilot; la forme triangulaire conduit à des arêtes trop vives et s'emploie rarement. Ordinairement la hauteur de la pointe est égale à 1 ou 2 diamètres, suivant la dureté du terrain; elle se termine par une petite pyramide aplatie.[2]

Quand le sol présente une certaine résistance, on garnit la pointe d'un sabot en fer ou en fonte, fig. 564 et 565.[3]

---

[1] Dans quelques terrains argileux, les ébranlements produits par le battage des pilots voisins fait ressortir ceux qui sont déjà battus. On y remédie en battant les pilots le gros bout en avant, ou en les garnissant de crans à la partie inférieure.

[2] Cette pyramide secondaire a de 4 à 5 centimètres de hauteur.

[3] On durcit la pointe des pilots non-sabotés en la faisant légèrement roussir par un feu de copeaux.

Pour continuer le battage des pilots dont la tête est arrivée
à hauteur de l'eau ou de la semelle de la sonnette, on se sert
de pièces de bois auxiliaires, nommées faux-pieux. Après avoir
récépé tous les pilots à même hauteur, on pose sur eux un
grillage ou, lorsque la profondeur de l'eau dépasse 0,60 m, un
caisson à côtés amovibles.

Fig. 563.

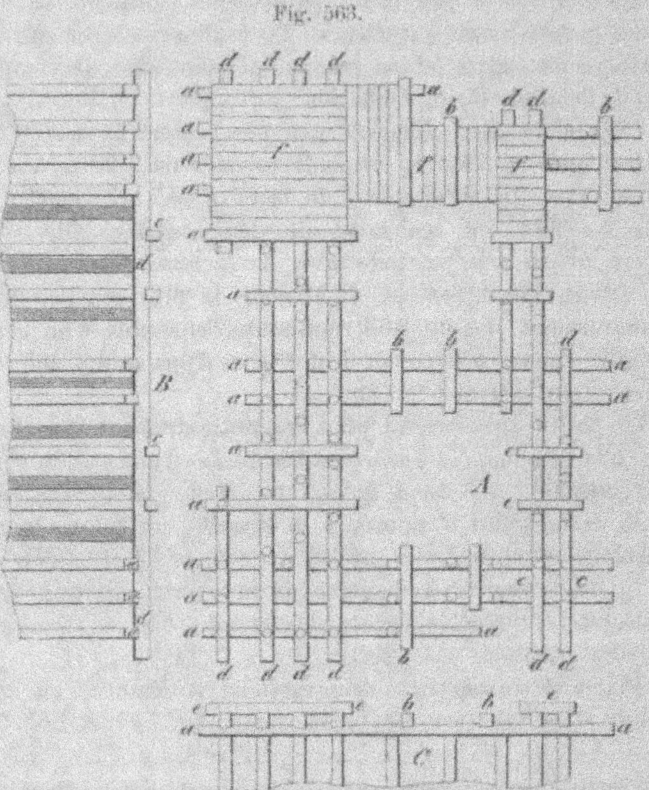

Ces caissons se font en bois ou en fer. Lorsqu'ils sont
en bois, le fond est formé d'un fort plancher qui assure l'appui
sur tous les pilots, même si quelques uns de ceux-ci se trou-
vaient hors de leur alignement. On coule le caisson en place

en le chargeant de poids. Ses dimensions sont proportionnées
au cube de maçonnerie qu'il doit supporter. Quand la plate-
forme du pilotis est longue, on adopte plusieurs caissons de
préférence à un seul, mais on relie alors les fonds, les caissons
une fois en place.

Les côtés de caissons sont enlevés après la pose de la
base en maçonnerie; celle-ci repose alors sur le fond du caisson
comme sur un grillage. Les caissons à côtés amovibles s'emploient surtout dans les travaux publics; pour les fondations
d'édifices, on n'en fait que rarement usage.

On peut encore fonder sur pilots quand le bon terrain se
trouve à une profondeur telle qu'il faut renoncer à s'appuyer
directement sur lui. Le pilotis s'établit alors comme précédemment, mais les pilots au lieu d'agir à la manière de supports
verticaux, appuyés à la base, ne résistent plus que par le
frottement développé contre leurs parois. Ce frottement se
trouve augmenté à l'origine par suite de la compression que
le battage fait naitre dans le sol. Aussi faut-il se prémunir
contre les tassements qui pourraient se produire lorsque, plus
tard, cette compression diminue en se transmettant à distance.

Nous donnons à la fig. 564 un exemple de pilotis. Il représente la fondation d'une halle à marchandises exécutée sur
un terrain tourbeux.

Les sondages n'avaient rencontré le terrain résistant qu'à
7,80 m de profondeur. La grande épaisseur et le peu de cohésion de la couche compressible rendaient une fondation sur sable
ou sur massif de béton peu pratique dans le cas particulier.
Un grillage ou des voûtes renversées ne convenaient pas non
plus, à cause de la profondeur à laquelle il aurait fallu les
descendre dans le sol. On adopta donc une fondation sur pilotis
et l'on donna aux pilots environ 8,80 m de longueur, de façon
à ce qu'ils pénétrassent d'une certaine quantité dans le sol
résistant.

La figure indique les hauteurs respectives des différents
niveaux. Par rapport à la surface naturelle du sol, les
cotes sont:

Etiage — 0,62 m
Hautes-eaux — 0,16 m

Fig. 564.

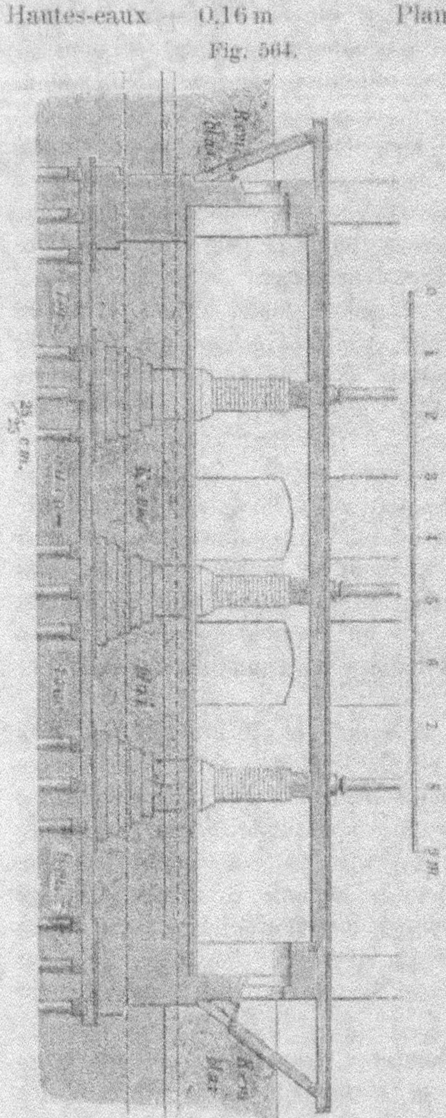

Plate-forme de la voie — 1,90 m
Plancher du sous-sol — 0,47 m

Ce dernier se trouvait donc à 0,31 m au-dessus des plus hautes eaux.

Le grillage du pilotis était placé à 0,60 m sous l'étiage.

Un autre exemple de pilotis est donné à la fig. 565. Il représente les fondations des culées d'un pont métallique près d'Eckner (Silésie). Les différents terrains traversés sont inscrits sur la figure qui montre suffisamment les détails de construction.

Le battage des pilots peut se faire à la hie, au moyen de la sonnette à tirande, de la sonnette à déclic ou du pilon à vapeur.

La hie se compose d'un simple billot de bois, de section circulaire ou carrée, muni d'anses sur les côtés et fretté aux extrémités, afin de ne pas se fendre sous l'effet du choc. Comme elle ne peut être maniée que par

4 hommes au plus, elle ne doit pas peser plus de 50 à 60 kg. La hauteur de chute est tout au plus de 1,00 m. Ces chiffres montrent qu'elle ne peut servir qu'au battage de pilots de très-faible section.

La sonnette à tiraude est d'un usage très-fréquent. Elle se compose d'une charpente aussi simple que possible, soutenant deux montants parallèles, nommés jumelles, lesquels servent de guide au mouton. Ils portent à la partie supérieure une poulie sur laquelle s'enroule la corde du mouton. La poulie est fixée de façon à ce que la ligne verticale, passant par le crochet du mouton, soit tangente à sa circonférence. Plus la corde

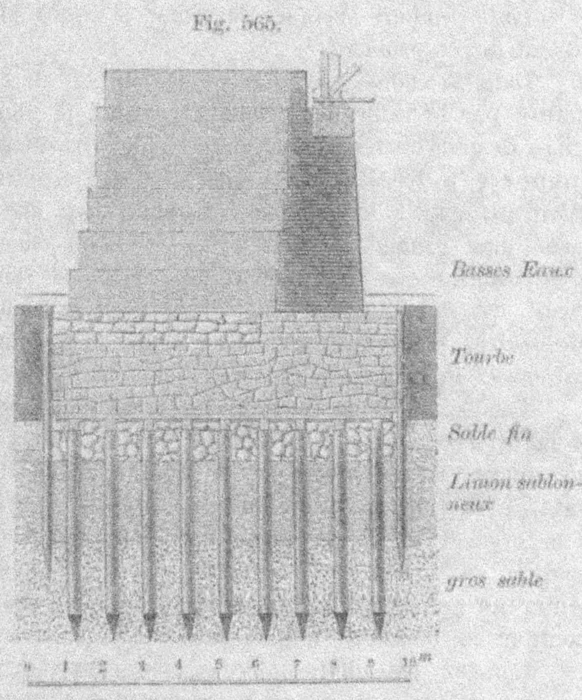


est grosse et plus le diamètre de la poulie doit être grand. Le nombre des tiraudes dépend du poids du mouton; on compte que chaque homme peut soulever de 12 à 15 kg.[1] La hauteur de chute peut atteindre de 2,00 m à 2,20 m, grâce à la vitesse

[1] Dans la sonnette à tiraude le poids du mouton peut varier de 200 à 600 kg. Quand il est compris entre 5 et 600 kg, il ne faut pas compter sur un effort de traction de plus de 12 kg par homme.

acquise par le mouton dans son mouvement ascendant, vitesse qui le fait monter au delà du point jusqu'où la traction des hommes s'exerce. Le pilot est maintenu pendant le battage par des cordes qui le rattachent aux jumelles.

Le battage se fait par volées, c'est-à-dire par séries ininterrompues de 20 à 40 coups. Après chaque volée, on interrompt le travail pendant quelques instants, et après plusieurs volées, par un arrêt prolongé. [1])

Dans la sonnette à tirande, la hauteur de chute se trouve limitée par la taille des hommes. Quand la nature du terrain exige de plus fortes chutes, on remplace cette sonnette par la sonnette à déclic. Cette dernière est construite d'une manière analogue à la sonnette à tirande, mais elle est ordinairement plus grande et plus forte et a un mouton beaucoup plus pesant. [2]) Le soulèvement du mouton se fait à l'aide d'un treuil, ce qui diminue considérablement le nombre d'ouvriers nécessaire, mais rend aussi le soulèvement plus lent. Ordinairement la manœuvre du treuil est faite par 4 hommes.

Tandis que dans la sonnette à tirande le mouton ramène la corde avec lui dans sa chute, dans la sonnette à déclic, un mécanisme spécial décroche le mouton quand il est arrivé au haut de sa course. Ce mécanisme, appelé déclic, a la forme d'un crochet ou d'une pince que l'on dégage de l'anneau du mouton en tirant sur un petit cordage. Le déclic doit présenter un poids suffisant pour produire, ou tout-au-moins, pour faciliter la descente de la corde ou de la chaîne du mouton.

Lorsque les pilots à battre sont courts et peu nombreux, on emploie de préférence la sonnette à tirande parce qu'elle est plus facile à installer et à déplacer. Elle convient mieux aussi, pour la même raison, que la sonnette à déclic quand les pilots sont très-écartés les uns des autres.

---

[1]) En admettant des volées de 30 coups, les ouvriers peuvent faire en une journée de travail de 120 à 160 volées.

[2]) On a employé des moutons pesant jusqu'à plus de 2000 kg; cependant leur poids dépasse rarement 1000 kg. La hauteur de chute varie de 3 à 5 mètres.

Dès que les fondations présentent une certaine importance, la sonnette à déclic devient plus avantageuse, car elle diminue beaucoup la dépense réduisant au $\frac{1}{4}$ environ le personnel nécessaire. [1])

Dans les grands travaux, on diminue la dépense et le temps du battage, en substituant la force de la vapeur à celle des hommes. La machine à vapeur peut être indépendante de la sonnette, qui conserve alors la forme d'une sonnette à déclic ordinaire, ou bien faire corps avec elle et former pilon à vapeur. Dans le premier cas, le mouvement est transmis au treuil par poulies et courroie et dans le second, le mouton est en relation directe avec le piston de la machine.

En employant la vapeur, le battage se fait d'une façon beaucoup plus expéditive. Le mouton de ces pilons pèse de 1000 à 2500 kg; il tombe de 80 à 100 fois à la minute et sa hauteur de chute est de 0,8 m à 1,0 m. [2])

La puissance d'effet de ces marteaux à vapeur est considérable. On bat facilement en une journée de 8 à 10 pilots, ayant de 9 à 10 m de longueur, tandis qu'avec la sonnette à déclic ordinaire, on n'en enfoncerait que deux ou trois. Malheureusement cet appareil coûte fort cher et n'est économiquement possible que lorsque le nombre des pilots à battre est très grand.

En revanche, la sonnette avec machine à vapeur indépendante est d'un emploi assez fréquent; elle permet également le battage de 8 à 10 pilots par jour.

## 6. Fondations sur grillage.

Dans les fondations sur pilotis, la plate-forme de la fondation est portée par des supports verticaux, les pilots. Quand le terrain compressible présente une certaine résistance, ces

[1]) Le choix de la sonnette dépend aussi du degré de résistance du terrain dans lequel doit se faire le battage. La puissance d'effet de la sonnette à déclic est bien supérieure à celle de la sonnette à tiraude; il y aura donc toujours avantage à l'employer, dès que le terrain est relativement résistant.

[2]) Aux docks de Devonport, en Angleterre, on a employé un pilon à vapeur dont le mouton pesait 7000 kg et donnait de 70 à 80 coups à la minute.

pilots peuvent se supprimer et le grillage se poser directement
sur le sol. Il n'a alors pour effet que de répartir la pression
sur une plus grande surface de terrain, à la manière des fondations sur massif de sable ou de béton.

Fig. 566.

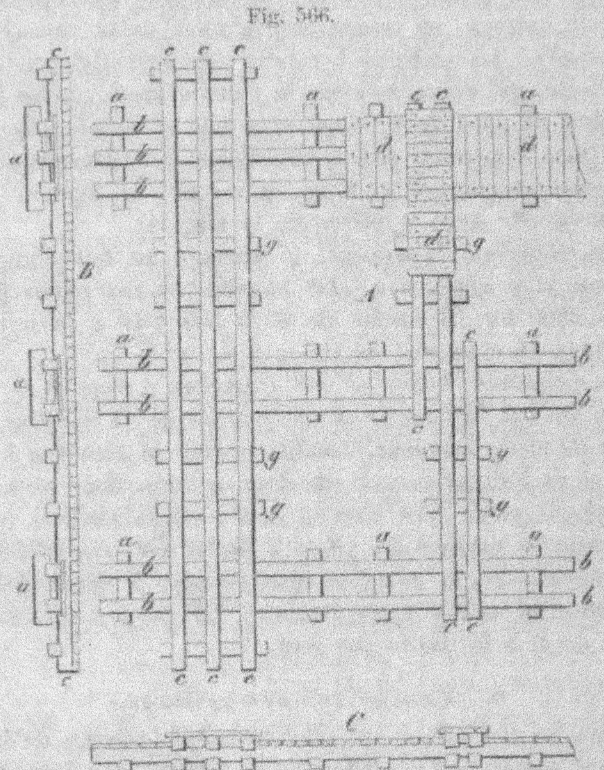

Un grillage se compose, en principe, d'une série de pièces
de bois horizontales, disposées en deux lits différents et formées
de simples madriers ou de poutres de 15 à 20 centimètres de
grosseur.

La fig. 566 donne le plan d'un grillage destiné à supporter
l'angle d'un édifice.

Le grillage est formé de traversines (a) et de longuerines

(b), posant, avec entaille, les unes sur les autres. Aux points de croisement et de jonction des murs, les traversines de l'un

Fig. 567.

des lits deviennent les longuerines de l'autre, et vice-versa; finalement on recouvre tout le grillage d'un plancher en madriers de 5 à 8 centimètres d'épaisseur.

Fig. 568.

Aux principaux points de croisement, il est bon de relier les longuerines et les traversines par des boulons.

On voit aux fig. 568 et 569 un exemple de grillage avec encaissement en palplanches sur le pourtour.

L'espacement des traversines varie de 1,25 m à 1,90 m et celui des longuerines de 0,60 m à 1,25 m. Aux angles de la construction et sous les attaches des murs de refend, les lits sont un peu prolongés pour donner une meilleure assiette à ces points. Comme règle générale, le grillage doit toujours se trouver d'au

Fig. 569.

moins 0,30 m au-dessous du niveau des plus basses eaux; on le garantira par un encaissement en palplanches lorsqu'il y aura danger d'affouillement.

30*

Nous compléterons ces indications générales par la description d'une fondation sur grillage, exécutée pour des magasins

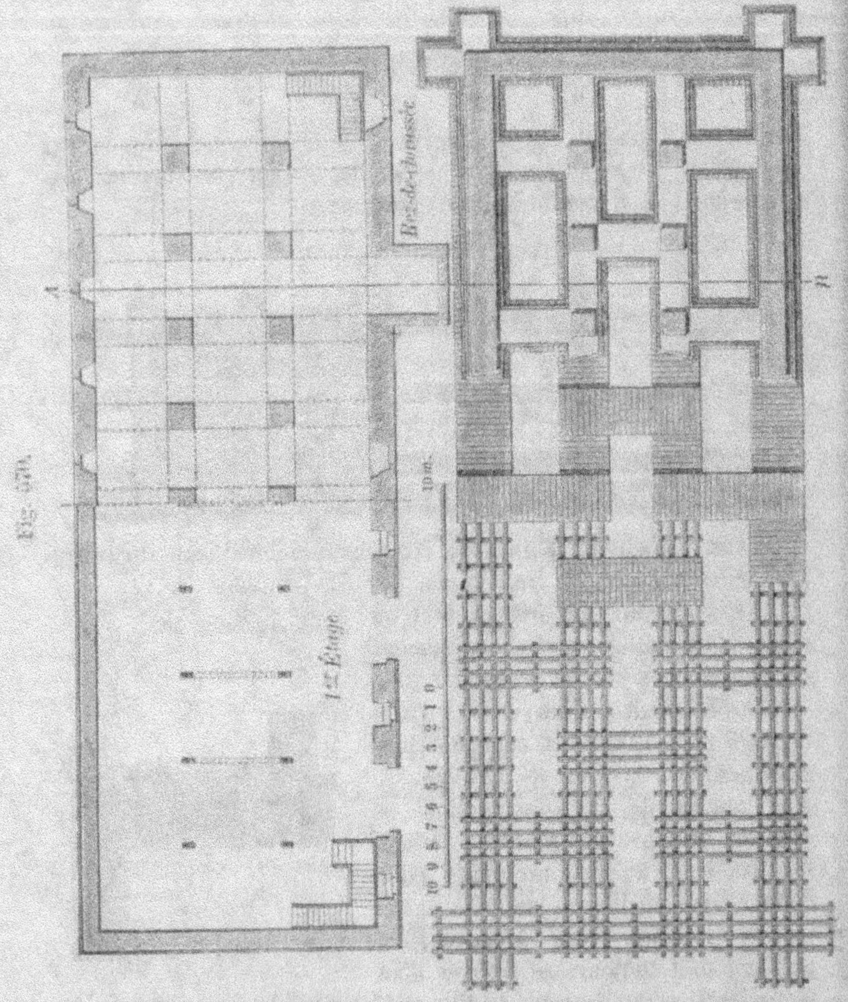



généraux à Halle. Cette construction, située sur les bords de la Saale, fig. 570—571, forme en plan un rectangle de 45,40 m.

sur 15,70 m. Le terrain sur lequel elle se trouve est bordé
d'un côté par la Saale, et de l'autre par un bras de la rivière.

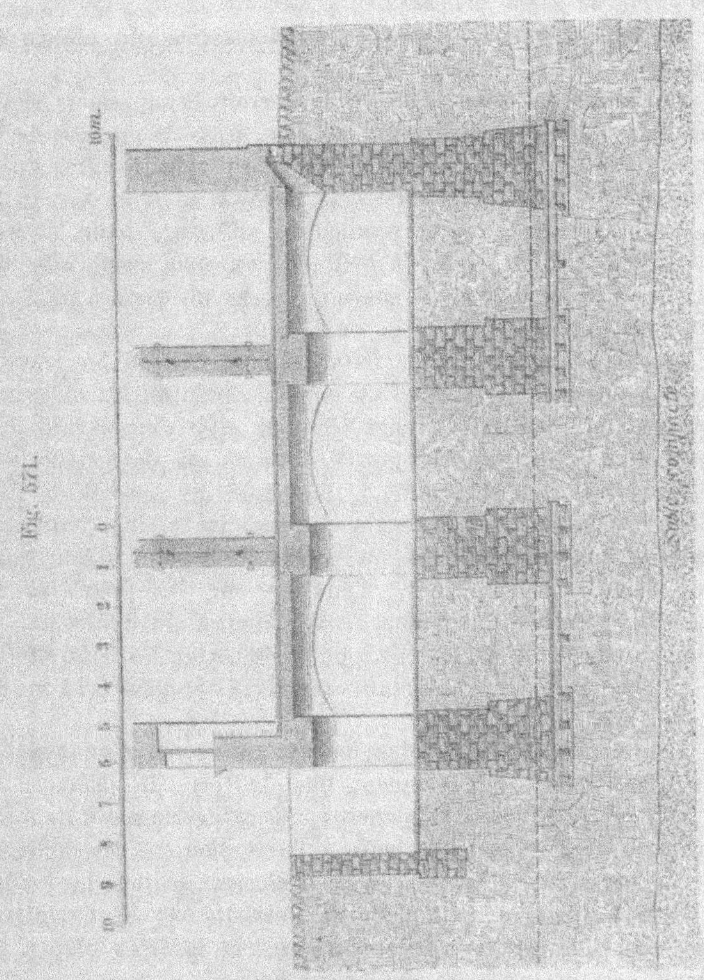


Les sondages indiquèrent un terrain de composition suivante : à la surface, et jusqu'à 6,60 m du niveau de la cour,
des terrains d'alluvion, apportés par l'eau des crues; en dessous,

une couche de tourbe de 2,80 m d'épaisseur, présentant à peu près la même cohésion en tous ses points, puis le terrain solide sous forme de sable compacte.

L'étiage se trouvait à 6,42 m en-dessous du niveau de la cour.

On commença par déblayer le terrain compressible supérieur dans toute son épaisseur, puis on arasa la surface de la tourbe à 6,60 m de profondeur. Ce travail put se faire assez facilement, les eaux de la rivière se trouvant alors au niveau le plus bas. On jugea cette profondeur suffisante pour assurer en tous temps l'immersion du grillage, vu que sous l'effet du poids de la construction, il subirait encore un certain affaissement dans le sol.

Comme le montre la fig. 570, on posa d'abord les traversines, distantes de 1,46 m, d'axe en axe, puis on les recouvrit de 4 files de longuerines entaillées sur elles et couvrant une largeur de 1,98 et de 1,88 mesurée d'axe en axe des longuerines extrêmes. Au droit des murs de pignon et des massifs de fondation des piliers, on intercala quelques traversines entre les premières longuerines, puis on recouvrit le tout d'une nouvelle série de longuerines, d'équerre sur les premières et portant le plancher du grillage. Aux angles du bâtiment, le grillage se prolongeait en croix pour supporter les contre-forts qui s'élevaient dans le terrain remblayé jusqu'à 3,14 m de la base.

Les traversines et les longuerines posées, on remblaya les vides entre elles, en pilonnant bien la terre de chaque côté des bois, puis on plaça le plancher, formé de madriers de 8 cm d'épaisseur. On procéda en suite à l'exécution des maçonneries que l'on eût soin de faire avancer également en tous les points de façon à charger uniformément l'assiette de la fondation. Cette condition fut remplie rigoureusement jusqu'au niveau de la cour, soit jusqu'à 6,30 m de hauteur.

Pendant le cours des travaux, on exécuta à diverses reprises des mesures de hauteur. Elles indiquèrent des tassements à peu près uniformes dans toute l'étendue de la fondation et, quand la construction fut terminée, un affaissement total de 21 cm. Cette limite ne fut pas dépassée par la suite, même après une période de plusieurs années et après l'emmagasinage de marchandises fort lourdes.

La fig. 570 donne le plan de la fondation à ses différents états d'avancement.

Lorsque le grillage ne doit supporter qu'une construction légère, on peut se contenter de former les traversines et les longuerines de simples madriers. L'assiette du mur de soutènement qui borde la cour dans l'exemple précédent était formée d'un grillage en madriers de 11 et 13 cm de grosseur sur lesquels reposait un plancher de 8 cm d'épaisseur et de 1,60 m de largeur.

Le grillage était placé à 0,16 m au-dessous de l'étiage. — Le mur avait 4,70 m de hauteur et 0,60 d'épaisseur à sa partie supérieure. La base était protégée contre les affouillements par un encaissement en palplanches, pénétrant de 2,50 m dans le sol, et par des enrochements. Le travail a parfaitement résisté, malgré les crues violentes auxquelles la rivière est sujette.

## 7. Fondations sur pieux en fer et sur colonnes en fonte.

Bien que les fondations sur pieux en fer ne se rencontrent guère, jusqu'à présent, que dans les travaux à la mer et dans les fondations de pont, il nous paraît utile d'en dire quelques mots ici, ces pieux pouvant dans certains cas avantageusement remplacer les pilots en bois. Tel est le cas, par exemple, quand le bâtiment qu'il s'agit de supporter, se trouve placé en travers d'un cours d'eau. Les pieux en fer obstruent alors moins le passage que le feraient des pilots en bois.

L'emploi du fer dans les fondations a donné lieu à des formes et à des procédés tout-à-fait nouveaux. A l'origine, on copiait plus ou moins les formes adoptées pour le bois. Les coffrages et batardeaux métalliques se composaient de pieux et de palplanches, et l'emploi du fer ou de la fonte n'avait pour but que d'augmenter la durée des pièces et de les rendre plus facilement amovibles. Dans ces conditions le fonçage des pieux se faisait par le battage, ce qui, dans le cas de pieux en fonte, occasionnait de fréquentes ruptures.

En 1834, Mitchell eût l'idée de munir le pied des pieux en fer d'une pas de vis et de les enfoncer dans le sol par un simple mouvement de rotation.

Mitchell proposa son procédé pour les fondations du phare de Maplin et parvint à l'y faire adopter. Cette première application, faite en 1838, réussit complètement et fut suivi bientôt de beaucoup d'autres. Peu après Stephenson et Brunell adoptèrent couramment les pieux à vis dans leurs travaux de pont. Aujourd'hui ce mode de fondation est surtout usité dans les travaux à la mer, sur les plages où l'action des vagues occasionne des mouvements dans les sables.

On comprend que le diamètre de la vis doive varier avec le plus ou moins de cohésion du terrain et que la résistance du pieu soit en raison directe de ce diamètre. Ce dernier peut se déterminer par un essai préalable avec un pilot d'épreuve chargé d'un poids correspondant à la charge que portera le pieu.

L'expérience a montré que le fonçage peut se aire facilement et rapidement dans la plupart des terrains, le roc excepté. On imprime au pieu un mouvement de rotation, en fixant temporairement sur sa tête un cabestan ou un grand volant, et on le maintient bien en direction pendant le fonçage, fig. 572 A et B.

Celui-ci peut se faire verticalement ou obliquement, pourvu que le pieu soit toujours convenablement guidé dans son mouvement.

Le rayon de la vis et le nombre de tours des filets dépendent de la nature du sol. Dans un terrain tendre, elle peut avoir jusqu'à 0,60 m de diamètre; dans un terrain dur, elle ne dépassera pas 0,30 m. Sa partie inférieure est moins grande, afin qu'elle fraye plus facilement son passage dans le sol.

La fig. 572 A et B représente aussi comment se fait la mise en fiche de ces pieux à vis.

Au lieu de pieux en fer rond, on peut aussi employer des

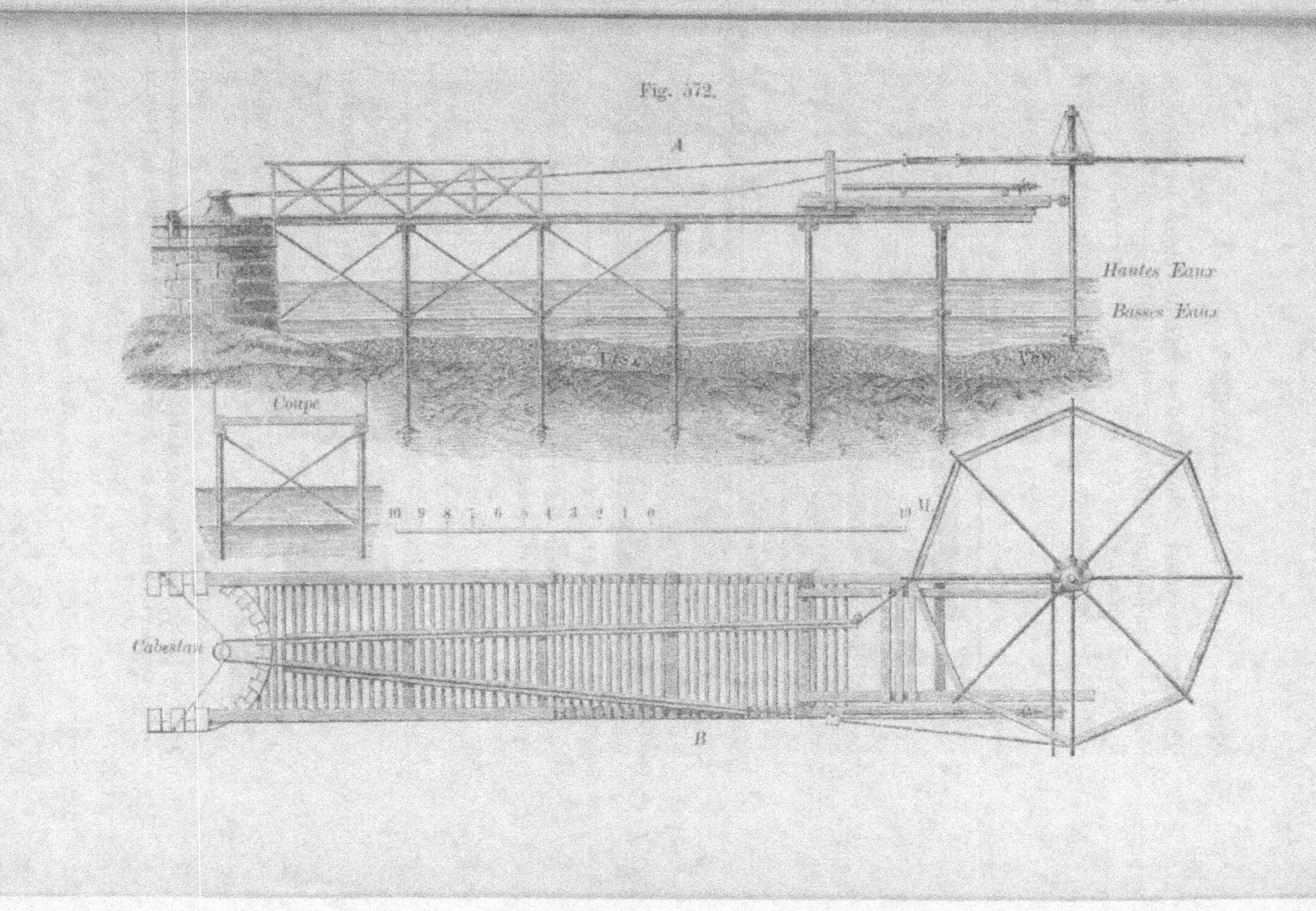

Fig. 372.
A
Hautes Eaux
Basses Eaux
Coupe
10 9 8 7 6 5 4 3 2 1 0
m M.
Cabestan
B

cylindres en fonte creux. Ils se foncent comme les pieux en fer et se remplissent habituellement de béton après le fonçage.[1]

Nous donnons aux fig. 573—576 un exemple de l'application de ces colonnes. La figure représente les piles d'un

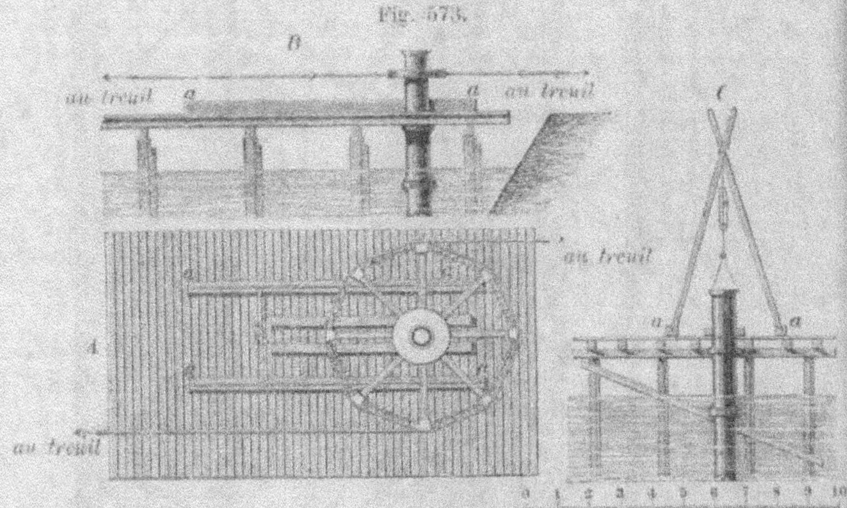

Fig. 573.

pont exécuté sur le Gablick, petite rivière dont les rives sont formées de prés marécageux.

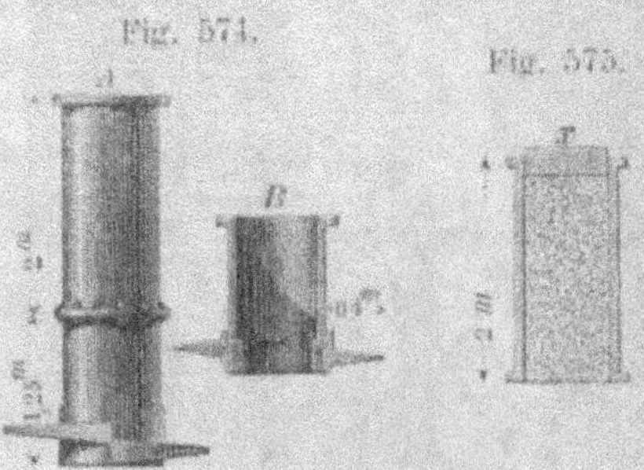

Fig. 574.     Fig. 575.

On avait d'abord pensé appuyer le tablier sur des culées en maçonnerie, mais les difficultés qui surgirent à la suite de l'exécution du coffrage en palplanches, firent renoncer à ce mode de construction. Ces difficultés provenaient de la présence, à 2,50 m de

[1] La vis des colonnes en fonte présente moins de développement que celles des pieux en fer; elle ne fait ordinairement qu'un seul tour. Dans les

profondeur, d'une couche de gros sable dans lequel les palplanches du coffrage ne purent pénétrer. Il en résulta dans la fouille d'abondantes venues d'eau que l'on ne parvint pas à maîtriser.

On renonça donc aux culées en maçonnerie et l'on adopta à leur place des cylindres en fonte avec vis à la base.

On commença par construire à l'emplacement de la pile une plate-forme en charpente fig. 573 A, pour faciliter les manœuvres de fonçage et fournir un solide appui à la chèvre qui devait servir à descendre les cylindres dans la rivière. Celle-ci était munie, à cet effet d'un palan à sa partie supérieure.

Les différentes longueurs de cylindre se boulonnaient l'une sur l'autre et recevaient dans le haut un appareil spécial permettant d'imprimer un mouvement de rotation à la colonne. Cet appareil se composait d'une couronne en chêne, formée de deux moitiés, que l'on fixait d'une manière invariable sur le cylindre au moyen de clavettes en fer. Sur cette sorte de moyeu venaient s'adapter des bras en chêne dont les extrémités étaient reliées par des tirants en fer. On entourait le volant ainsi formé de deux chaînes allant s'enrouler sur des treuils, placés sur la rive, et au moyen desquelles on donnait le mouvement à la colonne.

Pour intercaler une longueur de cylindre, on était obligé de démonter cet appareil.[1]) Les fig. 574 et 575 donnent la forme des différents cylindres composant la colonne.

Quand la colonne présentait une tendance au déversement, on y remédiait en exerçant momentanément la traction sur l'une des deux chaînes seulement. Le fonçage fut continué jusqu'au refus.

---

pieux en fer la vis est portée sur un sabot en fonte; ici, elle est venue de fonte au bas de la colonne. Ces cylindres à vis peuvent avoir jusqu'à 0,45 m de diamètre; le fonçage n'est alors possible que si le sol est peu cohérent.

[1]) Ordinairement on emploie à la place de cet appareil une pièce de fonte qui a la forme d'un cabestan et que l'on boulonne sur la tête de la colonne. Le fonçage se fait par des hommes manœuvrant sur la plateforme même de l'échafaudage.

Arrivé à ce point, on chargea les piles de rails et on les laissa en place pendant quelque temps. Il ne se produisit aucun mouvement. On procéda alors au remplissage en béton des cylindres, après avoir enlevé à l'intérieur le sable et le limon qui recouvraient le terrain solide à la base. Le béton fut recouvert d'une chape en ciment de 5 cm d'épaisseur.

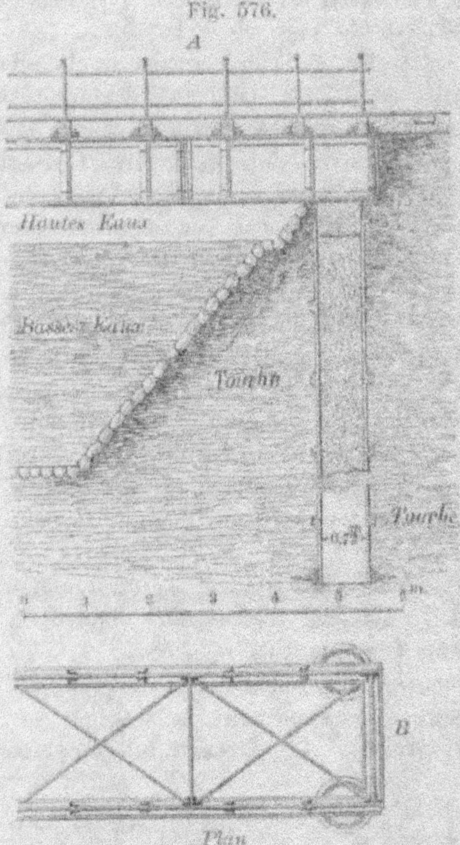


Tous les cylindres n'avaient pas pénétré de la même quantité dans le sol; on rattrapa alors la différence en faisant varier d'une colonne à l'autre l'épaisseur des sommiers en granit (a) fig. 575.

L'ensemble de la pile-culée est représenté en plan et en élévation à la fig. 576 A et B.

L'épreuve du pont, faite avec des trains chargés de pierre, n'occasionna aucun affaissement.

Le mode de fondation que nous venons de décrire peut s'appliquer aux édifices lorsque les conditions de terrain sont celles qui conviennent à la méthode sur colonnes foncées. Mais alors on relie les colonnes, non par des poutres métalliques, mais par des arcs en maçonnerie, comme dans les fondations sur piliers.

A l'amélioration apportée par l'introduction de la vis vint

s'en joindre une autre, due au Dr. Pott, reposant, en principe, sur l'utilisation de la pression atmosphérique pour le fonçage des cylindres.

On commençait par foncer sous l'action du poids propre seulement, puis quand on était arrivé à l'arrêt, on fermait par un couvercle le haut des cylindres, et l'on faisait le vide à l'intérieur. Les infiltrations jaillissaient alors à l'intérieur; elles avaient pour effet désagréger le sol à la base et la colonne s'enfonçait de nouveau d'une certaine quantité, tant sous l'effet de son propre poids que sous l'action de la pression atmosphérique. Quand un nouvel arrêt s'était produit, on curait l'intérieur de la colonne et l'on recommençait la même suite d'opérations jusqu'à atteindre le sol solide.

Ce procédé fut surtout appliqué par Stephenson et par W. Cubitt. Mais depuis quelque temps déjà, il a fait place à un autre reposant sur l'emploi de l'air comprimé. Dans les fondations à l'air comprimé, la pile ou la culée repose sur un caisson sans fond dont l'intérieur est maintenu à sec pendant le fonçage au moyen d'air comprimé. Le caisson forme alors une chambre de travail dans laquelle les excavations peuvent se faire à bras d'homme. Ce procédé a subi diverses modifications depuis son origine. Il a été appliqué aux fondations du pont de Saltash, en Angleterre, du pont de Mayence, en Allemagne, mais ce sont les ingénieurs français qui, lors de la construction du pont de Kehl, lui ont donné une forme tout-à-fait pratique.

Les fondations à l'air comprimé s'appliquent exclusivement aux grands ponts et aux travaux à la mer. Nous n'insisterons donc pas et nous renvoyons le lecteur, pour les détails, aux ouvrages spéciaux.

## Comparaison et emploi des divers modes de fondation précédemment indiqués.

En resumé, il résulte de ce que nous avons dit sur les fondations artificielles qu'elles peuvent se ranger en deux groupes, à savoir:

a) Fondations sur piliers ou autres supports verticaux;

b) Fondations sur plate-forme ou base élargie.

Le premier groupe comprend les fondations sur piliers en maçonnerie, sur colonnes ou caissons foncés, sur pilotis et enfin les fondations sur pieux à vis et sur cylindres en fonte.

Au deuxième groupe appartiennent les fondations sur grillage et les fondations sur massif de sable ou de béton.

Les fondations sur piliers en maçonnerie conviennent aux terrains rapportés secs, d'assez grande épaisseur.

Les piliers en sable s'emploient dans les mêmes terrains, mais sous des constructions légères seulement. Ils sont moins coûteux, mais demandent plus de temps pour leur exécution.

Les fondations sur colonnes en maçonnerie foncées conviennent plus particulièrement aux constructions lourdes placées sur un terrain tendre, imbibé d'eau. Il faut toujours les adopter de préférence aux pilotis lorsque l'édifice projeté se trouve entre deux bâtiments existants, le battage pouvant nuire à la solidité des fondations voisines.

Le pilotis peut s'appliquer sous deux formes différentes: — la pointe des pilots pénètre quelque peu dans le terrain solide et la pression est transmise directement à ce dernier, — ou les pieux restent tout entiers dans le terrain compressible et ne résistent alors que par le frottement exercé contre leurs parois. Dans le premier cas le terrain résistant ne doit pas se trouver à une trop grande profondeur, sinon la fondation serait très-coûteuse. Dans le second, le pilotis demande de grandes précautions et ne doit s'établir que sous des constructions légères.

Lorsque dans un terrain aquifère le niveau des eaux varie peu, les pilotis sont généralement préférables aux colonnes foncées et aux pieux à vis.

Les pieux en fer conviennent aux fondations de bâtiments situés en travers d'un cours d'eau.

Enfin les cylindres en fonte, avec vis à la base et remplissage en béton après le fonçage, s'emploient dans les mêmes conditions que les colonnes foncées. La dépense est à peu près la même dans les deux cas.

Dans le second groupe de fondations artificielles, la résistance de l'assiette est obtenue par la répartition de la pression sur une plus grande base d'appui.

Le grillage n'empêche pas le tassement, même inégal, des différentes parties de la fondation; il s'oppose seulement à ce que la différence de tassement entre deux parties voisines soit grande. Sa rigidité n'est que relative et lorsque la charge est répartie inégalement et que la solidité du sol est variable, il subit des déflexions très-sensibles. Aussi la fondation sur grillage n'est-elle jamais aussi efficace que la fondation sur massif de sable, qui est moins coûteuse, plus facile à exécuter et qui présente l'avantage de ne pas obliger à descendre l'assiette jusqu'au-dessous de l'étiage, condition qui augmente ordinairement beaucoup la dépense.

L'affaissement d'une partie quelconque du massif n'est possible qu'autant qu'il se produit un mouvement dans la masse; or le frottement que les grains de sable exercent l'un sur l'autre rend ce mouvement fort difficile. Les côtés des massifs sont ordinairement inclinés à 45 degrés, ce qui contribue aussi à réduire la pression sur l'assiette de la fondation.

Les grillages sont cependant nécessaires lorsque, pour des raisons spéciales, il faut ancrer les maçonneries à la plate-forme.

Les fondations sur massif de béton sont très-analogues aux fondations sur sable, mais elles leur sont préférables, car le lit de béton, une fois durci, forme comme une seule grande dalle. Le tassement partiel de certaines parties n'est donc plus à craindre, surtout quand la base a été convenablement élargie. Mais ces fondations sont, par contre, bien plus coûteuses que celles sur sable.

On a quelquefois employé concurremment le sable et les grillages. Cette combinaison rend la fondation fort dispendieuse et n'a sa raison d'être que lorsque le terrain est de résistance très-variable et que la construction est exceptionnellement lourde.

Imprimerie de Jules Klinkhardt à Leipzig.

# TABLE DES MATIÈRES.

## *CHAPITRE I.*

## CHAPITRE II.

### Couvertures.



## CHAPITRE III.

### Escaliers.

## CHAPITRE IV.

### Menuiserie et Serrurerie.



## CHAPITRE V.

### Fondations.

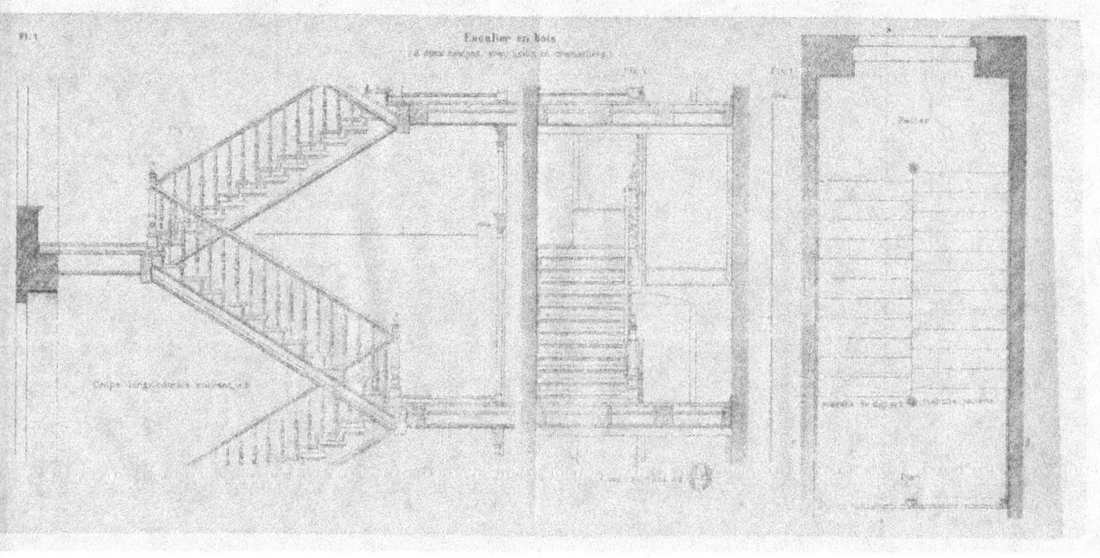

Pl. 1
Escalier en bois
Coupe longitudinale suivant a-b

Porte pour pièces secondaires
Porte d'appartement.
Pl. 2
Coupe verticale
Coupe verticale.
Coupe horizontale
Coupe horizontale.

Porte d'appartement, à un vantail.
Porte de salon, à deux vantaux.
Pl.4

Porte de salon, à un vantail

Porte de salon, à deux vantaux.

Mécanisme de suspension.
Plan.
Élévation
Élévation
Coupe
Coupe horizontale.
Guide inférieur.

Fig 2
Fig 1
Mètres

Coupe horizontale
suivant A B
Coupe
horizontale
suivant C D
Élévation extérieure.
Coupe verticale.
Élévation intérieure.

Porte d'entrée
Pl 2

Fig. 1

Élévation extérieure.

Croisées accouplées

Fig. 2

Élévation intérieure.

Fenêtre à châssis multiples
Élévation intérieure
Élévation extérieure

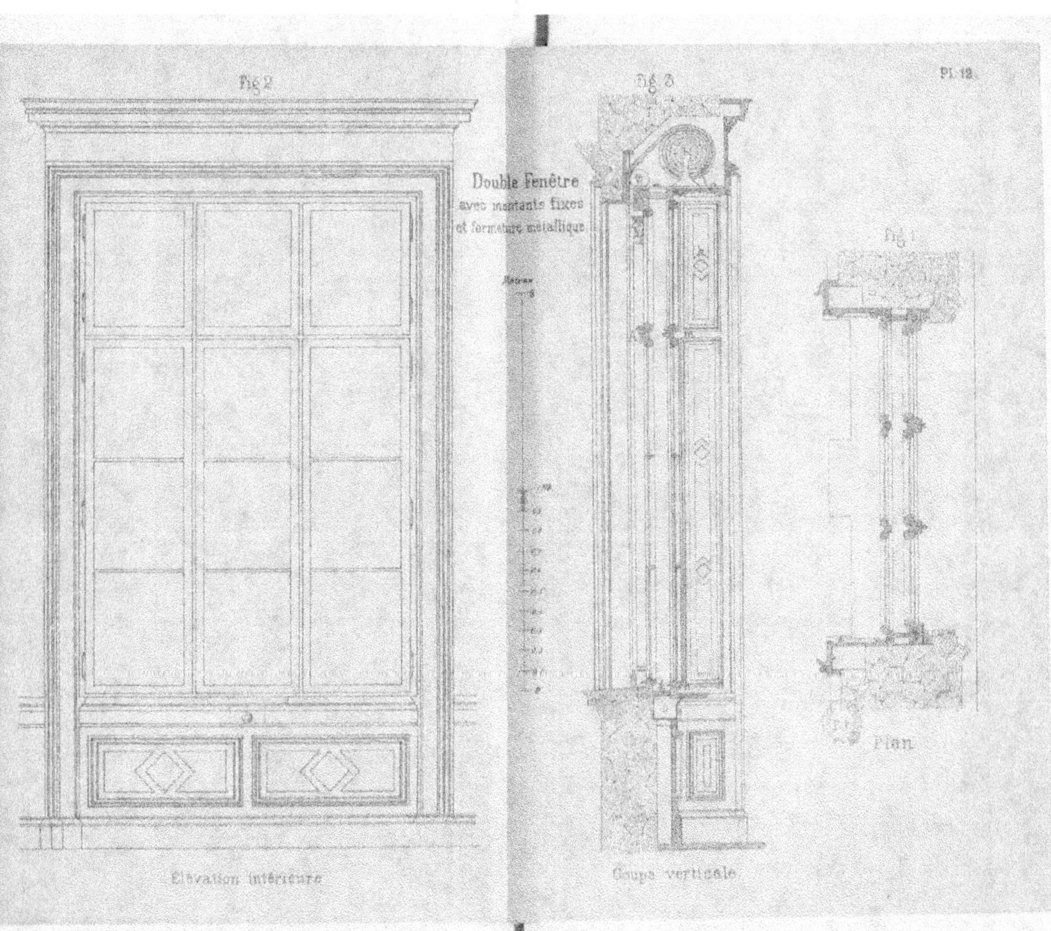

fig 2
fig 3
Pl. 12
Double Fenêtre
avec montants fixes
et fermeture métallique
fig 1
Élévation intérieure
Coupe verticale
Plan

# Fenêtre sans montant fixe

Eélévation extérieure

Elévation intérieure

Élévation extérieure.

Élévation intérieure.

# Fenêtre à guillotine.